DIV+CSS 网页样式与布局实录

朱印宏 编著

兵器工业出版社

北京希望电子出版社
Beijing Hope Electronic Press
www.bhp.com.cn

内 容 简 介

本书以目前流行的 DIV+CSS 标准布局方法和实战技法为大纲，系统讲解了 CSS 样式的基础理论和实际运用技术，并通过实例来讲解层叠样式表与层布局相结合制作网页的方法。

本书共分 14 章内容，包括网页制作的准备工作、HTML 和 XHTML 基础、CSS 基础、设置字体和文字样式、设置超链接样式、定义图片和背景图像样式、定义表格、表单和列表样式、CSS 网页布局和定位、DIV+CSS 网页布局综合演练、企业&公司类型和时尚娱乐类型网站的制作方法等，在实例的制作过程中介绍 CSS 样式设计各方面知识的同时，还结合实际网页制作中可能遇到的问题提供解决问题的思路、方法和技巧，使初学者也可以轻松掌握 DIV+CSS 布局的方法，制作出精美的网页并搭建功能强大的网站。

本书力求模拟真实开发场景以及各个环节的实现细节和方法，采用简单的方法帮助读者掌握 Web 标准网页设计的方方面面以及 CSS 布局中表现与内容分离的相关知识。希望读者通过本书的学习，能够以符合标准的设计思维，采用实战操作步骤完成网页设计，进而融入到 Web 标准设计领域。

本书配套光盘中收录了书中示例的同步教学视频、效果文件和素材文件，以便更直观地辅助读者学习，达到事半功倍的效果；素材大礼包为读者提供了丰富、全面的网页设计素材，为学习提供更多方便和实惠。

本书内容丰富、结构清晰，注重思维锻炼与实践应用，适合初、中级网页设计爱好者以及希望学习 Web 标准对原有网站进行重构的网页设计者使用。

图书在版编目（CIP）数据

DIV+CSS 网页样式与布局实录/朱印宏编著.—北京：兵器工业出版社，2012.1

ISBN 978-7-80248-676-8

I. ①D… II. ①朱… III. ①网页制作工具，CSS
IV. ①TP393.092

中国版本图书馆 CIP 数据核字（2011）第 229687 号

出版发行：兵器工业出版社 北京希望电子出版社
邮编社址：100089 北京市海淀区车道沟 10 号
100085 北京市海淀区上地 3 街 9 号
金隅嘉华大厦 C 座 611
电 话：010-62978181（总机）转发行部
010-82702675（邮购）010-82702698（传真）
经 销：各地新华书店 软件连锁店
印 刷：大恒数码印刷（北京）有限公司
版 次：2014 年 7 月第 1 版第 2 次印刷

封面设计：深度文化
责任编辑：陈红梅 焦昭君
责任校对：刘 伟
开 本：787mm×1092mm 1/16
印 张：26
印 数：3001-3230
字 数：602 千字
定 价：52.00 元（配 1 张 DVD 光盘）

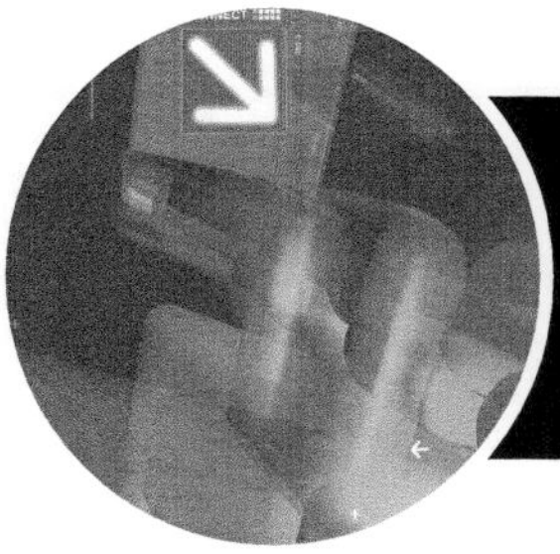

前言

大家好！首先感谢您能选购这本书。很多读者反映CSS类图书偏重基础理论和基础知识介绍，案例简单、脱离实战，学习之后难以在日常工作中应用。有鉴于这种情况我们策划了本书，力图帮助读者在CSS学习过程中快速进入实战状态，尽早融入到实际工作团队中去。同时本书还为读者介绍了实际工作中遇到的各种问题，让读者能学以致用，节省学习和时间成本。

我们知道很多初学者都是半路出家，没有经过专业技术指导和系统学习实践，由兴趣开始接触网页设计，然后是摸着石头过河，对于知识半生不熟，对于具体操作模棱两可，总是感觉心有余而力不足，很容易出现各种问题。出现问题不可怕，但关键是如何找到学习的方向，把握前进的动力。此时要是有本可以帮助读者度过这段艰难时期的书籍，更好地对读者进行系统指导，这样学起来就事半功倍了。

本书中的示例以及知识点都是我们在实际工作中遇到的问题。在每章基础知识部分，通过一些示例演示知识点的运用，加强读者对知识点的理解；在每章实战练习部分，通过解析经典网站的结构和布局，帮助读者很好地理解基础知识的运用方式。

◎ 关于本书

本书共分为14章，其中第1~3章主要介绍网页制作的基础知识，包括网页基本概念、HTML基础、CSS基础；第4~12章为CSS基础和技巧部分，在这部分的每章前半部分中重点讲解CSS基础知识，后半部分讲解如何使用CSS实现网站的布局，以综合训练帮助读者快速掌握CSS布局技法；同时还讲解了HTML+CSS在实际开发中应该注意的核心技术问题，力图帮助读者更加高效地运用CSS，减少日常开发量，加快日常页面开发。第13~14章为网站综合布局部分，主要以完整的商业案例为线索，为读者展现商业网站布局过程中的操作顺序和流程，以及每个流程中应该掌握的基本方法和设计技巧。

第1章　初识Premiere Pro CS5

本章介绍网页制作和设计中各种基本的概念，包括网页类型、网页基本构成元素、网页设计要素等。

第2章　HTML和XHTML基础

本章介绍HTML基础，同时深入讲解HTML结构的语义问题，希望能够帮助读者构建结构严谨又符合SEO的网页。

第3章　CSS基础

本章介绍CSS语言基础知识，包括为什么学习CSS、CSS选择器、复合选择器包含哪些，选择器混合、层叠使用时优先级是怎样的，以及CSS选择器层叠后的优先级等。

第4章　设置字体和文字样式

本章重点介绍网页设计中字体样式的设置，以及段落版式设计的基本方法和应用技巧，最后通过几个综合示例帮助读者了解网页版式设计的一般规律和实现方法。

第5章　设置超链接样式

本章介绍超链接的四种状态以及如何通过多种CSS技巧实现下划线效果。

第6章　定义图片和背景图像样式

本章介绍设置背景图像、控制背景图片平铺的方式；背景图片的位置通过百分比、负数以及关键字的属性设置，浏览器将如何解析；如何利用CSS属性的技巧实现流行的网页圆角风格，通过无图定圆角、一图定圆角、两图定圆角及四图定圆角方式实现圆角版块设置。

第7章　定义表格样式

本章主要介绍如何使用表格、标准的表格标签和属性，表格的基本结构和属性包括哪些，表格元素如何进行躯干划分，CSS属性如何更加高效率地美化表格，以及表格在日历上的应用。

第8章　定义表单样式

本章主要介绍如何设计表单结构，包括定义表单框、输入域、选择域和优化表单结构，以及如何定义表单样式，包括定义输入域样式、选择域样式和列表域样式等。

第9章　定义列表样式

本章主要介绍如何设计列表结构，如无序列表、有序列表和自定义列表，如何定义列表样式，如设计项目符号类型、项目符号显示位置，自定义项目符号以及使用背景图像定义项目符号。

第10章　CSS网页布局和定位

本章主要介绍CSS布局的基本类型，以及CSS盒模型基本概念，帮助读者理解每一类CSS布局的原理、规律和方法。借助CSS盒模型原理帮助读者从容控制页面对象的显示大小、空间位置，并能够利用浮动原理设计简单的网页布局效果，利用CSS定位技术精确控制页面元素的显示位置。

第11章　DIV+CSS网页布局综合演练

本章以实战的方式展示了DIV+CSS综合布局的一般方法，介绍多列布局与两列布局之间的联系、常见的两列布局方式、多列布局的等高设计，并重点讲解了设计固定宽度布局、宽度自适应布局、自定义宽度布局、多列等高布局、两列定宽中间自适应布局、三列宽度自适布局等。

第12章　DIV+CSS网页布局疑难杂症解惑

本章主要介绍解决CSS布局问题的一般方法，如使用过滤器和IE条件语句，并列举了一些常见的CSS布局疑难问题解决方法，为读者迅速解决问题支招。

第13章　企业&公司类型网站

本章讲解了企业网站的一般布局方法和实施步骤。

第14章　时尚娱乐类型网站

本章讲解了时尚娱乐网站的一般布局方法和实施步骤。

◎ 关于作者

本书由朱印宏编著，参与资料整理及光盘制作的还有袁衍明、常才英、袁祚寿、张敏、袁江、田明学、唐荣华、毛荣辉、卢敬孝、刘玉凤、李坤伟、旷晓军、陈万林、陈锐、钱佩林、苏敬波、冉东林、杨龙贵、张炜、王慧明、涂怀清、卢国才、苏恢定、司成向、胡体清、陈宗亮、徐清银、周秀成、颜昌学、王幼平、冉原洲、李经键、胡厚成等。

由于水平有限，书中难免会有疏漏之处，恳请广大读者提出宝贵意见，并将意见、建议或问题发送到css148@163.com，以便与作者进行交流。

编著者

目　录

第1章　网页制作的准备工作

第2章　HTML和XHTML基础

第3章 CSS基础

第4章 设置字体和文字样式

第5章 设置超链接样式

第6章 定义图片和背景图像样式

第7章 定义表格样式

第8章　定义表单样式

第9章　定义列表样式

第10章　CSS网页布局和定位

第11章 DIV+CSS网页布局综合演练

第12章 DIV+CSS网页布局疑难杂症解惑

第13章 企业&公司类型网站

第14章 时尚娱乐类型网站

1

第 1 章 网页制作的准备工作

随着互联网技术的不断发展和普及，网络与现实生活的结合越来越紧密，网站代表了企业和个人的形象，网页如同个人的社交名片，不可或缺。越来越多的人开始学习使用和制作网页，更多的企业和个人把自己的“家”搬到网上。

正确的网页布局，设计精美的页面效果，需要用户掌握一定的技术，了解相关的知识，提高网页设计素养，同时还应该熟悉网站开发的流程。基于这样的学习背景，本章将为读者展示网页相关技术和概念，并介绍网页设计和网站开发的基本方法。

学习要点：

- 了解网页与网站相关的概念。
- 了解本书主要学习目标。
- 开始提高网页设计素养。
- 清楚网站开发基本流程。

训练要点：

- 正确安装 Dreamweaver。
- 熟悉 Dreamweaver 网页编辑软件。
- 借助 Dreamweaver 定义本地站点。
- 借助 Dreamweaver 制作简单网页。

1.1 认识几个基本概念

网站是互联网上的一个信息小站，网页是互联网上显示的信息页面，如果说网站是一本书，那么网页就是其中的一页书，是展示信息的最小单元。在网页中包含文字、图像、多媒体等内容，通过这些内容向浏览者传达一定的信息。

1.1.1 网页和网站

网站是由网页组成的，网页是构成网站的基本元素，是承载各种应用功能的平台。一个网站如果没有网页，将是一个空站，如果只有域名和虚拟主机而没有制作任何网页的话，任何人都无法访问该网站。

网页是一个文件，通常是 HTML 格式，文件扩展名一般为 .html 或 .htm，也可以是 .asp、.aspx、.php 或 .jsp 等。网页存放在世界某个角落的某一台计算机中，而这台计算机必须是与互联网相连的。网页经由网址（URL）来识别和存取，当我们在浏览器中输入网址后，该网页文件会被传送到你的计算机上，然后再通过浏览器解释网页的内容，再展示到用户面前。

网站是指在互联网上根据一定的规则，使用 HTML 等语言制作的、用于展示特定内容的网页集合。简单地说，网站就像布告栏一样，人们可以通过网站来发布自己想要公开的信息，或者利用网站来提供相关的服务。人们可以通过网页浏览器来访问网站，获取自己需要的信息，或者应用网络服务。

在网站中，有一种网页比较特殊，当人们在浏览器地址栏中输入网站的网址后，首先会看到这个页面，通常被称为主页（或称首页），首页类似图书中的目录，具有导航作用，如图 1.1 所示。

图1.1 在浏览器中显示的首页效果

1.1.2 网页类型

网页可以分为多种类型，但是由于分类方法不同，也会有不同的类型。根据是否使用了服务器技术，人们把网页分为动态网页和静态网页，简单说明如下。

1. 静态网页

静态网页一般以 .html 或 .htm 为文件扩展名，通过网页设计工具一次性设计，只能够通过手工方式更新页面信息，信息更新速度相对比较缓慢。

> **注意** 现在很多网站管理系统或者大型网站都会提前将动态网页生成静态网页，以便提高网站访问速度，我们称这种静态网页为伪静态。

简单概括来说，静态网页具有下面几个特点。

- 静态网页每个网页上都有一个固定的 URL，且网页 URL 以 .htm、.html、.shtml 等常见形式为后缀，而不含有“?”。
- 网页内容一经发布到网站服务器上，无论是否有用户访问，每个静态网页的内容都是保存在网站服务器上的。也就是说，静态网页是实实在在保存在服务器上的文件，每个网页都是一个独立的文件。
- 静态网页的内容相对稳定，因此容易被搜索引擎检索。
- 静态网页没有数据库的支持，在网站制作和维护方面工作量较大，因此当网站信息量很大时完全依靠静态网页制作方式比较困难。
- 静态网页的交互性较差，在功能方面有较大的限制。

2. 动态网页

动态网页是通过网页脚本语言自动处理、自动更新的页面。例如，论坛中的帖子就是通过网站服务器运行程序自动处理信息，按照流程更新网页。动态网页一般以 .asp、.aspx、.php 或 .jsp 为文件扩展名。

> **注意** 我们常见的网页中包含的动态效果是网页中嵌入了动画，这样的页面不能称为动态网页，可以称为特效网页，或者多媒体页面。

动态网页具有下面几个特点。

- 动态网页以数据库技术为基础，可以大大减少网站维护的工作量。
- 采用动态网页技术的网站可以实现更多的功能。例如，用户注册、用户登录、在线调查、用户管理、订单管理等。
- 动态网页实际上并不是独立存在于服务器上的网页文件，只有当用户请求时服务器才返回一个完整的网页。
- 动态网页中的“？”对搜索引擎检索存在一定的问题，搜索引擎一般不可能从一个网站的数据库中访问全部网页，或者出于技术方面的考虑，搜索蜘蛛不去抓取网址中“？”后面的内容，因此采用动态网页的网站在进行搜索引擎推广时，需要做一定的技术处理才能适应搜索引擎的要求 。

3. 动态网页类型

不同扩展名的动态网页文件分别代表不同的服务器技术。只要开发动态网站，用户就需要先指定一种服务器端技术，目前实现动态网页的服务器技术主要包括 CGI、ASP/ASP.NET、PHP 和 JSP 等，简单说明如下。

（1）CGI

CGI（Common Gateway Interface）是一种通用的网关接口，是外部程序与网页服务器之间的标准编程接口。用户可以使用不同的语言编写 CGI 程序。例如，Visual Basic、Delphi 或 C/C++ 等。可以将已经写好的 CGI 代码放在网页服务器的计算机上运行，再将其运行结果通过网页服务器传输到客户端的网页浏览器上。事实上，由于CGI技术比较低级，普通用户在编写代码时会比较困难而且效率低，而且每一次修改程序都必须将CGI程序编译成可执行文件，因此现在很少再有用户使用。

（2）ASP

ASP（Active Server Pages）是在CGI技术基础上由微软公司开发的一种快速、简便的服务器技术，由于它的学习门槛比较低，初学者很容易学习，且功能强大，一经推出就受到了众多专业人士的好评，凭借微软公司强有力的技术支持，是很多中小型网站建设中最为流行的技术之一。

（3）ASP.NET

ASP.NET是微软公司在ASP基础上推出的一种服务器技术，它全面采用效率较高的、面向对象的方法来创建动态Web应用程序。在原来的ASP技术中，服务器端代码和客户端HTML混合、交织在一起，常常导致页面的代码冗长而复杂，程序的逻辑难以理解，而ASP.NET能很好地解决这个问题，而且能与浏览器独立，且可以支持VB.NET、C#、VC++.NET、JS.NET等几种编程语言。

（4）PHP

PHP（Hypertext Preprocessor，超文本预处理器）是一种HTML内嵌式的语言，PHP与微软的ASP很相似，都是一种在服务器端执行的嵌入HTML文档的脚本语言，语言的风格类似于C语言，现在被很多的网站编程人员广泛地运用。由于PHP源代码是开放的，所有的PHP源代码事实上都可以得到。同时PHP技术又是免费的，因此深受一些用户欢迎。

（5）JSP

JSP（Java Server Pages）是Sun公司推出的网站开发技术，是将纯Java代码嵌入HTML中实现动态功能的一项技术。目前，JSP已经成为ASP的有力竞争者。

与ASP技术非常相似，JSP和ASP都是在HTML代码中嵌入某种脚本并由语言引擎解释执行程序代码，它们都是面向服务器的技术，客户端浏览器不需要任何附加软件的支持。两者最明显的区别在于ASP使用的编程语言是VBScript之类的脚本程序，而JSP使用的是Java。此外，ASP中的VBScript代码被ASP引擎解释执行，而JSP中的脚本在第一次执行时被编译成Servlet并由Java虚拟机执行，这是ASP与JSP本质的区别。

4. 静态网页与动态网页之比较

静态网页和动态网页各有特点，网站采用动态网页还是静态网页主要取决于网站的功能需求和网站内容的多少，如果网站功能比较简单，内容更新量不是很大，采用纯静态网页的方式会更简单，反之要采用动态网页技术来实现。

动态网页的程序都是在服务器端运行，最后把运行的结果返回到客户端浏览器上显示。而静态网页是事先制作好的，直接通过服务器传递给客户端浏览器浏览。

静态网页和动态网页主要根据网页制作的语言来区分。

- 静态网页使用语言：HTML，如图1.2所示。
- 动态网页使用语言：HTML＋ASP、HTML＋PHP或HTML＋JSP等，如图1.3所示。

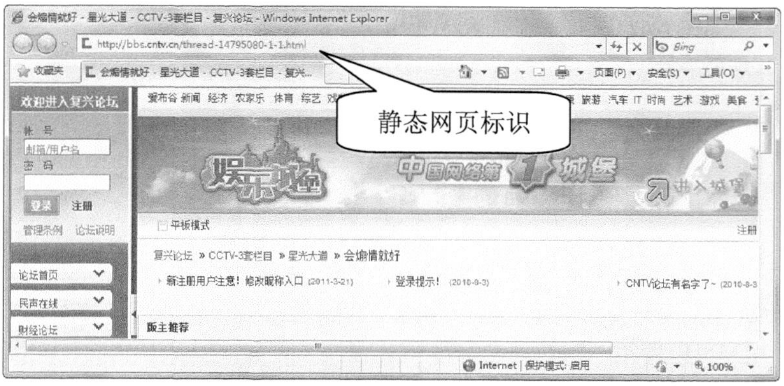

图1.2 静态网页显示的网址

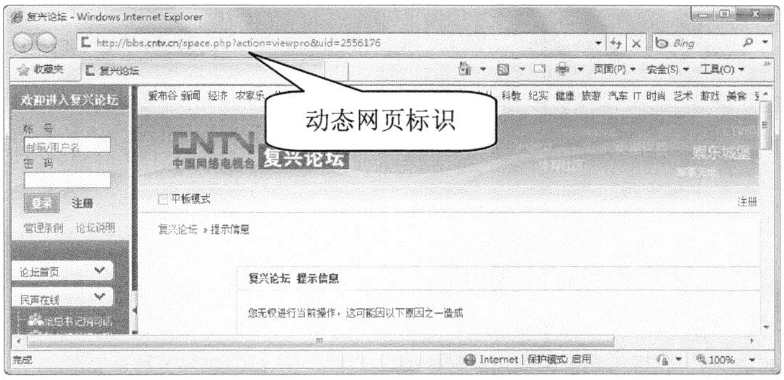

图1.3　动态网页显示的网址

静态网页是网站建设的基础，静态网页和动态网页之间并不矛盾，为了使网站适应搜索引擎检索的需要，即使采用动态网站技术，也可以将网页内容转换为静态网页发布。

动态网站也可以采用静动结合的原则，适合采用动态网页的地方用动态网页，如果必须使用静态网页，静态网页相关图片则可以考虑用静态网页的方法来实现。在同一个网站上，动态网页内容和静态网页内容同时存在也是很普遍的。

1.1.3　网页构成

网页内可以包含很多内容，如文字、图像、动画等，这些信息构成了网页的基本内容，如图1.4所示。实际上网页包含的元素是很多的，有些元素可以直观地看到，而有的元素可能看不到，只能够通过代码才能够看到，具体说明如下。

图1.4　组成网页内容的各种元素

1. 文字

网页信息主要以文字为主。这里指的文字是文本文字，而并非图片上的文字。在网页中可以通过字体、字号、颜色、底纹等选项来设置文本的属性。中文文字常采用宋体，9磅或12像素大小、黑色，颜色不能太杂乱。对于大段文本文字的排列，建议参考一些优秀的杂志或报纸。

2. 图像

网页丰富多彩主要是因为图像的缘故。网页支持的图像格式包括JPG、GIF和PNG等格式，常用图形包括如下内容。

- Logo 图标：代表网站形象或栏目内容的标志性图片，一般在网页左上角。
- Banner 广告：用于宣传站内某个栏目或者活动的广告，一般以 GIF 动画形式为主。
- 图标：主要用于导航，在网页中具有重要的作用，相当于路标。
- 背景图：用来装饰和美化网页。

3. 动画

网页中一般会包含大量动画，这些动画能够活跃网页气氛，增加网页包含的信息量。网页动画包含很多类型，如 SWF 动画、GIF 动画、脚本动画等，简单说明如下。

- SWF 动画：使用 Flash 软件制作的动画效果。一般用来制作 Banner 广告、大型宽幅广告或特效按钮。也有一些网站完全使用 SWF 动画制作完成。
- GIF 动画：GIF 动画实际上也是图像，不过显示为动态效果，一般通过图像编辑软件制作，常用来制作各种动态图标，对网页进行修饰。
- 脚本动画：一般使用 JavaScript 语言编写特效，如灯箱广告、Tab 栏目切换、鼠标特效、变形动画、移动动画、渐隐渐显动画，或者卷帘文字等。

4. 链接

超链接是网站的灵魂，它是从一个网页指向另一个目的端的链接，如指向另一网页或者相同网页上的不同位置。超链接可以指向一幅图片、一个电子邮件地址、一个文件、一个程序或者也可以是本页中的其他位置。超链接的载体可以是文本、图片或者是 Flash 动画等。超链接广泛地存在于网页的图片和文字中，提供与图片和文字相关内容的链接，在超链接上单击鼠标左键，即可链接到相应地址 (URL) 的网页。有链接的地方，将鼠标指针移至上方时默认会变成小手形状。可以说超链接正是网页的最大特色。

5. 导航条

导航条是一组超链接，方便用户访问网站内部的各个栏目。导航条可以是文字、图片，还可以使用 Flash 动画来制作。导航条可以显示多级菜单和下拉菜单效果。

6. 表格

表格在网页中的作用非常大，它可以用来布局网页，设计各种精美的网页效果，也可以用来组织和显示数据。

7. 表单

表单主要用来收集用户信息，实现浏览者与服务器之间的信息交互。

8. 其他元素

除了上面几种网页基本元素，在页面中可能还包括音频、视频、框架等各种构成元素。

1.2　制作网站应该学习的知识

制作网站、设计网页，需要读者掌握相关技术才行。而对于专业网页设计师或者网站开发工程师，需要掌握的技术更广、更深。对于初学者来说，不可能一步到位，只有逐步积累、不断学习才行，相信经过自己的努力，就一定会成为优秀的网页设计师。

1.2.1　学习HTML语言

HTML 是一种语言，全称为 Hypertext Markup Language，即超文本标识语言，是用于描述网页文档的一种工具。由 HTML 语言编写的文档就是网页文档，这种文档可以被网页浏览器识别并解析，然后将网页效果呈现出来。如果没有浏览器的解析，我们所看到的网页文档是由大量的 HTML 标签和文本信息组成的，如图 1.5 所示。

```
<!DOCTYPE html PUBLIC "-//W3C//DTD XHTML 1.0 Transitional//EN" "http://www.w3.org/TR/xhtml1/DTD/xhtml1-transitional.dtd">

<html xmlns="http://www.w3.org/1999/xhtml">

<head>

<meta http-equiv="Content-Type" content="text/html; charset=gbk"/>

<meta http-equiv="X-UA-Compatible" content="IE=EmulateIE7" />

<meta name="keywords" content="中国网络电视台 中国网络电视 网络电视 cntv  cntv.cn CBOX 爱西柚 爱布谷 新闻直播 赛事直播 综艺节目 视频直播 视频点播 视频分享 视频搜索 网络电视台 国家网络电视台 CCTV 中央电视台">

<meta name="description" content="中国网络电视台（英文简称CNTV），是中国国家网络电视播出机构，是以视听互动为核心、融网络特色与电视特色于一体的全球化、多语种、多终端的公共服务平台。将充分发挥电视平台和网络平台的双平台的优势，对国际国内重大政治、经济、社会、文化、体育等活动和事件以网络视听的形式进行快速、真实的报道和传播；同时着力为全球用户提供包括视频直播、点播、上传、搜索、分享等在内的、方便快捷的“全功能”服务，成为深受用户喜爱的公共信息娱乐网络视频平台。">

<Meta name="Author" Content="CNTV.cn 中国网络电视台">

<Meta name="Copyright" Content="中国网络电视台 版权所有">

<meta name="verify-v1" content="WooRWk1y1XSrhOuttEoPAtJs3OX3Av1wSRNqjPcANCA=" >



<title>中国网络电视台</title>



<link href="/nettv/homepage2011/style0511/index_20110713.css" rel="stylesheet" type="text/css" />
```

图1.5 HTML网页源代码

学习 HTML 语言，就是学习这些标签及其用法，能够熟练使用这些标签组织网页内容，如使用 <title> 定义网页标题，使用 <h1>、<h2>、<h3> 等定义文档标题，使用 <p> 定义段落文本，使用 <img> 插入图像，使用 <ul>、<ol> 定义列表新闻，使用 <table> 定义表格等。以 HTML4.01 版本为例，HTML 语言包含 89 个标签，这些都需要读者认识、熟悉，并能够活学活用，初步学习时可以先易后难，先主后次，逐步掌握。

除了会用这些标签，读者还应该知道每个标签包含哪些属性，这些属性可以定义标签的显示效果和语义性质。HTML 属性很多，读者可以先掌握公共属性，即大部分标签共同拥有的基本属性，以及常用标签的重点属性，然后随着学习和实践的深入，掌握认识和掌握不常用的属性。

当然，任何一门语言都有一些基本语法和规则，HTML 也是如此，读者应该了解 HTML 语言的基本用法和规则。这些内容比较少，能够在短时间内快速掌握。

1.2.2 学习DIV构建网页结构

DIV 是 <div> 标签的习惯性称呼，因为设计师主要使用 <div> 标签构建网页的结构，使用 CSS 设计网页样式，故把网页设计简称为 DIV+CSS 布局。

在 HTML 文档中，页面会被划分为很多区域，不同区域显示不同的内容，如标题栏、广告位、导航条、新闻列表、正文显示区域、版权信息区域等。这些区域一般都通过 <div> 标签进行分隔，如图 1.6 所示为通过不同颜色边框描出页面中不同区块的结构。

当然，页面中不仅仅用 <div> 标签构建网页结构，还可能需要以下几种常用类型标签来完善网页结构的语义性，说明如下。

- <h1>……<h6> 标签：定义文档标题，1 表示一级标题，6 表示六级标题，常用标题包括一级、二级和三级。
- <p> 标签：定义文档中的段落文本内容。
- <ul>、<ol>、<li> 等标签：定义信息列表结构，或者导航列表结构。
- <table>、<tr>、<td> 等标签：定义数据表格结构。
- <form> 等标签：定义交互表单结构。

另外，还包括一些特殊语义的结构标签，灵活使用它们能够帮助用户设计更符合标准、更适合搜索的网页结构。

学习 DIV 构建网页结构，就是要学习这些结构标签的语义性，了解它们恰当使用的位置，以及结构标签嵌套的技巧和方法。同时，还应该考虑结构与 CSS 设计的联系。

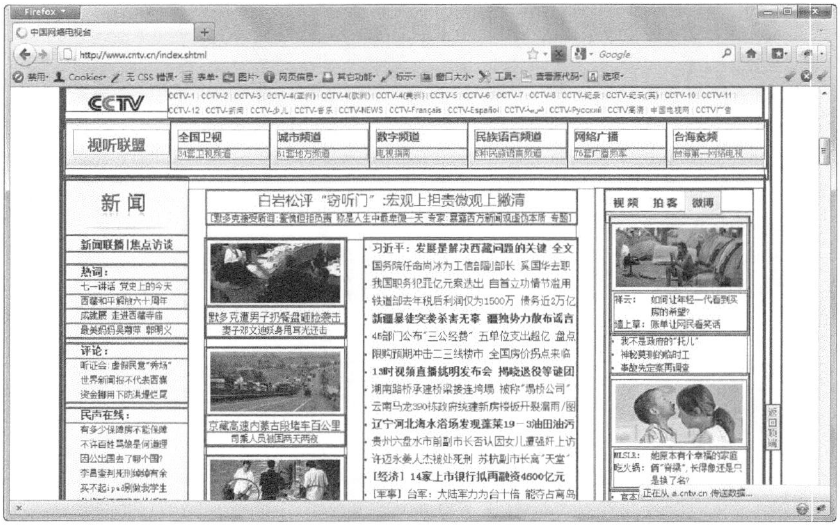

图1.6　DIV构建网页结构

1.2.3　学习CSS设置样式

有了网页结构和内容，还需要 CSS 来美化。CSS 与 HTML 一样，是一种描述性语言，全称 Cascading Style Sheet，可译为层叠样式表或级联样式表，它定义如何显示 HTML 标签，用于控制网页外观布局和样式设计。当网页缺少 CSS 时，是非常不美观的，也不适合阅读和欣赏，如图 1.7 所示是禁用 CSS 之后的央视网络首页效果。

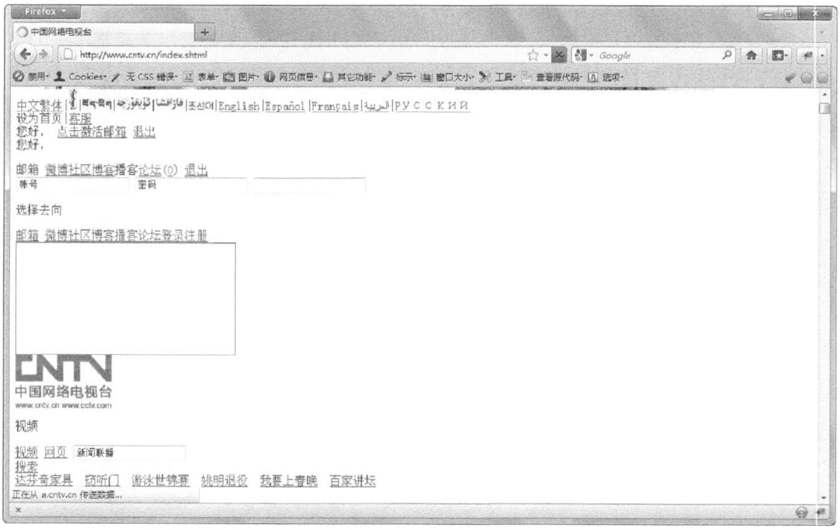

图1.7　没有CSS修饰的网页效果

CSS 与 HTML 一样容易学习，但是初学者需要下功夫掌握 CSS 选择器的灵活用法，需要熟练使用 CSS 的各种属性。以 CSS 2.1 版本为例，CSS 定义了 115 个属性，初学者必须熟悉这些属性的用途和用法。同时每个属性还包含很多值，有些值是固定的，需要记忆才行。读者还需要熟练掌握这些属性和属性值的配合应用，如图 1.8 所示就是央视网络首页的样式表。

图1.8 网页中的样式表源代码

作为一种语言，CSS 也有一些基本语法和规则，读者应该掌握 CSS 样式的继承性、层叠性和特殊性，了解 CSS 样式、CSS 样式表的用法，掌握取值和单位的灵活使用。如果进一步深入，读者还应该学习不同浏览器对 CSS 的支持情况，从宏观角度统筹一个网站中样式表和样式的规划等。

通过使用 CSS 实现页面的内容与表现形式分离，极大提高了工作效率，作为网页标准化设计的主要工具，读者没有理由不认真学习这一语言。

1.2.4 学习JavaScript控制动态效果

网页设计的动态化和智能化是一种大趋势，要赶上这个趋势，读者就应该学习 JavaScript。JavaScript 是一种脚本语言，但是它包含编程语言的大部分特性和功能，掌握 JavaScript 编程，就能够驾驭网页动态特效的设计，就能够把网页设计得更智能、更富有人性化。

对于广大网页设计爱好者和前端开发人员来说，JavaScript 是一门必学的编程语言，在网页设计日益重视客户端视觉效果、动态交互和数据异步交换的形势下，学好 JavaScript 就显得异常实用和紧迫。JavaScript 语言虽然比较简单，但是要精通还需要读者下点儿功夫。

例如，在下面这个页面中，当鼠标指针移动到灯箱广告底部的小按钮上时，该按钮就会发出幽蓝的光芒，同时上面的巨幅画面会自动进行切换，动感十足，视觉体验非常强烈，如图 1.9 所示。

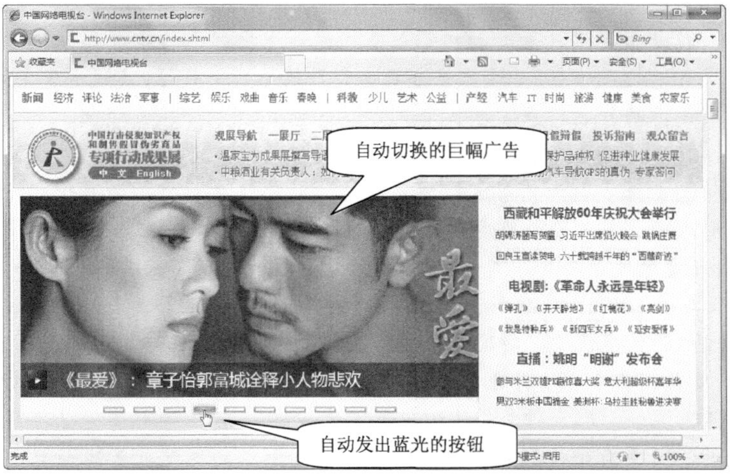

图1.9 JavaScript在页面特效中的应用

与 HTML、CSS 的学习相比，JavaScript 学习难度要大很多，当然一旦掌握了 JavaScript，相信你的网页设计水平会达到一个新的高度。此时就不只是一个简单的网页设计师，而应该是一个前端开发工程的高级技术师。

1.3 提高自身的设计修养

成功的网站首先需要优秀的设计，然后辅以优秀的制作。设计是网站的核心和灵魂，是一个感性思考与理性分析相结合的复杂过程，它的方向取决于设计的任务，它的实现依赖于网页的制作。正所谓“功夫在诗外”，网页设计中最重要的东西，并非在软件的应用上，而是在设计者对网页设计的理解以及设计制作的水平上，在于设计者自身的审美以及对页面的把握。

1.3.1 了解网页设计任务

成功的设计作品一般都很艺术化，但艺术只是设计的手段，而并非设计的任务。设计的任务是要实现设计者的意图，而并非创造美。

网页设计的任务，是指设计者要表现的主题和实现的功能。站点的性质不同，设计的任务也不同。根据网站性质，可以把网页设计任务分为三类。

- 资讯类网站：这类网站以内容为主，提供大量的信息，因此网页设计就需要注意页面的分割、结构的合理、页面的优化、网页的亲和力等问题。
- 形象类网站：这类网站以宣传为主，网站规模较小，页面少，信息少，功能也较为简单，网页设计的主要任务是突出企业形象，因此对设计者的美工水平要求较高。
- 应用类网站：这类网站在设计上要求较高，网页信息不求大而全，但是页面设计追求简洁、精致、大方，既要保证网站的可操作性，同时还要保证应用的灵活性，突出鲜明的应用特性。

1.3.2 了解网页设计原则

网页设计是有原则的，无论使用什么方法对网页元素进行组合，都必须要遵循基本原则，具体说明如下。

- 统一原则：就是指设计作品的整体性、一致性。设计作品的整体效果是至关重要的，在设计中切勿将各组成部分孤立分散，那样会使画面呈现出一种枝蔓纷杂的凌乱效果。
- 连贯原则：就是指要注意页面的相互关系。设计中应利用各组成部分在内容上的内在联系和表现形式上的相互呼应，并注意整个页面设计风格的一致性，实现视觉上和心理上的连贯，使整个页面设计的各个部分极为融洽，犹如一气呵成。
- 分割原则：就是指将页面分成若干小块，小块之间有视觉上的不同，这样可以使观者一目了然。在信息量很多时为使观者能够看清楚，就要注意到将画面进行有效的分割。分割不仅是表现形式的需要。换个角度来讲，分割也可以视为对页面内容的一种分类归纳。
- 对比原则：就是通过矛盾和冲突，使设计更加富有生气。对比手法很多，例如，多与少、曲与直、强与弱、长与短、粗与细、疏与密、虚与实、主与次、黑与白、动与静、美与丑、聚与散等等。在使用对比的时候应慎重，对比过强容易破坏美感，影响统一。
- 和谐原则：就是指整个页面符合美的法则，浑然一体。如果一件设计作品仅仅是色彩、形状、线条等的随意混合，那么作品将不但没有“生命感”，而且也根本无法实现视觉设计的传达功能。和谐不仅要看结构形式，而且要看作品所形成的视觉效果能否与人的视觉感受形成一种沟通，产生心灵的共鸣，这是设计能否成功的关键。

1.3.3 了解网页设计流程

网页设计可以有两种方式实现，一种是传统的表格布局方式，另一种就是通过 CSS 布局方式。两种方式体现了两种设计思想，形象比较如下。

- 表格布局方式就是画网页。使用 Photoshop 或 Fireworks 等工具画图、切图，最后输出为 HTML 页面，这种设计方式不考虑代码质量问题。
- CSS 布局方式就是写网页。直接在网页编辑工具中写 HTML 和 CSS 代码，这种设计方式不考虑页面效果，但是要保证高质量的代码。

当然，在实际设计中设计师会结合这两种方式，设计的实现可以分为两步。

1. 画图和切图

可以先在草稿上试画，设计一个草图，然后根据设计草图在 Photoshop 或 Fireworks 中将网页绘制出来。Photoshop 的灵活多变以及超级强大的功能，完全可以制作出绚烂的网页。

虽然在草图上我们定出了页面的大体轮廓，但是灵感一般都是在制作过程中产生的。设计作品一定要有创意，这是最基本的要求，没有创意的设计是失败的。在绘图的过程中，用户可能会遇到很多问题，其中最敏感的莫过于网页配色了。

切图就是使用 Photoshop 或者 Fireworks 的切片工具将大的网页图像切割成若干个小图片。

2. 编写代码

根据切图将设计的蓝图变为现实，这一步主要是利用 HTML 构建网页结构，然后使用 CSS 设计网页呈现效果。本书后面各章的案例都是讲解这一步的操作，这里就不再详细说明了。

在团队协作开发中，网页设计流程会稍显复杂些，一般是下面这样的。

步骤 1 产品负责人或者项目总监先设计出产品的文字策划方案，然后根据此方案，产品负责人出一个大致的画板草稿。画板其实就是一个图版的策划方案，也是我们常说的线框模型和原型图，它以直观图的形式显示页面的大框架和布局，以方便设计师对要设计的页面有了一个非常直观的感受，知道页面有多少板块和栏目，并且在什么位置放置什么内容。

步骤 2 根据文字草案和画板，网页设计师与技术支持人员讨论页面功能是否能实现，以及通过什么方式实现。这里需要沟通设计和技术之间的一些功能需求。

步骤 3 产品负责人会对网页设计师提出网页风格等视觉方面的要求，一般为简单的描述，例如，时尚、艳丽、简洁等。网页设计师根据以上所有信息开始设计，完成网页初稿。

步骤 4 在初稿基础上，产品负责人和项目领导提出修改反馈意见，网页设计师综合所有意见，继续修改设计，完善网页细节。

步骤 5 网页设计师把定稿设计稿交给网页重构，完成页面的 HTML 和 CSS 代码重构。

步骤 6 最后，完成的 HTML 文稿被移交给技术支持进行互动设计和后台技术完善。

1.3.4 了解网页配色基本方法

色彩代表了不同的情感，有着不同的象征含义。这些象征含义是人们思想交流当中的一个复杂问题，它因人的年龄、地域、时代、民族、阶层、经济地区、工作能力、教育水平、风俗习惯、宗教信仰、生活环境、性别差异而有所不同。

单纯的颜色并没有实际的意义，而和不同的颜色搭配，它所表现出来的效果也不同。例如，绿色和金黄、淡白搭配，可以产生优雅、舒适的气氛。蓝色和白色混合，能体现柔顺、淡雅、浪漫的气氛。红色和黄色、金色的搭配能渲染喜庆的气氛。而金色和粟色的搭配则会给人带来暖意。设计的任务不同，配色方案也随之不同。考虑到网页的适应性，应尽量使用网页安全色。

网页配色没有法则，如果一定要套用某个法则，设计效果就会适得其反。经验上我们可先确定一种能表现主题的主体色，然后根据具体的需要，应用近似的颜色和对比的颜色来完成整个页面的配色方案。整个页面在视觉上应是一个整体，以达到和谐、悦目的视觉效果。例如，红色是火的颜色，热情、奔放；也是血的颜色，可以象征生命。黄色是明度最高的颜色，显得华丽、高贵、明快。绿色是大自然草木的颜色，意味着纯自然和生长，象征安宁、和平与安全，如绿色食品。紫色是高贵的象征，有庄重感。白色能给人以纯洁与清白的感觉，表示和平与圣洁。

1.4　熟悉网站开发的基本流程

网站开发没有固定的模式和套路，但是对于初学者来说，应该了解网站开发的基本流程，只有这样才不至于手忙脚乱，丢三落四。简单描述如下，本书也会在后面的综合训练中帮助读者熟悉这种开发流程。

1. 确定网站主题

首先，必须要解决的就是网站内容问题，即确定网站的主题。例如，网上求职、网上聊天 / 即时信息 /ICQ、网上社区 / 讨论 / 邮件列表、计算机技术、网页 / 网站开发、娱乐网站、旅行、参考 / 资讯、家庭 / 教育、生活 / 时尚等。我们可以参看上面的分类，继续细分。如果自己在某些方面有兴趣，或掌握的资料较多，也可以做一个自己感兴趣的东西，这样可以做出自己的特色，同时会感觉很有趣。

对于内容主题的选择，要做到小而精，主题定位要小，内容要精。不要去试图制作一个包罗万象的站点，这往往会失去网站的特色，也会带来高强度的劳动，给网站的及时更新带来困难。

2. 选择好域名

域名是网站在互联网上的名字。一个非产品推销的纯信息服务网站，其所有建设的价值，都凝结在其网站域名之上。失去这个域名，所有前期工作就将全部落空。

3. 掌握网页设计和开发工具

网络技术的发展带动了软件业的发展，所以网页设计和开发的工具也非常多。从最基本的 HTML 编辑器到现在非常流行的 Flash 互动网页制作工具等。

另外，还要了解 W3C 的 HTML、CSS 规范，掌握 JavaScript 语言。对于常用的一些脚本程序如 ASP、CGI、PHP 也要有所了解，还要熟练使用图形处理工具、动画制作工具以及矢量绘图工具，并能部分了解多种图形图像动画工具的基本用法，熟练使用 FTP 工具以及拥有相应的软硬件和网络知识也是必备的。

4. 选择服务器技术

读者可以先了解一种服务器技术，如 ASP 、PHP 、JSP 、CGI 或 .NET 等。一般个人网站多使用 ASP 服务器技术，并选择 Access 数据库形式来制作，.NET 是 ASP 技术的升级版本。而 PHP + MYSQL 这种形式也广泛流行，读者可以根据个人技术背景和兴趣爱好进行选择。

一般来说，个人网站动态网站技术为 ASP + Access 数据库，或者 PHP + MYSQL 数据库。

5. 确定网站界面

界面就是网站给浏览者的第一印象，往往决定着网站的可看性，在确定网站的界面时要注意以下四点。

（1）栏目与板块编排

构建一个网站就好比写一篇论文，首先要列出题纲，才能使主题明确、层次清晰。对于网站建设初学者，最容易犯的错误就是：确定题材后立刻开始制作，没有进行合理规划，从而导致网站结构不清晰，目录庞杂混乱，板块编排混乱等。结果不但浏览者看得糊里糊涂，制作者自己在扩充和维护网站时也相当困难。所以，在动手制作网页前，一定要考虑好栏目和板块的编排问题。

网站的题材确定后，就要将收集到的资料内容作一个合理的编排。另外，板块的编排设置也要合理地安排与划分。板块比栏目的概念要大一些，每个板块都有自己的栏目。

（2）目录结构

网站实际上就是一堆文件的集合，怎么样去规划这些文件，就是目录的安排。好的网站的目录很清晰，让人一目了然。读者应该根据个人网站包含的内容和支持的功能定义目录集，不同文件夹表示不同的网站版块或者功能模块。

目录结构的好坏，对浏览者来说并没有太大的感觉，但是对于站点本身的维护，以后内容的扩充和移植有着重要的影响，所以建立目录结构时也要仔细安排。

（3）链接结构

网站的链接结构是指页面之间相互链接的拓扑结构，它建立在目录结构基础之上，但可以跨越目录。形象地说，每个页面都是一个固定点，链接则是在两个固定点之间的连线。一个点可以和一个点连接，也可以和多个点连接。更重要的是，这些点并不是分布在一个平面上，而是存在于一个立体的空间中。

（4）形象设计

网站的设计可以从以下几点出发。

- 设计网站标志（LOGO）。
- 设计网站色彩。
- 设计网站字体。
- 设计网站宣传语。

6. 确定网站风格

网站风格是指站点的整体形象给浏览者的综合感受。这个整体形象包括站点的 CI（标志、色彩、字体、标语）、版面布局、浏览方式、交互性、文字、语气、内容价值等诸多因素，网站可以是平易近人的、生动活泼的，也可以是专业严肃的。

无论是色彩、技术、文字、布局，还是交互方式，只要能让浏览者明确分辨出这是你独有的网站，这就形成了网站的风格。

7. 数据库规划

选择网站需要什么规模的数据库支持，以及服务器能够支持的数据库，然后选择网站应该使用的数据库类型。

确定数据库类型之后，就可以设计数据库的结构了。数据库结构和字段设计需要严谨，这方面内容需要读者学习相关专业知识。大型网站会有专职的数据库架构师和数据库管理人员。

8. 内容选择

好的内容选择需要有好的创意，创意的目的是为了更好地宣传与推广网站。从根本上说，网站内容仍然左右着网站流量，内容依然是个人网站成功的关键。

9. 后台开发

网站开发最核心的问题就是编写后台程序，后台程序包含大量复杂的逻辑，同时需要处理各种数据，从数据库中读取数据、写入数据、修改数据、删除数据。开发网站应该是先编写好后台程序，这样后面的工作就好做了，前台只是数据显示的过程，没有复杂的逻辑处理。当然，要设计复杂的交互动作或者效果，也需要使用 JavaScript 设计复杂的逻辑。不过，这个不会影响网站工作的系统性和性能。

10. 前台开发

前台程序比较简单，只需要使用 JavaScript 实现各种交互动作和数据显示。不过，随着用户对网站易用性要求的增加，前台程序的开发也显得越来越重要。大型网站或项目都有专业的前端开发团队，以便更好地服务用户体验。

11. 测试网站

网站测试和修改是必不可少的，当然也可以在初步测试之后，立即发布并在使用中不断完善和修改。在大量网站中，这一步要求是非常严格的，也是网站质量最后一道关口，通常直接由项目经理把关，或者由网站负责人亲自进行测试，以确保发布后不要发生重大问题。

12. 发布网站

网站做完之后，就可以发布了。如果网站仅是练习或者内部交流，直接在本地虚拟服务器上进行运行即可。如果你的网站准备长期放在互联网上，并体味一下互联网站长的滋味，那么可以考虑购买虚拟空间，利用上传工具，将整个网站上传到远程服务器上，然后把虚拟空间绑定到域名上。此时，在浏览器地址栏中输入网站域名，就可以访问个人网站了。

13. 网站推广

网站的营销推广在网站运行中也占有重要的地位，在推广网站之前，请确保已经做好了以下内容：网站信息内容丰富、准确、及时；网站技术具有一定的专业水准，网站的交互性能良好。一般来说，个人网站的推广有以下几种方式。

- 搜索引擎注册与搜索目录登录技巧。
- 广告交换技巧。
- 目标电子邮件推广。

14. 网站日常运行

当网站做到某一程度，就必须把赚钱提到议事日程上来，通常来说，个人网站获取资金通常有以下两个渠道。

- 销售网站的广告位。
- 与大型网站合作。通过与大型网站合作，获取经费，也可以维持个人网站的日常运行。

1.5 准备上手的开发工具

网页开发工具很多，最简单的工具是记事本，最复杂的工具是各种 IDE（即集成开发环境）。记事本比较好用，但是效率低；IDE 开发效率高，但是需要学习。对于初学者来说，如果不能熟练掌握一种或多种网页设计和开发工具，将会面临众多挑战，甚至是举步维艰。可以毫不夸张地说，精通一种工具对于网页设计师来说都是至关重要的。但在众多开发工具中，我们首推 Dreamweaver。

总之，Dreamweaver 应该算是比较经典、口碑尚佳的网页设计、开发和管理工具。它对 HTML 和 CSS 的支持都比较完善，可以帮助读者快速设计精美的网页。

1.5.1 安装Dreamweaver

读者可以访问“http://www.adobe.com/cn/”下载最新试用版 Dreamweaver，也可以下载 Creative Suite 套装软件中的 Web Premium 版本，其中包含 Dreamweaver 软件。试用版不需要验证码，但是有 30 天试用时间限制。

Dreamweaver 安装比较简单，读者可以保持默认设置，然后单击“下一步”按钮即可，安装完毕后可以在“开始”菜单或者在桌面看到 Dreamweaver 快捷访问图标，如图 1.10 所示。双击 Dreamweaver 快捷访问图标就可以启动 Dreamweaver 软件了。

图1.10 Dreamweaver快捷访问图标

1.5.2 使用Dreamweaver

启动 Dreamweaver，在菜单栏中选择“文件”|“新建”菜单命令，打开“新建文档”对话框，在该对话框中选择文件类型、布局模板、文档类型等选项，然后单击“创建”按钮即可新建一个网页文档，如图 1.11 所示。

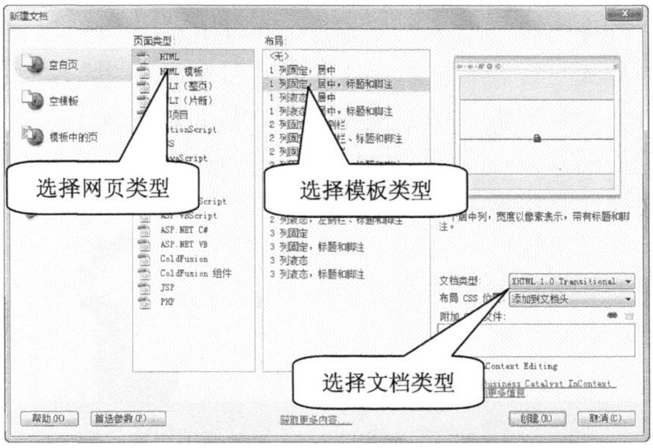

图1.11 新建文档

新建的文档在可视化编辑环境中显示为一块空白区域（如图 1.12 右侧主窗口），在左侧主窗口中显示网页模板的代码，如图 1.12 所示。光标闪烁处正是编辑区域的起始位置，此时可以在菜单栏的“插入”菜单中选择要插入的对象。该菜单中包含图像、多媒体（如视频、音频、Flash 动画等）、表格、布局对象、表单和超链接等网页中大部分的对象内容。插入对象时一般会打开对话框要求进行必要的设置，在编辑窗口中的插入点显示对象效果。

插入对象之后，可以随时选中对象，并在窗口底部的“属性检查器”面板中设置对象的属性，“属性检查器”面板能够自动侦测用户所选对象并显示该类型对象的设置项。所有设置都会即时呈现在编辑窗口中的插入对象上，从而可以直观地查看对象的设置效果。

Dreamweaver 的所有功能和服务都可以在菜单中找到。文档操作在“文档”菜单中选择；插入网页对象可以在“插入”菜单中选择；而修改网页对象只能够在“修改”和“格式”菜单中选择；网站管理应该选择“站点”菜单。因此，读者应该学会在菜单中寻找自己需要的各种功能和操作命令。

Dreamweaver 将常用插入操作集成到“插入”工具栏中，“插入”工具栏又根据对象类型分成不同的选项卡。

很多网页对象的设置在菜单和工具栏中是无法实现的，因为它们的操作空间有限，于是凡是有关网页对象的属性设置操作都被集成到“属性检查器”面板中，该面板默认位于窗口底部。选中一个对象，即可快速在该面板中进行修改。

对于一些内容庞杂或功能复杂的对象来说，简单的“属性检查器”面板也难以胜任，于是 Dreamweaver 又根据不同对象设置了很多侧栏面板，这些面板分别根据功能分门别类地组合在一起，显示在窗口的右侧（或在左侧）。

对于任何面板来说，都可以通过“窗口”菜单来进行关闭和开启，此时“窗口”菜单就相当于面板管理中心。

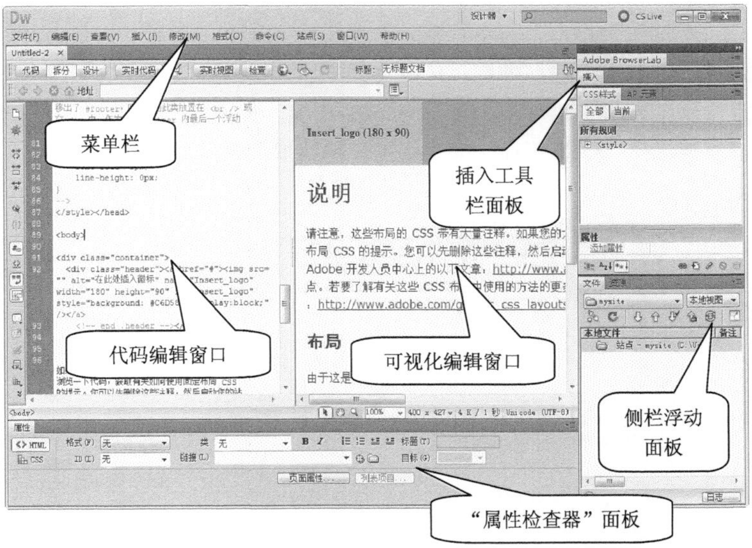

图1.12 Dreamweaver主界面编辑环境

1.5.3 Dreamweaver工作方式

Dreamweaver 开发环境包含多种视图，包括代码视图、设计视图、拆分视图和实时视图。其中代码视图方便开发人员直接编写网页代码；设计视图方便设计师通过鼠标操作快速设计网页，也称为可视化设计界面；拆分视图是同时显示代码视图和设计视图，以便设计师对比代码与视觉效果；实时视图能够真实显示网页最终效果，适合开发动态网页，静态网页设计不需要这种视图，如图 1.13 所示。

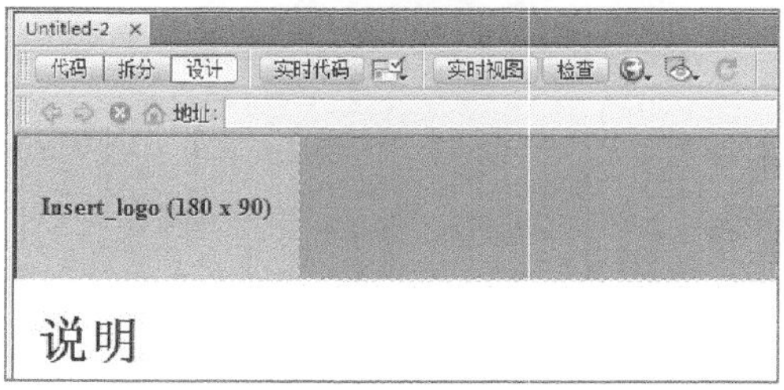

图1.13　Dreamweaver视图选项

设计师常用的是设计视图和代码视图，习惯上在设计视图下插入对象，然后在代码视图下修改部分结构和细节。

1. 设计视图

在设计视图下，Dreamweaver 的编辑窗口模拟了图形图像编辑器的设计风格，以坐标尺的形式显示当前设计的页面。所以读者应该熟悉视图操作中常用的辅助工具，如标尺、辅助线和缩放工具等。

“查看”菜单中集合了大部分视图工具。读者可以将编辑区域想象为一个画板，选择“查看”|“网格设置”|“显示网格”菜单命令，编辑区域将以网格形式呈现，这对于绝对定位布局是非常有帮助的。如果结合辅助线和对象吸附功能（靠齐到网格和靠齐辅助线菜单命令），会感觉在页面中布局对象犹如画画一样轻松自在。

“缩放工具”是图形图像编辑中很重要的一个工具。在网页设计中，借助放大页面局部区域，可以查看布局的细节，以便进行精细操作；缩小页面，能够在一个屏幕中纵览整个页面的布局效果。Dreamweaver 将常用视图工具以按钮的形式置于编辑窗口的上下工具条中，这样设计师在操作中顺手拈来，不用再烦琐地单击“查看”菜单，从中选择某个命令。

编辑窗口顶部是“文档”工具栏，底部是标签选择器和状态栏。状态拦中第一个图标为“选取工具”，使用它可以选取网页中插入的对象（默认操作工具）；第二个图标为“手形工具”，单击该图标，鼠标指针将变为手形，在编辑窗口中按住它可以移动显示区域（在网页内容超出编辑窗口时方可使用）；第三个图标是为“缩放工具”，选择该按钮，在编辑窗口中单击可以放大网页显示内容，按住 Alt 键单击，则可以缩小网页内容，如图 1.14 所示。

在编辑窗口中，每个 <div> 标签在默认状态下会显示虚线框，这个虚线框实际上就是 CSS 布局外框。借助这个布局外框，可以在视图中准确预览某个 Div 标签所设计的布局框大小和位置，以方便设计师直观地掌握标准结构的布局状况。如果在“文档”工具栏的“可视化助理”下拉菜单中取消选择“CSS 布局外框”选项，则将取消所有 <div> 标签的显示标识，如图 1.15 所示。

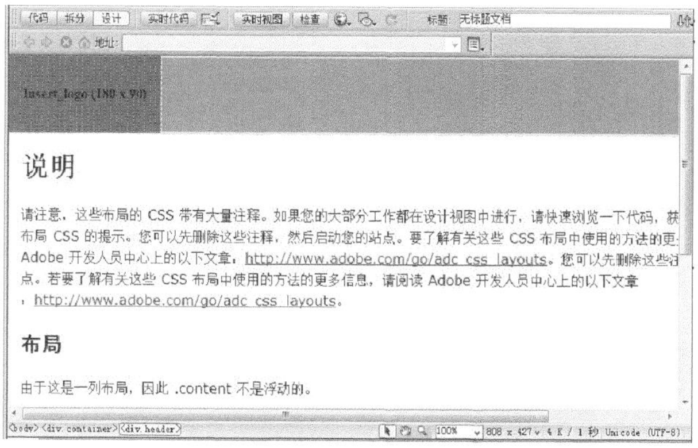

图1.14　集成的编辑环境

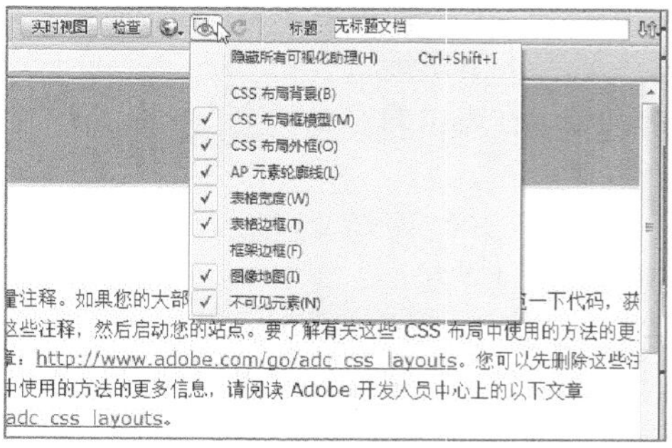

图1.15　CSS布局外框

2. 代码视图

可视化操作对于初学者来说应该算是一种高效的工作方式，但是对于专业开发人员来说，手写代码会更快捷一些。直接编辑代码可以更精确地控制页面的结构和显示，避免可视化操作的功能局限，但却无法满足比较高级的专业设计要求。

从“设计”视图切换到“代码”视图编辑环境，如图1.16所示，就会看到整个编辑窗口包含以下几个部分：顶部的“文档”工具栏、左侧的“编码”工具栏、底部的“标签选择器”和中间的代码编辑区域。

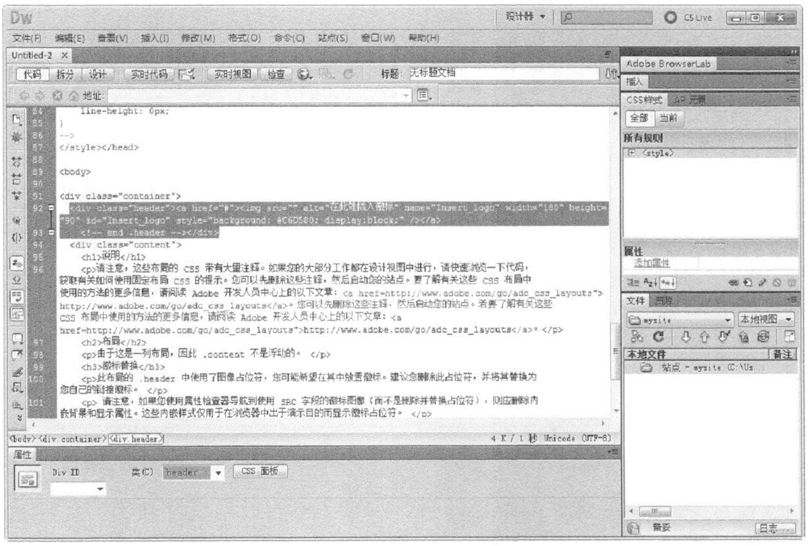

图1.16 Dreamweaver的代码编辑环境

这种编码环境符合大部分用户的使用习惯。常用的代码编辑工具都可以在“文档”工具栏和“编码”工具栏中找到，操作起来比较顺手。编辑区域的左侧显示为代码行，它能够帮助用户快速、准确地定位代码位置。如果单击“编码”工具栏中的“行号”按钮，则可以显示或隐藏行号。

单击“文档”工具栏中的“视图选项”按钮，可以在下拉菜单中选择各种视图设置项，这些选项能够帮助用户高效完成代码编写。例如，选择其中的“隐藏字符”选项，可以显示文档中各种隐藏的字符，如图 1.17 所示，利用这项功能可以了解文档结构中的隐藏代码。

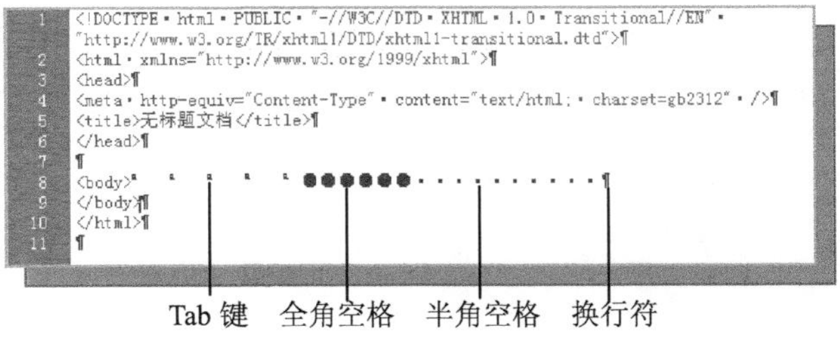

图1.17 显示隐藏的字符

Dreamweaver 提供的代码折叠和扩展功能也是非常实用的。当在浏览或编辑长代码文档时，不用拖动滚动条即可查看文档的不同区域代码。用鼠标单击行号列（蓝色背景列），此时会显示一个减号符号（⊟），它表示代码展开，单击该符号，将自动折叠本行代码，此时符号变为加号（⊞），再次单击加号图标可以展开。

由于 Dreamweaver 采用一种智能映射模式，可以在“设计”视图和“代码”视图下无缝切换，这样就可以实现在设计效果与源代码之间实时切换，从而提高工作效率，这对于广大普通用户来说是至关重要的，因为很多网站开发者身兼数职，既是设计师，也是开发人员。通过在可视化视图和编码视图自由切换，可以利用不同视图的优势进行快速开发，同时，光标会自动映射到对应工作点。

Dreamweaver 支持智能化提示，当在“代码”视图环境下输入“<”符号时，系统自动弹出一个下拉列表，显示 HTML 所有元素，如图 1.18 所示，此时可以在下拉列表中选择所需要的元素名称。方法如下。

- 用鼠标单击选中某个元素，双击选项可以将该元素插入到当前光标位置。如果不需要智能化提示下拉列表，可以按 Esc 键关闭该下拉列表。
- 利用上下方向键可以快速查找元素名称，选中合适的元素之后，按 Enter 键即可将该元素插入到当前光标位置。
- 如果下拉列表项很多，此时可以输入元素的部分字符，系统就会不断高亮显示相同字符组合的元素，这样可以快速定位到需要的元素范围内，最后选中对应的元素，按 Enter 键确定即可。例如，当输入“<ba”字符时，系统会高亮显示对应的开头字符相同的第一个元素，如图 1.19 所示。

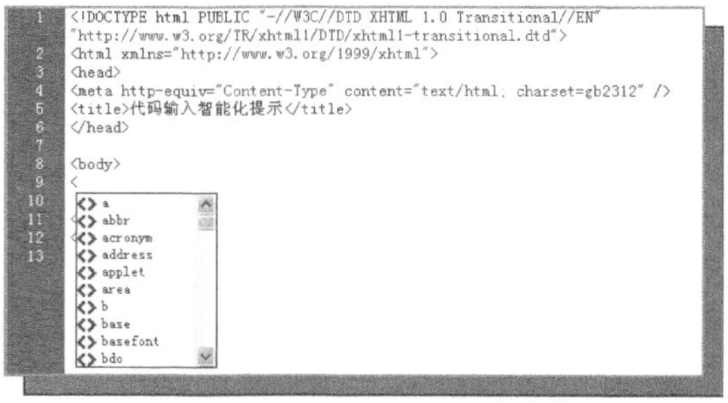

图1.18　智能化提示所有元素

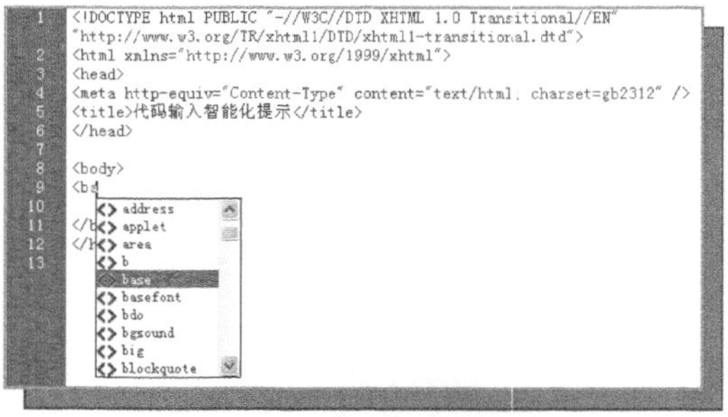

图1.19　智能化加亮对应的元素

输入元素之后，如果按空格键，系统会即时显示该元素的可用属性列表，直接输入或者从中选择某个属性并按 Enter 键即可，如图 1.20 所示。

选中某个属性之后，则系统又会自动提示该属性备选的值，如图 1.21 所示。如果没有备选属性值，则会直接提示用户输入值。有些备选项不是直接的属性值（如显示为 浏览...），则按 Enter 键可以打开对话框执行进一步的选择操作（如指定一个 URL）。

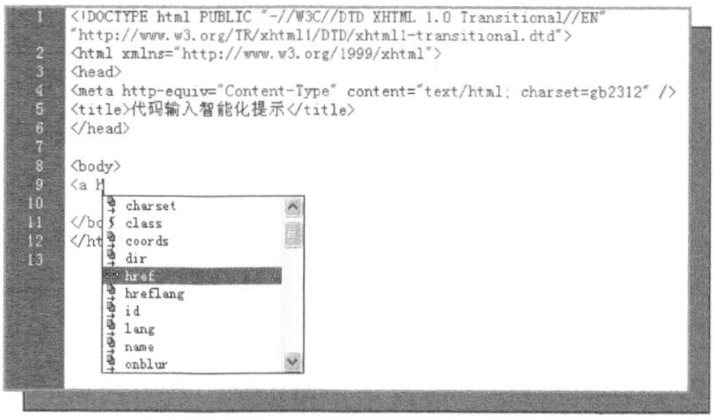

图1.20　智能化提示元素的属性

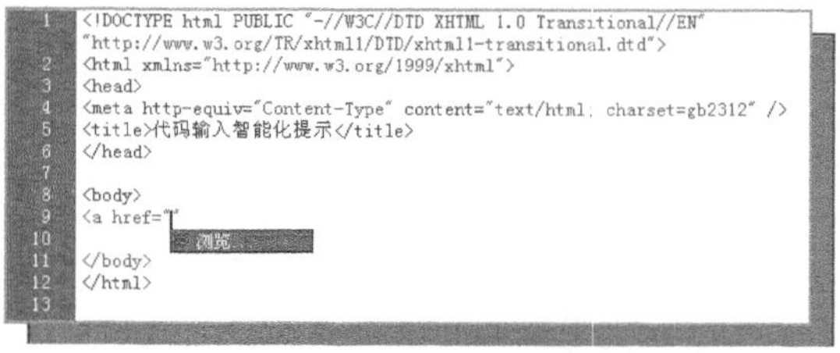

图1.21　智能化提示属性的值

1.5.4　在Dreamweaver中编写CSS样式代码

Dreamweaver 为用户定义 CSS 样式提供了一套比较完善的服务，从渲染布局、人性化代码编辑，再到各种 CSS 辅助工具，这些都会让人感觉可视化操作过程的轻松自由，确保在 Dreamweaver 环境中进行 CSS 设计不会感觉辛苦和乏味。

启动 Dreamweaver，需要新建一个网页文档，然后选择“窗口”|“CSS 样式”菜单命令，就会打开“CSS 样式”面板，如图 1.22 所示。

“CSS 样式”面板包含的所有功能可以使用一句话来概括：一个全能菜单、两种显示模式、三种属性视图、四个操作按钮。

- 一个全能菜单：CSS 样式操作的所有功能都可以在面板菜单中找到。单击面板右上角的下拉菜单图标，将弹出一个下拉菜单，该菜单中显示了所有 CSS 操作功能。实际上，Dreamweaver 的所有面板都拥有这样一个全能菜单。当在面板中找不到所需要的操作按钮时，到面板菜单中选择是一个不错的方法。
- 两种显示模式：所谓显示模式就是显示已定义样式的方式，包括“全部”和“当前”两种模式。在面板的顶部有两个按钮 全部 正在，单击可以在这两种模式间进行来回切换。
  - “全部”模式将显示当前文档中全部的样式，包括外部样式、内部样式和行内样式，如图 1.23 所示。
  - “当前”模式将显示当前对象或选中内容所定义的样式，如图 1.22 所示。

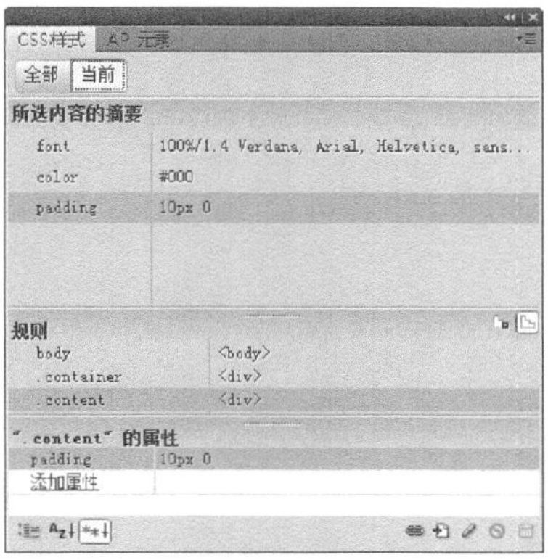

图1.22 “CSS样式”面板和当前模式

图1.23 “CSS样式”的全部模式

- 三种属性视图：所谓属性视图就是显示属性列表的方式。在“CSS 样式”面板底部左侧并列显示三个按钮，它们分别对应“显示类别视图”、“显示列表视图”和“只显示设置属性”。
  - 显示类别视图：将 CSS 属性按类别进行归类，这样按类选择属性，设置的样式会层次清晰，适合初学者使用，如图 1.24 所示。
  - 显示列表视图：将所有 CSS 属性按字母顺序进行排序显示，设置样式时能够模糊检索，快速找到所需要的属性，适合初步入门用户使用，如图 1.25 所示。

图1.24 显示类别视图

图1.25 显示列表视图

  - 只显示设置属性：仅显示已经定义的属性列表，不再显示所有 CSS 属性，设置样式时简单快捷，避免干扰，适合熟练 CSS 的用户使用，如图 1.26 所示。
- 四个操作按钮：在“CSS 样式”面板底部右侧并列显示四个按钮，它们分别对应“附加样式表”、“新建 CSS 规则”、“编辑样式”和“删除 CSS 属性”。

- 附加样式表：单击该按钮可以打开“链接外部样式表”对话框，如图 1.27 所示。在该对话框中设置要导入的外部样式表文件、导入方式（如链接到文档还是导入到文档）和样式表的媒体类型（即在什么环境中有效），从而实现将外部样式表导入到当前文档中。
- 新建 CSS 规则：单击该按钮将打开“新建 CSS 规则”对话框，所谓规则就是 CSS 样式的意思。在“新建 CSS 规则”对话框中可以设置样式的选择器类型和名称，以及该样式存放的位置，如图 1.28 所示。

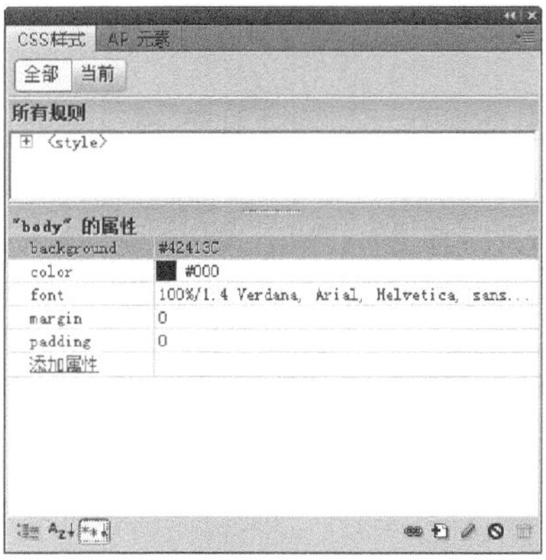

图1.26　只显示设置属性

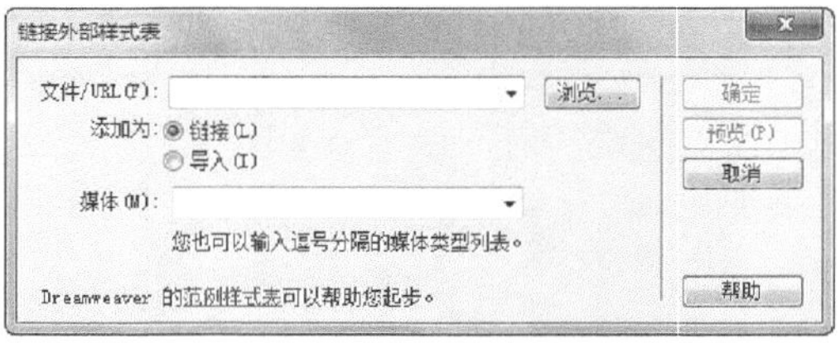

图1.27　“链接外部样式表”对话框

- 编辑样式：单击该按钮可以打开“CSS 规则定义”对话框，如图 1.29 所示，在该对话框中可以快速、直观地修改样式的属性和属性值，增加或删除属性。
- 删除 CSS 属性：在“CSS 样式”面板下半部分的属性列表中选中已定义的属性，单击“删除 CSS 属性”按钮可以快速删除该声明。

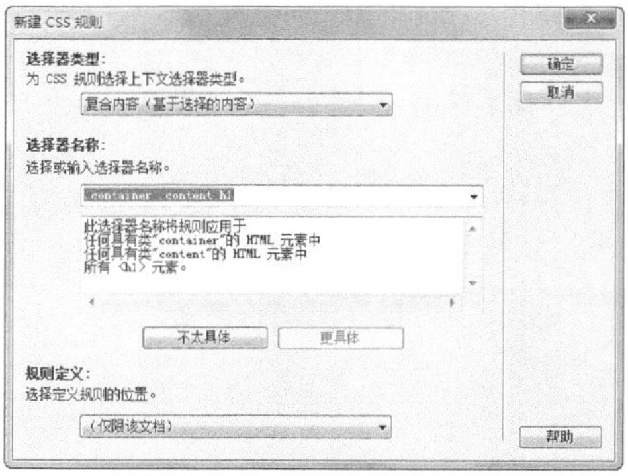

图1.28　“新建CSS规则”对话框

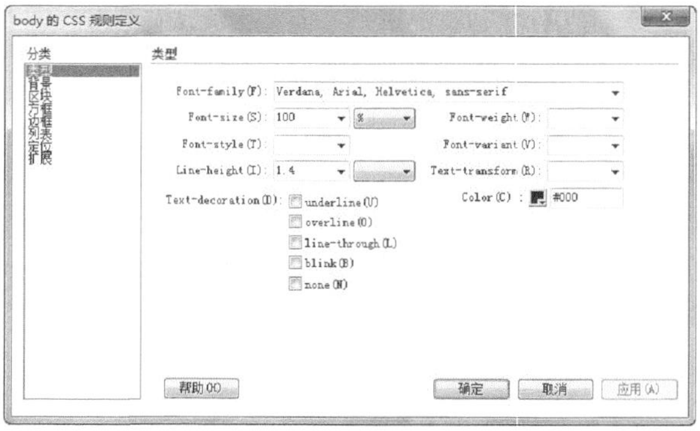

图1.29　“CSS规则定义”对话框

同时，Dreamweaver 提供了一个“样式呈现”工具栏，利用这个工具栏可以根据媒体类型来设计网页渲染的方式和效果。具体方法是在菜单栏中选择“查看”|“工具栏”|“样式呈现”命令，打开“样式呈现”工具栏，如图 1.30 所示。

图1.30　“样式呈现”工具栏

“样式呈现”工具栏包括八个按钮，这些按钮能够查看设计在不同媒体类型中的呈现方式，此外还包含一些特殊按钮。只有在文档中使用依赖于媒体的样式表时，此工具栏才有用。在默认情况下，Dreamweaver 会显示屏幕媒体类型的设计，如果单击相应的按钮就能查看不同媒体类型的呈现。

1.6 综合训练

本章集训目标：

- 能够基本熟练操作 Dreamweaver，熟悉各种常规命令的使用，能够快速找到完成基本任务的功能模块所在菜单或者面板。
- 在基本熟练操作 Dreamweaver 的基础上，尝试定义站点，在站点中新建网页，利用 Dreamweaver 提供的各种可视化设计功能，设计一个简单的页面效果。

1.6.1 实训1：使用Dreamweaver定义一个本地站点

实训说明：

定义本地站点是网站开发中的第一步，通过站点可以高效设计、组织和管理网站内的所有网页。Dreamweaver 对于网站管理方面的功能非常强大。从管理的性能、自动化、协同性、可操作性、集成性等方面都有不俗的表现。本节将以 Dreamweaver 作为工具，介绍如何在本地系统中定义和管理站点。

知识提示：

本地站点是相对于远程站点而言的，远程站点一般位于互联网中的某个服务器上，本地站点包括静态站点和动态站点，目前仅学习静态站点定义，日后当学习动态网站开发时，再涉猎动态站点的架构。

操作步骤：

步骤1 启动 Dreamweaver，选择“站点”|“新建站点”菜单命令，打开相应的对话框。

步骤2 在“站点名称”文本框中输入站点名称，如 mysite，在“本地站点文件夹”文本框中设置站点在本地文件中的存放路径，可以直接输入，也可以用鼠标单击右侧的“选择文件”按钮，选择相应的文件夹，如图 1.31 所示。

步骤3 单击“高级设置”选项卡，展开高级设置选项，在左侧的选项列表中单击“本地信息”选项，然后在“本地信息”对话框中设置本地站点信息，如图 1.32 所示。在“默认图像文件夹”文本框中设置默认的存放站点图片的文件夹。可以单击后面的“选择文件”按钮图标，在打开的对话框中进行选择。

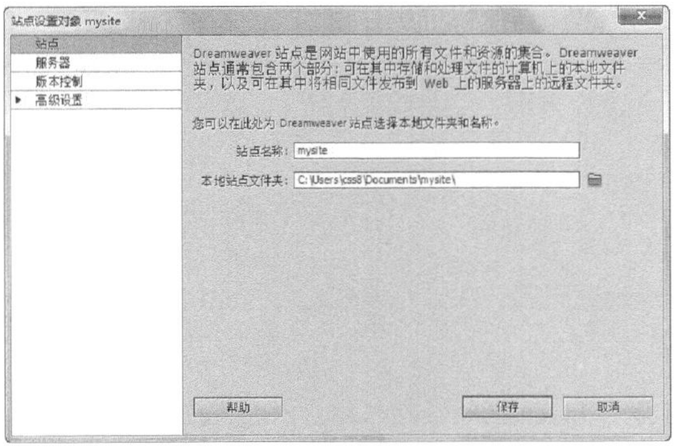

图1.31 定义站点名称和文件夹

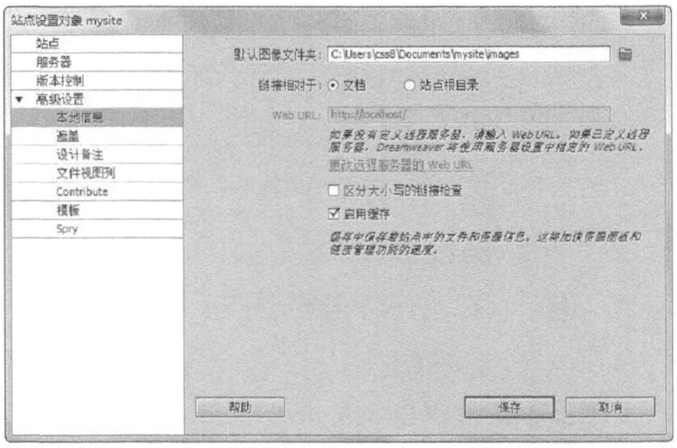

图1.32 定义本地信息

注意 但是对于比较复杂的网站，图片往往不仅仅只存放在一个文件夹中，因此也可以不输入。

步骤4 酌情设置可选项，如果读者不是很精通，则建议采用默认设置，简单说明如下。

- “链接相对于”选项：定义当在 Dreamweaver 中为站点内所有网页插入超链接时是采用相对路径还是绝对路径，如果希望是相对路径则可以选中“文档”单选按钮；如果希望以绝对路径的形式定义超链接，则可以选中“站点根目录”单选按钮。
- “Web URL”文本框：输入网站的网址，该网址能够供链接检查器验证使用绝对地址的链接。在输入网址的时候需要输入完整的网址，例如，http://localhost/msite/。该选项只有在定义动态站点后有效。
- “区分大小写的链接检查”复选框：勾选该复选框，可以对链接的文件名称大小进行区分。
- “启用缓存”：勾选该复选框可以创建缓存，以加快链接和站点管理任务的速度，建议用户选择该项。

1.6.2 实训2：使用Dreamweaver设计DIV结构

实训说明：

本示例演示使用 Dreamweaver 可视化操作构建 HTML 结构的过程和方法。整个结构是一个三行单列版式（包括页眉区域、主体区域和页脚区域），在页眉区域插入两个不同级别的标题文本。主体区域又包括两个子模块，在第一个子模块中插入一个列表结构，在第二个子模块中插入一个数据表格结构。在页脚区域插入一个段落文本。

知识提示：

如果在无 CSS 技术支持的情况下显示如图 1.33 所示，为了方便观看，截图效果在演示时打开了 CSS 布局背景功能，方法是选择“查看”|“可视化助理”|“CSS 布局背景”菜单命令。

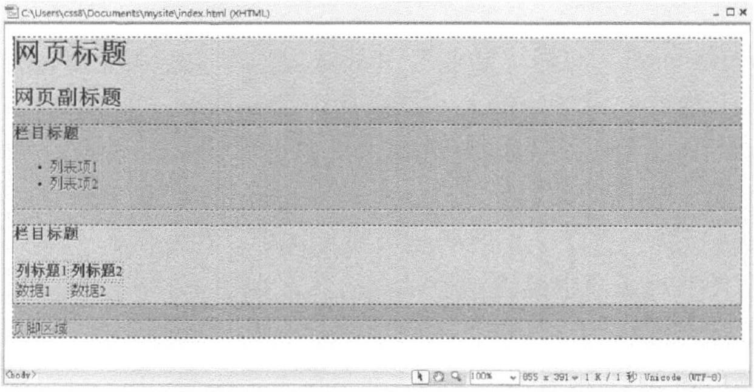

图1.33 使用Dreamweaver设计DIV结构效果

主要训练技巧说明：

- 熟练使用 Dreamweaver。
- 学习使用 Dreamweaver 工作环境搭建网页结构。

示例位置：

“光盘位置”\示例文件\01\实训 2：使用 Dreamweaver 设计 DIV 结构\index.html

设计步骤：

步骤1 启动 Dreamweaver，新建一个网页，保存为 index.html，在标题栏中输入网页标题：综合训练。

步骤2 选择“插入”|“布局对象”|“Div 标签”菜单命令，在打开的“插入 Div 标签”对话框中设置 Div 元素的 ID 属性值为 wrap，如图 1.34 所示，定义一个页面包含框。此时编辑窗口中会显示插入的标签，并显示被选中的“此处显示 id "wrap" 的内容”文本，如图 1.35 所示。

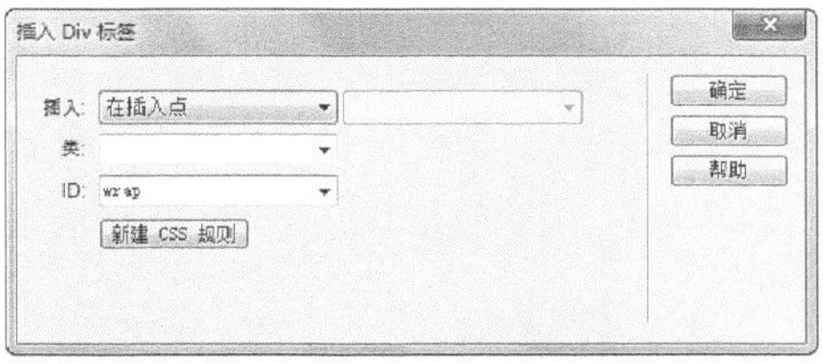

图1.34 “插入Div标签”对话框

图1.35 插入的标签

步骤3 继续执行步骤 2 的操作，插入一个子标签，ID 名为“header”，插入点为“在开始标签之后”，设计网页标题区域，如图 1.36 所示。在使用“插入 Div 标签”对话框中插入 Div 标签时，读者应注意插入点的位置，这在复杂的网页结构中非常重要。插入点一般包括五种。

- 在选定内容旁换行：把 Div 标签插入到当前标签内。
- 在标签之前：把 Div 标签插入到当前标签前面。
- 在开始标签之后：把 Div 标签插入到当前标签内，且紧邻该标签的开始标记后。例如，对于 <div id="wrap"><div id="header"></div</div> 结构来说，则应该插入到 <div id="wrap"> 标记的后面。
- 在结束标签之前：把 Div 标签插入到当前标签内，且紧邻该标签的结束标记前。例如，对于 <div id="wrap"><div id="header"></div></div> 结构来说，则应该插入到 </div</div> 标记的中间。
- 在标签之后：把 Div 标签插入到当前标签的后面。

当插入多个嵌套 Div 标签之后，在“设计”视图下无法直观地看到 Div 嵌套的结构，读者可以通过编辑窗口底部的“标签选择器”来间接了解当前选中的标签和结构关系，如图 1.37 所示，也可以切换到“代码”视图环境，直接查看源代码嵌套的结构和关系。

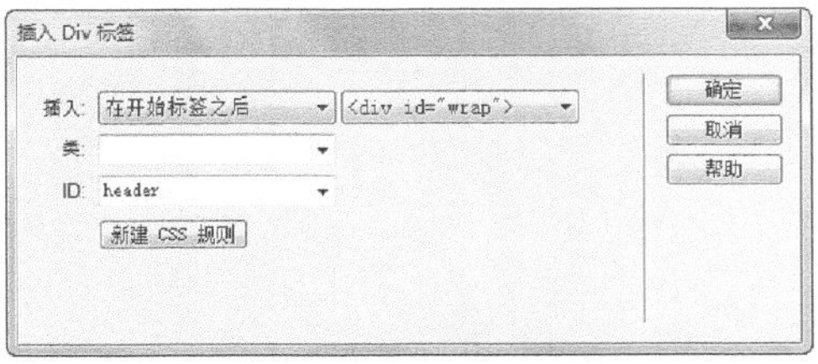

图1.36 设置插入位置

图1.37 查看插入的标签

步骤4 选中 <div id="header"> 标签内的文本（默认为选中状态），输入“标题文本”字符串，然后在“格式”|“段落格式”子菜单中设置文本为一级标题，按 Enter 键换行，并输入“网页副标题”，选中文本，然后在“格式”|“段落格式”子菜单中设置二级标题，如图 1.38 所示。

步骤5 继续插入 <div id="body"> 模块的 Div 标签。设置 ID 值为“body”，插入点为“在开始标签之后”，然后在显示的下拉列表中选择“<div id="header">”，表示在该标签后面插入新的标签，如图 1.39 所示。

步骤6 插入 Div 标签，设置 ID 值为“main”，插入点为“在选定内容旁换行”，然后在编辑区域的当前高亮显示文本（选中“此处显示 id "body" 的内容”字符串）中输入“栏目标题”文本，

此时“栏目标题”文本将覆盖临时提示字符串“此处显示 id "body" 的内容”。在“格式”|“段落文本”子菜单中设置文本为三级标题。

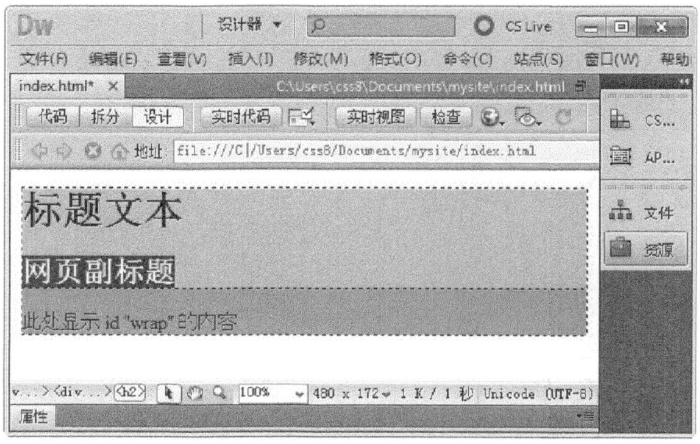

图1.38　输入标题文本

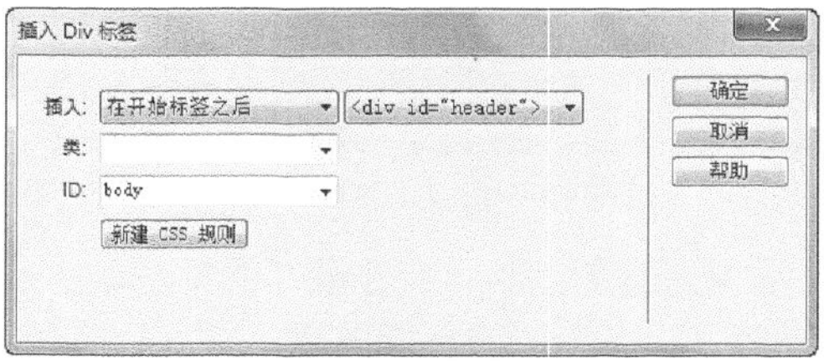

图1.39　插入相邻Div标签

步骤7 按 Enter 键换行，输入“列表项 1”段落文本，按 Enter 键继续输入“列表项 2”段落文本。选中段落文本“列表项 1”和“列表项 2”，在“格式”|“列表”子菜单中选择“项目列表”命令，将段落文本转换为列表结构。

步骤8 继续插入 Div 标签，设置 ID 值为“sub”，插入点位置为“<div id="main"> 标签的后面”。在 <div id="sub"> 标签内输入“栏目标题”段落文本，并在“格式”|“段落文本”子菜单中设置文本为三级标题。

步骤9 选择“插入”|“表格”菜单命令，在“表格”对话框中设置二行二列的数据表格，第一行为列标题（即“标题”设置为“顶部”），设置如图 1.40 所示。

步骤10 在编辑区域的表格内输入数据信息。最后插入一个 Div 标签，设置 ID 名为“footer”，插入点为“<div id="body"> 标签的后面”，输入文本“页脚区域”，并在“格式”|“段落文本”子菜单中设置文本格式为“段落”选项。此时取消 CSS 布局背景视图，则整个文档结构效果如图 1.41 所示。

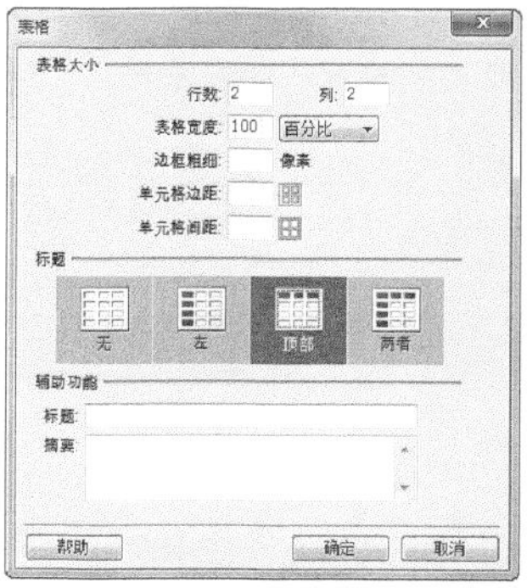

图1.40　插入表格

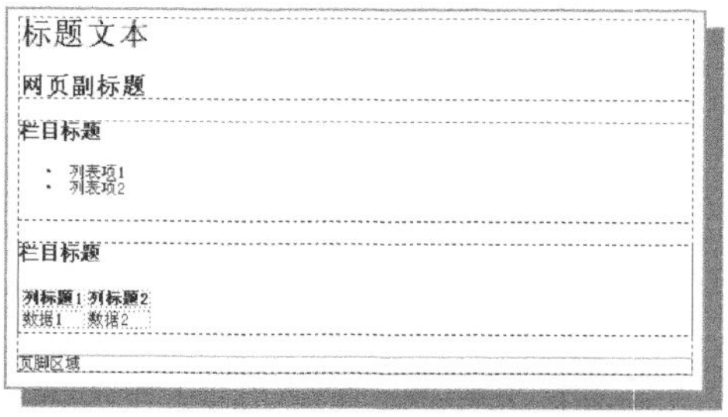

图1.41　插入的结构（无CSS布局背景效果）

上面结合示例演示如何在可视化编辑环境中构建一个 HTML 结构。对于初学者来说，如果结合可视化操作和代码编辑两种操作环境，也许开发的速度会更快些，再结合“代码”视图，可以更精确地进行设计，避免可视化设计所带来的缺陷。

1.6.3　实训3：使用Dreamweaver设计网页样式

实训说明：

上一示例讲解了如何使用 Dreamweaver 搭建 HTML 结构，本示例将在上一示例基础上讲解如何使用 Dreamweaver 可视化设计网页样式，最后设计效果如图 1.42 所示。

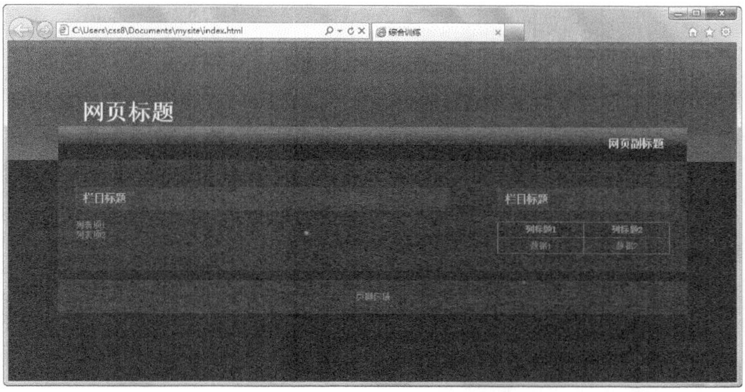

图1.42 使用Dreamweaver设计网页样式

主要训练技巧说明：

- 学习使用 Dreamweaver 设计网页样式。
- 设计网页基本属性：Dreamweaver 提供了“页面属性”对话框，利用该对话框可以定义网页基本样式，这些样式定义了网页基本字体属性、网页背景、页边距、网页超链接样式、字符编码和网页标题等基本属性。
- 设计页面基本结构布局：固定宽度、水平居中，布局版式为三行二列式效果。
- 设计页面基本模块样式：页面整体版式为三行二列式布局效果，其中第一行为一级和二级标题所组成的头部区域。

示例位置：

“光盘位置”\示例文件\01\实训 3：使用 Dreamweaver 设计网页样式\index.html

设计步骤：

步骤 1 启动 Dreamweaver，新建一个网页，保存为 index.html，把上一节示例的 HTML 代码复制过来，也可以直接复制上一节示例文件。

步骤 2 打开已设计好的 HTML 文档结构，选择“修改”|“页面属性”菜单命令，打开“页面属性”对话框，如图 1.43 所示。在对话框左侧的“分类”列表框中选择“外观（CSS）”选项，然后在右侧区域定义网页基本字体样式和网页背景，具体设置如下。

- （网页字体）大小：13 像素　　文本颜色：#888
- 背景图像：images/img01.gif　　重复（背景图像平铺方式）：横向
- 背景颜色：#191919　　左边距、右边距、上边距和右边距：0 像素

步骤 3 在左侧“分类”列表框中选择“标题（CSS）”选项，在右侧选项区域定义一级标题为 2.6em，字体颜色为 #fff；定义二级标题为 16 像素，字体颜色为 #ddd，如图 1.44 所示。

在“代码”视图下，可以看到生成的 CSS 样式代码。

```
<style type="text/css">
<!--
body {/* Dreamweaver定义的页边距样式 */
    margin-left: 0px;                  /* 左边距为0 */
    margin-top: 0px;                   /* 顶边距为0 */
    margin-right: 0px;                 /* 右边距为0 */
    margin-bottom: 0px;                /* 底边距为0 */
}
-->
</style>
```

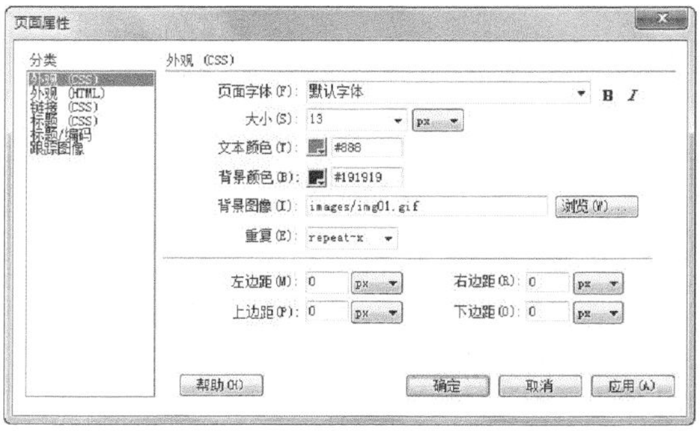

图1.43　网页外观样式

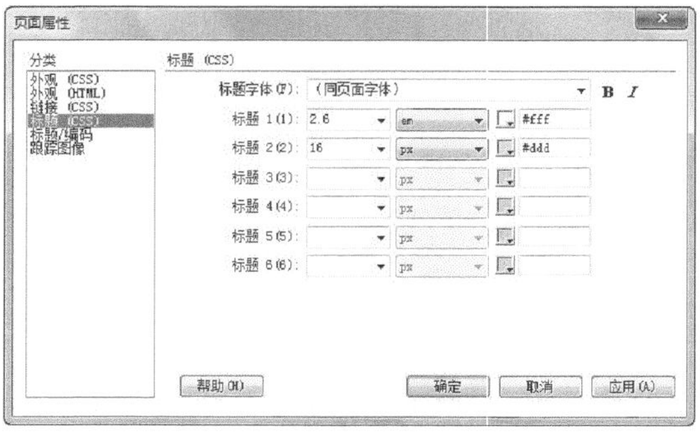

图1.44　网页标题样式

步骤 4 定义固定宽度和网页居中显示样式。选中 body 元素，在“CSS 样式”面板中单击“编辑样式”按钮，打开“CSS 规则定义”对话框，如图 1.45 所示。在左侧“分类”列表框中选择“区块”选项，该选项负责定义文本样式。在右侧区域文本对齐项中定义网页文本水平居中显示。

步骤 5 选中网页包含框元素 <div id="wrap">，再次打开“CSS 样式”面板，在“区块”的文本对齐中定义包含框中所有文本左对齐显示。在 body 元素中定义水平居中，则可以在 IE 浏览器中实现包含框水平居中。为了避免网页文本也居中显示，需要在 <div id="wrap"> 中恢复文本为左对齐。在“方框”选项的宽度文本框中定义包含框宽度为 940 像素，设置上下边界为 0，左右边界为自动，从而实现在非 IE 浏览器中包含框能够自动居中显示，如图 1.46 所示。

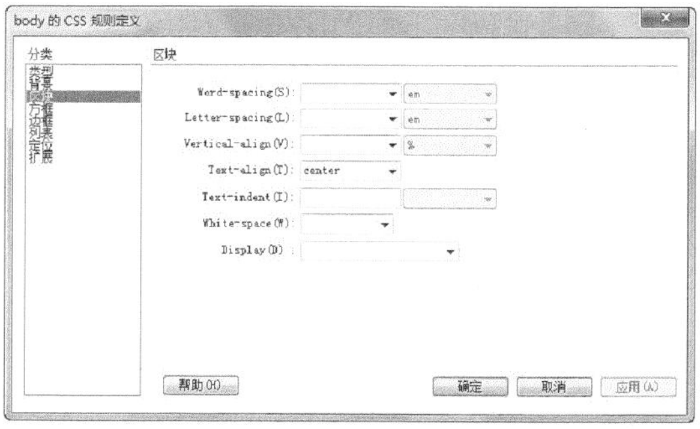

图1.45　定义网页居中

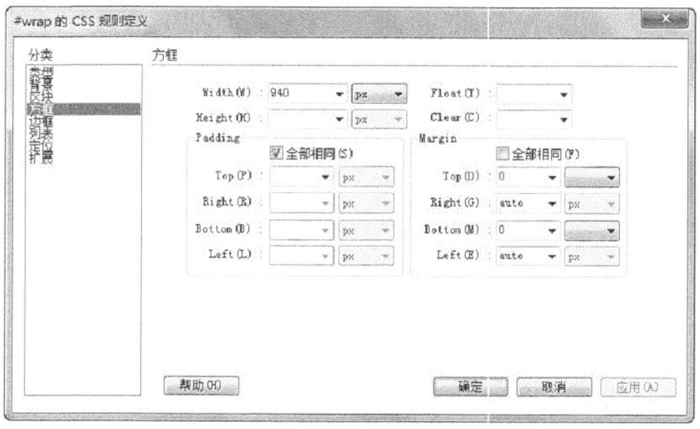

图1.46　定义包含框样式

在“代码”视图下，可以看到生成的 CSS 样式代码。

```
body {
    margin: 0;
    padding:0;
    background: #191919 url(images/img01.gif) repeat-x;
                                        /* 网页背景图像，并水平平铺 */
    font-size: 13px;                    /* 字体大小 */
    color: #888;                        /* 字体颜色 */
    text-align:center;                  /* 居中对齐 */
}
#wrap {/* 包含框基本样式 */
    width: 940px;                       /* 固定网页宽度 */
    margin: 0 auto;                     /* 定义边界，实现水平居中显示 */
    text-align:left;                    /* 恢复文本左对齐默认样式 */
}
```

步骤6 定义主体内容区域的第一个子模块左侧浮动显示，固定宽度为560像素；第二个子模块右侧浮动显示，固定宽度为258像素。设置方法是，先选中某个子模块，然后在“CSS样式”面板中单击底部的“附加样式表”按钮，为子模块定义基本样式（浮动和固定宽度），可以在左侧的“分类”列表框中选择“方框”选项，定义“宽度”和“浮动”项等，如图1.47所示。

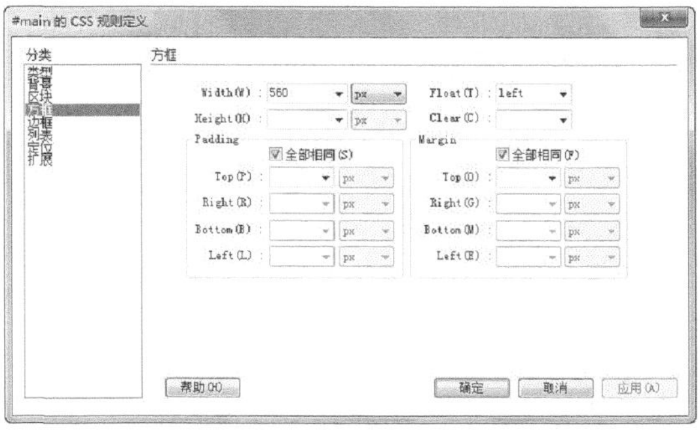

图1.47 定义子模块基本样式

在“代码”视图下，可以看到生成的CSS样式代码。

```
#main {/* 左列栏目样式 */
    float: left;                          /* 向左浮动 */
    width: 560px;                         /* 固定宽度 */
}
#sub {/* 右列栏目样式 */
    float: right;                         /* 向右浮动 */
    width: 258px;                         /* 固定宽度 */
}
```

步骤7 在头部区域中，首先清除标题的默认边距，定义一级标题前景色为#fff，字体大小为13像素的2.6倍；二级标题前景色为#ddd，背景为渐变的背景图像；三级标题为13像素字体1.2倍，字体颜色为#bbb，背景色为#444。

在“代码”视图下，可以看到生成的CSS样式代码。

```
h1 {/* 一级标题样式 */
    margin:0; /* 清除边距 */
    padding: 88px 0 0 36px;               /* 利用补白调整标题显示位置 */
    font-size: 2.6em;                     /* 字体大小 */
    color: #fff;                          /* 字体颜色 */
}
h2 {/* 二级标题样式 */
    margin:0; /* 清除边距 */
    padding-right:36px;                   /* 利用补白调整字体显示位置 */
    height: 50px;                         /* 向左浮动 */
    background: #222 url(images/img02.gif) repeat-x left top; /* 背景图像水
平平铺 */
    line-height:50px;                     /* 水平行高，实现垂直居中显示 */
    font-size:16px;                       /* 字体大小 */
    color: #ddd;                          /* 字体颜色 */
    text-align:right;                     /* 文本右对齐 */
}
#body h3 {/* 三级标题样式 */
    padding:8px 12px;                     /* 利用补白调整 */
    background: #444;                     /* 背景色 */
    font-size: 1.2em;                     /* 字体大小 */
    color: #bbb;                          /* 三级标题的颜色 */
}
```

步骤8 利用“CSS 样式”面板定义主体区域的项目列表样式，如图 1.48 所示。在“分类”列表框中选择“列表”选项，然后在右侧的列表设置项中定义类型为无，项目符号图像为无。在“方框”分类中定义填充和边界均为 0，如图 1.49 所示。

图1.48　定义列表样式

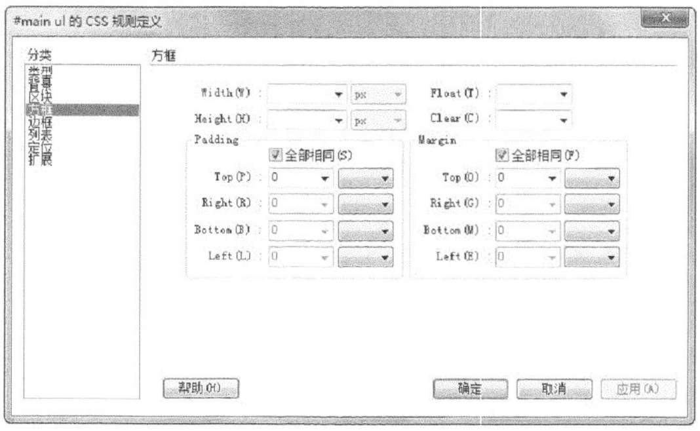

图1.49　清除列表缩进

1.7　上机练习

1．使用 Dreamweaver 定义 CSS 样式，操作对话框如图 1.50 所示。

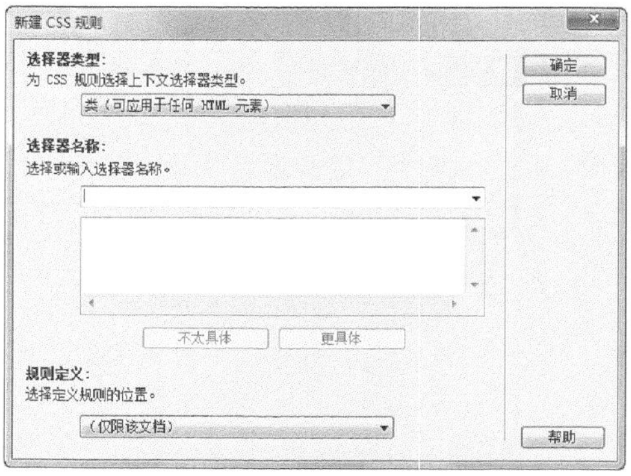

图1.50　“新建CSS规则”对话框

操作要求：

在“CSS 样式”面板底部单击“新建 CSS 规则”按钮，打开“新建 CSS 规则”对话框，在该对话框中需要完成三件事：指定选择器类型、定义选择器名称和设置样式存放位置。

“新建 CSS 规则”对话框所提供的选择器类型还是比较有限的，包括类选择器、标签选择器和 ID 选择器等。“规则定义”选项用来设置所要定义的样式存放位置，可以将样式放在外部样式表中，然后导入到文档中。而“仅限该文档”选项则表示定义内部样式表，所定义的样式将被放置在当前网页文档的头部区域。完成 CSS 规则的定义，就可以模仿上一节的实训 3 的操作步骤设计具体的样式即可。

2．使用 Dreamweaver 应用 CSS 样式，“属性”面板如图 1.51 所示。

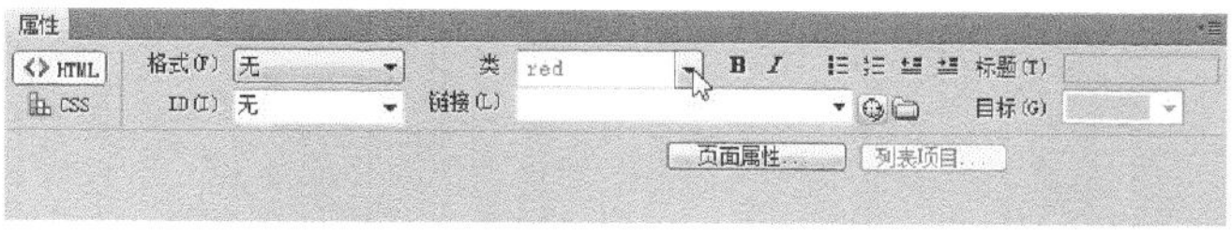

图1.51　Dreamweaver属性面板

操作要求：

当使用 Dreamweaver 定义样式时，与手工定义样式一样，可视化定义样式也需要将定义的样式应用到文档中。当然，对于不同类型的选择器，它们的作用范围不同。

对于标签选择器样式，只要引入文档就会自动作用于文档对象，而对于多数选择器（如类选择器、ID 选择器）还需要进一步操作才能够应用于文档，操作方法如下。

- 对于标签选择器样式来说，只要将样式表引入到文档中即可生效。
- 对于类选择器样式来说，可以在“属性检查器”面板中进行设置。

例如，定义一个红色样式类：

```
.red { color:red;}
```

然后在文档中选中应用该样式的对象，可以在“代码”视图下，也可以在“设计”视图下。在“属性”面板的“目标规则”下拉列表中会看到文档中已定义的所有类样式，如图 1.52 所示。从“目标规则”下拉列表中选择 .red 样式，即可将红色字体样式类应用到当前对象中。

对于 ID 选择器样式来说，可以在插入 Div 标签时直接定义 ID 值。例如，事先定义一个样式。

```
#box {
    width:300px;
    height:100px;
    border:solid 1px red;
}
```

然后选择“插入”|“布局对象”|“Div 标签”菜单命令，打开“插入 Div 标签”对话框，这时就会看到在 ID 文本框中自动显示当前文档中已经定义的 ID 样式，从中选择一个 ID 名（如 box），如图 1.52 所示。或者单击对话框底部的“新建 CSS 规则”按钮，新建一个 ID 样式，单击“确定”按钮，就会看到新插入的 Div 标签自动拥有 #box 选择器所定义的样式。

3．使用 Dreamweaver 导入外部 CSS 样式表，操作对话框如图 1.53 所示。手写代码导入外部样式表文件，很容易出错，而使用 Dreamweaver 导入外部样式表会很简单。

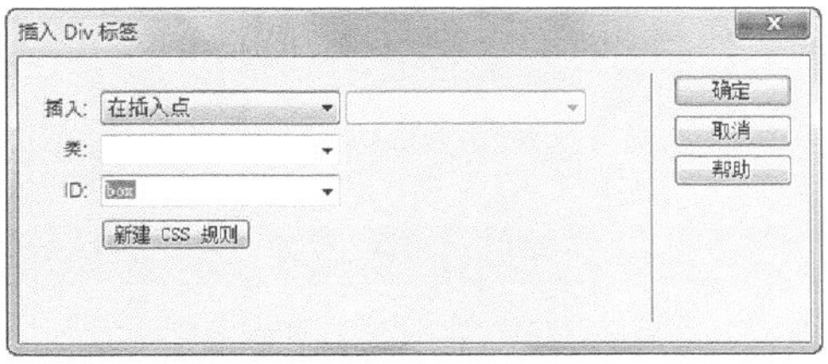

图1.52　“插入Div标签”对话框

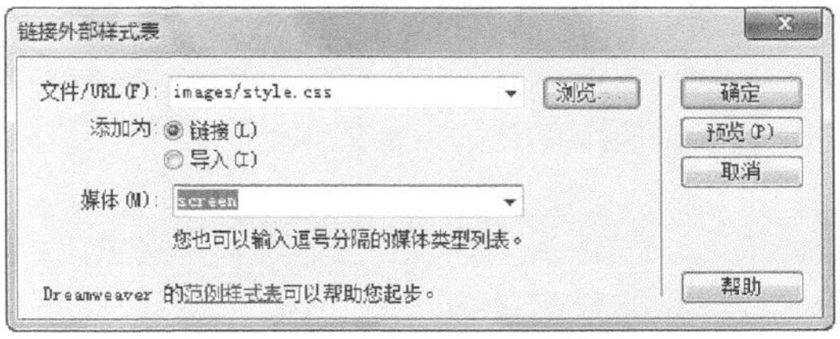

图1.53　“链接外部样式表”对话框

操作要求：

在“CSS 样式”面板中单击底部的“附加样式表”按钮，将会打开“链接外部样式表”对话框。在“文件/URL”文本框中可以输入外部样式表文件，单击“浏览”按钮，可以在打开的文件对话框中直观地查找要打开的外部 CSS 样式表。

如果要创建当前文档和外部样式表之间的链接，可以在“添加为”选项组中选中“链接”单选按钮，则 Dreamweaver 将在文档中创建一个 <link> 标签，并链接已定义的样式表所在的 URL。例如：

```
<link href="images/style.css" rel="stylesheet" type="text/css" media="all" />
```

如果要在一个样式表中添加另一个样式表，则不能使用链接方式引入，此时可以使用导入指令。大部分浏览器还能识别页面中的导入指令，因此也可以利用这种方法把外部样式表导入到文档中。例如：

```
<style type="text/css" media="all">
<!--
@import url("images/style.css ");
-->
</style>
```

在“媒体”下拉列表中可以指定样式表的媒体类型，常用媒体类型包括屏幕（电脑专用样式表）、打印（打印专用样式表）和手提设备（掌上设备专用样式表）等。设置完毕后，单击“确定”按钮即可将外部样式表导入。

第 2 章

HTML和XHTML基础

HTML 和 XHTML 都是网页设计的基础语言，也就是网页结构化语言。根据 W3C 规范化设计目标，网页设计师应该从三个方面入手系统地学习，即结构化语言（HTML、XHTML 和 XML）、表现性语言（CSS）和行为控制语言（ECMAScript、JavaScript、DOM）。

学习要点：

- ◆ 了解 HTML 和 XHTML 语言基本语法。
- ◆ 了解网页文档基本结构。
- ◆ 熟悉常用 HTML 标签。
- ◆ 熟悉常用 HTML 属性。

训练要点：

- ◆ 能够正确手写网页基本结构。
- ◆ 熟练使用常用结构化标签，设计简单的网页文档。
- ◆ 正确理解和使用文档类型、名字空间、文档编码等元信息。
- ◆ 能够区分 HTML 和 XHTML 文档规范的相同点和不同点。

2.1 认识HTML和XHTML

HTML 是 HyperText Markup Language 的缩写，中文翻译为超文本标识语言。使用 HTML 标签编写的文档称为 HTML 文档，目前最新版本是 HTML 5.0，使用最广泛的是 HTML 4.1 版本。

HTML 语言不适合构建标准化网页，因为它将结构和表现混淆在一起。例如，HTML 将不同类型的元素以及元素属性放在一起，为以后的维护和管理埋下了隐患。例如，把描述性元素 color、i 等与标准化结构性元素 div、table 等混用在一起。

XHTML 是 The Extensible HyperText Markup Language 的缩写，中文翻译为可扩展标识语言。XHTML 语言是在 HTML 语言基础上进化而来的，它对网页结构提出了更多、更高的要求，使网页文档更符合标准。

因此 XHTML 语言也是设计师设计网页的首选语言，目前遵循的是 W3C 于 2000 年 1 月推荐的 XHTML1.0，参考信息见“http://www.w1.org/TR/xhtml1”。

当然，HTML 和 XHTML 在语法和标签使用方面差别不大。熟悉 HTML 语言，再稍加熟悉标准结构和规范，也就熟悉了 XHTML 语言。XHTML 兼容 HTML 语言优势，但有如下两个特点。

- 用户可以扩展元素，从而扩展功能。不过在 1.0 版本下，用户只能使用固定的预定义元素，这些元素基本上与 HTML 4 版本元素相同，但删除了部分描述性元素，如 color、i、b 等。
- 能够与 HTML 很好地沟通，可以兼容不同主流网页浏览器，实现 XHTML 页面的正确浏览。

习惯上，设计师喜欢使用 HTML 称呼所有的网页，包括 HTML 语言和 XHTML 语言设计的页面。

2.2 HTML基础

HTML 实际上是一种规范，一种标准，它通过标签来标记要显示的网页中的各个部分，如文字、图形、动画、声音、表格、链接等。网页文件本身仅是一种文本文件，可以在文本文件中添加标签，浏览器能够识别这些标签，知道如何显示其中的内容，如文字如何处理、画面如何安排、图片如何显示等。浏览器将按顺序阅读网页文件，然后根据标签解释和显示其标记的内容。

注意 不同的浏览器对同一标签可能会有不相同的解释，因而可能会有不同的显示效果。

2.2.1 HTML概述

HTML 是目前在互联网上应用最为广泛的语言，也是构成网页文档的主要语言。HTML 文档由 HTML 标签、属性、文本内容组成。

作为一种网页结构标识语言，HTML 易学易懂，当用户熟悉使用该语言后，就可以制作内容丰富、结构复杂、美观大方的网页。HTML 语言的主要作用说明如下。

- 使用 HTML 语言标识文本。例如，定义标题文本、段落文本、列表文本、预定义文本等。
- 使用 HTML 语言建立超链接，通过超链接可以访问互联网上的所有信息，当使用鼠标单击超链接时，会自动跳转到链接页面。
- 使用 HTML 语言创建列表，将信息有序组织在一起，以方便浏览。
- 使用 HTML 语言在网页中显示图像、声音、视频、动画等多媒体信息，把网页设计得更加富有冲击力。
- 使用 HTML 语言可以制作表格，以方便显示大量数据。
- 使用 HTML 语言制作表单，允许在网页内输入文本信息，执行其他用户操作，方便信息互动。

2.2.2 HTML文档结构

HTML文档一般都应包含两部分：头部区域和主体区域。HTML文档基本结构由三个标签负责组织：<html>、<head>和<body>。其中<html>标签标识HTML文档，<head>标签标识头部区域，而<body>标签标识主体区域。

一个完整的 HTML 文档基本结构如下。

```
<!--HTML文档开始-->
<html>
     <head>
          <!--头部信息区域，如<title>标签定义的网页标题-->
     </head>
     <body>
          <!--主体信息区域，包含网页显示的内容-->
     </body>
</html>
<!--HTML文档结束-->
```

在 HTML 文档中，每个标签都是成对出现的，第一个标签（如 <html>）表示标识的起始位置，而第二个标签（如 </html>）表示标识的结束位置。<html> 标签包含 <head> 和 <body> 标签，这两个标签是并列排列的。

如果将上面的字符代码放置在文本文件中，然后另存为 test.html，就可以在浏览器中浏览了。当然，由于这个简单的 HTML 文档还没有包含任何信息，所以在浏览器中是看不到任何显示内容的。

【随堂练习】（示例位置：“光盘位置”\ 示例文件 \02\ HTML 文档结构 \index.html）

<head> 标签包含的信息被称为网页元信息，在网页中是不显示的，而 <body> 标签包含的信息被称为网页内容，能够在网页中看得见。

操作步骤：

新建一个文档，另存为 index.html，然后在 <head> 标签和 <body> 标签中输入一段文字，在浏览器中预览，看这些文本是否都能够显示。在文档中手动输入的代码和内容如下，预览则效果如图 2.1 所示。

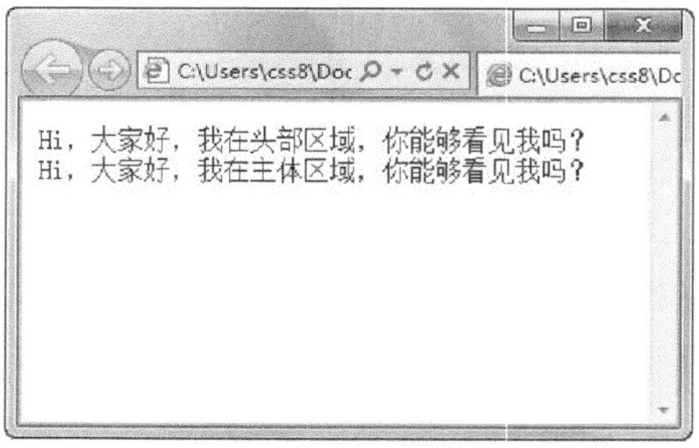

图2.1　测试头部区域和主体区域的内容显示效果

```
<html>
<head>Hi，大家好，我在头部区域，你能够看见我吗？
</head>
<body>Hi，大家好，我在主体区域，你能够看见我吗？
</body>
</html>
```

通过上面的示例说明，头部区域的文本只有包含在特定元信息标签中才能不被浏览器显示出来。

2.2.3 HTML基本语法

在编写 HTML 文档时，必须遵循 HTML 语法规范。HTML 文档实际上就是一个文本文件，它由标签和文本内容混合组成，当然这些标签和文本内容必须遵循一定的语法规则，否则浏览器是无法解析的。

HTML 语言的规范条文不多。从逻辑上分析，这些标签包含的内容就表示一类对象，也可以称为网页元素。从形式上分析，这些网页元素通过标签进行分隔，然后表达一定的语义。

- 所有标签都包含在“<”和“>”起止标识符中，构成一个标签。例如，<style>、<head>、<body> 和 <div> 等。
- 在 HTML 文档中，绝大多数元素都有起始标签和结束标签，在起始标签和结束标签之间包含的是元素主体。例如，<body> 和 </body> 中间包含的就是网页内容主体。
- 起始标签包含元素的名称以及可选属性，也就是说元素的名称和属性都必须在起始标签中。结束标签以反斜杠开始，然后附加上元素名称。例如：

```
<tag>元素主体</tag>
```

- 元素的属性包含属性名称和属性值两部分，中间通过等号进行连接，多个属性之间通过空格进行分隔。属性与元素名称之间也是通过空格进行分隔。例如：

```
<tag a1="v1" a2="v2" a3="v3" …… an="vn">元素主体</tag>
```

- 少数元素的属性也可能不包含属性值，仅包含一个属性名称。例如：

```
<tag a1 a2 a3 …… an>元素主体</tag>
```

- 一般属性值应该包含在引号内，虽然不加引号，浏览器也能够解析，但是读者应该养成良好的习惯。
- 属性是可选的，元素包含多少个属性，也是不确定，这主要根据不同元素而定。不同的元素会包含不同的属性。HTML 也为所有元素定义了公共属性，如 title、id、class、style 等。

虽然大部分标签都是成对出现，但是也有少数标签不是成对的，这些孤立的标签，被称为空标签。空标签仅包含起始标签，没有结束标签。例如：

```
<tag>
```

同样，空标签也可以包含很多属性，用来标识特殊效果或者功能，例如：

```
<tag a1="v1" a1="v1" a2="v2" …… an="vn">
```

- 标签可以相互嵌套，形成文档结构。嵌套必须匹配，不能交错嵌套，例如，<div><span></div></span>。合法的嵌套应该是包含或被包含的关系，例如，<div><span></span></div> 或 <span><div></div></span>。
- HTML 文档所有信息必须包含在 <html> 标签中，所有文档元信息应包含在 <head> 子标签中，而 HTML 传递信息和网页显示内容应包含在 <body> 子标签中。

对于 HTML 文档来说，除了必须符合基本语法规范外，还必须保证文档结构信息的完整性。完整文档结构如下所示。

```
<html>
<head>
<meta http-equiv="Content-Type" content="text/html; charset=utf-8" />
<title>文档标题</title>
</head>
<body></body>
</html>
```

HTML 文档应主要包括如下内容。

- 必须定义文档的字符编码，一般使用 <meta> 标签在头部定义，常用字符编码包括中文简体（gb2312）、中文繁体（big5）和通用字符编码（utf-8）。

◆ 应该设置文档的标题，可以使用 <title> 标签在头部定义。

HTML 文档扩展名为 .htm 或 .html，保存时必须正确使用扩展名，否则浏览器无法正确地解析。如果要在 HTML 文档中增加注释性文本，则可以在“<!--”和“-->”标识符之间增加，例如：

```
<!-- 单行注释-->
```

或

```
<!------------------
多行
注释
------------------>
```

【随堂练习】（示例位置：“光盘位置”\示例文件\02\HTML 基本语法\index.html）

HTML 语法规则虽然不是强制性要求，浏览器的宽容也间接助长了用户在编写代码时的随意性。但是读者应该在学习之初就应该养成好的编码习惯。是不是书写的代码不符合语法要求，HTML 文档就无法解析？

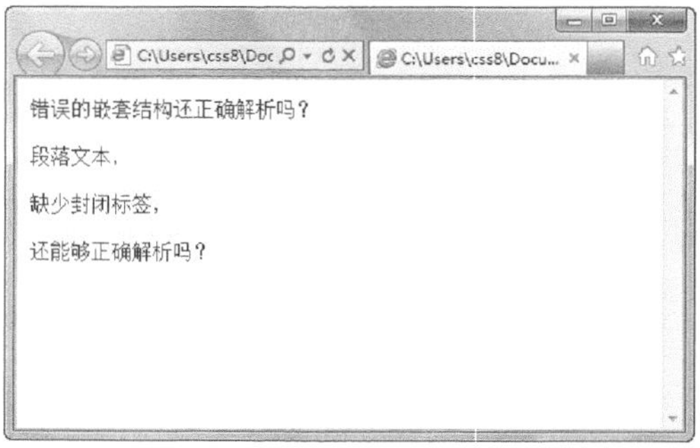

图2.2 浏览器宽容性解析显示效果

操作步骤：

新建一个文档，另存为 index.html，然后 <body> 标签中尝试输入如下的标签结构，在浏览器中预览，看这些标签是否都能够正确显示。在文档中手动输入的代码和内容如下，则预览效果如图 2.2 所示。

```
<html>
<head>
</head>
<body>
    <div><span>错误的嵌套结构还正确解析吗？</div></span>
    <p>段落文本，
    <p>缺少封闭标签，
    <p>还能够正确解析吗？
    <!--我是注释文本，还能够显示吗-->
    <!--
    <p>把标签错放在标签中，我还能够显示吗？</p>
    -->
</body>
</html>
```

通过上面的示例说明，如果错误地书写了 HTML 标签结构，浏览器也能够正确解析。这种做法欠妥，有可能纵容用户的随意性，但是浏览器还是以友好的姿态努力解析所有网页。当然，读者不应该以本示例作为榜样，而应该把它视为反面示例。

当然，任何包含在 <!-- 和 --> 标签之间的信息都被无情地过滤掉了。

2.2.4 HTML标签

标签是 HTML 语言的最基本单位，每个标签都被“<”和“l>”标识符包含，大部分标签都是成对出现的，当然也有个别孤标签，即仅有一个起始标签。

由 HTML 定义的标签很多，下面就常用标签进行说明，随着读者学习不断深入，相信能够完全掌握 HTML 所有标签的用法和使用技巧，更详细的说明请参阅 HTML 参考手册。

1. 文档结构标签

此类标签主要用来标识文档的基本结构，主要包括如下内容。

- <html>...</html>：标识 HTML 文档的起始和终止。
- <head>...</head>：标识 HTML 文档的头部区域。
- <body>...</body>：标识 HTML 文档的主体区域。

【随堂练习】

新建一个文本文件，熟练输入下面的代码，然后另存为 test.html，并在浏览器中测试一下。

```
<html>
<head>
<meta http-equiv="Content-Type" content="text/html; charset=utf-8" />
<title>无标题文档</title>
</head>
<body>网页正文写在这里……
</body>
</html>
```

2. 文本格式标签

这些标签主要用来标识文本区块，并附带一定的显示格式，主要标签说明如下。

- <title>...</title>：标识网页标题。
- <hi>...</hi>：标识标题文本，其中 i 表示 1、2、3、4、5、6，分别表示一级、二级、三级等标题。
- <p>...</p>：标识段落文本。
- <pre>...</pre>：标识预定义文本。
- <blockquote>...</blockquote>：标识引用文本。

【随堂练习】

新建一个文本文件，熟练地输入下面的代码，分别使用 <h1> 和 <p> 标签标识网页标题和段落文本，然后另存为 test.html，并在浏览器中测试一下。

```
<html>
<head>
<meta http-equiv="Content-Type" content="text/html; charset=utf-8" />
<title>示例代码</title>
</head>
<body>
<h1>文本格式标签</h1>
<p>&lt;p&gt;标签标识段落文本</p>
</body>
</html>
```

3. 字符格式标签

字符标签主要用来标识部分文本字符的语义，很多字符标签可以呈现一定的显示效果。例如，加粗显示、斜体显示或者下划线显示等，主要标签说明如下。

- <b>...</b>：标识强调文本，以加粗效果显示。
- <i>...</i>：标识引用文本，以斜体效果显示。
- <blink>...</blink>：标识闪烁文本，以闪烁效果显示。IE 浏览器不支持该标签。
- <big>...</big>：标识放大文本，以放大效果显示。
- <small>...</small>：标识缩小文本，以缩小效果显示。
- ^{...}：标识上标文本，以上标效果显示。
- _{...}：标识下标文本，以下标效果显示。
- <cite>...</cite>：标识引用文本，以引用效果显示。

【随堂练习】

新建一个文本文件，熟练输入下面的代码，分别使用各种字符格式标签显示一个数学方程式的解法，然后另存为 test.html，并在浏览器中测试一下，显示效果如图 2.3 所示。

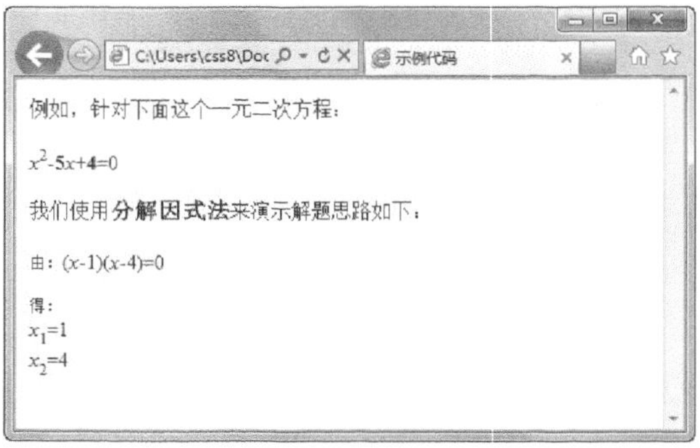

图2.3 字符格式标签显示效果

```
<html>
<head>
<meta http-equiv="Content-Type" content="text/html; charset=utf-8" />
<title>示例代码</title>
</head>
<body>
<p>例如，针对下面这个一元二次方程：</p>
<p><i>x</i><sup>2</sup>-<b>5</b><i>x</i>+<b>4</b>=0</p>
<p>我们使用<big><b>分解因式法</b></big>来演示解题思路如下：</p>
<p><small>由：</small>(<i>x</i>-1)(<i>x</i>-4)=0</p>
<p><small>得：</small><br /><i>x</i><sub>1</sub>=1<br />
    <i>x</i><sub>2</sub>=4</p>
</body>
</html>
```

4. 列表标签

在 HTML 文档中，列表结构可以分为两种类型：有序列表和无序列表。无序列表使用项目符号来标识列表，而有序列表则使用编号来标识列表的项目顺序，具体使用标签说明如下。

- <ul>...</ul>：标识无序列表。
- <ol>...</ol>：标识有序列表。
- <li>...</li>：标识列表项目。

【随堂练习】

新建一个文本文件，熟练输入下面的代码，使用无序列表分别显示了一元二次方程求解有四种方法，然后另存为 test.html，并在浏览器中测试一下，显示效果如图 2.4 所示。

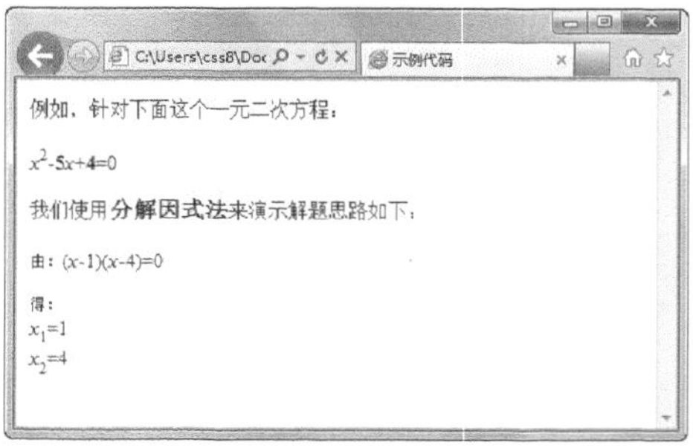

图2.4 无序列表标签显示效果

```
<html>
<head>
<meta http-equiv="Content-Type" content="text/html; charset=utf-8" />
<title>示例代码</title>
</head>
<body>
<h1>解一元二次方程</h1>
<p>一元二次方程求解有四种方法：</p>
<ul>
    <li>直接开平方法 </li>
    <li>配方法 </li>
    <li>公式法 </li>
    <li>分解因式法</li>
</ul>
</body>
</html>
```

定义列表是一种特殊的结构，它包括词条和解释两块内容，包含的标签说明如下。

- <dl>...</dl>：标识定义列表。
- <dt>...</dt>：标识词条。
- <dd>...</dd>：标识解释。

【随堂练习】

新建一个文本文件，熟练输入下面的代码，使用定义列表显示两个成语的解释，然后另存为 test.html，并在浏览器中测试一下，显示效果如图 2.5 所示。

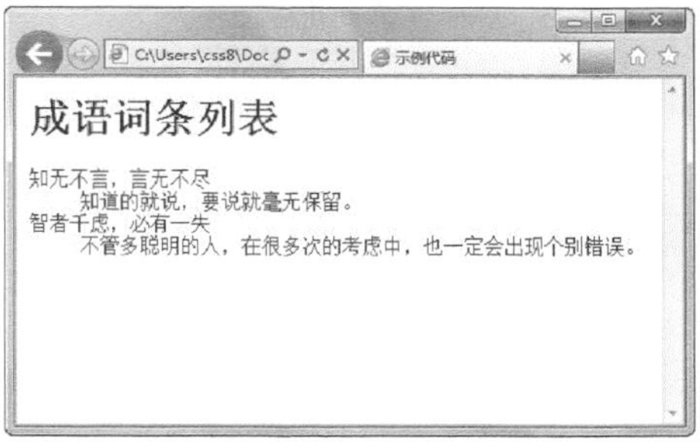

图2.5　定义列表标签显示效果

```
<html>
<head>
<meta http-equiv="Content-Type" content="text/html; charset=utf-8" />
<title>示例代码</title>
</head>
<body>
<h1>成语词条列表</h1>
<dl>
    <dt>知无不言，言无不尽</dt>
    <dd>知道的就说，要说就毫无保留。</dd>
    <dt>智者千虑，必有一失</dt>
    <dd>不管多聪明的人，在很多次的考虑中，也一定会出现个别错误。</dd>
</dl>
</body>
</html>
```

5. 链接标签

链接标签可以实现将多个网页联系在一起，主要结构如下。

<a>...</a>：标识超链接。

【随堂练习】

新建一个文本文件，熟练输入下面的代码，使用 <a> 标签定义一个超链接，实现单击该超链接可以跳转到百度首页，然后另存为 test.html，并在浏览器中测试一下，显示效果如图 2.6 所示。

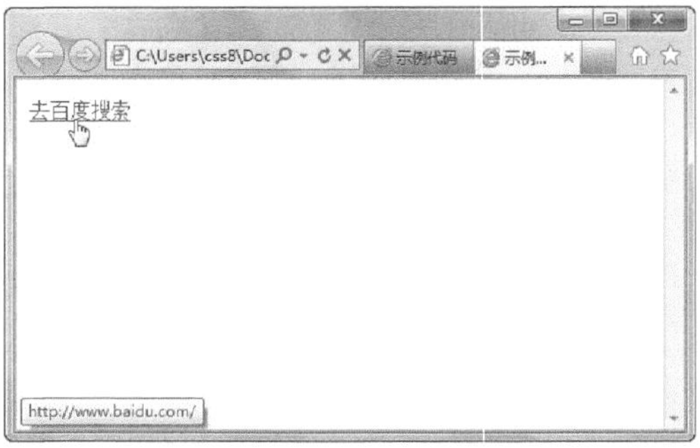

图2.6　超链接标签显示效果

```
<html>
<head>
<meta http-equiv="Content-Type" content="text/html; charset=utf-8" />
<title>示例代码</title>
</head>
<body>
<a href=”http://www.baidu.com/”>去百度搜索</a>
</body>
</html>
```

<a> 标签还可以定义锚点。锚点是一类特殊的超链接，它可以定位到网页中某个具体的位置。

【随堂练习】

新建一个文本文件，熟练输入下面的代码，使用 <a> 标签定义一个锚点，实现单击超链接文本，就可以跳转到网页的底部，然后另存为 test.html，并在浏览器中测试一下。

```
<html>
<head>
<meta http-equiv="Content-Type" content="text/html; charset=utf-8" />
<title>示例代码</title>
</head>
<body>
<a href=”#btm”>跳转到底部</a>
<div id="box" style="height:2000px; border:solid 1px red;">撑开浏览器滚动条</div>
<span id="btm">底部锚点位置</span>
</body>
</html>
```

6. 多媒体标签

多媒体标签主要用于引入外部多媒体文件，并进行显示。多媒体标签主要包括如下内容。

- <img />：嵌入图像。
- <embed>...</embed>：嵌入多媒体。
- <object>...</object>：嵌入多媒体。

7. 表格标签

表格标签用来组织和管理数据，主要包括下面几个标签。

- <table>...</table>：定义表格结构。

- <caption>...</caption>：定义表格标题。
- <th>...</th>：定义表头。
- <tr>...</tr>：定义表格行。
- <td>...</td>：定义表格单元格。

【随堂练习】

新建一个文本文件，熟练输入下面的代码，使用表格标签定义并显示五行三列的数据集，然后另存为 test.html，并在浏览器中测试一下，显示效果如图 2.7 所示。

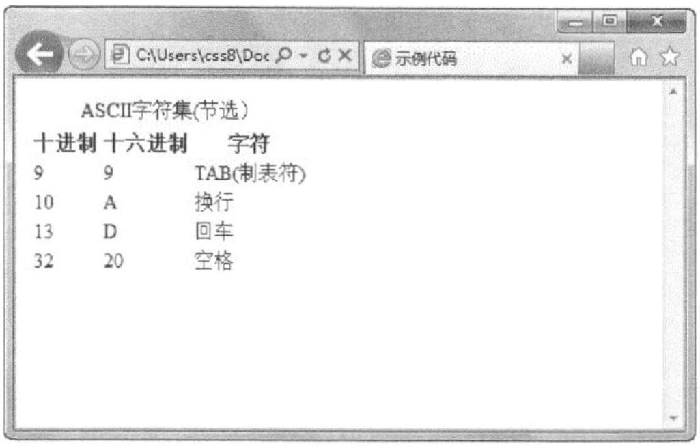

图2.7　表格标签显示效果

```
<html>
<head>
<meta http-equiv="Content-Type" content="text/html; charset=utf-8" />
<title>示例代码</title>
</head>
<body>
<table summary=”ASCII是英文American Standard Code for Information Interchange的缩写。ASCII编码是目前计算机最通用的编码标准。因为计算机只能接受数字信息，ASCII编码将字符转换为数字来表示，以便计算机能够接受和处理。">
    <caption>ASCII字符集(节选)</caption>
    <tr>
        <th>十进制</th>
        <th>十六进制</th>
        <th>字符</th>
    </tr>
    <tr>
        <td>9</td>
        <td>9</td>
        <td>TAB(制表符)</td>
    </tr>
    <tr>
        <td>10</td>
        <td>A</td>
        <td>换行</td>
    </tr>
    <tr>
        <td>13</td>
        <td>D</td>
        <td>回车</td>
    </tr>
    <tr>
        <td>32</td>
        <td>20</td>
        <td>空格</td>
    </tr>
```

```
</table>
</body>
</html>
```

8. 表单标签

表单标签主要用来制作交互式表单，主要包括下面的标签。

- <form>...</form>：定义表单结构。
- <input />：定义文本域、按钮和复选框。
- <textarea>...</textarea>：定义多行文本框。
- <select>...</select>：定义下拉列表。
- <option>...</option>：定义下拉列表中的选择项目。

【随堂练习】

新建一个文本文件，熟练输入下面的代码，使用表单标签分别定义了单行文本框、多行文本框、复选框、单选按钮、下拉菜单和提交按钮的复杂表单，然后另存为 test.html，并在浏览器中测试一下，显示效果如图 2.8 所示。

图2.8 表单标签显示效果

```
<html>
<head>
<meta http-equiv="Content-Type" content="text/html; charset=utf-8" />
<title>示例代码</title>
</head>
<body>
<form id=" form1" name=" form1" method=" post" action=" ">
    <p>单行文本域: <input type="text" name="textfield" id="textfield" /></p>
      <p>密码域: <input type="password" name="passwordfield" id="passwordfield" /></p>
      <p>多行文本域: <textarea name="textareafield" id="textareafield"> </textarea></p>
    <p>复选框: 复选框1<input name="checkbox1" type="checkbox" value="" />
                复选框2<input name="checkbox2" type="checkbox" value="" />
    </p>
    <p>单选按钮:
        <input name="radio1" type="radio" value="" />按钮1
        <input name="radio2" type="radio" value="" />按钮2</p>
    <p>下拉菜单:
        <select name="selectlist">
            <option value="1">选项1</option>
            <option value="2">选项2</option>
            <option value="3">选项3</option>
        </select>
    </p>
```

```
    <p><input type="submit" name="button" id="button" value="提交" /></p>
</form>
</body>
</html>
```

2.2.5 HTML属性

HTML 元素包含的属性众多，这里无法列出所有元素的全部属性，如果读者想查阅每一种标签的全部属性，建议参考 HTML 参考手册。

下面仅就大部分标签的公共属性进行分析。公共属性大致可分为基本属性、语言属性、键盘属性、内容属性和延伸属性等类型。

1. 基本属性

基本属性主要包括下面三个，这三个基本属性为大部分元素所拥有。

```
class                定义类规则或样式规则
id                   定义元素的唯一标识
style                定义元素的样式声明
```

但是下面这些元素不拥有基本属性。

```
html、head            文档和头部基本结构
title                 网页标题
base                  网页基准信息
meta                  网页元信息
param                 元素参数信息
script、style         网页的脚本和样式
```

这些元素一般位于文档头部区域，用来标识网页元信息。

2. 语言属性

语言属性主要用来定义元素的语言类型，包括两个属性。

```
lang                 定义元素的语言代码或编码
dir                  定义文本的方向，包括ltr和rtl取值，分别表示从左向右和从右向左
```

下面这些元素不拥有语言语义属性。

```
frameset、frame、iframe  网页框架结构
br                       换行标识
hr                       结构装饰线
base                     网页基准信息
param                    元素参数信息
script                   网页的脚本
```

【随堂练习】

新建一个网页基本结构，为 <html> 标签和 <body> 标签添加如下属性，分别为网页代码定义了中文简体的语言，字符对齐方式为从左到右的方式，同时为 body 定义了美式英语，然后另存为 test.html。

```
<html xmlns="http://www.w3.org/1999/xhtml" dir="ltr" xml:lang="zh-CN">
<body id="myid" lang="en-us">
```

3. 键盘属性

键盘属性定义元素的键盘访问方法，包括两个属性。

```
accesskey              定义访问某元素的键盘快捷键
tabindex               定义元素的Tab键索引编号
```

使用accesskey属性可以使用快捷键（Alt+字母）访问指定URL，但是浏览器不能很好地支持，在IE浏览器中仅激活超链接，需要配合Enter键确定，而在FF中没有反应。例如：

```
<a href="http://www.baidu.com/" accesskey="a">按住Alt键，单击A键可以链接到百度首页</a>
```

一般在导航菜单中经常设置快捷键。

tabindex属性用来定义元素的Tab键访问顺序，可以使用Tab键遍历页面中的所有链接和表单元素。遍历时会按照tabindex的大小决定顺序，当遍历到某个链接时，按Enter键即可打开链接页面。例如：

```
<a href="#" tabindex="1">Tab 1</a>
<a href="#" tabindex="3">Tab 3</a>
<a href="#" tabindex="2">Tab 2</a>
```

4. 内容属性

内容属性定义元素包含内容的附加信息，这些信息对于元素来说具有重要补充作用，避免元素本身包含信息不全而被误解。内容语义包括五个属性。

```
alt                    定义元素的替换文本
title                  定义元素的提示文本
longdesc               定义元素包含内容的大段描述信息
cite                   定义元素包含内容的引用信息
datetime               定义元素包含内容的日期和时间
```

alt 和 title 是两个常用的属性，分别定义元素的替换文本和提示文本，但是很多设计师习惯于混用这两个属性，没有刻意去区分它们的语义性。实际上，除了 IE 浏览器，其他标准浏览器都不会支持它们的混用，但是由于 IE 浏览器的纵容，才导致了很多设计师误以为 alt 属性就是设置提示文本的。

```
<a href="URL" title="提示文本">超链接</a>
<img src="URL" alt="替换文本" title="提示文本" />
```

替换文本（Alternate Text）并不是用来做提示的（Tool Tip），或者更加确切地说，它并不是为图像提供额外说明信息的。相反 title 属性负责为元素提供额外说明信息。

当图像无法显示时，必须准备替换的文本来替换无法显示的图像，这对于图像和图像热点是必须的，因此 alt 属性只能用在 img、area 和 input 元素中（包括 applet 元素）。对于 input 元素，alt 属性用来替换提交按钮的图片。例如：

```
<input type="image" src="URL" alt="替换文本" />.
```

为什么要设置替换文本呢？这主要是因为浏览器被禁止显示、不支持或无法下载图像时，通过替换文本给那些不能看到图像的浏览者提供文本说明，这是一个很重要的预防和补救措施。另外，还应该考虑到网页对于视觉障碍者，或者使用其他用户代理，如屏幕阅读器、打印机等代理设备的影响。当然，从语义角度考虑，替换文本应该提供图像的简明信息，并保证在上下文中有意义，而对于那些修饰性的图片可以使用空值（alt=""）。

title 属性为元素提供提示性的参考信息，这些信息是一些额外的说明，具有非本质性，因此该属性也不是一个必须设置的属性。当鼠标指针移到元素上面时，即可看到这些提示信息，但是 title 属性不能用在下面的元素上。

```
html、head              文档和头部基本结构
title                   网页标题
base、basefont          网页基准信息
meta                    网页元信息
param                   元素参数信息
script                  网页的脚本和样式
```

相对而言，title 属性可以比 alt 属性设置更长的文本，不过有些浏览器可能会限制提示文本的长度，但是无论怎么规定，提示文本一定要简明、扼要，并用在恰当的地方，而不是所有元素身上都定义一个提示文本，那样就显得画蛇添足了。提示文本一般多用在超链接上，特别是对图标按钮必须提供提示性说明信息，否则用户就会不明白这些图标按钮的作用。

如果要为元素定义更长的描述信息，则应该使用 longdesc 属性。longdesc 属性可以用来提供链接到一个包含图片描述信息的单独页面或者长段描述信息，其用法如下。

```
<img src="URL" alt="人物照" title="朱印宏于2010-5-1中国馆留念" longdesc="这是朱印宏于2010年5月1日在中国馆前的留影，当时天很热，穿着短裤，手里拿着矿泉水，到处都是云集于此的世博会开幕式观众，场面热闹非凡" />
```

或

```
<img src="UTL" alt="替换文本" longdesc="详细描述图像的网页.html" />
```

这种方法意味着从当前页面链接到另一个页面，由此可能会造成理解上的困难。另外浏览器对于 longdesc 属性的支持也不一致，因此应该避免使用。如果感觉对图片的长描述信息很有用，那么不妨考虑将这些信息简单地显示在同一个文档里，而不是链接到其他页面或者藏起来，这样能够保证每个人都可以阅读。

cite 一般用来定义引用信息的 URL。例如，下面一段文字引自“http://www.css8.cn/csslayout/index.htm”，所以可以这样来设置。

```
<blockquote cite="http://www.css8.cn/csslayout/index.htm">
    <p>CSS的精髓是布局，而不是样式，布局是需要缜密的结构分析和设计</p>
</blockquote>
```

datetime 属性定义包含文本的时间，这个时间表示信息的发布时间，也可能是更新时间，例如：

```
<ins datetime="2010-5-1 8:0:0">2010年上海世博会</ins>
```

2.3 XHTML基础

XHTML 是 XML 语言的一个应用，它遵守 XML 语言规范和要求。从技术角度分析，这些语法规则是由 XML 规范定义的。XML 文档规则比较严谨，这样使用生成工具可以更容易解析，也更容易处理。

用过 HTML 的用户对于 XHTML 中的一些规则应该比较熟悉，因为为了兼容数以万计的现存网页和不同浏览器，XHTML 语言兼顾了 HTML 语法规则，XHTML 文档与 HTML 文档没有太大区别，只是添加了 XML 语言的基本规范和要求。

2.3.1 XHTML概述

HTML 是一种基本的网页设计语言，XHTML 是一个基于 XML 语言的标识语言，与 HTML 相似，只有一些微小的但重要的区别，XHTML 就是一个扮演着类似 HTML 角色的 XML。所以，从本质上分析 XHTML 是一个过渡技术，它结合了 XML 的强大功能与 HTML 的简单特性。 如果读者掌握了 HTML 语言的基本用法，以及熟练使用 HTML 标签和属性之后，只需要稍稍阅读本节知识，就可以轻松构建 XHTML 文档。

2000 年底，国际 W3C（World Wide Web Consortium）组织公布发行了 XHTML 1.0 版本。XHTML 1.0 是一种在 HTML 4.0 基础上优化和改进的新语言，目的是基于 XML 应用。XHTML 是一种增强了的 HTML，它的可扩展性和灵活性将适应未来网络应用更多的需求。

与 HTML 相比，XHTML 具有如下特点。

- XHTML 解决 HTML 语言所存在的严重制约其发展的问题。HTML 发展到今天存在三个主要缺点：第一，不能适应现在越来越多的网络设备和应用的需要，如手机、iPad、信息家电都不能直接显示 HTML。第二，由于 HTML 代码不规范、冗长，浏览器需要花费大量的时间才能够正确解析 HTML 数据与表现混杂的结构，这样势必会影响网页运行效率。第三，如果页面要改变显示，就必须重新编写 HTML。因此 HTML 需要发展才能解决这个问题，于是 W3C 又制定了 XHTML，XHTML 是 HTML 向 XML 过渡的一个桥梁。
- XML 是网页发展的趋势，所以人们急切地希望加入 XML 的潮流中。XHTML 是当前替代 HTML4 语言的标准，使用 XHTML 1.0，只要遵守一些简单规则，就可以设计出既适合 XML 规范，又适合当前大部分 HTML 浏览器的页面。这个意思就是说，用户可以立刻设计使用 XML，而不需要等到人们都使用支持 XML 的浏览器。
- XHTML 结构非常严密。HTML 结构糟糕得让人震惊，早期的浏览器接受私有的 HTML 标签，所以当用户在页面设计完毕后，必须使用各种浏览器来检测页面，看是否兼容，往往会有许多莫名其妙的差异，为此不得不修改设计以便适应不同的浏览器。
- XHTML 能与其他基于 XML 的标记语言、应用程序以及协议进行良好的交互工作。
- XHTML 是 Web 标准的一部分，能很好在各种设备上处理。
- 在网站设计方面，XHTML 可以帮助用户甩掉代码编写的恶习，养成标记校验来测试页面工作的习惯。

2.3.2 XHTML文档结构

完整的 XHTML 文档结构如下。

```
<!--[XHTML文档基本框架]-->
<!--定义XHTML文档类型-->
<!DOCTYPE html PUBLIC "-//W3C//DTD XHTML 1.0 Transitional//EN" "http://
www.w3.org/TR/xhtml1/DTD/xhtml1-transitional.dtd">
<!--XHTML文档根元素，其中xmlns属性声明文档命名空间-->
<html xmlns="http://www.w3.org/1999/xhtml">
<!--头部信息结构元素-->
<head>
<!--设置文档字符编码-->
```

```
<meta http-equiv="Content-Type" content="text/html; charset=gb2312" />
<!--设置文档标题-->
<title>无标题文档</title>
</head>
<!--主体内容结构元素-->
<body>
</body>
</html>
```

XHTML 代码不排斥 HTML 规则，在结构上也基本相似，但如果仔细比较，它有两点不同。

1. 定义文档类型

在 XHTML 文档第一行新增了 <!DOCTYPE> 元素，该元素用来定义文档类型。DOCTYPE 是 document type（文档类型）的简写，它设置 XHTML 文档的版本。使用时应注意该元素的名称和属性必须大写。

DTD（如 xhtml1-transitional.dtd）表示文档类型定义，里面包含了文档的规则，网页浏览器会根据预定义的 DTD 来解析页面元素，并将这些元素所组织的页面显示出来。要建立符合网页标准的文档，DOCTYPE 声明是必不可少的关键组成部分，除非你的 XHTML 确定了一个正确的 DOCTYPE，否则页面内的元素和 CSS 不能正确生效。

2. 声明命名空间

在 XHTML 文档根元素中必须使用 xmlns 属性声明文档的命名空间。xmlns 是 XHTML NameSpace 的缩写，中文翻译为命名空间（也有人翻译为名字空间、名称空间）。命名空间是收集元素类型和属性名字的一个详细 DTD，它允许通过一个 URL 地址指向来识别命名空间。

XHTML 是 HTML 向 XML 过渡的标识语言，它需要符合 XML 规则，因此也需要定义名字空间。又因为 XHTML 1.0 还不允许用户自定义元素，因此它的命名空间都相同，就是“http://www.w3.org/1999/xhtml”。这也是为什么你发现每个 XHTML 文档的 xmlns 值都相同的缘故。

2.3.3 XHTML基本语法

XHTML 是根据 XML 语法简化而来的，因此它遵循 XML 文档规范。同时 XHTML 又大量继承 HTML 语言语法规范，因此与 HTML 语言非常相似，不过它对代码的要求更加严谨。遵循这些要求，对于培养良好的 XHTML 代码书写习惯是非常重要的。

◆ 所有的标记都必须有一个相应的结束标记。

在HTML中，用户可以打开许多标签，例如，<p>和<li>不一定写对应的</p>和</li>来关闭它们。但在XHTML中这是不合法的。XHTML要求有严谨的结构，所有标签必须关闭。如果是单独不成对的标签，在标签最后加一个"/"来关闭它。例如：

```
<br /><img height="80" alt="网页设计师" src="../images/logo_w3cn_200x80.gif"
width="200" />
```

◆ 所有标签的元素和属性的名字都必须小写。

与HTML不同，XHTML对大小写是敏感的，<title>和<TITLE>是不同的标签。XHTML要求所有的标签和属性的名字都必须使用小写。例如：<BODY>必须写成<body> 。大小写夹杂也是不被认可的，通常Dreamweaver自动生成的属性名字"onMouseOver"必须修改成"onmouseover"。

◆ 所有 XHTML 标记都必须合理嵌套。

因为XHTML要求有严谨的结构，因此所有的嵌套都必须按顺序，例如：

```
<p><b></p>/b>
```

必须修改为：

```
<p><b></b>/p>
```

也就是说，一层一层的嵌套必须严格对称。

◆ 所有的属性必须用引号""括起来。

在 HTML 中，用户可以不需要给属性值加引号，但是在 XHTML 中，它们必须被加引号。例如：

```
<height=80>
```

必须修改为：

```
<height="80">
```

特殊情况下需要在属性值中使用双引号，可以用"，单引号可以使用'，例如：

```
<alt="say&apos;hello&apos;">
```

◆ 所有<、>、&等特殊符号必须用编码表示。

任何小于号（<），不是标签的一部分，都必须被编码为 <，任何大于号（>），不是标签的一部分，都必须被编码为 >，任何与号（&），不是实体的一部分的，都必须被编码为 &。

◆ 给所有属性赋一个值。

XHTML规定所有属性都必须有一个值，没有值的就重复本身。例如：

```
<td nowrap>
<input type="checkbox" name="shirt" value="medium" checked>
```

必须修改为：

```
<td nowrap="nowrap">
<input type="checkbox" name="shirt" value="medium" checked="checked">
```

◆ 不要在注释内容中使用"--"。

"--"只能发生在 XHTML 注释的开头和结束，也就是说，在内容中它们不再有效。例如，下面的代码是无效的。

```
<!--这里是注释-----------这里是注释-->
```

可以用等号或者空格替换内部的虚线。

```
<!--这里是注释= = = = = = = = = = =这里是注释-->
```

◆ 在文档的开头必须定义文档类型。

◆ 在根元素中应声明命名空间，即设置 xmlns 属性。

◆ XHTML 规范废除了 name 属性，而使用 id 属性作为统一的名称。在 IE 4.0 及以下版本中应保留 name 属性，使用时可以同时使用 id 和 name 属性。

上面列举的几点是 XHTML 最基本的语法要求，习惯于 HTML 的读者，应克服代码书写中的随意性，相信好的习惯会影响一生。

2.3.4 XHTML文档类型分类

XHTML 1.0支持三种DTD（文档类型定义）声明：过渡型（Transitional）、严格型（Strict）和框架型（Frameset）。

1. 过渡型

这种文档类型对于标签和属性的语法要求不是很严格，允许在页面中使用HTML4.01的标签（符合 XHTML 语法标准）。过渡型 DTD 语句如下。

```
<!DOCTYPE html PUBLIC "-//W3C//DTD XHTML 1.0 Transitional//EN"
"http://www.w1.org/TR/xhtml1/DTD/xhtml1-transitional.dtd">
```

2. 严格型

这类文档类型对于文档内的代码要求比较严格，不允许使用任何表现层的标签和属性。严格型 DTD 语句如下。

```
<!DOCTYPE html PUBLIC "-//W3C//DTD XHTML 1.0 Strict//EN"
"http://www.w1.org/TR/xhtml1/DTD/xhtml1-strict.dtd">
```

在严格型文档类型中，以下元素将不被支持。

```
center        居中（属于表现层）
font          字体样式，如大小、颜色和样式（属于表现层）
strike        删除线（属于表现层）
s             删除线（属于表现层）
u             文本下划线（属于表现层）
iframe        嵌入式框架窗口（专用于框架文档类型或过渡型文档）
isindex       提示用户输入单行文本（与input元素语义重复）
dir           定义目录列表（与dl元素语义重复）
menu          定义菜单列表（与ul元素语义重复）
basefont      定义文档默认字体属性（属于表现层）
applet        定义插件（与object元素语义重复）
```

在严格型文档类型中，以下属性将不被支持。

```
align（支持table包含的相关元素：tr 、td、th、col、colgroup、thead、tbody、tfoot）
language
background
bgcolor
border（table元素支持）
height（img和object元素支持）
hspace
name（在HTML 4.01 Strict中支持，在XHTML 1.0 Strict中的form和img元素不支持）
noshade
nowrap
target
text、link、vlink和alink
vspace
width（img、object、table、col和colgroup元素支持）
```

3. 框架型

这是一种专门针对框架页面所使用的 DTD，当页面中含有框架元素时，就应该采用这种 DTD。框架型 DTD 语句如下。

```
<!DOCTYPE html PUBLIC "-//W3C//DTD XHTML 1.0 Transitional//EN"
```

```
"http://www.w1.org/TR/xhtml1/DTD/xhtml1-frameset.dtd">
```

使用严格的 DTD 来制作页面，当然是最理想的方式，但是，对于没有深入了解 Web 标准的网页设计者来说，比较适合使用过渡型 DTD。因为过渡型 DTD 还允许使用表现层元素和属性，比较适合大多数网页制作人员使用。

对于大多数标准网页设计师来说，过渡型 DTD（XHTML 1.0 Transitional）是比较理想的选择。因为这种 DTD 允许使用描述性的元素和属性，也比较容易通过 W3C 的代码校验。

2.3.5 XHTML文档类型详解

在 XHTML 文档中，DOCTYPE 是一个必要元素，它决定了网页文档的显示规则。DOCTYPE 是 Document Type 的简写，中文翻译为文档类型。在网页中通过在首行代码中定义文档类型，用来指定页面所使用的 HTML 的版本类型。在构建符合标注的网页中，只有确定正确的 DOCTYPE（文档类型），HTML 文档的结构和样式才能被正常解析和呈现。

实际上，DTD 是一套关于标签的语法规则。DTD 文件是一个 ASCII 的文本文件，后缀名为 .dtd。如果利用 DOCTYPE 声明中的 URL 可以访问指定类型的 DTD 详细信息。例如，对于 XHTML 1.0 过渡型 DTD 的 URL 为：http://www.w1.org/TR/xhtml1/DTD/xhtml1-transitional.dtd，在浏览器地址栏中输入该地址即可打开 XHTML 1.0 过渡型 DTD 文档，如图 2.9 所示。

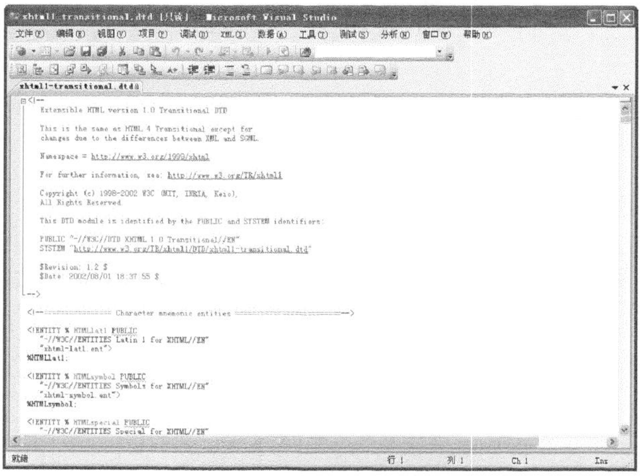

图2.9 XHTML 1.0过渡型DTD文档

一个 DTD 文档包含元素的定义规则，元素间关系的定义规则，元素可使用的属性、实体或符号规则。这些规则用于标签 Web 文档的内容。此外还包括了一些其他规则，它们规定了哪些标签能出现在其他标签中。文档类型不同，它们对应的 DTD 也不相同。

例如，下面是从 XHTML 1.0 过渡型 DTD 文档中截取的有关 image 元素定义的相关规则。

```
<!--=================== Images ====================================-->
<!--
   To avoid accessibility problems for people who aren't
   able to see the image, you should provide a text
   description using the alt and longdesc attributes.
   In addition, avoid the use of server-side image maps.
-->
<!ELEMENT img EMPTY>
<!ATTLIST img
  %attrs;
  src         %URI;                      #REQUIRED
  alt         %Text;                     #REQUIRED
  name        NMTOKEN                    #IMPLIED
  longdesc    %URI;                      #IMPLIED
  height      %Length;                   #IMPLIED
```

```
    width         %Length;                    #IMPLIED
    usemap        %URI;                       #IMPLIED
    ismap         (ismap)                     #IMPLIED
    align         %ImgAlign;                  #IMPLIED
    border        %Length;                    #IMPLIED
    hspace        %Pixels;                    #IMPLIED
    vspace        %Pixels;                    #IMPLIED
>
```

“<!--”和“-->”表示注释，与 HTML 文档中的注释语句相同，然后使用“<!ELEMENT”命令定义一个 image 元素，后面的关键字“EMPTY”表示该元素可以为空，不包含其他元素。

使用“<!ATTLIST”命令定义属性，后面跟随的 img 表示被定义元素的属性。%attrs; 表示属性列表。在跟随的属性列表中，第一列为属性的名称，第二列以“%”标识符定义属性的数据类型。例如，URI 表示文件的地址，Text; 表示字符串文本，Length 表示长度，Pixels 表示像素等。第三列表示属性的默认值类型，其中 #REQUIRED 表示属性值是必须的，#IMPLIED 表示属性值不是必须的，#FIXED value 表示属性值是固定的。有关该文档更详细的规则请查阅相关资料。

由于不同的浏览器对于 HTML 和 CSS 语言的解释效果并不完全相同，换句话说就是不同浏览器的解析规则是不同的。如果页面中没有显示声明 DOCTYPE，则不同浏览器就会自动采用各自默认的 DOCTYPE 规则来解析文档中的各种标签和 CSS 样式码。因此，从浏览器兼容性来考虑，声明 DOCTYPE 是必须的。

DOCTYPE 声明必须放在（X）HTML 文档的顶部，在文档类型声明语句的上面不能够包含任何 HTML 代码，也不能包括 HTML 注释标签。DOCTYPE 声明语句的说明如图 2.10 所示。

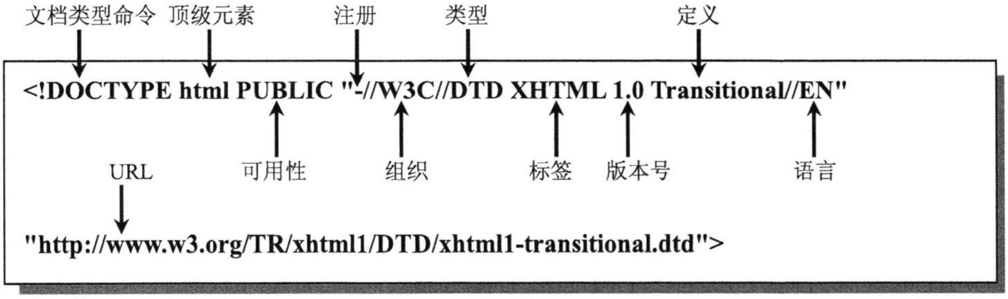

图2.10 DOCTYPE结构图

DOCTYPE 声明中各个部分说明如下。

- 顶级元素：指定 DTD 中声明的顶级元素类型，这与声明的 SGML 文档类型相对应。HTML 文档默认顶级元素为 html。
- 可用性：指定正式公开标识符（FPI）是公开访问的对象（PUBLIC），还是仅供内部访问的系统资源（SYSTEM）。默认为 PUBLIC，系统资源包括本地文件或 URL。
- 注册：指定组织是否由国际标准化组织（ISO）注册。“+”（默认）表示组织名称已注册，“-”表示组织名称未注册。W3C 是属于非注册的 ISO 组织，所以显示为“-”符号。
- 组织：指定在 !DOCTYPE 声明引用的 DTD（文档类型定义）的创建和维护的团体或组织的名称。HTML 语言规范的创建和维护组织为 W3C。
- 类型：指定公开文本的类，即所引用的对象类型。HTML 默认为 DTD。
- 标签：指定公开文本的描述，即对所引用的公开文本的唯一描述性名称，后面可附带版本号。HTML 默认为 HTML，XHTML 默认为 XHTML，后面跟随的是语言版本号。
- 定义：指定文档类型定义，包含 Frameset（框架集文档）、Strict（严格型文档）和 Transitional（过渡型文档），图 1.4 中声明的是过渡型文档。Strict（严格型文档）禁止使用 W3C 规范中指定将逐步淘汰的元素和属性，而 Transitional（过渡型文档）可以包含除 frameset 元素以外的全部内容。

- 语言：指定公开文本的语言，即用于创建所引用对象的自然语言编码系统。该语言定义已编写为 ISO 639 语言代码（两个字母要大写），默认为 EN（英语）。
- URL：指定所引用对象的位置。

从上面的结果分析，可以看到 DOCTYPE 声明语句的写法是严格遵循一定规则的，只有这样浏览器才能够调用对应文档类型的规则集来解释文档中的标签。所谓的文档类型规则集也就是 W3C 公开发布的一个文档类型定义（DTD）中包含的规则。

2.3.6 XHTML名字空间

在 XHTML 文档中，读者还需要注意另一个容易忽略的问题：给<html>标签定义名字空间。例如：

```
<html xmlns="http://www.w1.org/1999/xhtml">
```

xmlns 是 html 元素的一个特殊属性。这个 xmlns 属性是 XHTML Name Space 的缩写，中文翻译为名字空间，该属性声明了 html 顶级元素的名字空间。那么名字空间在文档中是必须的吗？它有什么作用呢？

在标准设计中，名字空间是必须设置的一个属性，用来定义该顶级元素以及其包含的各级子元素的唯一性。名字空间声明允许你通过一个网址指向来识别文档内标签的唯一性。

由于 XML 语言允许用户自定义标签，这样就可能存在你定义的标签与别人定义的标签名称发生冲突。虽然标签名称不同，但是标签所表示的语义可能相同。当这些文档在网上自由传播或者相互交换文件时，由于名称相同可能会发生语义冲突。为此需要为各自的文档指定其语义的限制空间，于是 xmlns 属性就派上了用场。

为了帮助读者理解这个概念，下面举一个简单的示例。这里有张三和李四两个人分别定义的文档。

```
<!--张三：自定义文档 -->
<document>
    <name>书名</name>
    <author>作者</author>
    <content>目录</content>
</document>
<!--李四：自定义文档 -->
<document>
    <title>论文题目</title>
    <author>作者</author>
    <content>论文内容</content>
</document>
```

文档的根元素都是 document，同时文档中包含有很多相同的元素名。如果文档都在网上共享就会发生语义冲突。

如果使用xmlns分别为它们定义一个名字空间，这样就不会发生冲突了。例如：

```
<!--张三：自定义文档 -->
<document xmlns="http://www.css8.cn/zhangsan">
    <name>书名</name>
    <author>作者</author>
    <content>目录</content>
```

```
</document>
<!--李四：自定义文档 -->
<document xmlns="http://www.css8.cn/lisi">
    <title>论文题目</title>
    <author>作者</author>
    <content>论文内容</content>
</document>
```

在上面的代码中，张三的文档名字空间为“http://www.css8.cn/zhangsan”，而李四的名字空间为“http://www.css8.cn/lisi”，虽然他们的文档存在相同的标签，但是借助顶级元素中定义的名字空间，相互之间就不会发生语义冲突。通俗地说，名字空间就是给文档做一个标签，标明该文档是属于哪个网站的。对于 HTML 文档来说，由于它的元素是固定的，不允许用户进行定义，所以指定的名字空间永远为“http://www.w1.org/1999/xhtml”。

2.4 综合训练

本章集训目标：

- 能够建立 HTML 和 XHTML 文档，并清除这些文档之间的细微区别。
- 能够自由使用各种常用标签显示不同类型的网页内容，如表格、表单、列表、图像、段落文本、标题文本、格式化文本等信息。
- 能够根据不同的标签，为它们定义常用属性，以实现对标签的功能、显示方面的控制。

2.4.1 实训1：设计一个自我介绍简单页面

实训说明：

将尝试以手写代码的形式在网页中显示如下内容，示例效果如图 2.11 所示。

- 在网页标题栏中显示“自我介绍”文本信息。
- 以一级标题的形式显示“自我介绍”文本信息。
- 以定义列表的形式介绍个人基本情况，包括姓名、性别、住址、兴趣或爱好。
- 在信息列表下面以图像的形式插入个人的头像，如果图像太大，使用 width 属性适当缩小图像大小。
- 以段落文本的形式显示个人简历，文本内容可酌情输入，效果如图 2.11 所示。

图2.11 设计简单的自我介绍页面效果

示例位置：

“光盘位置”\示例文件\02\实训 1：设计一个自我介绍简单页面\index.html

示例完整的代码如下。

```
<html>
    <head>
        <title>自我介绍</title>
```

```
        </head>
        <body>
            <h1>自我介绍</h1>
        <dl>
            <dt>姓名</dt>
              <dd>张涛</dd>
            <dt>性别</dt>
              <dd>女</dd>
            <dt>住址</dt>
              <dd>北京亚运村</dd>
            <dt>爱好</dt>
              <dd>网页设计、听歌曲、上微博</dd>
            </dl>
        <img src=”images/head.jpg” width=”50%”>
         <p>大家好，我的网名是艾莉莎，现在我将简单介绍一下我自己，我是21岁，出生在中国东
北。爱一个人好难，爱两个人正常，爱三个人好玩，爱四个人好平凡，爱五个人罢蛮，爱六个人了不得
拦，爱七个人是天才。但是我就只爱我的凡客&rarr;艾莉莎，冒犯。</p>
        </body>
    </html>
```

2.4.2 实训2：解决网页乱码现象

实训说明：

网页为什么会出现乱码？

首先，我们看看出现乱码后的网页效果，如图 2.12 所示。

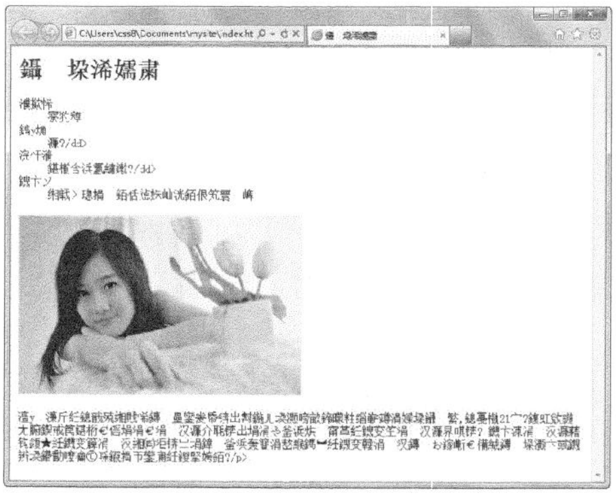

图2.12 出现乱码的网页效果

网页乱码是因为网页没有明确设置字符编码。

有时候，读者在网页中没有明确指明网页的字符编码，但是网页能够正确显示，这是因为网页字符的编码与浏览器解析网页时默认采用的编码一致，所以不会出现乱码。但是，如果浏览器的默认编码与网页的字符编码不一致时，而网页又没有明确定义字符编码，则浏览器依然使用默认的字符编码来解析，这时候就会出现乱码现象。

解决方法：

在 Dreamweaver 中打开该文档，选择“修改”|“页面属性”菜单命令，在打开的“页面属性”对话框中，设置“编码”为“简体中文(GB2312)”，然后单击“确定”按钮即可。

此时在 HTML 文档中会添加如下一行代码。

```
    <html>
    <head>
        <title>自我介绍</title>
            <meta http-equiv=”Content-Type” content=”text/html;
charset=gb2312”>
    </head>
```

```
<body>
</body>
</html>
```

当然，如果读者能够熟练输入上面的一行代码，可以不用Dreamweaver帮忙，直接在HTML文档中手工输入代码定义网页的字符编码。

最后，重新在浏览器中预览，就不会出现上述乱码现象了。

2.4.3　实训3：把HTML转换为XHTML

实训说明：

清楚了XHTML的基本语法规范,那么把HTML转换为XHTML就比较简单。读者可以手动转换，也可以借助工具批量实现，如HTML Tidy。但是工具毕竟是工具，在复杂的HTML文档中，由于手写代码的随意性，很多个性用法和嵌套，也会让人糊涂，所以我们还是建议你使用手工方式转换为老式的HTML文档。只要你铭记下面几条常犯的错误，相信把HTML转换为XHTML是很轻松的。

- 闭合所有元素。
- 使用正确的空元素语法。
- 所有的属性值都必须用引号。
- 为所有属性分配值。
- 元素和属性名要小写。
- 元素要正确嵌套。
- 包含DOCTYPE声明。
- 添加XHTML名字空间。

下面这个HTML文档不是一个良好构成的XHTML文档，我们将把它转换成良好构成的XHTML文档。在浏览器中的解析效果如图2.13所示。

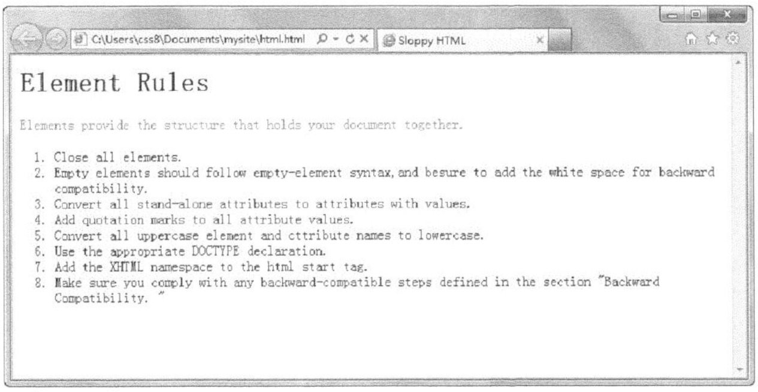

图2.13　HTML文档解析效果

示例位置：

"光盘位置"\示例文件\02\实例3：把HTML转换为XHTML\html.html

```
<HTML>
<HEAD>
<TITLE>Sloppy HTML</TITLE>
</HEAD>
<BODY>
<H1>Element Rules</H1>
<P><FONT COLOR=RED>Elements provide the structure that holds your document
```

```
together.</FONT> <BR>
<OL COMPACT>
    <LI>Close all elements.
     <LI>Empty elements should follow empty-element syntax,and besure to
add the white space for backward compatibility.
    <LI>Convert all stand-alone attributes to attributes with values.
    <LI>Add quotation marks to all attribute values.
    <LI>Convert all uppercase element and cttribute names to lowercase.
    <LI>Use the appropriate DOCTYPE declaration.
    <LI>Add the XHTML namespace to the html start tag.
    <LI>Make sure you comply with any backward-compatible steps defined in
the section "Backward Compatibility. "
</OL>
</BODY>
</HTML>
```

示例位置：

“光盘位置”\示例文件\02\实例3：把HTML转换为XHTML\xhtml.html

操作步骤：

步骤1 关闭所有元素。注意，p元素以及列表项元素（li）都没有关闭标记，因此应该添加标识，关闭p和li标记。例如：

```
<P><FONT COLOR=RED>Elements provide the structure that holds your document
together.</FONT></P>
<LI>Close all elements.</LI>
```

步骤2 空元素应该遵守空元素语法，并且要保证加入必要的空格以保持向后兼容性。BR元素是上述文档中唯一的空元素，因此应该把它更改成
。

步骤3 将所有独立的属性转换成带有值的属性。把COMPACT更改为COMPACT=COMPACT。

步骤4 在所有属性值上加引号。例如：

```
<P><FONT COLOR=”RED”>Elements provide the structure that holds your
document together.</FONT></P>
<OL COMPACT=”COMPACT”>
```

步骤5 把所有大写元素和属性名（以及属性值）都转换为小写。例如：

```
<html>
<head>
<title>Sloppy HTML</title>
</head>
<body>
```

步骤6 使用正确的DOCTYPE声明。这里使用过渡型（Transitional）DTD：

```
<!DOCTYPE html PUBLIC "-//W3C//DTD XHTML 1.0 Transitional//EN" "http://
www.w3.org/tr/xhtml1/dtd/xhtml1-transitional.dtd">
```

步骤 7 将 XHTML 名字空间添加到 html 起始标志中。

```
<html xmlns=http://www.w3.org/1999/xhtml>
```

最后得到完全符合 XHTML 规范的文档代码如下。

```
<!DOCTYPE html PUBLIC "-//W3C//DTD XHTML 1.0 Transitional//EN" "http://www.w3.org/tr/xhtml1/dtd/xhtml1-transitional.dtd">
<html xmlns=http://www.w3.org/1999/xhtml>
<head>
<title>Sloppy HTML</title>
</head>
<body>
<h1> Element Rules</h1>
<p><font color="red"> Elements provide the structure that holds your document together.</font></p>
<br />
<ol compact="compact">
    <li> Close all elements.</li>
    <li> Empty elements should follow empty-element syntax,and besure to add the white space for backward compatibility.</li>
    <li> Convert all stand-alone attributes to attributes with  values.</li>
    <li> Add quotation marks to all attribute values.</li>
    <li>Convert all uppercase element and cttribute names to lowercase.</li>
    <li>Use the appropriate DOCTYPE declaration.</li>
    <li>Add the XHTML namespace to the html start tag.</li>
    <li>Make sure you comply with any backward-compatible steps defined in the section "Backward Compatibility."</li>
</ol>
</body>
</html>
```

2.5 上机练习

1．网页主要是用来传达信息的，一个标题，一句口号，一个段落，一张图片都可以组成一个网页。下面以一首唐诗为题材制作一个简单的网页，演示如图 2.14 所示。

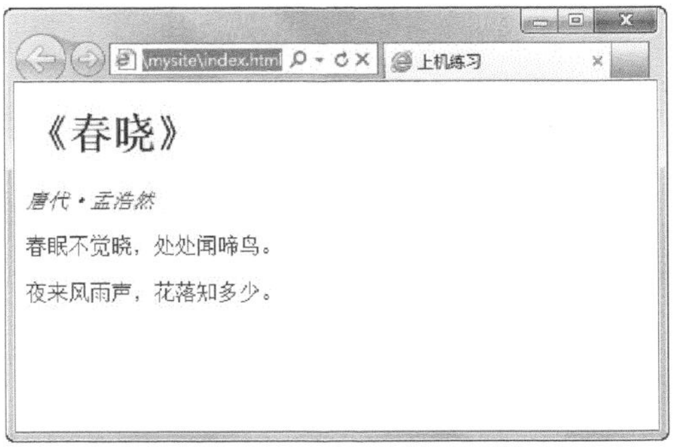

图2.14 设计一个简单的网页

设计要求：

- 在制作网页时，要遵循语义化设计要求，选用不同的标签表达不同的信息。
- 使用 <h1> 标签设计标题。
- 使用 <address> 标签设计出处。
- 使用 <p> 标签设计正文信息。

示例位置：

“光盘位置”\示例文件\02\上机练习1\index.html

2．下面这段HTML文档源代码是不符合XHTML标准的，请把它转换为XHTML过渡型文档要求，演示如图2.15所示。

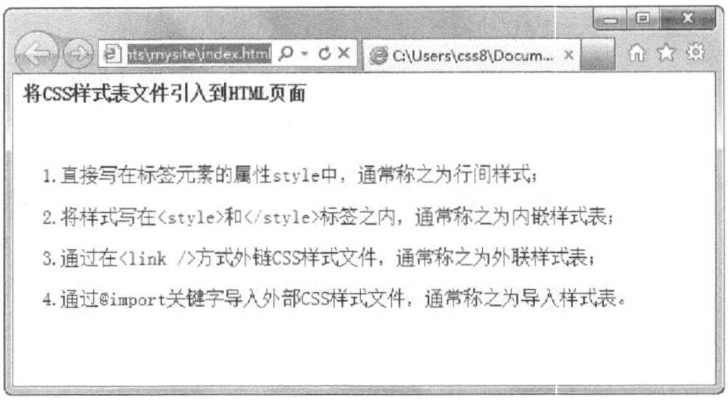

图2.15　转换一个普通的页面

```
<html>
<head></head>
<body>
<p><b>将CSS样式表文件引入到HTML页面</b></p><br>
<p>  1.直接写在标签元素的属性style中，通常称之为行间样式；
<p>  2.将样式写在&lt;style&gt;和&lt;/style&gt;标签之内，通常称之为内嵌样式表；
<p>  3.通过在&lt;link /&gt;方式外链CSS样式文件，通常称之为外联样式表；
<p>  4.通过@import关键字导入外部CSS样式文件，通常称之为导入样式表。
</body>
</html>
```

设计要求：

- 注意标明文档类型和名字空间。
- 使用标题标签设计标题。
- 使用有序列表标签设计列表样式。
- 注意标签的闭合。
- 不要使用非语义字符填充HTML文档。

示例位置：

“光盘位置”\示例文件\02\上机练习2\index.html、index_ok.html

第3章 CSS基础

CSS是Cascading Style Sheet的缩写，中文意思是层叠样式表或级联样式表，它定义如何显示HTML元素，用于控制网页的外观。通过使用CSS实现页面的内容与表现形式分离，极大提高了工作效率。样式存储在样式表中，通常放在<head>头部区域，或者存储在外部CSS文件中。作为网页标准化设计的趋势，CSS取得了浏览器厂商的广泛支持，正越来越多地被应用到网页设计中去。

学习要点：

- 了解CSS语言的基本语法和用法。
- 了解CSS样式和样式表基本结构。
- 熟悉CSS选择器和CSS属性。
- 了解CSS特性。

训练要点：

- 能够正确手写CSS样式代码。
- 能够编写CSS样式表文件，并能够将样式表导入到网页中。
- 能够灵活、混合使用CSS选择器，根据文档结构准确匹配样式。
- 能够准确理解CSS的层叠性、继承性和特殊性，并在实践中加以灵活应用。

3.1　CSS概述

在网页设计中，CSS 与 HTML、JavaScript 并列为网页前端设计的三种基本语言。其中 CSS 负责设计网页的显示效果，HTML 负责构建网页的基本结构，JavaScript 负责开发网页的交互效果。

HTML 语言具有强大的结构化组织功能，利用其丰富的标签可以轻松构建网页的结构和显示内容，但在网页布局以及内容显示样式方面功能就显得比较弱小。CSS 语言弥补了 HTML 语言的缺陷，为用户提供了功能强大的页面样式美化和布局功能。

3.1.1　什么是CSS样式

在互联网上随意访问一个页面，然后在浏览器中查看网页源代码，在页面头部区域一般都会看到如下的标签。

```
<style type="text/css">
    ……
</style>
```

或者

```
<link href="style.css" rel="stylesheet" type="text/css" />
```

这些代码正是 CSS 样式表，<style> 标签包含的信息都是具体的 CSS 样式，而 <link> 标签连接的文件也是 CSS 样式表文件。

HTML 在显示网页方面存在一个明显的缺陷，虽然 HTML 在一开始就制定了各种网页样式标签和各种页面修饰属性。但随着网页信息的飞速增加，这种将信息显示内容与信息显示样式混在一起的设计方法已无法满足人们对网络信息的快速搜索需求，更不能适应互联网技术的发展。

W3C 标准化组织于 1996 年 12 月 17 日推出了 CSS 1 规范，并得到了微软与网景公司的支持。1998 年 5 月 12 日，W3C 组织推出了 CSS 2，从此该项技术在世界范围内得到推广和使用。现在大部分网页中使用的 CSS 样式表都遵循 CSS 2 标准。最新的 CSS 3 标准虽然早已定义完毕，但由于支持的浏览器和使用者都比较少，因此还没有大规模普及使用。

CSS 语言不需要编译，也不需要特殊的处理，用户只要把它们放在 <style> 和 </style> 标签之间，或者单独存储在一个文本文件之中，然后保存为扩展名为 .css 的文件，最后利用 <link> 标签链接或导入到网页中即可。

3.1.2　为什么学习CSS

CSS 是在 HTML 语言基础上发展而来的，是为了克服 HTML 网页布局所带来的弊端。在 HTML 语言中，各种功能的实现都是通过标签元素来实现，然后通过标签的各种属性来定义标签的个性化显示。这也造成了各大浏览器厂商为了实现不同的显示效果而创建各种自定义标签。同时为了设计出不同的效果，经常会将各种标签互相嵌套，造成了网页代码的臃肿杂乱。

例如，要在一段文字中把一部分文字变成蓝色，HTML语言标识为：

```
<p><font color=blue>显示信息</font></p>
```

而利用 CSS 技术，上例代码可以变成：

```
<p style="color: blue ">显示信息</p>
```

这样简单比较就可以看出 CSS 简化了 HTML 中各种烦琐的标签，使得各个标签的属性更具有一般性和通用性，并且样式表扩展了原先的标签功能，能够实现更多的效果，样式表甚至超越了网页本身的显示功能，而将样式扩展到多种媒体上，显示了难以抗拒的魅力。这仅仅是一个小小的例子，如果将整个网页甚至全部网站都用一张或几张样式表来专门设计网页的属性和显示样式，你就会发现使用 CSS 的优越性，特别是对后期更改维护提供了方便。

样式表的另一个巨大贡献就是把对象引入了 HTML，使得用户可以使用脚本程序（如 JavaScript、VBScript）来调用网页标签的属性，并且可以改变这些对象属性，以达到动态的目的，这在以前的 HTML 中是无法实现的。

3.1.3 CSS的特点

CSS 样式表比较简单、灵活、易学，能支持任何浏览器。可以使用 HTML 标签或命名的方式定义，除了可控制一些传统的文本属性外，例如字体、字号、颜色等，还可以控制一些比较特别的 HTML 属性，例如对象位置、图片效果、鼠标指针等。

通过 CSS 样式表，可以统一控制 HTML 中各标签的显示属性。对页面布局、字体、颜色、背景和其他图文效果实现更加精确的控制。用户只要修改一个 CSS 样式表文件就可以实现改变一批网页的外观和格式，保证在所有浏览器和平台之间的兼容性，拥有更少的编码、更少的页数和更快的下载速度。具体说 CSS 样式具有如下特点。

（1）可以将网页样式和内容分离

HTML 定义了网页的结构和各要素功能，而让浏览器自己决定应该让各要素以何种方式显示。CSS 样式表解决了这个问题，它通过将结构定义和样式定义分离，能够对页面的布局格式施予更多的控制，这样可以保持代码的简明。也就是将 CSS 代码独立出来，从另一角度控制页面外观。样式和内容的分离简化了维护工作，因为在样式表中更改某些内容，就意味着在其他任何地方也更改了这些内容。

（2）能以前所未有的能力控制页面的布局

HTML 总体上的控制能力很有限，如不能精确地设置高度、行间距和字间距，不能在屏幕上精确定位图像的位置。但是 CSS 样式表能够实现所有页面控制功能。

（3）可以制作出体积更小、下载更快的网页

CSS 样式表只是简单的文本，就像 HTML 那样。它不需要图像，不需要执行程序，不需要插件。就像 HTML 指令那样快，使用 CSS 样式表可以减少表格标签及其他加大 HTML 体积的代码，减少图像用量，从而减少文件尺寸。

（4）可以更快、更容易地维护及更新大量的网页

没有样式表时，如果想更新整个站点中所有主体文本的字体，必须一页一页地修改每个网页。即便站点用数据库提供服务，仍然需要更新所有的模板。样式表的主要目的就是将格式和结构分离。利用样式表，可以将站点上所有的网页都指向单一的某个 CSS 文件，只要修改 CSS 样式表文件中的某一行，那么整个站点都会随之发生变化。

（5）浏览器成为更友好的界面

CSS 样式表代码具有很好的兼容性，不像其他的网络技术，如果用户丢失了某个插件时就会发生中断，或者使用老版本的浏览器时代码不会出现杂乱无章的情况。只要是可以识别 CSS 样式表的浏览器就可以应用它。

3.2 CSS语法和用法

与 HTML 语言一样，CSS 也是一种标识语言，在任何文本编辑器中都可以打开和编辑，由于

它简单易学，在网页设计中不可或缺，正成为网页设计师必须掌握的基本语言。下面将讲解 CSS 的基本语法和简单用法。

3.2.1 CSS基本结构

CSS 的语法单元是样式，每个样式包含两部分内容：选择器和声明（或称为规则），如图 3.1 所示。

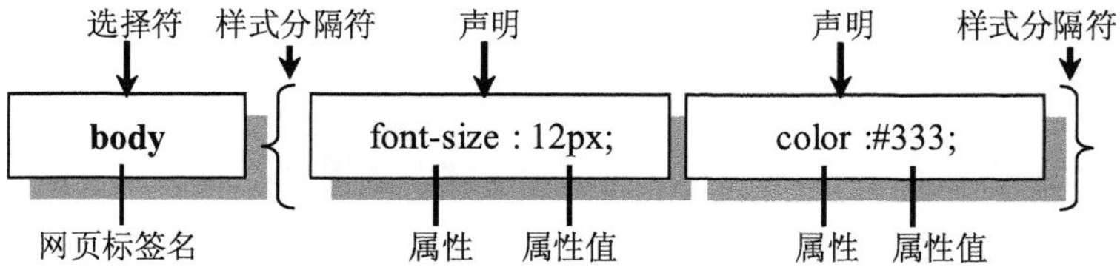

图3.1 CSS样式基本格式

- 选择器（Selector）：选择器告诉浏览器该样式将作用于页面中的哪些对象，这些对象可以是某个标签、所有网页对象、指定 Class 或 ID 值等。浏览器在解析这个样式时，根据选择器来渲染对象的显示效果，选择器也可以称为选择符。
- 声明（Declaration）：声明可以增加一个或者无数个，这些声明命令浏览器如何去渲染选择器指定的对象。声明必须包括两部分：属性和属性值。并用分号来标识一个声明的结束，在一个样式中最后一个声明可以省略分号。所有声明被放置在一对大括号内，然后整体紧邻选择器的后面。
- 属性（Property）：属性是 CSS 提供的设置好的样式选项。属性名由一个单词或多个单词组成，多个单词之间通过连字符相连，这样能够很直观地表示属性所要设置样式的效果。
- 属性值（Value）：属性值用来设置属性显示效果的参数，它包括数值和单位，或者关键字。

【随堂练习】

启动 Dreamweaver，新建一个网页，保存为 test.html，在 <head> 标签内添加 <style type="text/css"> 标签，定义一个内部样式表，然后在 <style> 标签内输入样式代码，执行如下上机练习操作。

步骤 1 定义网页字体大小为 12 像素，字体颜色为深灰色。

```
body{font-size: 12px; color: #CCCCCC;}
```

步骤 2 在上面样式的基础上，定义网页段落文本的背景色为紫色。

```
body{font-size: 12px; color: #CCCCCC;}p{background-color: #FF00FF;}
```

提示 多个样式可以并列在一起，不需要考虑如何进行分隔。

步骤 3 由于 CSS 语言忽略空格（除了选择器内部的空格外），因此可以利用空格来美化 CSS 源代码，则上面代码可以进行如下美化。

```
body {
    font-size: 12px;
    color: #CCCCCC;
}
p { background-color: #FF00FF; }
```

这样在阅读 CSS 源代码时就一目了然了，即方便阅读，也更容易维护。

步骤4 任何语言都需要注释，HTML 使用“<!-- 注释语句→”来进行注释，而 CSS 使用“/* 注释语句 */”来进行注释。例如，对于上面的样式代码可以进行如下注释。

```
body {/*页面基本属性*/
    font-size: 12px;
    color: #CCCCCC;
}
/*段落文本基础属性*/
p { background-color: #FF00FF; }
```

3.2.2 CSS基本用法

CSS 样式必须放在特定类型的文件、标签或属性中，否则无效，浏览器不会识别和解析。CSS 代码一般可以放置在三个地方。

◆ 直接放在标签的style属性中。例如：

```
<span style="color:red;">红色字体</span>
<div style="border:solid 1px blue; width:200px; height:200px;"></div>
```

这样当浏览器解析这些标签时，检测到该标签包含有 style 属性，于是就调用 CSS 引擎来解析这些样式码，并将效果呈现出来。

这种通过 style 属性直接将样式码放在标签内的做法被称为行内样式，因为它与传统网页布局中在标签增加属性的设计方法没什么区别，这种方法实际上还没有真正将 HTML 结构和 CSS 表现分开进行设计，因此不建议使用。除非为页面中个别元素设置某个特定样式效果而单独进行定义。

◆ 将样式代码放在<style>标签内。例如：

```
<style type="text/css">
body {/*页面基本属性*/
    font-size: 12px;
    color: #CCCCCC;
}
/*段落文本基础属性*/
p { background-color: #FF00FF; }
</style>
```

在设置 <style> 时应该指定 type 属性，告诉浏览器该标签包含的代码是 CSS 源代码。这样当浏览器遇到 <style> 之后，会自动调用 CSS 引擎进行解析。

这种 CSS 应用方式也被称为网页内部样式。如果仅为一个页面定义 CSS 样式时，使用这种方法比较高效，且管理方便。但是在一个网站中，或多个页面之间引用时，使用这种方法会产生代码冗余，不建议使用，而且一页页管理样式也是不经济的。

内部样式一般放在网页的头部区域，目的是让 CSS 源代码早于页面源代码下载并被解析，这样避免当网页信息下载之后，由于没有 CSS 样式渲染而使页面信息无法正常显示。

◆ 将样式放置在单独的文件中，然后使用 <link> 标签或者 @import 关键字导入。

这样当浏览器遇到这些代码时，会自动根据它们提供的 URL 将外部样式表文件导入到页面中并进行解析。关于这个话题将在下一节详细分析。

这种应用样式的方式也被称为外部样式。一般网站都采用外部样式来设计网站的表现层问题，以便统筹设计 CSS 样式，并能够快速开发和高效管理。

3.2.3 CSS样式表

一个或多个 CSS 样式便组成一个样式表。样式表包括内部样式表和外部样式表。

内部样式表包含在 <style> 标签内，一个 <style> 标签就表示一个内部样式表。而通过标签的 style 属性定义的样式属性就不是样式表。如果一个网页文档中包含多个 <style> 标签，就表示该文档包含了多个内部样式表。

如果 CSS 样式被放置在网页文档外部的文件中，则称为外部样式表，一个 CSS 样式表文档就表示一个外部样式表。实际上，外部样式表也就是一个文本文件，其扩展名为 .css。当将不同的样式复制到一个文本文件中后，另存为 .css 文件，则它就是一个外部样式表。如图 3.2 所示就是禅意花园的外部样式表。

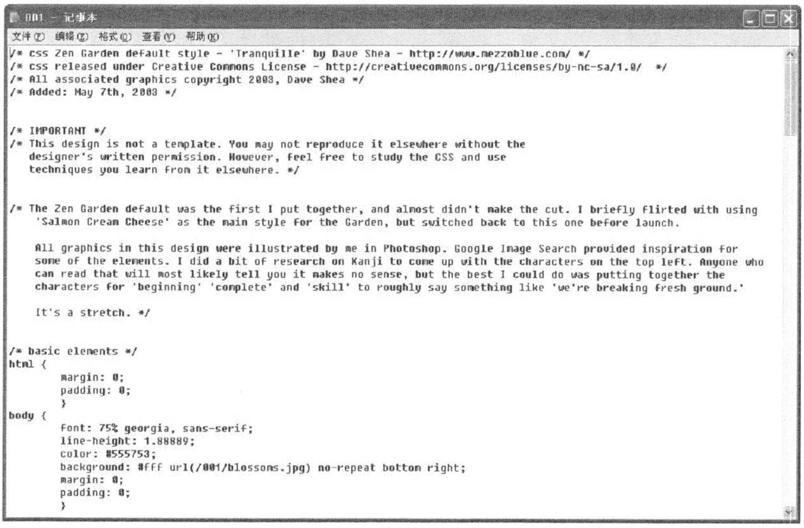

图3.2 CSS禅意花园外部样式表文件

外部样式表文件与内部样式表没什么区别，都是由无数个样式组成，也可以在外部样式表文件顶部定义 CSS 源代码的字符编码。例如，下面的代码定义样式表文件的字符编码为中文简体。

```
@charset "gb2312";
```

如果不设置 CSS 文件的字符编码，可以保留默认设置，则浏览器会根据 HTML 文件的字符编码来解析 CSS 代码。

3.2.4 导入外部样式表

外部样式表必须导入到网页文档中，才能够被识别和解析。外部样式表文件可以通过两种方法导入到 HTML 文档中。

1. 使用<link>标签导入

使用<link>标签导入外部样式表文件：

```
<link href="001.css" rel="stylesheet" type="text/css" />
```

其中 href 属性设置外部样式表文件的地址，可以是相对地址，也可以是绝对地址。rel 属性定义该标签关联的是样式表标签，type 属性定义文档的类型，即为 CSS 文本文件。

因为不同浏览器要求不同，一般在定义 <link> 标签时，应该显式设置这三个属性，其中 href 是必须设置属性，具体说明如下。

- href：定义样式表文件 URL。
- type：定义导入文件类型，同 style 元素一样。
- rel：用于定义文档关联，这里表示关联样式表。

可以在link元素中添加title属性，设置可选样式表的标题，即当一个网页文档导入了多个样式表后，可以通过 title 属性值选择所要应用的样式表文件。例如，在 Firefox 浏览器中可以选择“查看” | “页面风格”菜单命令，然后在子菜单中会显示 title 属性值，只需选择不同的 title 属性值，就可有选择地应用需要的样式表文件，但 IE 浏览器不支持该功能。

另外，title 属性与 rel 属性存在联系，按照 W3C 组织的设想，未来的网页文档会使用多个 <link> 元素导入不同的外部文件，如样式表文件、脚本文件、主题文件，甚至可以包括个人自定义的其他补充文件。导入这么多不同类型、名称各异的文件后，可以使用 title 属性进行选择，这时 rel 属性的作用就显现出来了，它可以指定网页文件初始显示时应用的导入文件类型，目前只能关联样式表文件。虽然目前的浏览器支持不是太好，不过建议读者加上 rel 属性，以后随着浏览器都支持该功能后就非常有用了。如果在网页中导入外部样式时没有设置 rel 属性，那么在 Firefox 浏览器中样式表会无效，道理就是 link 元素没有用 rel 属性关联样式表。

外部样式是 CSS 应用最佳方案，一个样式表文件可以被多个网页文件引用，同时一个网页文件可以导入多个样式表，方法是重复使用 link 元素导入不同的样式表文件。

2. 使用@import关键字导入

在 <style> 标签内使用 @import 关键字导入外部样式表文件。

```
<style type="text/css">
@import url(“001.css”);
</style>
```

在 @import 关键字后面，利用 url() 函数包含具体的外部样式表文件的地址。

使用这种方式导入的外部样式表可以被文档执行，但是一些较低级版本的浏览器对它支持不是很好，常被用来实现浏览器的兼容处理。外部样式能够实现 CSS 样式与 XHTML 结构的分离，这种分离原则是 W3C 所提倡的，因为它可以更高效地管理文档结构和样式，实现代码优化和重用。

3.2.5 CSS注释和版式

在 CSS 中增加注释很简单，所有被放在“/*”和“*/”分隔符之间的文本信息都被称为注释。例如：

```
/* 注释 */
或
/*
注释
*/
```

在 CSS 中，各种空格是不被解析的，因此读者可以利用 Tab 键、空格键对样式表和样式代码进行格式化排版，以方便阅读和管理。

3.3 CSS属性、属性值和单位

CSS 语法和用法比较简单，但是要灵活使用 CSS，读者应该掌握 CSS 属性的语义和用法，只有这样才能够轻松驾驭 CSS，使用 CSS 设计出漂亮、兼容和灵活的网页样式和布局效果。

3.3.1 CSS属性

CSS 属性众多，在 W3C CSS 2.0 版本中共有 122 个标准属性（http://www.w3.org/TR/CSS2/propidx.html），在 W3C CSS 2.1 版本中共有 115 个标准属性（http://www.w3.org/TR/CSS21/propidx.html），其中删除了 CSS 2.0 版本中的 7 个属性：font-size-adjust、font-stretch、marker-offset、marks、page、size 和 text-shadow。在 W3C CSS 3.0 版本中又新增加了 20 多个属性（http://www.w3.org/Style/CSS/current-work#CSS3）。

本节不再逐个介绍每个属性的用法以及属性取值选项，读者可以参考 CSS 参考手册。下面对 CSS 属性进行分类说明，如表 3.1 所示。

表3.1 CSS属性分类说明

分 类	说 明	数 目	使用评价	使用频率
字体	定义字体属性，包括字体基本属性、行距、字距和文字修饰、大小写等属性	16	排版使用，美化文本比较有用	******
文本	定义段落属性，如缩进、文本对齐、书写方式、换行、省略等	25	排版使用，部分属性比较实用，有些比较专业生僻，浏览器支持不是太好	****
背景	设置对象的背景，如背景色、背景图像及其显示位置	10	修饰使用，比较常用	******
定位	布局网页，包括定位方式、定位坐标	6	布局使用，比较常用	*********
尺寸	设置对象的大小，包括宽、高、最大宽高、最小宽高	6	布局使用，比较常用，IE 6及更低版本对最小或最大宽和高支持不好	******
布局	布局网页，包括清除、浮动、裁切、显示方式、是否可见、伸缩滚动	8	布局使用，比较常用，技巧比较大	*********
外边距	设置对象的外边距（边框外的空隙），包括全部和四个方向外边距设置	5	布局使用，比较常用	*******
轮廓	设置对象的轮廓，包括轮廓的样式、颜色和宽	4	修饰使用，如同外阴影，浏览器支持不好	*
边框	设置对象的边框，包括边线样式、颜色、宽度	20	布局或修饰使用，比较常用	*******
内容	设置对象的内容，包括插入内容、元素，自动化等	4	不好用，支持也不好	*
内边距	设置对象的内边距（内容与边框之间的距离），包括全部和四个方向外边距设置	5	布局使用，比较常用	*******
列表	设置列表项，包括列表样式、图像样式、显示位置等	5	布局使用，比较常用	******
表格	设置表格，包括单元格边的显示方式、空隙，标题，是否隐藏空单元格、表格解析方式等	6	个别属性有用，IE支持不够好	****
滚动条	设置滚动条，包括滚动条的不同区域颜色	8	修饰使用，IE支持，其他浏览器不支持	****
打印	设置打印，包括打印页面、页眉、页脚、打印尺寸、元素等	7	打印使用，浏览器支持不好	***
声音	设置声音，主要为特殊设置显示使用，方便残疾人浏览网页	18	特殊显示使用，浏览器支持不好	*
其他	一些特殊设置，包括鼠标样式、行为、特效、对象缩放	4	特效使用，浏览器支持不错	***

在网页布局中，网页设计师主要使用下面这些属性，如表 3.2 所示。这些属性在网页布局中经常使用，请读者务必记住。

表3.2 CSS常用布局属性

分 类	属 性	取 值	说 明
定位	position	static（默认值）| absolute（绝对）| fixed（固定）| relative（相对）	设置对象的定位方式。取值为absolute表示对象脱离文档流动，根据浏览器、具有定位功能的父元素或特殊父元素的左上角为坐标原点来定位；取值为relative表示以文档流动中的当前对象自身位置为坐标原点进行定位；取值为fixed表示不受任何网页影响，根据浏览器的左上角进行定位，定位之后在窗口中的显示位置就被固定，不随滚动条滚动
定位	z-index	auto（自动）| number（数字）	设置对象层叠顺序，取值越大，显示越靠上，此属性仅作用于position 属性值设置为relative或absolute 的元素
定位	top	auto | length（高度）	设置对象与其最近一个具有定位属性的上级元素顶边框的距离，该属性仅在定位（position）属性被设置时可用，否则会被忽略
定位	right	auto | length（高度）	设置对象与其最近一个具有定位属性的上级元素右边框的距离，该属性仅在定位（position）属性被设置时可用，否则会被忽略
定位	bottom	auto | length（高度）	设置对象与其最近一个具有定位属性的上级元素底边框的距离，该属性仅在定位（position）属性被设置时可用，否则会被忽略
定位	left	auto | length（高度）	设置对象与其最近一个具有定位属性的上级元素左边框的距离，该属性仅在定位（position）属性被设置时可用，否则会被忽略
尺寸	height	auto | length（长度）	定义对象的高度，注意IE 5.x及以下版本浏览器对于盒模型的高度解析存在误解
尺寸	width	auto | length（长度）	定义对象的宽度，注意IE 5.x及以下版本浏览器对于盒模型的宽度解析存在误解
尺寸	max-height	auto | length（长度）	定义对象的最大高度，现代标准浏览器支持，IE 6及以下版本浏览器不支持
尺寸	min-height	auto | length（长度）	定义对象的最小高度，现代标准浏览器支持，IE 6及以下版本浏览器不支持
尺寸	max-width	auto | length（长度）	定义对象的最大宽度，现代标准浏览器支持，IE 6及以下版本浏览器不支持
尺寸	min-width	auto | length（长度）	定义对象的最小宽度，现代标准浏览器支持，IE 6及以下版本浏览器不支持
布局	clear	none（无）| left（左）| right（右）| both（两侧）	设置对象左右不允许有浮动对象，该属性需要与float属性配合使用

（续表）

分　类	属　性	取　值	说　明
布局	float	none（无）|left（左）|right（右）	设置对象是否浮动以及浮动方向。当被定义为浮动时，对象将被视做块状显示，即display属性等于block，此时浮动对象的display属性将被忽略
布局	clip	auto|rect（number number number number）（裁切区域）	设置对象的可视区域，可视区域外的部分是透明的。取值为rect (number number number number)表示依据上-右-下-左的顺序提供自对象左上角为（0,0）坐标计算的四个偏移数值，其中任一数值都可用auto替换，即此边不剪切。该属性仅在定位（position）属性值设为 absolute时才可以使用，目前支持浏览器不是很多
布局	overflow	visible（可见）|auto|hidden（隐藏）|scroll（显示滚动条）	设置对象内容超过指定高和宽时如何显示内容。所有元素默认为 visible，除了textarea元素和body元素的默认值是auto。设置 textarea 元素此属性值为 hidden 将隐藏其滚动条
布局	overflow-x	visible（可见）|auto|hidden（隐藏）|scroll（显示滚动条）	设置对象内容超过指定高时如何显示
布局	overflow-y	visible（可见）|auto|hidden（隐藏）|scroll（显示滚动条）	设置对象内容超过指定宽时如何显示
布局	display	Block（块状）|none（隐藏）|inline（内联）|list-item（列表）|等（不常用就不再显示）	设置对象显示类型或方式
布局	visibility	Inherit（继承）|visible|hidden（隐藏）|等（不常用）	设置是否显示对象

CSS 属性虽然很多，不过这些属性被分为不同的类型，如字体属性、文本属性、边框属性、边距属性、布局属性、定位属性、打印属性等。在识记这些属性时，一定要结合实践，不断去尝试并举一反三。只有这样才能完全掌握 CSS 所有属性，并能够熟练应用。例如，当准备学习 CSS 布局时，不妨先集中精力把与 CSS 盒模型相关的属性记住，可以绘制一个图，如图 3.3 所示。CSS 属性的名称比较有规律，且名称与意思紧密相连，根据意思记忆属性名称是一个不错的方法。CSS 盒模型讲的就是网页中任何元素都会显示为一个矩形形状，它可以包括外边距、边框、内边距、宽和高等。用英文表示就是：margin（外边距，或称为边界）、border（边框）、padding（内边距，或称为补白）、height（高）和 width（宽 0，盒子还有 background（背景）。外边距按方位又可以包含 margin-top、margin-right、margin-bottom 和 margin-left 共四个分支属性，分别表示顶部外边距、右侧外边距、底部外边距和左侧外边距。

同样的道理，内边距也可以包含 padding-top、padding-right、padding-bottom、padding-left、 padding 属性。边框可以分为边框类型、粗细和颜色，因此可以包含 border-width、border-color 和 border-style 属性，这些属性又可以按四个方位包含很多属性，例如，border-width 属性又分为 border-top-width、border-right-width、border-bottom-width、border-left-width 和 border-width 属性。同样的方法，读者可以轻松记住其他类型的 CSS 属性。

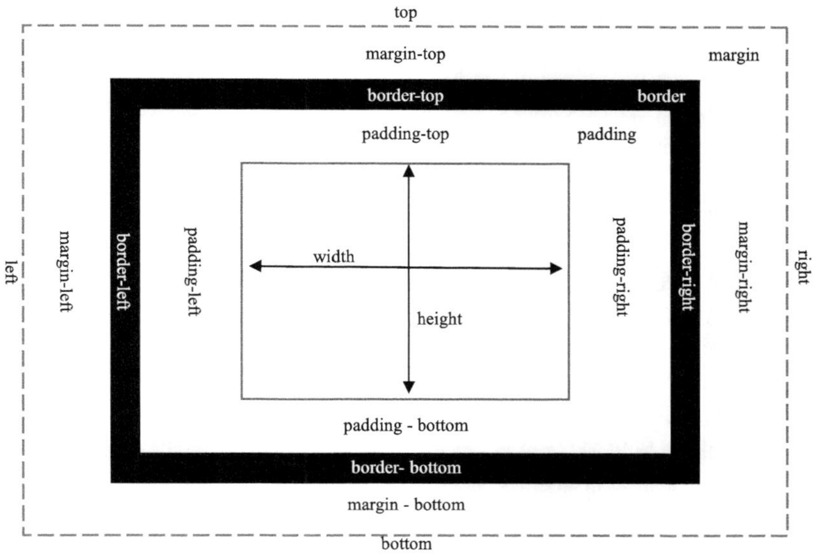

图3.3　CSS盒模型相关的属性

3.3.2　CSS单位

CSS 单位的覆盖范围很广，从长度单位到颜色单位，再到 URL 地址等。单位的取舍很大程度上依赖用户的显示器和浏览器，不恰当地使用单位会给页面布局带来很多麻烦，因此属性值的设置需要读者认真对待。

1. 颜色值

设置颜色值可以选用：颜色名、百分比、数字和十六进制数值。

- 如果读者仅使用几种基本的颜色，使用颜色名是最简单的方法。虽然目前已经命名的颜色约有 184 种，但真正被各种浏览器支持，并且作为 CSS 规范推荐的颜色名称只有 16 种，如表 3.3 所示。

表3.3　CSS规范推荐的颜色名称

名　称	颜　色	名　称	颜　色	名　称	颜　色
black	纯黑	silver	浅灰	navy	深蓝
blue	浅蓝	green	深绿	lime	浅绿
teal	靛青	aqua	天蓝	maroon	深红
red	大红	purple	深紫	fuchsia	品红
olive	褐黄	yellow	明黄	gray	深灰
white	亮白				

不建议在网页中使用颜色名，特别是大规模地使用，避免有些颜色名不被浏览器解析，或者不同浏览器对颜色的解释有差异。

◆ 使用百分比。这是一种最常用的方法，例如：

```
color:rgb(100%,100%,100%);
```

这个声明将红、蓝、绿三种原色都设置为最大值，结果组合显示为白色。相反，可以设置 rgb(0%,0%,0%) 为黑色。三个百分值相等将显示灰色，同理哪个百分值大就偏向哪种原色。

◆ 使用数值。数字范围从0～255，例如：

```
color:rgb(255,255,255);
```

上面这个声明将显示白色，相反，如果设置为 rgb(0,0,0) 将显示黑色。三个数值相等将显示灰色，同理哪个数值大哪种原色的比重就会加大。

◆ 十六进制颜色。这是最常用的取色方法，例如：

```
color:#ffffff;
```

其中要在十六进制前面加一个#颜色符号。上面这个声明将显示白色，相反，如果设置#000000 将显示为黑色，用RGB来描述：

```
color: #RRGGBB;
```

这样一看，与前面的取色方式就很像了，从 0 到 255，实际上十进制的 255 正好等于十六进制的 FF，一个十六进制的颜色值等于三组这样的十六进制的值，它们按顺序连接在一起，就等于红、蓝、绿三种原色，这样理解起来就会更明白。

2. 绝对单位

绝对单位在网页中很少使用，一般多用在传统平面印刷中，但在特殊的场合使用绝对单位是很必要的。绝对单位包括英寸、厘米、毫米、磅和 pica。

◆ 英寸（in）：是使用最广泛的长度单位。
◆ 厘米（cm）：生活中最常用的长度单位。
◆ 毫米（mm）：在研究领域使用广泛。
◆ 磅（pt）：在印刷领域使用广泛，也称点。CSS 也常用 pt 设置字体大小，12 磅的字体等于 1/6 英寸大小。
◆ pica（pc）：在印刷领域使用，1pica 等于 12 磅，所有也称 12 点活字。

3. 相对单位

相对单位与绝对单位相比显示大小不是固定的，它所设置的对象受屏幕分辨率、可视区域、浏览器设置以及相关元素的大小等多种因素影响。

（1）em

em 单位表示元素的字体高度，它能够根据字体的 font-size 属性值来确定单位的大小，例如：

```
p{/*设置段落文本属性*/
   font-size:12px;
   line-height:2em;/*行高为24px*/
}
```

从上面的样式代码中可以看出：一个 em 等于 font-size 的属性值，如果设置 font-size:12pt，则 line-height:2em 就会等于 24pt。如果设置 font-size 属性的单位为 em，则 em 的值将根据父元素的 font-size 属性值来确定。例如，定义如下 HTML 局部结构。

```
<div id="main">
   <p>em相对长度单位使用</p>
</div>
```

再定义如下样式。

```
#main {font-size:12px;}
p {font-size:2em;} /*字体大小将显示为24px*/
```

同理，如果父对象的 font-size 属性的单位也为 em，则将依次向上级元素寻找参考的 font-size 属性值，如果都没有定义，则会根据浏览器默认字体进行换算，默认字体一般为 16px。

（2）ex

ex 单位根据所使用的字体中小写字母 x 的高度作为参考。在实际使用中，浏览器将通过 em 的值除以 2 得到 ex 的值。为什么这样计算呢？

因为 x 高度计算比较困难，且小写 x 的高度值是大写 x 的一半；另一个影响 ex 单位取值的是字体，由于不同字体的形状差异，这也导致相同大小的两段文本，但由于字体设置不同，ex 单位的取值也会存在很大的差异。

（3）px

px 单位是根据屏幕像素点来确定的。这样不同的显示分辨率就会使相同取值的 px 单位所显示出来的效果截然不同。

在实际设计中，建议网页设计师多使用相对长度单位 em，且在某一类型的单位上使用统一的单位。如设置字体大小，根据个人使用习惯，在一个网站中，可以统一使用 px 或 em。

4. 百分比

百分比也是一个相对单位值。百分比值总是通过另一个值来计算，一般参考父对象中相同属性的值。例如，如果父元素宽度为 500px，子元素的宽度为 50%，则子元素的实际宽度为 250px。

百分比可以取负值，但在使用中受到很多限制，在第 4 章中会介绍如何应用百分比取负值。

5. URL

设置URL的值也是读者最容易糊涂的地方，URL包括绝对地址和相对地址。绝对地址一般不会出错，只要完整输入地址即可，问题就在于相对地址的设置：如果当CSS文件和引用的HTML文档不在同一文件夹中时，能否正确输入URL对于初学者来说确实是一个不小的考验。

【随堂练习】

如图 3.4 所示是一个简单的站点模拟结构，其中在根目录下存在两个文件夹 images 和 css。在 images 文件夹中存放着 logo.gif 图像，在 css 文件夹中存放着 style.css 样式文件。

想一想，在 index.htm 网页文件中显示 logo.gif 图像，该如何设置 URL ？

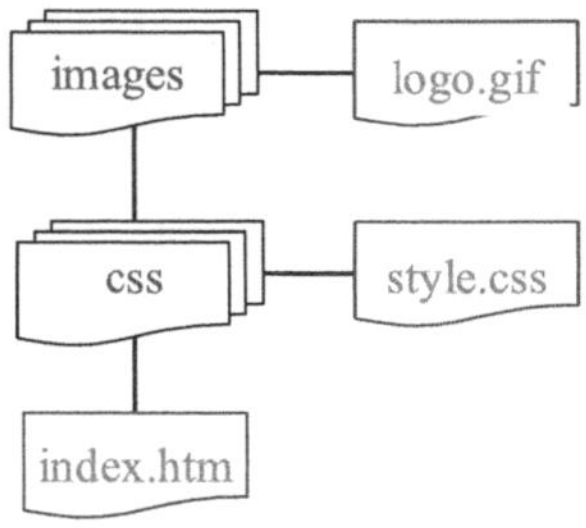

图3.4 站点模拟结构

操作步骤：

首先，把 style.css 导入 index.htm 很简单。

```
<link href="css/style.css" type="text/css" rel="stylesheet" />
```

问题是：从 logo.gif 到 style.css 的参照物是什么？

是 index.htm，还是 style.css ？显然是以 style.css 样式文件本身为参照物，正确的写法是：

```
body{ background:url(../images/logo.gif);}
```

这与 JavaScript 用法可就截然不同了，假设在 CSS 文件夹中有一个 .js 文件需要导入到 index.htm 网页中，而 .js 文件也引用了 logo.gif 图像，再使用 url(../images/logo.gif) 就不对了，而是：

```
url(images/logo.gif)
```

因为它们的参照物不同，在浏览器中被解析的顺序和方式也不同。

3.4 基本选择器

基本选择器包括标签选择器、类选择器和 ID 选择器三种类型，其他选择器都是在这些选择器基础上组合而成，灵活使用这些选择器是使用 CSS 控制网页显示效果的基础。在基本选择器中还包括一种特殊的类型，即通配选择器，通配选择器能够匹配网页中所有的标签。

3.4.1 标签选择器

HTML 网页由标签和网页信息组成，网页信息都包含在各种标签中，如果要控制这些内容的显示效果，最简单的方法就是匹配这些标签。标签选择器用于确定哪些标签需要定义样式。

标签选择器直接引用 HTML 标签名称即可，如图 3.5 所示。有时候可以将标签选择器称为类型选择器，类型选择器规定了网页元素在页面中默认的显示样式。因此，标签选择器可以快速、方便地控制页面标签的默认显示效果。

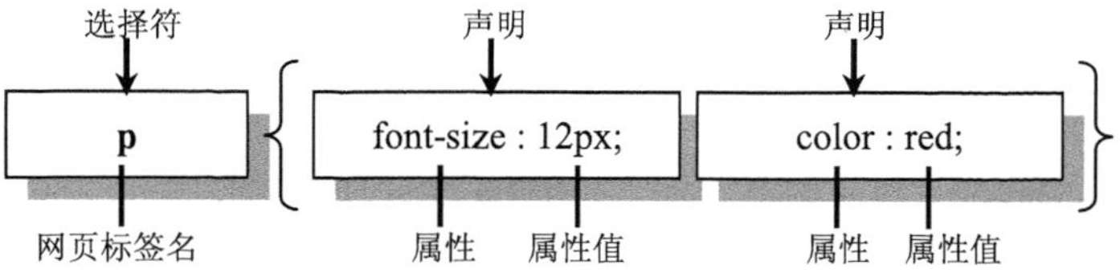

图3.5 标签选择器

【随堂练习】

通过标签选择器，统一定义网页中段落文本的样式为：段落内文本字体大小为 12 像素，字体颜色为红色。实现上述默认段落文本效果，则可以利用标签选择器定义如下样式。

```
<style type="text/css">
p {
    font-size:12px;                    /* 字体大小为12像素 */
    color:red;                         /* 字体颜色为红色 */
}
</style>
```

在定制网页样式时，利用标签选择器设计网页默认显示效果，或者统一常用元素的基本样式。标签选择器在 CSS 中是使用率最高的一类选择器，且也容易管理，因为它们都是与网页元素同名的。

3.4.2 类选择器

标签选择器虽然很方便，但是也存在很多缺陷，因为每个标签选择器所定义的样式不仅仅影响某一个特定对象，而且会影响到页面中所有的同名标签。如果希望同一个标签在网页的不同位置显示不同的样式，使用这种方法定义的样式就存在很多弊端。

类选择器能够为网页对象定义不同的样式类，实现不同元素拥有相同的样式，相同元素的不同对象拥有不同的样式。类选择器以一个点（.）前缀开头，然后跟随一个自定义的类名，如图 3.6 所示。

在自定义类名时，只能够使用字母、数字、下划线（_）和连字符（-），类名首字符必须以字母开头，否则无效。另外，类名是区分大小写的，所以类 font18px 和类 Font18px 是属于两个不同的类。

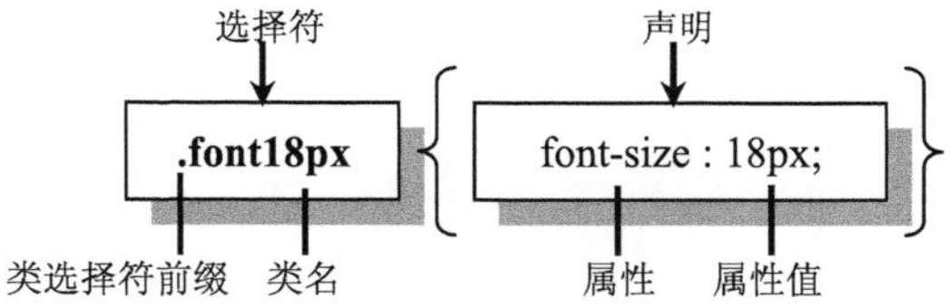

图3.6 类选择器

应用类样式可以使用 class 属性来实现，HTML 所有元素都支持该属性，只要在标签中定义 class 属性，然后把该属性值设置为事先定义好的类选择器的名称即可。

【随堂练习】

利用类选择器为页面中三个相邻的段落文本对象定义不同的样式，其中第一和第三段文本的字体大小为 12 像素、字体为红色，第二段文本的字体大小为 18 像素、字体为红色。

操作步骤：

步骤 1 启动 Dreamweaver，新建一个网页，保存为 test.html，在 <body> 标签内输入三段段落文本。

```
<p>问君能有几多愁，恰似一江春水向东流。</p>
<p>剪不断，理还乱，是离愁。别是一般滋味在心头。</p>
<p>独自莫凭栏，无限江山，别时容易见时难。流水落花春去也，天上人间。</p>
```

步骤 2 在 <head> 标签内添加 <style type="text/css"> 标签，定义一个内部样式表。

步骤 3 通过标签选择器为所有段落文本的字体大小定义为 12 像素，字体颜色为红色。

```
<style type="text/css">
p {
    font-size:12px;                         /* 字体大小为12像素 */
    color:red;                              /* 字体颜色为红色 */
}
</style>
```

步骤 4 如果仅定义第二段文本的字体大小为 18 像素，这时就可以使用类选择器。假设定义一个 18 像素大小的字体类。

```
.font18px { font-size:18px;}
```

步骤 5 在第二段段落标签中引用 font18px 类样式。

```
<p>问君能有几多愁，恰似一江春水向东流。</p>
<p class=”font18px”>剪不断，理还乱，是离愁。别是一般滋味在心头。</p>
<p>独自莫凭栏，无限江山，别时容易见时难。流水落花春去也，天上人间。</p>
```

步骤 6 在浏览器中预览则显示如图 3.7 所示，此时可以看到三段文本的显示样式，其中第二段文本被单独放大显示。

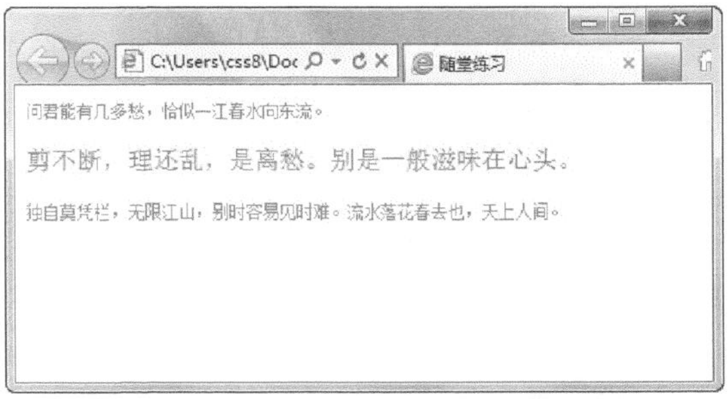

图3.7 类选择器应用效果

【拓展练习 1】

class 属性可以包含多个类，因此可以设计复合样式类。读者可以按照如下步骤上机练习体验。

操作步骤：

复制上面的示例文档，并在内部样式表中定义了三个类：font18px、underline 和 italic。

然后在段落文本中分别引用这些类，其中第二段文本标签引用了三个类，则演示效果如图 3.8 所示。

```
<style type="text/css">
p {/* 段落默认样式 */
    font-size:12px;                        /* 字体大小为12像素 */
    color:red;                             /* 字体颜色为红色 */
}
.font18px {/* 字体大小类  */
    font-size:18px;                        /* 字体大小为18像素 */
}
.underline {/* 下划线类 */
    text-decoration:underline;             /* 字体修饰为下划线 */
}
.italic {/* 斜体类 */
    font-style:italic;                     /* 字体样式为斜体 */
}
</style>
<p class=" underline">问君能有几多愁，恰似一江春水向东流。</p>
<p class=" font18px italic underline">剪不断，理还乱，是离愁。别是一般滋味在心头。</p>
<p class=" italic">独自莫凭栏，无限江山，别时容易见时难。流水落花春去也，天上人间。</p>
```

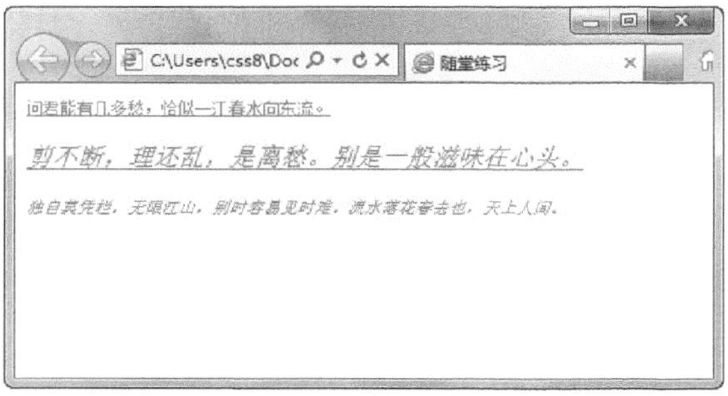

图3.8　多类引用应用效果

【拓展练习 2】

如果将标签与类捆绑在一起来定义选择器，则可以限定类的使用范围，这样就可以指定该类仅适用于特定的标签范围内，这种做法也称为指定类选择器。

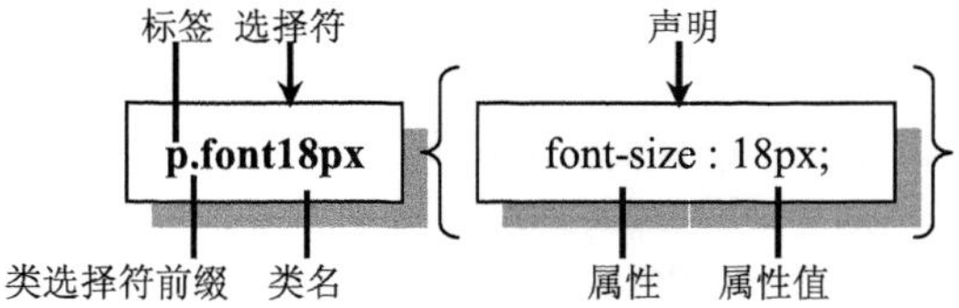

图3.9　指定类选择器

这种用法是在标签的后面紧跟一个类，组成一个指定类范围的复合选择器，结构示意图如图 3.9 所示。

操作步骤：

复制上面的示例文档，并在内部样式表中定义了三个类。

◆　第一个样式声明所有段落文本的字体大小为 12 像素。

- 第二个样式定义一个 font18px 类，声明字体大小为 18 像素。
- 第三个样式声明 font18px 类在段落文本中显示为 24 像素。

```
<style type="text/css">
p {/* 段落样式  */
    font-size:12px;                                        /* 字体大小为12像素 */
}
.font18px {/* 类样式  */
    font-size:18px;                                        /* 字体大小为18像素 */
}
p.font18px {/* 指定段落的类样式  */
    font-size:24px;                                        /* 字体大小为24像素 */
}
</style>
<div class="font18px">问君能有几多愁，恰似一江春水向东流。</div>
<p class="font18px">剪不断，理还乱，是离愁。别是一般滋味在心头。</p>
<p>独自莫凭栏，无限江山，别时容易见时难。流水落花春去也，天上人间。</p>
```

然后在浏览器中预览，则显示效果如图 3.10 所示。

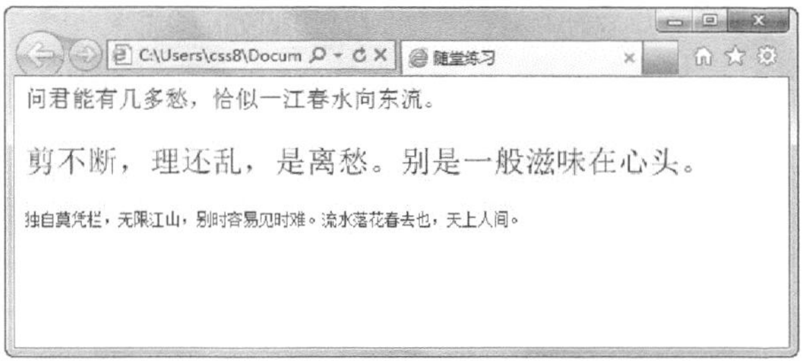

图3.10　指定类选择器的应用效果

【练习小结】

类选择器可以精确控制页面中的每个对象样式，而不管这个对象是属于什么类型的标签，同时一个类样式可以被多个对象引用，也不管这个对象是否为同一个类型标签。

通过为类选择器指定标签范围，能够更准确地控制页面元素的样式，避免类样式对于所有元素的影响，这也是设计师最喜欢使用的一种组合选择器方式。

类选择器虽然比标签选择器在使用上更精确，但是你必须把类引用到具体的标签上时才有效，任何标签在没有设置 class 属性时，所定义的类样式是无效的，故类在一定程度上给设计师的使用会带来麻烦。

3.4.3　ID选择器

ID 是英文 IDentity 的缩写，它表示编号的意思，一般指定标签在 HTML 文档中的唯一编号。ID 选择器与标签选择器和类选择器作用范围不同：ID 选择器仅仅定义一个对象的样式，而标签选择器和类选择器可以定义多个对象的样式。

ID 选择器以井号（#）作为前缀，然后是一个自定义的 ID 名，用法如图 3.11 所示。ID 命名规则与类名命名规则相同。

应用 ID 选择器可以使用 id 属性来实现，HTML 所有元素都支持该属性，只要在标签中定义 id 属性，然后把该属性值设置为事先定义好的 ID 选择器的名称即可。

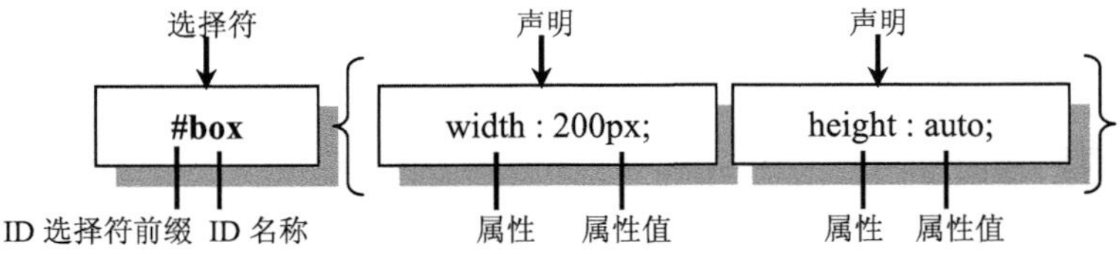

图3.11　ID选择器

【随堂练习】

启动 Dreamweaver，新建一个网页，保存为 test.html，在 <body> 标签内输入 <div> 标签，定义了一个盒子。

```
<div id="box">问君能有几多愁，恰似一江春水向东流。</div>
```

在 <head> 标签内添加 <style type="text/css"> 标签，定义一个内部样式表，然后为该盒子定义固定宽和高，并设置背景图像，以及边框和内边距大小。

```
<style type="text/css">
#box {/* ID样式  */
    background:url(images/bg1.gif) center bottom;
                                            /* 定义背景图像并居中、底部对齐 */
    height:200px;                           /* 固定盒子的高度 */
    width:400px;                            /* 固定盒子的宽度 */
    border:solid 2px red;                   /* 边框样式 */
    padding:20px;                           /* 增加内边距 */
}
</style>
```

在浏览器中预览，则显示效果如图 3.12 所示。

图3.12　ID选择器的应用效果

【拓展练习】

也可以为 ID 选择器指定标签范围。定义指定 ID 选择器的语法结构如图 3.13 所示。

部分读者可能不解，ID 选择器已经针对页面中某个特定对象定义样式，还有必要给它指定范围吗？

当然没有这个必要，采用这种方法的真实目的是提高该样式的优先级。例如，针对上面的示例我们可以在 ID 选择器前面增加一个 div 标签，这样 div#box 选择器的优先级会大于 #box 选择器的优先级。在同等条件下，浏览器会优先解析 div#box 选择器定义的样式。

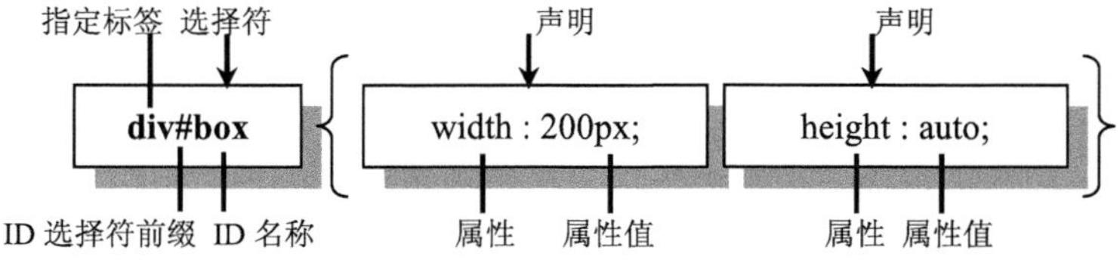

图3.13　指定ID选择器

```
<style type="text/css">
div#box {/* ID样式  */
    background:url(images/bg1.gif) center bottom;
                                          /* 定义背景图像并居中、底部对齐 */
    height:200px;                         /* 固定盒子的高度 */
    width:400px;                          /* 固定盒子的宽度 */
    border:solid 2px red;                 /* 边框样式 */
    padding:20px;                         /* 增加内边距 */
}
</style>
<div id="box">问君能有几多愁，恰似一江春水向东流。</div>
```

【练习小结】

一个 ID 选择器所定义的样式可以被多处引用，也就是说在一个 HTML 文档中一个 ID 值可以多处使用。虽然 CSS 能够容忍这种做法，但是 JavaScript 等脚本遇到这种情况就会出现错误，所以建议读者在定义 ID 属性值时，应该保证 ID 值在文档中的唯一性。同时在一个 ID 属性中，不能设置多个 ID 值，这与类样式有所不同。一般设计师通过 ID 选择器来定义 HTML 框架结构的布局效果，因为 HTML 框架元素的 ID 值都是唯一的。

在实际开发中，如何确定使用类选择器和 ID 选择器呢？

- 对于网页结构问题，一般建议使用 ID 选择器来定义。
- 对于重复出现的样式，可以考虑使用类选择器来进行提炼。
- 当 ID 选择器和类选择器的样式发生冲突时，ID 选择器的样式要优先于类选择器定义的样式。

3.4.4 通配选择器

如果 HTML 所有元素都需要定义相同的样式，要一个个分别为它们定义样式，会感觉很麻烦。这时我们不妨使用通配选择器。通配选择器是固定的，它使用星号（*）来表示。例如，对于上面的清除边距样式，可以使用下面方式来定义。

```
* {
    margin: 0;
    padding: 0;
}
```

这样是不是很简单，当然使用通配选择器会影响到页面中所有元素的显示效果，在使用时要慎重选择。

3.5 复合选择器

标签选择器、类选择器和 ID 选择器是 CSS 的三大基本选择器，也是最常用的类型。但是如果仅仅掌握它们的使用还是不够的。读者还需要掌握高级选择器的使用，如子选择器、相邻选择器和属性选择器。

利用标签选择器和类选择器可以控制网页中众多对象的样式，而利用 ID 选择器、子选择器和相邻选择器可以精确控制页面中特定对象的样式，使用属性选择器可以更便捷、更模糊地控制页面中包含不同属性的对象样式。对于成批的对象来说，逐个定义会很麻烦，而对于一些特殊的对象又无法进行控制，因此读者还要掌握包含选择器、分组选择器的使用。

3.5.1 子选择器

所谓子选择器就是指定父元素所包含的子元素的样式。子选择器使用尖角号（>）来表示，如图 3.14 所示。

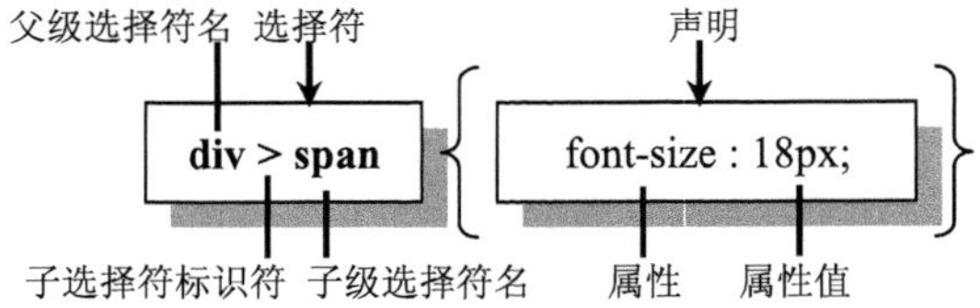

图3.14 子选择器

【随堂练习】

启动 Dreamweaver，新建一个网页，保存为 test.html，在 <body> 标签内输入如下结构。

```
<h2>
    <span>HTML文档树状结构</span>
</h2>
<div id="box">
    <span class="font24px">问君能有几多愁，恰似一江春水向东流。</span>
</div>
```

在 <head> 标签内添加 <style type="text/css"> 标签，定义一个内部样式表，然后定义所有 span 元素的字体大小为 12 像素，再利用子选择器来定义所有 div 元素包含的子元素 span 的样式为 24 像素。

```
<style type="text/css">
span { /* span元素的默认样式 */
    font-size:12px;                         /* 增加内边距 */
}
div > span { /* div元素包含的span子元素的默认样式 */
    font-size:24px;                         /* 增加内边距 */
}
</style>
```

在浏览器中预览，则显示效果如图 3.15 所示。

从演示效果图中可以看到，包含在 div 元素内的子元素 span 被定义了字体大小为 24 像素。通过这种方式，我们可以准确定义 HTML 文档某个或一组子元素的样式，而不再需要为它们定义 ID 属性或者 Class 属性。

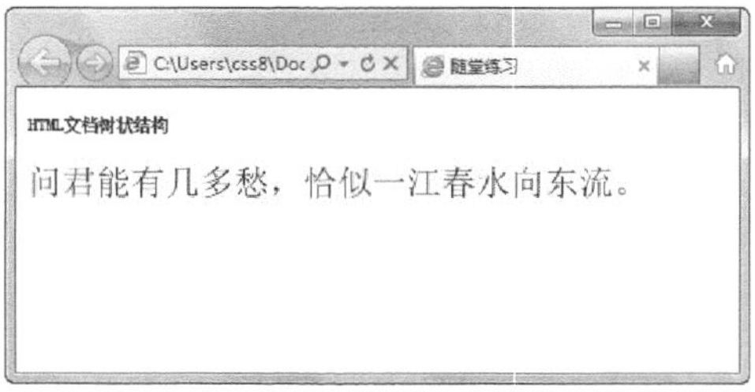

图3.15 子选择器应用效果

【拓展练习】

读者也可以使用 ID 值或 Class 值来定义子选择器。例如：

新建一个网页，保存为 test.html，在 <body> 标签内输入如下结构。

```
<h2><span>HTML文档树状结构</span></h2>
<div id="box"><span class="font24px">问君能有几多愁，恰似一江春水向东流。</
span></div>
<div><span class="font24px">问君能有几多愁，恰似一江春水向东流。</span></div>
<div><span>问君能有几多愁，恰似一江春水向东流。</span></div>
```

在 <head> 标签内添加 <style type="text/css"> 标签，定义一个内部样式表，分别使用不同的方式定义三个子选择器。

- div > span 表示 div 元素包含的所有 span 子元素的样式。
- div > .font24px 表示 div 元素包含的所有命名 font24px 类的子元素。
- #box > .font24px 表示 #box 元素包含的类名为 font24px 的所有子元素的样式。

```
<style type="text/css">
span { font-size:12px;}
div > span { font-size:16px;}
div > .font24px { font-size:20px;}
#box > .font24px { font-size:24px;}
</style>
```

在浏览器中预览，则显示效果如图 3.16 所示。

注意　IE 6及其以下版本浏览器不支持子选择器，在使用时应该适当考虑浏览器的兼容性问题。

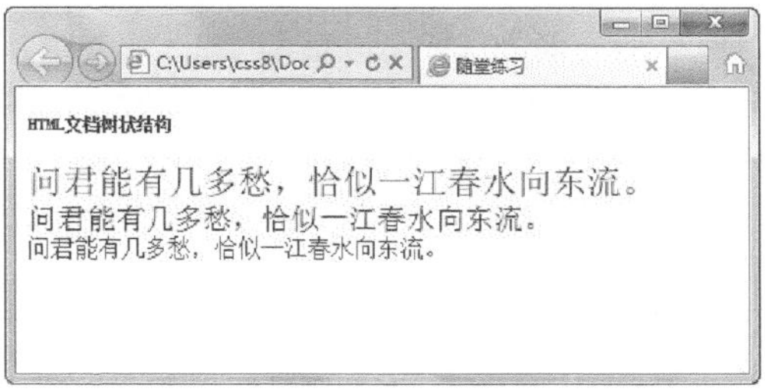

图3.16　子选择器演示效果

3.5.2　相邻选择器

子选择器是利用父子关系来控制 HTML 结构中某个特定对象或一组子对象，而要通过相邻的兄弟元素来相互控制，则可以使用相邻选择器。所谓相邻选择器就是指定一个元素相邻的下一个元素的样式。相邻选择器使用加号（+）来表示，如图 3.17 所示。

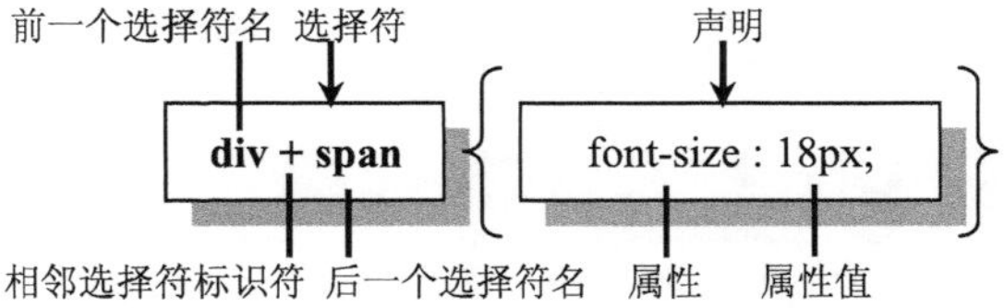

图3.17　相邻选择器

【随堂练习】

启动 Dreamweaver，新建一个网页，保存为 test.html，在 <body> 标签内输入如下结构。

```
<h2>HTML文档树状结构</h2>
<div>问君能有几多愁，恰似一江春水向东流。</div>
<p>问君能有几多愁，恰似一江春水向东流。</p>
<div class="class1">问君能有几多愁，恰似一江春水向东流。</div>
<div>问君能有几多愁，恰似一江春水向东流。</div>
```

在 <head> 标签内添加 <style type="text/css"> 标签，定义一个内部样式表，然后利用相邻选择器递进控制并列显示的几个元素的显示样式。

- h2 + div 表示标题元素 h2 后面相邻的 div 元素的样式。
- div + p 表示 div 元素后面相邻的 p 元素的样式。
- p + div 表示 p 元素后面相邻的 div 元素的样式。
- div + div 表示 div 元素后面相邻的 div 元素的样式。

```
<style type="text/css">
h2 { font-size:12px;}
```

```
h2 + div {font-size:16px;}
div + p {font-size:20px;}
p + div {font-size:24px;}
div + div {font-size:28px;}
</style>
```

在浏览器中预览，则显示效果如图 3.18 所示。

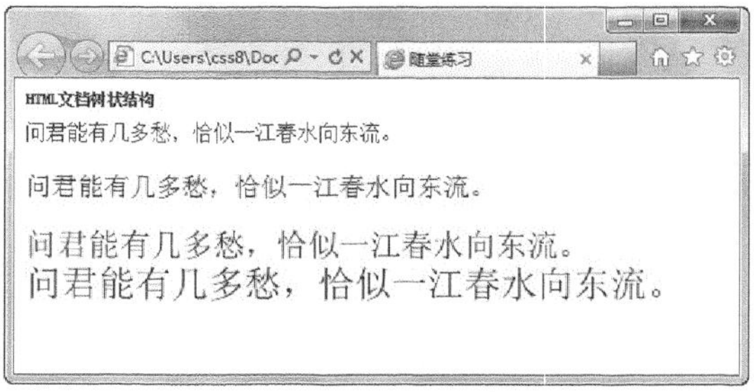

图3.18　相邻选择器演示效果

【拓展练习】

针对上面的样式可以借助 Class 属性值或者 ID 属性值来进行控制。例如，修改上面的样式中相邻选择器的用法如下。

```
<style type="text/css">
h2 {font-size:12px;}
h2 + div {font-size:16px;}
div + p {font-size:20px;}
p + .class1 {font-size:24px;}
.class1 + div {font-size:28px;}
</style>
```

相邻选择器在 IE 6 及其以下版本中也不被支持，使用时应考虑浏览器兼容性问题。

3.5.3 包含选择器

有时我们还会希望设置网页头部区域段落文本的字体颜色为黑色，主体区域段落文本的字体颜色为深灰色，而定义脚部区域段落文本的字体颜色为灰色等。对于这种不能确定要定义的对象，但是知道要控制的页面区域，此时可以使用包含选择器。

包含选择器通过空格标识符来表示，前面的一个选择器表示包含框对象的选择器，而后面的选择器表示被包含的选择器，如图 3.19 所示。

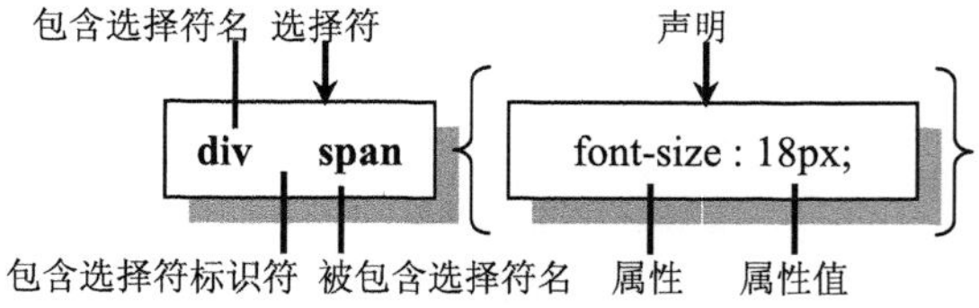

图3.19　包含选择器

【随堂练习】

启动 Dreamweaver，新建一个网页，保存为 test.html，在 <body> 标签内输入如下结构。

```
<div id="wrap">
    <div id="header">
        <p>头部区域第1段文本</p>
        <p>头部区域第2段文本</p>
        <p>头部区域第3段文本</p>
    </div>
    <div id="main">
        <p>主体区域第1段文本</p>
```

```
        <p>主体区域第2段文本</p>
        <p>主体区域第3段文本</p>
    </div>
</div>
```

在 <head> 标签内添加 <style type="text/css"> 标签，定义一个内部样式表，然后定义样式，希望实现如下设计目标。

- 定义 <div id="header"> 包含框内的段落文本字体大小为 14 像素。
- 定义 <div id="main"> 包含框内的段落文本字体大小为 12 像素。

这时可以利用包含选择器来快速定义它们的样式，代码如下。

```
<style type="text/css">
#header p { font-size:14px;}
#main p {font-size:12px;}
</style>
```

【拓展练习 1】

针对上面的结构，读者也可以使用子选择器来定义它们的样式，读者可复制上面示例的页面，使用下面的代码覆盖已经定义的样式。

```
<style type="text/css">
#header > p { font-size:14px;}
#main > p {font-size:12px;}
</style>
```

【拓展练习 2】

但是如果页面结构比较复杂，所有包含元素不仅仅是子元素，这时就只能使用包含选择器了。例如，对于下面这样的结构就只能够使用包含选择器来进行定义。

```
<div id="wrap">
    <div id="header">
        <h2>
            <p>头部区域第1段文本</p>
        </h2>
        <p>头部区域第2段文本</p>
        <p>头部区域第3段文本</p>
    </div>
    <div id="main">
        <div>
            <p>主体区域第1段文本</p>
            <p>主体区域第2段文本</p>
        </div>
        <p>主体区域第3段文本</p>
    </div>
</div>
```

包含选择器的用处是比较广泛的，在选择器嵌套中经常被使用，同时该选择器还可以被 IE 6 版本浏览器识别，因此使用它不用考虑浏览器兼容性问题。

3.5.4 多层选择器嵌套

CSS 允许使用选择器嵌套来实现对 HTML 结构中纵深元素的控制。嵌套的层级没有明确限制。嵌套的方法是利用空格来实现，如图 3.20 所示。

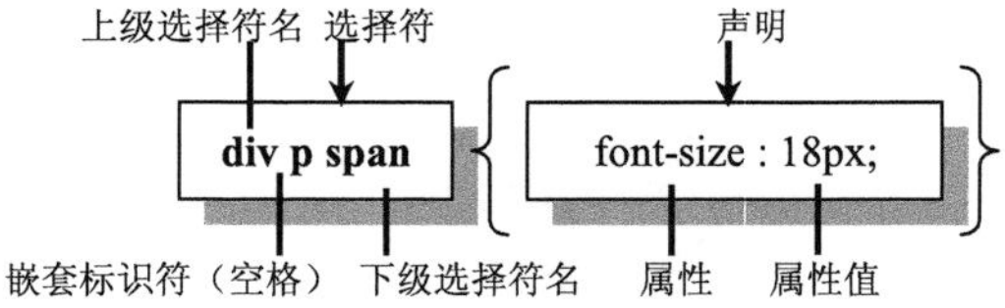

图3.20 选择器嵌套结构

【随堂练习】

启动 Dreamweaver，新建一个网页，保存为 test.html，在 <body> 标签内输入如下结构。

```
<div id="wrap">
    <div id="header">
        <h2><span>网页标题</span></h2>
        <div id="menu">
            <ul>
                <li><span>首页</span></li>
                <li>菜单项</li>
            </ul>
        </div>
    </div>
    <div id="main">
        <h2><span>栏目标题</span></h2>
        <p>主体内容</p>
    </div>
</div>
```

在这个页面结构中，包含了两个标题。如果控制每个标题显示不同的样式，此时使用选择器嵌套是比较理想的选择。使用多层嵌套，一方面能够精确控制元素，另一方面还能够提升选择器的优先级。

在 <head> 标签内添加 <style type="text/css"> 标签，定义一个内部样式表，然后定义样式，希望实现上述设计目标。

```
<style type="text/css">
#wrap #header h2 span { font-size:24px;}
#wrap #main h2 span { font-size:14px;}
</style>
```

在浏览器中预览，则显示效果如图 3.21 所示。

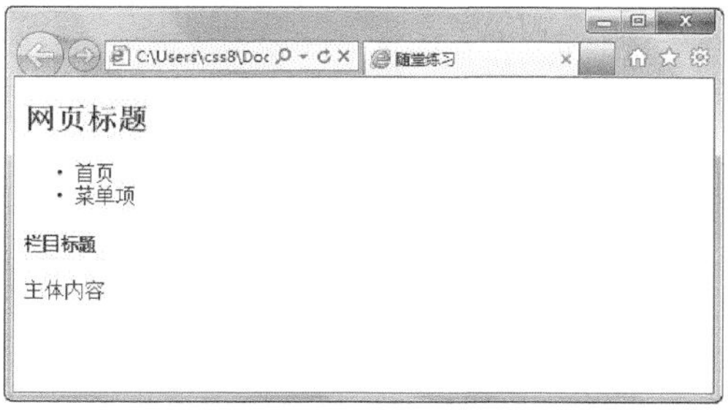

图3.21 嵌套选择器的演示效果

【拓展练习】

CSS 允许嵌套更多的选择器，或者跳级嵌套。例如，针对上面所定义的样式，可以使用如下嵌套选择器来进行定义。

```
<style type="text/css">
#header h2 span { font-size:24px;}
#main h2 span { font-size:14px;}
</style>
```

当然，对于读者来说，具体采用哪种嵌套结构可以根据需要酌情选择。

3.5.5 属性选择器

属性选择器就是利用网页标签包含的属性及其属性值来定义特定对象或一定范围元素的样式。属性选择器一般是一个元素后面紧跟中括号，中括号内是属性或者属性表达式，如图 3.22 所示。

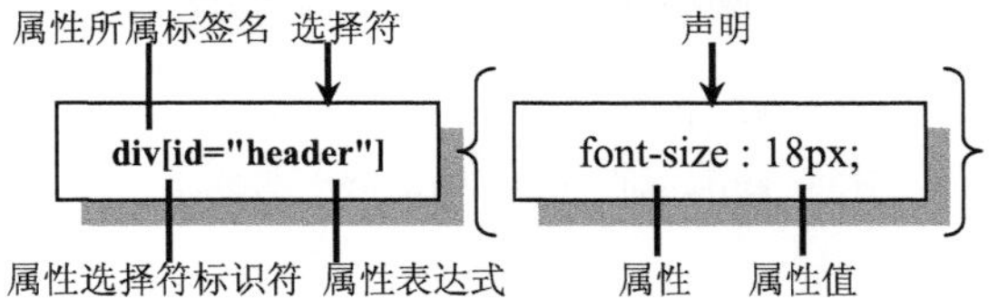

图3.22 属性选择器

实际上，ID 选择器和类选择器在本质上与属性选择器类似，它们借助 HTML 文档中的 id 和 class 属性来定位页面中某个或某一类元素。

属性选择器比较复杂，功能也比较强大，设计师可以借助属性选择器精确控制页面中的任意一个元素。由于属性选择器用法比较复杂，需要分类进行讲解。

注意 在IE 6及其以下版本中对属性选择器还不支持，使用时适当注意兼容性问题。

1. 匹配属性名选择器

匹配属性名选择器的语法格式如图 3.23 所示。

这是一种简单的属性选择器，它能够为包含指定属性名的所有该类型标签定义样式。

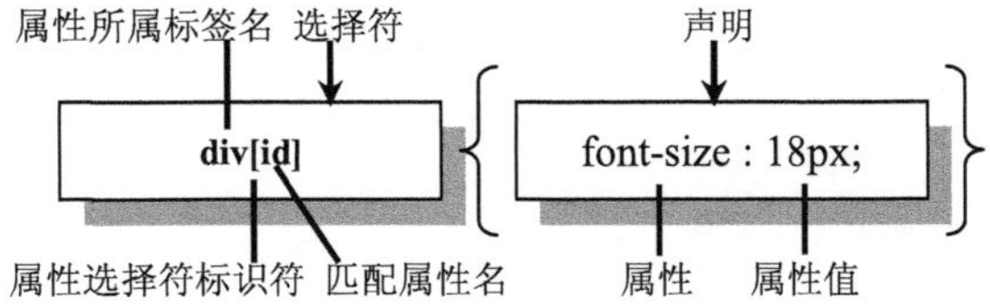

图3.23 匹配属性名选择器

【随堂练习】

启动 Dreamweaver，新建一个网页，保存为 test.html，在 <body> 标签内输入如下结构。

```
<div class="class1">问君能有几多愁，恰似一江春水向东流。</div>
<p>问君能有几多愁，恰似一江春水向东流。</p>
<div class="class2">问君能有几多愁，恰似一江春水向东流。</div>
<div>问君能有几多愁，恰似一江春水向东流。</div>
```

在 <head> 标签内添加 <style type="text/css"> 标签，定义一个内部样式表，然后定义了一个 div[class] 属性选择器，使该选择器能够匹配 div 元素中设置了 class 属性的对象定义样式，而无论 class 属性的属性值是什么。

```
<style type="text/css">
body { font-size:12px;}
div[class] { font-size:24px;}
</style>
```

在浏览器中预览，则显示效果如图 3.24 所示。

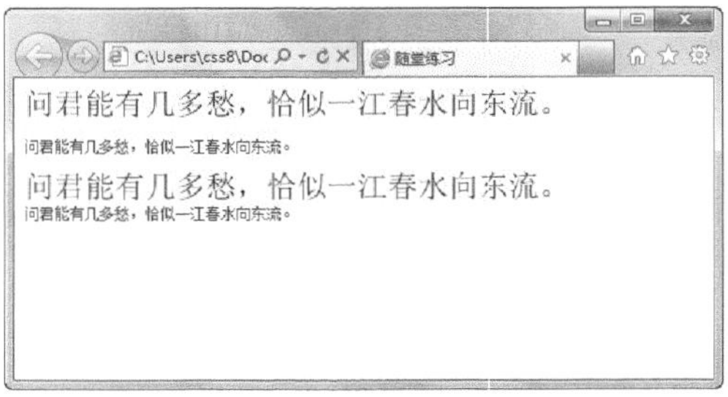

图3.24　匹配属性名选择器演示效果

【拓展练习 1】

上一个示例演示了如何匹配 class 属性的选择器，当然也可以设置匹配所有合法属性。

新建一个网页，保存为 test.html，在 <body> 标签内输入如下代码。

```
<img src="images/pic1.jpg" alt="图像1" />
<img src="images/pic2.jpg" alt="" />
<img src="images/pic3.jpg" />
```

在 <head> 标签内添加 <style type="text/css"> 标签，定义一个内部样式表，然后定义 img[alt] 属性选择器，匹配设置了 alt 属性的所有图像对象显示红色边框线。

```
<style type="text/css">
img { width:260px;}
img[alt] { border:solid 2px red;}
</style>
```

这样就可以为所有图像嵌套一个红色边框。在浏览器中预览，则显示效果如图 3.25 所示。

图3.25　匹配图像中属性名样式演示效果

【拓展练习 2】

CSS 允许设置多个属性名，多个匹配属性名之间分别使用不同的中括号来表示，如图 3.26 所示。

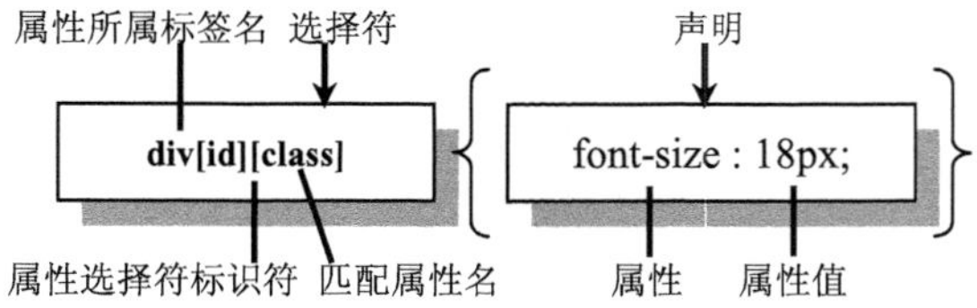

图3.26　匹配多个属性名选择器

例如，复制上面示例的页面，然后清除内部样式表中的样式，重新定义两个匹配属性，则最终显示红色边框线的为第一幅图像。

```
<img src="images/pic1.jpg" alt="图像" title="图像" />
<img src="images/pic2.jpg" alt="图像" />
<img src="images/pic3.jpg" />

<style type="text/css">
img { width:260px;}
```

```
img[alt][title] { border:solid 2px red;}
</style>
```

2. 匹配属性值选择器

匹配属性值选择器的语法格式如图 3.27 所示。

在指定属性值时应该确保值被双引号括起来。

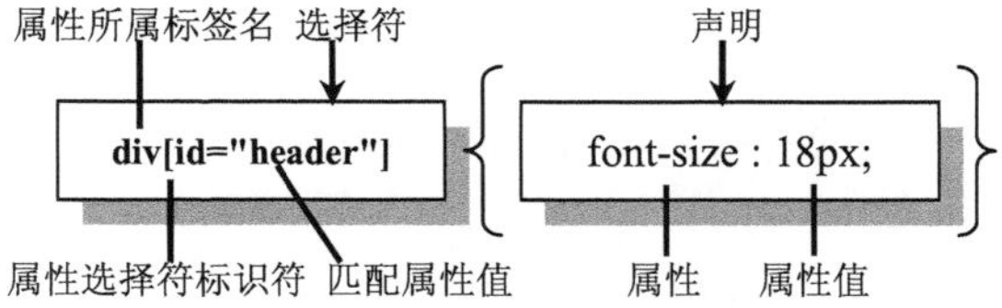

图3.27 匹配属性值选择器

【随堂练习】

新建一个网页，保存为 test.html，在 <body> 标签内输入如下代码。

```
<img src="images/pic1.jpg" alt="图像" title="图像" />
<img src="images/pic2.jpg" alt="图像" />
<img src="images/pic3.jpg" title="图像" />
```

在 <head> 标签内添加 <style type="text/css"> 标签，定义一个内部样式表，然后通过指定属性值来为第 1 个图像定义样式，即使第 1 个图像显示红色边框线。

```
<style type="text/css">
img { width:260px;}
img[alt=" 图像"][title="图像"] { border:solid 2px red;}
</style>
```

在浏览器中预览，则显示效果如图 3.28 所示。

图3.28 匹配图像中多个属性值的样式演示效果

读者还可以设置多个匹配属性值，这里就不再举例了，方法与上面相同。

3. 模糊匹配属性值选择器

这是一类特殊的属性选择器，类似于正则表达式的匹配模式，也是属性选择器中功能最强大的一部分，主要包括如下几种匹配模式。

- [|=]（连字符匹配）：以连字符为分隔符，匹配属性值中的局部字符串。
- [~=]（空白符匹配）：以空白符为分隔符，匹配属性值中的局部字符串。
- [^=]（前缀匹配）：匹配属性值中的起始字符。
- [$=]（后缀匹配）：匹配属性值中的结束字符。
- [*=]:（子字符串匹配）：匹配属性值存在的指定字符。

【随堂练习】

新建一个网页，保存为 test.html，在 <body> 标签内输入如下代码。

```
<div class="red-blue-green">支持[|=]（连字符匹配）属性选择器</div>
<div class="red blue green">支持[~=]（空白符匹配）属性选择器</div>
<div class="Red-blue-green">支持[^=]（前缀匹配）属性选择器</div>
<div class="red-blue-Green">支持[$=]（后缀匹配） 属性选择器</div>
<div class="red-blue-green">支持[*=]:（子字符串匹配）属性选择器</div>
```

在 <head> 标签内添加 <style type="text/css"> 标签，定义一个内部样式表，然后分别定义了五个模糊匹配的属性选择器，具体样式代码如下。

```
<style type="text/css">
div {display: none;}/* 隐藏所有div元素 */
[class|="blue"] {display: block;}        /* 连字符匹配 */
[class~="blue"] {display: block;}        /* 空白符匹配 */
[class^="Red"] {display: block;}         /* 前缀匹配 */
[class$="Green"] {display: block;}       /* 后缀匹配 */
[class*="gre"] {display: block;}         /* 子字符串匹配 */
</style>
```

在浏览器中预览，则显示效果如图 3.29 所示。

利用上面的示例将匹配的 div 元素显示出来，以测试浏览器是否支持该属性选择器。上面的示例中省略了属性选择器的指定标签选择器，这时它将匹配任意标签元素。可以使用星号（*）通配符来指定任意元素。

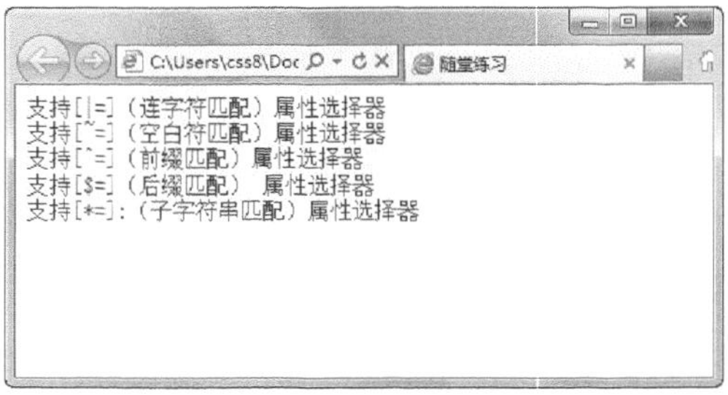

图3.29　模糊匹配属性选择器演示效果

3.5.6 伪选择器和伪元素选择器

伪类和伪元素是一类特殊的选择器，它定义了一些特殊区域或特殊状态下的样式，这些特殊的区域或特殊状态是无法通过标签、ID 或 Class 以及其他属性来进行精确控制。

伪类和伪元素以冒号（:）为前缀来表示，用法格式如图 3.30 所示。注意，伪类和伪元素的前缀符号（:）与前后名称之间不要有空格。

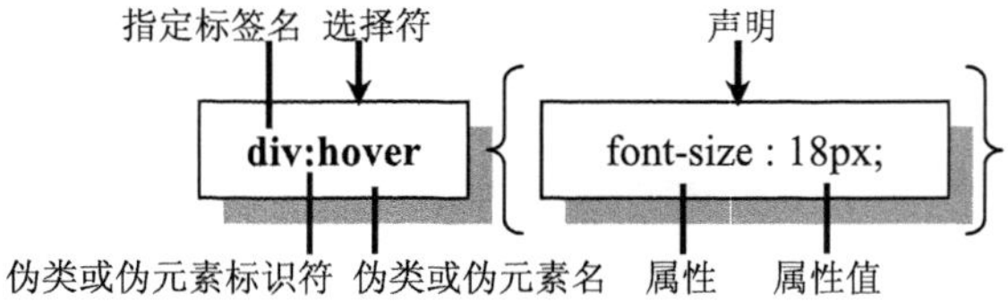

图3.30　伪类和伪元素选择器

【随堂练习】

新建一个网页，保存为 test.html，在 <body> 标签内输入如下代码，定义超链接。

```
<a href="#">超链接文本</a>
```

在 <head> 标签内添加 <style type="text/css"> 标签，定义一个内部样式表，然后利用超链接的四个伪类选择器定义超链接文本的四种不同显示状态。

```
<style type="text/css">
a:link {color: #FF0000;}                 /* 正常链接状态下样式 */
a:visited {color: #0000FF;}              /* 被访问之后的样式 */
```

```
a:hover {color: #00FF00;}                /* 鼠标经过时的样式 */
a:active { color: #FF00FF;}              /* 超链接被激活时的样式 */
</style>
```

【拓展练习】

超链接的这四种状态也可以应用到其他元素身上，甚至所有元素都可以定义伪类样式。例如，新建一个网页，保存为 test.html，在 <body> 标签内输入如下代码。

```
<div>鼠标经过样式</div>
<p>鼠标经过样式</p>
```

在 <head> 标签内添加 <style type="text/css"> 标签，定义一个内部样式表，然后利用超链接的四个伪类选择器定义 body、div 和 span 元素伪类样式，即当鼠标移过、在上面和移出时的活动状态。

```
<style type="text/css">
:link {color: #FF0000;}                  /* 正常状态下样式 */
:visited {color: #0000FF;}               /* 被访问之后的样式 */
:hover {color: #00FF00;}                 /* 鼠标经过时的样式 */
:active {color: #FF00FF;}                /* 单击被激活时的样式 */
</style>
```

在演示时，读者可能会看到不完整鼠标移动时的元素状态样式，因为所有元素，包括 body 元素都被定义了四种状态样式。所以，更为稳妥的方法是在伪类标识符前面指定一个具体的标签名。其他伪类和伪对象的说明和使用可以参考 CSS 参考手册。

注意 **除了超链接的4种伪类选择器之外，其他伪类和伪对象选择器不被IE 6及其以下版本浏览器支持，使用时适当注意。**

3.5.7 选择器分组

选择器分组就是将多个选择器写在一起，以方便样式的组织和管理。被分为一组的多个选择器以逗号排列在一起，组内每个选择器可以为任意类型的选择器，如标签选择器、类选择器、ID 选择器，甚至是复合选择器。

【随堂练习】

新建一个网页，保存为 test.html，在 <body> 标签内输入如下代码，设计 6 级标题。

```
<h1>一级标题</h1>
<h2>二级标题</h2>
<h3>三级标题</h3>
<h4>四级标题</h4>
<h5>五级标题</h5>
<h6>六级标题</h6>
```

在 <head> 标签内添加 <style type="text/css"> 标签，定义一个内部样式表，然后为各级标题定义样式，设计所有标题的字体大小为 14 像素，则可以使用如下样式来实现。

```
<style type="text/css">
h1 { font-size:14px; }
```

```
h2 { font-size:14px; }
h3 { font-size:14px; }
h4 { font-size:14px; }
h5 { font-size:14px; }
h6 { font-size:14px; }
</style>
```

由于这些标题的样式是相同的，这时就可以利用选择器分组来实现，这些标题元素被分成一组，被称为样式群，以实现快速开发。

```
<style type="text/css">
h1, h2, h3, h4, h5, h6 {
    font-size:14px;
}
</style>
```

【拓展练习】

在网页设计中，我们都会很习惯地使用选择器分组的方式将所有元素的边距清除为 0，例如：

```
html, body,
h1, h2, h3, h4, h5, h6,
p,
table, caption, tr, td, th,
ul, ol, li, dl, dt, dd,
form, legend, fieldset                {
    margin: 0;
    padding: 0;
}
```

除了对标签元素进行分组之外，还可以给类选择器、ID 选择器等其他选择器进行分组，方法完全相同。

3.6 CSS继承性、层叠性和特殊性

CSS 样式具有三个基本特性：继承性、层叠性和特殊性。继承性说明样式可以相互传递，层叠性说明样式可以相互覆盖，而特殊性则说明样式也可以特殊化处理。

3.6.1 CSS继承性

CSS 继承性就是 CSS 允许结构的外围样式不仅可以应用于某个特定的元素，还可以应用于它包含的、可匹配的标签。通俗说就是在 HTML 文档结构中，包含在内部的标签将拥有外部标签的某些样式。

【随堂练习】

CSS 继承性最典型的应用就是在 body 元素中定义整个页面的字体大小、字体颜色等基本页面属性，这样包含在 body 元素内的其他元素都将继承该基本属性，以实现页面显示效果的统一。

新建一个网页，保存为 test.html，在 <body> 标签内输入如下代码，设计一个多级嵌套结构。

```
<div id="wrap">
    <div id="header">
        <div id="menu">
            <ul>
                <li><span>首页</span></li>
                <li>菜单项</li>
            </ul>
        </div>
    </div>
    <div id="main">
        <p>主体内容</p>
    </div>
</div>
```

在 <head> 标签内添加 <style type="text/css"> 标签，定义一个内部样式表，然后为 body 定义字体大小为 12 像素，通过继承性，则包含在 body 元素的所有其他元素都将继承该属性，并显示包含的字体大小为 12 像素。

```
<style type="text/css">
body {font-size:12px;}
</style>
```

在浏览器中预览，则显示效果如图 3.31 所示。

图3.31 CSS继承性演示效果

灵活利用 CSS 继承性，可以节省 CSS 代码，缩短开发时间。因此，当准备开发时，先把页面或模块中相同的、可以继承的样式提取出来，然后在总包含框中定义，利用继承性让这些样式影响所包含的所有子元素。

【拓展学习】

CSS 继承性给网页设计带来了很多便利，当然并不是每个 CSS 属性都可以继承的。为了防止继承性对网页设计的破坏性影响，CSS 强制规定部分属性不具有继承特性，分类说明如下。

- 边框属性
- 边界属性
- 补白属性
- 背景属性
- 定位属性
- 布局属性
- 元素宽高属性

例如，对于 background 属性来说，它是用来设置元素的背景，为了避免嵌套结构相互影响，CSS 就禁止 background 属性继承。实际上它也不应该有继承性，如果所有包含元素都继承了背景属性，那么文档看起来就会很怪异。

继承是非常重要的，使用它可以简化代码，降低 CSS 样式的复杂度。但是，如果在网页中所有元素都大量继承样式，那么判断样式的来源就会变得很困难，因此读者应该注意下面的问题。

对于字体、文本类属性等涉及到网页中的通用属性可以使用继承性。例如，网页显示字体、字号、颜色、行距等可以在 body 元素中统一设置，然后通过继承影响文档中所有文本。其他属性就不要使用继承性来实现。

【拓展练习】

元素通过继承性获取上级元素的样式，但是这些样式影响力是非常弱的。如果当元素本身包含了冲突样式，一般会忽略继承样式。

新建一个网页，保存为 test.html，在 <body> 标签内输入如下代码，设计一个多级嵌套结构。

```
<div id="wrap">
    <div id="header">
        <h2><span>网页标题</span></h2>
        <div id="menu">
            <ul>
                <li><span>首页</span></li>
                <li>菜单项</li>
            </ul>
        </div>
    </div>
    <div id="main">
        <h2><span>栏目标题</span></h2>
        <p>主体内容</p>
    </div>
</div>`
```

在 <head> 标签内添加 <style type="text/css"> 标签，定义一个内部样式表，然后为 body 定义字体大小为 12 像素，通过继承性，则包含在 body 元素的所有其他元素都将继承该属性，并显示包含的字体大小为 12 像素。

```
<style type="text/css">
body { font-size:12px;}
</style>
```

由于 h2 元素默认定义了字体大小，则将忽略从 body 元素继承来的属性，因此不是显示为 12 像素大小，而是显示为默认设置的字体大小效果，如图 3.32 所示。

图3.32　CSS继承性失效演示效果

3.6.2　CSS层叠性

CSS 层叠性是指 CSS 能够对同一个元素或者同一个网页应用多个样式或多个样式表的能力。例如，可以创建一个 CSS 样式来应用颜色，创建另一个样式来应用边距，然后将两个样式应用于同一个页面中的同一个元素，这样 CSS 就能够通过样式层叠设计出各种页面效果。

【随堂练习】

CSS 层叠性也会带来样式的冲突，如果多个样式声明的属性相同，但是样式效果不同，并且它们都被应用到同一个对象上，则这种层叠效果就会发生矛盾，浏览器如何进行解析？

新建一个网页，保存为 test.html，在 <body> 标签内输入如下代码。

```
<div id="wrap">看看我的样式效果</div>
```

然后，在 <head> 标签内添加 <style type="text/css"> 标签，定义一个内部样式表，分别添加两个样式。

```
div {font-size:12px;}
div {font-size:14px;}
```

这两个样式中都是声明相同的属性，并应用于同一个元素上，那么 div 元素内的字体到底显示为多大呢？

在浏览器中测试，则读者会发现最后字体显示为 14 像素，也就是说 14 像素字体大小覆盖了 12 像素的字体大小，这就是样式层叠。

【拓展学习】

当声明相同属性，但是属性值不同，且定义的样式都作用于同一个对象时，浏览器如何进行选择？是不是就根据先后顺序来确定？

CSS 设计出一套计算方法，根据计算出的权重值来确定不同样式的重要性，并决定最终要呈现的效果，具体说明如下。

第一，CSS 为每个规则都分配一个重要度，其中网页设计师（即作者）定义的样式是最重要的，然后是浏览者（用户）自定义的样式，最后才是浏览器的默认样式。

第二，如果要提高样式的重要度，可以使用 !important 命令来强制提高它的重要性，使它优先于任何规则。

第三，最后根据选择器的特殊性来决定规则的优先顺序。具有更特殊的选择器的规则优先于比较一般的选择器的规则。如果两个规则的特殊性相同，那么就会根据在网页中位置的先后顺序来决定规则的优先性，一般是后面的样式会优先前面相同声明的样式。

【拓展练习】

条件假设：

一，读者所用的浏览器默认显示字体样式是宋体，这是浏览器定义的样式。

二，读者通过修改浏览器的设置来改变浏览器中字体显示为楷体，这是用户定义的样式。

三，当打开网页自带样式表，它定义的字体属性为幼圆，因为网页样式是由网页设计师定义，所以这是作者定义的样式。

在浏览器中预览，则网页字体最终显示为幼圆，因为根据层叠规则，三者中作者的样式具有最高的重要性，用户定义的样式次之，最后是浏览器的样式。

如果作者没有定义某个属性，则浏览器会寻找用户是否定义该属性的样式，如果用户也没有设置该属性的样式，则最终将根据浏览器预定义的样式来呈现页面效果。

如果作者的样式被设置如下。

```
body {font-family:" 隶书"!important;}
body {font-family:" 幼圆";}
```

那么根据规则，虽然它们都是作者定义的样式，都具有相同的重要性。但根据位置排列的先后顺序，后面的样式将优先于前面的样式，最终网页字体显示为隶书。

3.6.3 CSS优先级

浏览器根据一定的CSS优先级来解析网页效果，CSS样式的优先级详细说明。

1. CSS样式表的优先级

根据CSS样式的起源，我们可以将网页定义的样式分为四种：HTML、作者、用户和浏览器。HTML表示元素的默认样式，作者就是创建人，即创建网站所编辑的CSS，用户也就是浏览网页的人所设置的样式，浏览器就是指浏览器默认的样式。

原则上讲，作者定义的样式优先于用户设置的样式，用户设置的样式优先于浏览器的默认样式，而浏览器的默认样式会优先于HTML的默认样式。

注意 **在CSS 2中当用户设置的样式中使用了!important命令声明之后，用户的!important命令会优先于作者声明的!important命令。**

2. CSS样式的优先级

对于相同的CSS起源来说，不同位置的样式其优先级也是不同的。

一般来说，行内样式会优先于内部样式表，内部样式表会优先于外部样式表。而被附加了!important关键字的声明会拥有最高的优先级。

【随堂练习】

新建一个网页，保存为test.html，在<body>标签内输入如下代码，在p元素行内定义一个内嵌属性样式，定义字体大小为14像素（style="font-size:14px"）。

```
<p style="font-size:14px">段落文本</p>
```

然后，在<head>标签内添加<style type="text/css">标签，定义一个内部样式表，添加如下样式，在内部样式表中定义字体大小为24像素。

```
<style type="text/css">
p { font-size:24px;}
</style>
```

再使用<link>标签导入一个外部样式表。

```
<link href="style.css" rel="stylesheet" type="text/css" />
```

在外部样式表（style.css）中定义字体大小为34像素。

```
p { font-size:34px;}
```

在浏览器中预览，则根据CSS样式的优先级，最终显示结果为14像素，如图3.33所示。则说明内嵌的CSS样式属性具有最高的优先级。

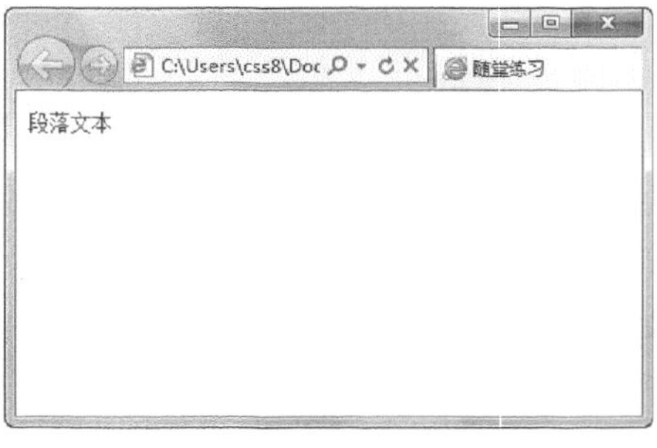

图3.33 CSS样式继承效果

3.6.4 CSS特殊性

CSS 特殊性是指不同类型的选择器，则它们的权重比值不同。对于常规选择器来说，则它们的权重比值说明如下。

- 标签选择器：权重值为 1。
- 伪元素或伪对象选择器：权重值为 1。
- 类选择器：权重值为 10。
- 属性选择器：权重值为 10。
- ID 选择器：权重值为 100。
- 其他选择器：权重值为 0，如通配选择器等。

然后，以上面的权值数为起点来计算每个样式中选择器的总权值数，则计算规则如下。

- 统计选择器中 ID 选择器的个数，然后乘以 100。
- 统计选择器中类选择器的个数，然后乘以 10。
- 统计选择器中的标签选择器的个数，然后乘以 1。

以此方法类推，最后把所有权重值数相加，即可得到当前选择器的总权重值，最后根据权重值来决定哪个样式的优先级大。

【随堂练习】

新建一个网页，保存为 test.html，在 <body> 标签内输入如下代码。

```
<div id="box" class="red">CSS选择器的优先级</div>
```

然后，在 <head> 标签内添加 <style type="text/css"> 标签，定义一个内部样式表，添加如下样式。

```
<style type="text/css">
body div#box { border:solid 2px red;}
#box {border:dashed 2px blue;}
div.red {border:double 3px red;}
</style>
```

对于上面的样式表，可以这样计算它们的权重值。

body div#box = 1 + 1 + 100 = 102;

#box = 100

di.red = 1 + 10 = 11

因此，最后的优先级为 body div#box 大于 #box，#box 大于 di.red。所以可以看到显示效果为 2 像素宽的红色实线，在浏览器中预览，则显示效果如图 3.34 所示。

图3.34 CSS优先级的样式演示效果

【拓展练习 1】

利用上述方法，分别计算下面样式表中每个样式的优先级别。

```
<style type="text/css">
div{color:Green;}                    /*特殊性权重值=1*/
div h2{color:Red;}                   /*特殊性权重值：1+1=2*/
.blue{color:Blue;}                   /*特殊性权重值：10=10*/
div.blue{color:Aqua;}                /*特殊性权重值：1+10=11*/
```

```
div.blue .dark{color:Maroon;}            /*特殊性权重值：1+10+10＝21*/
#header{color:Gray;}                     /*特殊性权重值：100＝100*/
#header span{color:Black;}               /*特殊性权重值：100＋1＝101*/
</style>
```

【拓展练习 2】

被继承样式的权重值为 0。无论原继承样式的优先权多大，被继承后，它的权重值始终为 0。

新建一个网页，保存为 test.html，在 <body> 标签内输入如下代码。

```
<div id="header" class="blue">
    <span>遗产继承不如白手起家</span>
</div>
```

然后，在 <head> 标签内添加 <style type="text/css"> 标签，定义一个内部样式表，添加如下样式。

```
<style type="text/css">
span{ color:Gray;}
#header{ color:Black;}
</style>
```

虽然 div 具有 100 的权重值，但被 span 继承时，权重值就为 0，而 span 选择器的权重值虽然仅为 1，但是它大于继承样式的权重值，所以元素最后显示颜色为灰色。

【拓展练习 3】

样式属性最优先。当使用 style 属性为标签定义样式属性时，则它的权重值可以为 100 或者更高。总之，它拥有比样式表（内部或者外部）中定义的样式具有更大的优先级。

新建一个网页，保存为 test.html，在 <body> 标签内输入如下代码。

```
  <div id="header" class="blue" style="color:Yellow">
    内部优先
</div>
```

然后，在 <head> 标签内添加 <style type="text/css"> 标签，定义一个内部样式表，添加如下样式。

```
<style type="text/css">
div {  color:Green;}                     /*元素样式*/
.blue{color:Blue;}                       /*class样式*/
#header{color:Gray;}                     /*id样式*/
  </style>
```

在上面的样式表中，虽然通过 ID 和类选择器分别定义了 div 元素的字体属性，但由于 div 元素同时定义了样式属性，样式属性权重值大于 ID 和类选择器定义的样式，因此 div 元素最终显示为黄色。

【拓展练习 4】

在相同权重值下，CSS 将遵循就近原则，也就是说靠近元素的样式具有最大优先权，即位于最后的样式具有最大优先权。

新建一个网页，保存为 test.html，设计网页文档结构如下。

```
<!DOCTYPE html PUBLIC "-//W3C//DTD XHTML 1.0 Transitional//EN" "http://
www.w3.org/TR/xhtml1/DTD/xhtml1-transitional.dtd">
<html xmlns="http://www.w3.org/1999/xhtml">
<head>
<meta http-equiv="Content-Type" content="text/html; charset=gb2312" />
<title>样式特殊性比较</title>
<link href="style.css" rel="stylesheet" type="text/css" /><!—导入外部样式
-->
<style type="text/css">
#header{/*内部样式*/
  color:Gray;
}
</style>
</head>
<body>
<div id="header" >
    就近优先
</div>
</body>
</html>
```

在外部样式表文件 style.css 中输入下面的样式。

```
/*CSS外部样式表文件，名称为style.css*/
#header{/*外部样式*/
      color:Red;
}
```

在浏览器中预览，则页面内的 <div> 标签显示为灰色。

如果此时把内部样式更改为：

```
div{/*内部样式*/
   color:Gray;
}
```

则特殊性不同，最终文字显示为外部样式所定义的红色。同样的道理，如果同时导入两个外部样式表，则排在下面的样式表会比上面的样式表具有较大优先权。

【拓展练习 5】

CSS 定义 !important 命令拥有最大的权重值。也就是说 !important 命令在任何环境和情况下，都拥有最大优先权。!important 命令必须位于属性值和分号之间，否则无效。

新建一个网页，保存为 test.html，设计网页文档结构如下。

```
<!DOCTYPE html PUBLIC "-//W3C//DTD XHTML 1.0 Transitional//EN" "http://
www.w3.org/TR/xhtml1/DTD/xhtml1-transitional.dtd">
<html xmlns="http://www.w3.org/1999/xhtml">
<head>
<meta http-equiv="Content-Type" content="text/html; charset=gb2312" />
```

```
<title>!important命令最大</title>
<link href="style.css" rel="stylesheet" type="text/css" /><!—导入外部样式
-->
<style type="text/css">
#header{/*内部样式*/
  color:Gray;
}
</style>
</head>
<body>
<div id="header"  style="color:Yellow"><!--内嵌样式-->
    天王盖地虎，天下唯!important命令独尊
</div>
</body>
</html>
```

在外部样式表中定义如下样式，并添加 !important 命令。

```
  /*CSS外部样式表文件，文件名称为style.css*/
#header{/*外部样式*/
    color:Red!important;
}
```

在浏览器中预览，则 <div> 标签显示为红色。

> **注意** IE 6及更低版本不支持!important命令。

3.7 综合训练

本章集训目标：

- 在理解的基础上，能够根据具体的结构选择恰当的选择器来定义样式。
- 能够灵活使用各种选择器，准确匹配网页特定对象。
- 能够混合使用多种选择器，配合使用设计富有变化的页面效果。

3.7.1 实训1：设计个人网站菜单

实训说明：

这是一款适合个人网站、酷站风格的导航菜单，从外观上看这个菜单导航横条很炫酷，黑色代表严肃、沉着，灰黑色渐变背景效果，再加上鼠标浮动在菜单上所显示出来的按钮背景图，将这个菜单栏的与众不同之处完美地展现出来。示例效果如图 3.35 所示。

主要训练技巧说明：

- 通过无序列表标签构建导航结构。
- 通过类样式设计菜单中的基本效果。
- 通过包含选择器限制样式的应用范围。

- 通过选择器分组，提高 CSS 样式编写效率。
- 通过伪类样式设计动态效果。

示例位置：

“光盘位置”\示例文件\03\实训 1：设计个人网站菜单 \index.html

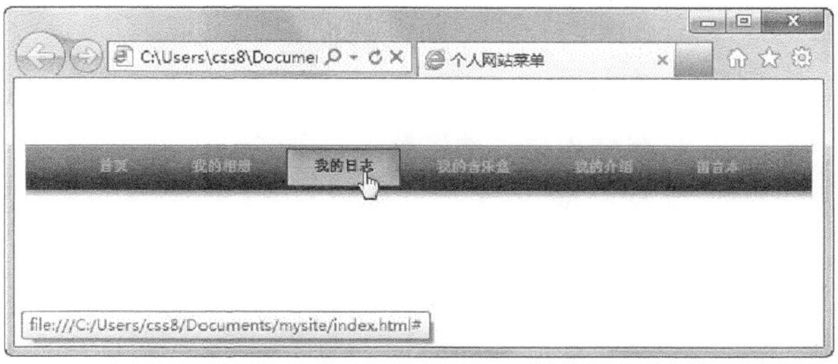

图3.35　设计个人网站菜单演示效果

设计步骤：

步骤 1 启动 Dreamweaver，新建网页并保存为 index.html。打开网页文档，设计如下导航菜单结构。

```
<body>
<ul class="menu">
    <li class="top"><a href="#" class="top_link"><span>首页</span></a></li>
    <li class="top"><a href="#" class="top_link"><span>我的相册</span></a></li>
    <li class="top"><a href="#" class="top_link"><span>我的日志</span></a></li>
    <li class="top"><a href="#/" class="top_link"><span>我的音乐盒</span></a></li>
    <li class="top"><a href="#" class="top_link"><span>我的介绍</span></a></li>
    <li class="top"><a href="#" class="top_link"><span>留言本</span></a></li>
</ul>
</body>
```

在这个导航菜单中，包含两层结构，外层的 <ul> 标签控制导航总体样式，内层的 <li> 标签控制每个菜单项的样式。

步骤 2 为了与页面其他模块的列表结构进行区分，则在该导航菜单中定义外层的 <ul> 标签类名为 menu，内层的 <li> 标签类名为 top，每个选项中包含的超链接类名为 top_link。

步骤 3 新建 CSS 样式表文件，命名为 style.css，保存到 images 文件夹中，然后在页面头部区域导入该样式表。

```
<link rel="stylesheet" href="images/style.css" type="text/css" />
```

步骤 4 设计菜单框架样式，控制整个导航菜单外观。这里主要通过类选择器 .menu 实现，样式细节包括：设置内外边距，固定高度 40 像素，清除列表框默认样式（如项目符号、缩进），定义背景效果，设置字体样式，设计外框为相对定位 (position:relative;)。

```
.menu {padding:0 0 0 32px; margin:0; list-style:none; height:40px; background:#fff url(button1a.gif) repeat-x; position:relative; font-family:arial, verdana, sans-serif; margin-top:50px;}
```

其中 position:relative; 声明对于整个案例效果的影响最为关键，它能够约束内部结构的布局，position 属性的深入讲解请参阅后面章节。

步骤 5 以包含选择器的方式匹配每个列表项，然后定义每个列表项以块状显示，并向左浮动，实现横向并列显示效果。

```
.menu li.top {display:block; float:left; position:relative;}
```

注意 这里使用包含选择器，限制匹配范围为导航菜单框内，然后使用指定范围类样式，以便提高类样式的优先级，以及确定样式应用的标签类型范围。

步骤 6 通过多层包含选择器定义选项中超链接的样式。设置每个超链接以块状、向右浮动显示，然后定义高度，与导航栏同高，定义菜单内字体样式等。

```
.menu li a.top_link {display:block; float:left; height:40px; line-height:33px; color:#bbb; text-decoration:none; font-size:11px; font-weight:bold; padding:0 0 0 12px; cursor:pointer;}
```

步骤 7 继续以多层包含选择器定义超链接中包含的 span 元素样式，该样式与超链接样式基本相似。

```
.menu li a.top_link span {float:left; font-weight:bold; display:block; padding:0 24px 0 12px; height:40px;}
```

步骤 8 以伪类选择器方式定义鼠标经过超链接的样式。该效果主要包含两个样式，它们分别定义 a 和 span 元素样式。在样式中主要重设背景图像和位置。

```
.menu li a.top_link:hover {color:#000; background: url(button4.gif) no-repeat;}
.menu li a.top_link:hover span {background:url(button4.gif) no-repeat right top;}
```

步骤 9 以选择器分组的方式定义导航菜单中的公共样式，如初始化 ul 默认效果，考虑到在不同位置、不同状态下的 ul 样式，这里采用了选择器分组的方式统一进行控制。

```
.menu ul,
.menu :hover ul ul,
.menu :hover ul :hover ul ul,
.menu :hover ul :hover ul :hover ul ul,
.menu :hover ul :hover ul :hover ul :hover ul ul {position:absolute; left:-9999px; top:-9999px; width:0; height:0; margin:0; padding:0; list-style:none;}
```

其他样式以及整个案例效果请参阅光盘实例。

3.7.2 实训2：设计网站登录页面

实训说明：

这是一款个性的网站登录页面，从效果上看页面以灰色背景与浅蓝色方框进行搭配，使登录框精致、富有立体效果，示例效果如图 3.36 所示。登录框页面一般比较简单，包含的结构和信息都很单纯，但是要设计一个比较有新意的登录框，需要读者提前在 Photoshop 中进行设计，然后再转换为 HTML 标准布局效果。

主要训练技巧说明：

- 通过通配选择器实现对整个页面的控制。

- 通过 body 样式统一网页背景色，并嵌入登录框背景图。
- 设计表单元素的样式。
- 通过类样式定义按钮样式，以及动态效果。
- 通过属性选择器控制特定对象样式。

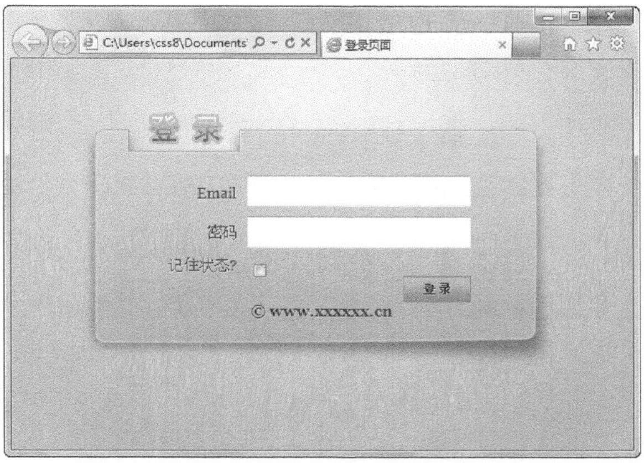

图3.36　设计网站登录页面效果

示例位置：

“光盘位置”\示例文件\03\实训 2：设计网站登录页面\index.html

设计步骤：

步骤 1 启动 Dreamweaver，新建网页并保存为 index.html。打开网页文档，设计如下表单结构。

```
<body>
<form id="login-form" action="#" method="post">
    <fieldset>
        <legend>登录</legend>
        <label for="login">Email</label>
        <input type="text" id="login" name="login"/>
        <div class="clear"></div>
        <label for="password">密码</label>
        <input type="password" id="password" name="password"/>
        <div class="clear"></div>
        <label for="remember_me" style="padding: 0;">记住状态?</label>
        <input type="checkbox" id="remember_me" style="position: relative;
top: 3px; margin: 0; " name="remember_me"/>
        <div class="clear"></div>
        <br />
            <input type="submit" style="margin: -20px 0 0 287px;"
class="button" name="commit" value="登 录"/>
    </fieldset>
</form>
<p align="center"><strong>&copy; www.xxxxxx.cn</strong></p>
</body>
```

步骤 2 为 form 元素定义 id 属性，以便对整个表单控制，同时方便设计 ID 样式。

步骤 3 新建 CSS 样式表文件，命名为 style.css，保存到 images 文件夹中，然后在页面头部区域导入该样式表。

```
<link rel="stylesheet" type="text/css" href="images/style.css" />
```

步骤 4 通过通配选择器清除页面中所有标签的内外边距。

```
* { margin: 0; padding: 0; }
```

步骤 5 在 body 元素中定义网页字体效果，如类型、大小和颜色，设计网页背景图像，并让背景图像偏上居中显示，禁止平铺，同时设置如果背景图像无法覆盖的区域颜色显示浅灰色（#c4c4c4）。

```
body { font-family: Georgia, serif; background: url(login-page-bg.jpg) center -50px no-repeat #c4c4c4; color: #3a3a3a; }
```

步骤6 定义清除样式类，以便控制页面中每个表单域的换行显示。

```
.clear { clear: both; }
```

步骤7 设计表单对象样式。其中通过属性选择器控制复选框的样式。

```
form { width: 406px; margin: 120px auto 0; }
legend { display: none; }
fieldset { border: 0; }
label { width: 115px; text-align: right; float: left; margin: 0 10px 0 0; padding: 9px 0 0 0; font-size: 16px; }
input { width: 220px; display: block; padding: 4px; margin: 0 0 10px 0; font-size: 18px; color: #3a3a3a; font-family: Georgia, serif; }
input[type=checkbox] { width: 20px; margin: 0; display: inline-block; }
```

步骤8 设计按钮在鼠标经过和未经过时的状态样式。

```
.button { background: url(button-bg.png) repeat-x top center; border: 1px solid #999; -moz-border-radius: 5px; padding: 5px; color: black; font-weight: bold; -webkit-border-radius: 5px; font-size: 13px; width: 70px; }
.button:hover { background: white; color: black; }
```

关于本案例的详细代码请参阅光盘案例效果。

3.8 上机练习

1. 请实现如图 3.37 所示的导航菜单效果。该练习效果的设计方法与综合训练中“实训 1”的设计思路基本相同。读者可以按照如下思路进行操作。

1）通过列表结构构建菜单框架。

2）通过类样式控制框架的基本样式。

3）通过伪类样式设计菜单的动态样式。

4）通过包含选择器限制样式应用的范围。

5）通过选择器分组实现 CSS 代码的优化。

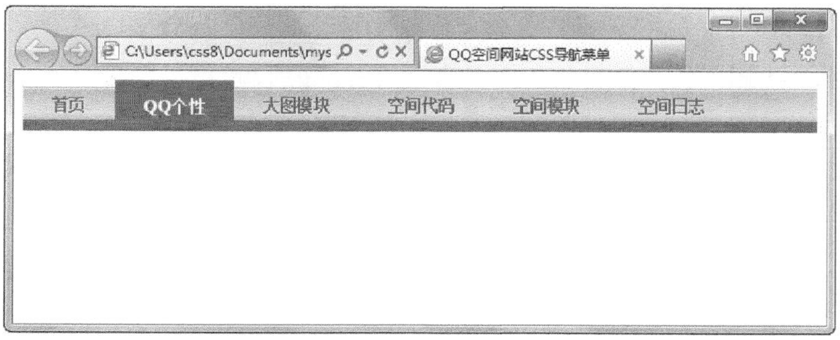

图3.37 设计QQ空间网站菜单演示效果

2. 学习编写高效的 CSS 样式，应避免使用一些低效的 CSS 选择器去匹配大量的元素，这样能够加速浏览器对页面的解析效率。

启动 Dreamweaver，新建一个网页，保存为 index.html，在 <body> 标签内输入如下结构。

```
<div class="menu">
    <ul class="submenu">
        <li class="topmenu"><a href="" ></a></li>
        <li class="topmenu"><a href="" ></a> </li>
        <li class="topmenu"><a href=""></a> </li>
    </ul>
</div>
<div class="news">
    <ul class="subnews">
        <li class="new"><a href="" ></a></li>
        <li class="new"><a href="" ></a> </li>
        <li class="new"><a href=""></a> </li>
    </ul>
</div>
```

在 <head> 标签内添加 <style type="text/css"> 标签，定义一个内部样式表，然后定义样式，练习使用不同的组合选择器匹配导航菜单中的 a 元素。

- .topmenu a { }
- .submenu li a { }
- . menu ul a { }
- .menu li a { }
- .menu .submenu li a { }

在上面的多个选择器中，它们都可以准确匹配导航菜单中的 a 元素，思考哪种写法更高效？自己动手测试一下。

知识铺垫：

当浏览器解析 HTML 结构时，它构造了一个文档树来展现所有被显示的元素。一般 CSS 引擎通过选择器去寻找匹配，CSS 引擎评估每一个选择器是从右到左的顺序执行的，即从最右的子选择符开始，直到找到匹配元素为止。

根据这个规则，越少的选择器组合使用，CSS 引擎的匹配速度就越快，优化选择器组合也有利于提高页面的性能。避免不需要冗余的，使引擎系统快速的匹配到元素而不需要花费太多的时间。

反思用法：

你是否习惯这样编写样式的选择器，如果是则请改掉这些陋习。

- 使用通配选择符作为关键匹配，如：

```
body * { }
.hide-scrollbars * {}
```

- 使用标签选择器作为关键匹配，如：

```
ul li a { }
#footer h3 { }
```

- 使用子选择器和相邻选择器，如：

```
body > * { }
.hide-scrollbars > * { }
ul > li > a { }
#footer > h3 { }
```

子选择器和相邻选择器是最低效的，因为对于每一个元素的匹配，浏览器不得不检索其他元素，这就需要双倍的时间耗费在匹配上。

◆ 过渡的限定选择器。

```
ul#top_blue_nav { }
form#UserLogin { }
```

ID 选择器是唯一的，包含标签或者类限定仅仅是增加了一些匹配负担，是无用的信息。

推荐用法：

为提高你的 CSS 样式代码的执行效率，请尝试使用下面的选择器组合方式。

◆ 避免使用全局样式。

允许一个元素去继承它的祖先，或者使用一个类样式去应用复杂的元素。

◆ 将选择器写得越精确越好。

建议多用类选择器和 ID 选择器，少用标签选择器和通配选择器。

◆ 少一些无用的匹配限定，如：

- ID 选择器被类选择器或者标签选择器限定。
- 类选择器被标签选择器进行限定。

◆ 避免使用后代选择器，特别是包含了一些无用的祖先元素。

例如，body ul li a{ } 就使用了一个无用的 body 限定，因为所有的元素都是在 body 中。

◆ 使用类选择器取代后代选择器。

例如，一个无序列表，一个有序列表，如果需要两个不同的样式，则不要使用下面的样式。

```
ul li {·color:blue} ol li {color:red}
```

应该使用下面的样式。

```
.unordered-list-item {color: blue;}
.ordered-list-item {color: red;}
```

如果必须使用后代选择器，建议多用子选择器。

第 4 章

设置字体和文字样式

文字是网页信息传递的主要载体，虽然使用图像、动画或视频等多媒体信息可以表情达意，但是文字所传递的信息是最准确的，也是最丰富的。字体和文字样式与传统印刷排版的样式相似。例如，在 Word 字处理软件中，用户经常要设置字体类型、大小和颜色，段落文本的版式和样式，这些效果在网页中都可以通过 CSS 来实现。

学习要点：

- 了解 CSS 字体和文字属性。
- 熟悉字体和文字属性的特殊取值。

训练要点：

- 能够使用 CSS 正确设置网页字体和文字样式。
- 能够灵活使用 CSS 字体和文字属性设计精美的网页正文版式。

4.1 设置字体样式

网页字体样式包括类型、大小、颜色基本效果，另外还包括一些特殊的样式，如字体粗细、下划线、斜体、大小写样式等。

4.1.1 定义字体类型

CSS 使用 font-family 属性来定义字体类型，另外使用 font 属性也可以定义字体类型。

font-family 是字体类型专用属性，用法如下。

```
font-family : name
font-family :ncursive | fantasy | monospace | serif | sans-serif
```

name 表示字体名称，可指定多种字体，多个字体将按照优先顺序排列，以逗号隔开。如果字体名称包含空格，则应使用引号括起。第二种声明方式使用所列出的字体序列名称，如果使用 fantasy 序列，将提供默认字体序列。

font 是一个复合属性，所谓复合属性，该属性能够设置多种字体属性，用法如下。

```
font : font-style || font-variant || font-weight || font-size || line-
height || font-family
font : caption | icon | menu | message-box | small-caption | status-bar
```

属性值之间以空格分隔。font 属性至少应设置字体大小和字体类型，且必须放在后面，否则无效。前面可以自由定义字体样式、字体粗细、大小写和行高，详细讲解将在后面小节中分别介绍。

【随堂练习】

启动 Dreamweaver，新建一个网页，保存为 test.html，在 <body> 标签内输入一行段落文本。

```
<p>定义字体类型</p>
```

在 <head> 标签内添加 <style type="text/css"> 标签，定义一个内部样式表，然后输入下面的样式，用来定义网页字体的类型。

```
body {/* 页面基本属性 */
    font-family:Arial, Helvetica, sans-serif;     /* 字体类型 */
}
p {/* 段落样式 */
    font:24px "隶书";                              /* 24像素大小的隶书字体 */
}
```

【拓展学习】

习惯上中文网页字体多定义为宋体类型，对于标题或特殊提示信息，如果需要特殊字体，则建议采用图像形式来间接实现。

原因分析：中文字体类型比较少，通用字体类型就更少了，字体的表现力比较弱，即使存在各种艺术字体，但是由于艺术字体的应用范围窄，很少被设计师用来作为网页字体使用。

英文字体类型比较丰富，通用字体的选择余地大、艺术表现力强，在浏览外文网站，读者会发现页面选用的字体类型就丰富很多。习惯上，标题都使用无衬线字体、艺术字体或手写体等，而网页正文则多使用衬线字体等。

【拓展练习】

在 font-family 和 font 属性中，可以以列表的形式设置多种字体类型。

尝试在上面示例的基础上，为段落文本设置了三种字体类型，其中第一个字体类型为具体的字体类型，而后面两个字体类型为通用字体类型。

```
p { font-family:"Times New Roman", Times, serif}
```

> **注意** 字体列表以逗号进行分隔，浏览器会根据这个字体列表来检索用户系统中的字库，按着从左到右的顺序进行选用。如果系统中没有找到列表中对应字体，则选用浏览器默认字体进行显示。

【拓展知识】

对于英文或其他西文字体来说，CSS 提供了五类通用字体。所谓通用字体就是一种备用机制，即指定的所有字体都不可用时，能够在用户系统中找到一个类似字体进行替代显示。这五类通用字体说明如下。

- serif：衬线字体，衬线字体通常是变宽的，字体较明显地显示粗与细的笔划，在字体头部和尾部会显示附带一些装饰细线。
- sans-serif：无衬线字体，没有突变、交叉笔画或其他修饰线，无衬线字体通常是变宽的，字体粗细笔划的变化不明显。
- cursive：草体，表现为斜字型、联笔或其他草体的特征。看起来像是用手写笔或刷子书写，而不是印刷出来的。
- fantasy：奇异字体，主要是装饰性的，但保持了字符的呈现效果，换句话说就是艺术字，用画写字，或者说字体像画。
- monospace：等宽字体，唯一标准就是所有的字型宽度都是一样的。

> **提示** 常用网页字体分为衬线字体、无衬线字体和等宽字体三种。在Dreamweaver中设置字体时，会自动提示，读者快速进行选择即可，如图4.1所示。通用字体对于中文字体无效，简单比较三种通用字体类型，则效果如图4.2所示。

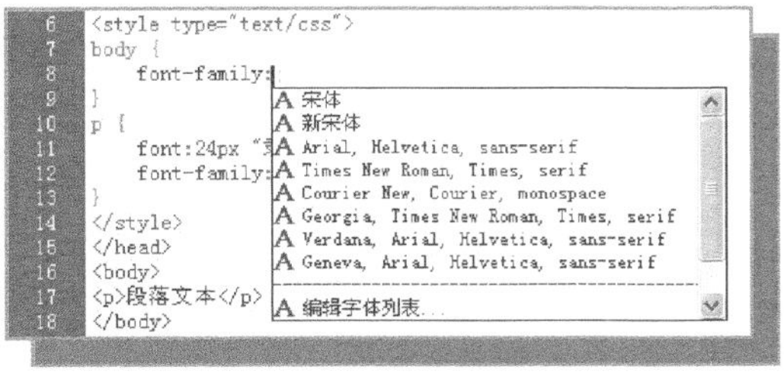

图4.1 Dreamweaver的字体类型提示

图4.2 三种通用字体比较效果

4.1.2 定义字体大小

CSS 使用 font-size 属性来定义字体大小，该属性用法如下。

```
font-size : xx-small | x-small | small | medium | large | x-large | xx-large | larger | smaller | length
```

其中 xx-small（最小）、x-small（较小）、small（小）、medium（正常）、large（大）、x-large（较大）、xx-large（最大）表示绝对字体尺寸，这些特殊值将根据对象字体进行调整。

larger（增大）和 smaller（减少）这对特殊值能够根据父对象中的字体尺寸进行相对增大或者缩小处理，使用成比例的 em 单位进行计算。

length 可以是百分数，或者浮点数字和单位标识符组成的长度值，但不可为负值。其百分比取值是基于父对象中字体的尺寸来计算，与 em 单位计算相同。

【随堂练习】

启动 Dreamweaver，新建一个网页，保存为 test.html，在 <head> 标签内添加 <style type="text/css"> 标签，定义一个内部样式表，然后输入下面的样式，分别设置网页字体的默认大小、正文字体大小以及栏目中字体大小。

```
body {font-size:12px;}                              /* 以像素为单位设置字体大小 */
p {font-size:0.75em;}                               /* 以父辈字体大小为参考设置大小 */
div {font:9pt Arial, Helvetica, sans-serif;}        /* 以点为单位设置字体大小*/
```

【拓展学习】

定义字体大小很容易，但是选择字体大小的单位比较复杂。在网页设计中，常用像素（px）和百分比（% 或 em）作为字体大小单位。

CSS 提供了很多单位，它们都可以被归为两大类：绝对单位和相对单位。

绝对单位所定义的字体大小是固定的，大小显示效果不会受外界因素影响。例如，in（inch，英寸）、cm（centimeter，厘米）、mm（millimeter，毫米）、pt（point，印刷的点数）、pc（pica，1pc=12pt）。此外，xx-small、x-small、small、medium、large、x-large、xx-large 这些关键字也是绝对单位。

相对单位所定义的字体大小一般是不固定的，会根据外界环境而不断发生变化。例如：

- px（pixel，像素），根据屏幕像素点的尺寸变化而变化。因此，不同分辨率的屏幕所显示的像素字体大小也是不同的，屏幕分辨率越大，相同像素字体就显得越小。
- em，相对于父辈字体的大小来定义字体大小。例如，如果父元素字体大小为 12 像素，而子元素的字体大小为 2em，则实际大小应该为 24 像素。
- ex，相对于父辈字体的 x 高度来定义字体大小，因此 ex 单位大小既取决于字体的大小，也取决于字体类型。在固定大小的情况下，实际的 x 高度将随字体类型不同而不同。
- %，以百分比的形式定义字体大小，它与 em 效果相同，相对于父辈字体的大小来定义字体大小。
- larger 和 smaller 这两个关键字将以父元素的字体大小为参考进行换算。

【拓展练习】

在网页设计中，如何正确选择字体大小单位呢？

网页设计师常用的字体大小单位包括像素和百分比，下面就围绕这两个单位进行讨论和练习。

- 对于网页宽度固定或者栏目宽度固定的布局，使用像素是正确的。
- 对于页面宽度不固定或者栏目宽度也不固定的页面，此时使用百分比或 em 是一个正确选择。

从用户易用性角度考虑，定义字体大小应该以 em（或 %）为单位进行设置。主要考虑因素是：一方面有利于客户端浏览器调整字体大小；另一方面，通过设置字体大小的单位为 em 或百分比，这样使字体能够适应版面宽度的变化。

操作步骤：

步骤1 启动 Dreamweaver，新建一个网页，保存为 test.html，在 <body> 标签内输入如下结构。

```
<div id="content">框架
    <div id="sub">子框架
        <p>段落文本</p>
    </div>
</div>
```

步骤2 在 <head> 标签内添加 <style type="text/css"> 标签，定义一个内部样式表，然后定义样式，设计页面正文字体大小为 12 像素，使用 em 来设置，则代码如下。

```
body {/* 网页字体大小 */
    font-size:0.75em;                         /* 约等于12像素 */
}
```

计算方法：

浏览器默认字体大小为 16 像素，用 16 像素乘以 0.75 即可得到 12 像素。同样的道理，预设 14 像素，则应该是 0.875em；预设 10 像素，则应该是 0.625em。

步骤3 在复杂结构中如果反复选择 em 或百分比作为字体大小，可能就会出现字体大小显示混乱的状况。如果修改上面示例中的样式，分别定义 body、div 和 p 元素的字体大小为 0.75em。

```
body, div, p {
    font-size:0.75em;
}
```

由于 em 单位是以上级字体大小为参考进行显示，所以如果在浏览器中预览就会发现正文文字看不清楚，如图 4.3 所示。

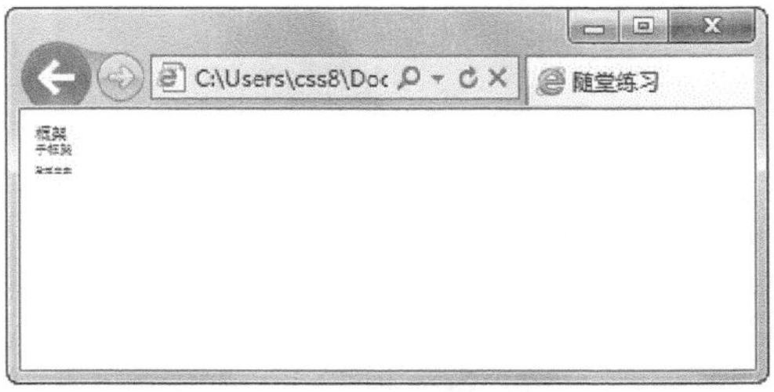

图4.3　以em为单位所带来的隐患

【练习小结】

根据上一步的计算方法，body 字体大小应该为 12 像素，而 <div id="content"> 内字体大小只为 9 像素，<div id="sub"> 内字体只为 7 像素，而段落文本的字体大小只为 5 像素了。所以，在使用 em 为单位设置字体大小时，不要嵌套使用 em 单位定义字体大小。

4.1.3　定义字体颜色

CSS 使用 color 属性来定义字体颜色，该属性用法如下。

```
color : color
```

正确使用 color 属性应该正确设置颜色值，详细说明请参阅上一章介绍。

【随堂练习】

启动 Dreamweaver，新建一个网页，保存为 test.html，在 <head> 标签内添加 <style type="text/css"> 标签，定义一个内部样式表，然后输入下面的样式，分别定义页面、段落文本、<div> 标签、

<span> 标签包含字体颜色。

```
body { color:gray;}                          /* 使用颜色名 */
p { color:#666666;}                          /* 使用十六进制 */
div { color:rgb(120,120,120);}               /* 使用RGB */
span { color:rgb(50%,50%,50%);}              /* 使用RGB */
```

4.1.4 定义字体粗细

CSS 使用 font-weight 属性来定义字体粗细，该属性用法如下。

```
font-weight : normal | bold | bolder | lighter | 100 | 200 | 300 | 400 |
500 | 600 | 700 | 800 | 900
```

font-weight 属性取值比较特殊，其中 normal 关键字表示默认值，即正常的字体，相当于取值为 400。Bold 关键字表示粗体，相当于取值为 700，或者使用 <b> 标签定义的字体效果。

bolder（较粗）和 lighter（较细）相对于 normal 字体粗细而言。

另外也可以设置值为 100、200、300、400、500、600、700、800、900，它们分别表示字体的粗细，是对字体粗细的一种量化方式，值越大就表示越粗，相反就表示越细。

【随堂练习】

启动 Dreamweaver，新建一个网页，保存为 test.html，在 <head> 标签内添加 <style type="text/css"> 标签，定义一个内部样式表，然后输入下面的样式，分别定义段落文本、一级标题、<div> 标签包含字体的粗细效果，同时定义一个粗体样式类。

```
p { font-weight: normal }                    /* 等于400 */
h1 { font-weight: 700 }                      /* 等于bold */
div{ font-weight: bolder }                   /* 可能为500 */
.bold {/* 粗体样式类 */
    font-weight:bold;                        /* 加粗显示 */
}
```

> **注意** 设置字体粗细也可以称为定义字体的重量。对于中文网页设计来说，一般仅用到bold（加粗）、normal（普通）两个属性值即可。

4.1.5 定义斜体字体

CSS 使用 font-style 属性来定义字体倾斜效果，该属性用法如下。

```
font-style : normal | italic | oblique
```

其中 normal 表示默认值，即正常的字体，italic 表示斜体，oblique 表示倾斜的字体。Italic 和 oblique 两个取值只能在英文等西方文字中有效。

【随堂练习】

启动 Dreamweaver，新建一个网页，保存为 test.html，在 <head> 标签内添加 <style type="text/css"> 标签，定义一个内部样式表，然后输入下面的样式，定义一个斜体样式类。

```
.italic {/* 斜体样式类 */
    font-style:italic;                                  /* 斜体 */
}
```

然后在 <body> 标签中输入一行段落文本，并将斜体样式类应用到该段落文本中。

```
<p><span class="italic">dfn</span>元素表示术语的定义。</p>
```

4.1.6 定义下划线

CSS 使用 text-decoration 属性来定义字体下划线效果，该属性用法如下。

```
text-decoration : none || underline || blink || overline || line-through
```

其中 normal 表示默认值，即无装饰字体，blink 表示闪烁效果，underline 表示下划线效果，line-through 表示贯穿线效果，overline 表示上划线效果。

【随堂练习】

启动 Dreamweaver，新建一个网页，保存为 test.html，在 <head> 标签内添加 <style type="text/css"> 标签，定义一个内部样式表，然后输入下面的样式，定义三个装饰字体样式类。

```
.underline {text-decoration:underline;}                        /*下划线样式类 */
.overline {text-decoration:overline;}                          /*上划线样式类 */
.line-through {text-decoration:line-through;}                   /* 删除线样式类 */
```

然后在 <body> 标签中输入三行段落文本，并分别应用上面的装饰类样式。

```
<p class="underline">设置下划线</p>
<p class="overline">设置上划线</p>
<p class="line-through">设置删除线</p>
```

再定义一个样式，在该样式中，同时声明多个装饰值，定义的样式如下。

```
.line { text-decoration:line-through overline underline; }
```

在正文中输入一行段落文本，并将这个 line 样式类应用到该行文本中。

```
<p class="line">设置多重修饰线</p>
```

最后，在浏览器中预览，可以看到最后一行文本显示多种修饰线效果，效果如图 4.4 所示。

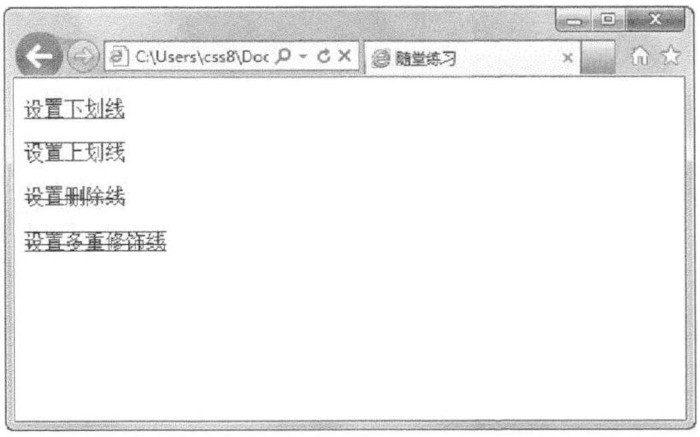

图4.4 多种下划线的应用效果

4.1.7 定义字体大小写

CSS 使用 font-variant 属性来定义字体大小效果，该属性用法如下。

```
font-variant : normal | small-caps
```

其中 normal 表示默认值，即正常的字体，small-caps 表示小型的大写字母字体。

【随堂练习】

启动 Dreamweaver，新建一个网页，保存为 test.html，在 <head> 标签内添加 <style type="text/css"> 标签，定义一个内部样式表，然后输入下面的样式，定义一个类样式。

```
.small-caps {/* 小型大写字母样式类 */
    font-variant:small-caps;
}
```

然后在 <body> 标签中输入一行段落文本，并应用上面定义的类样式。

```
<p class="small-caps">font-variant </p>
```

> **注意** font-variant仅支持英文为代表的西文字体，中文字体没有大小写效果区分。如果设置了小型大写字体，但是该字体没有找到原始小型大写字体，则浏览器会模拟一个。例如，可通过使用一个常规字体，并将其小写字母替换为缩小过的大写字母。

【拓展学习】

CSS 还定义了一个 text-transform 属性，该属性也能够定义字体大小写效果。不过该属性主要定义单词大小写样式，用法格式如下。

```
text-transform : none | capitalize | uppercase | lowercase
```

其中none表示默认值，无转换发生；capitalize表示将每个单词的第一个字母转换成大写，其余无转换发生；uppercase表示将所有字母都转换成大写；lowercase表示将所有字母都转换成小写。

【拓展练习】

新建一个网页，保存为 test.html，在 <head> 标签内添加 <style type="text/css"> 标签，定义一个内部样式表，然后输入下面的样式，定义三个类样式。

```
.capitalize {/* 首字母大小样式类 */
    text-transform:capitalize;
}
.uppercase {/* 大写样式类 */
    text-transform:uppercase;
}
.lowercase {/* 小写样式类 */
    text-transform:lowercase;
}
```

然后在 <body> 标签中输入三行段落文本，并分别应用上面定义的类样式。

```
<p class="capitalize">text-transform:capitalize;</p>
<p class="uppercase">text-transform:uppercase;</p>
<p class="lowercase">text-transform:lowercase;</p>
```

分别在IE和FF浏览器中预览，则会发现：IE认为只要是单词就把首字母转换为大写，如图4.5所示；而FF认为只有单词通过空格间隔之后，才能够成为独立意义上的单词，所以几个单词连在一起时就算作一个词，如图4.6所示。

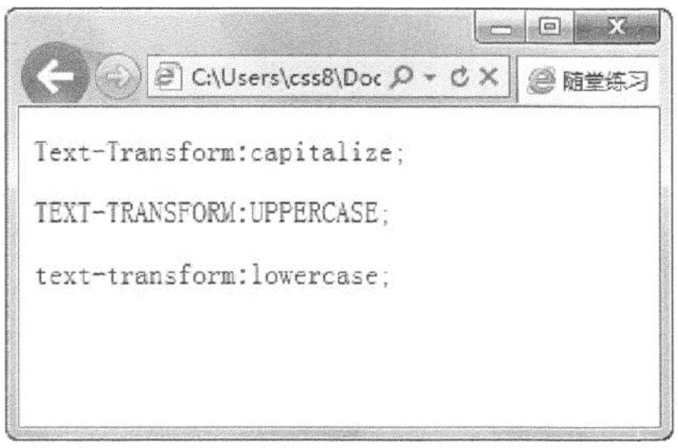

图4.5　IE中解析的大小效果

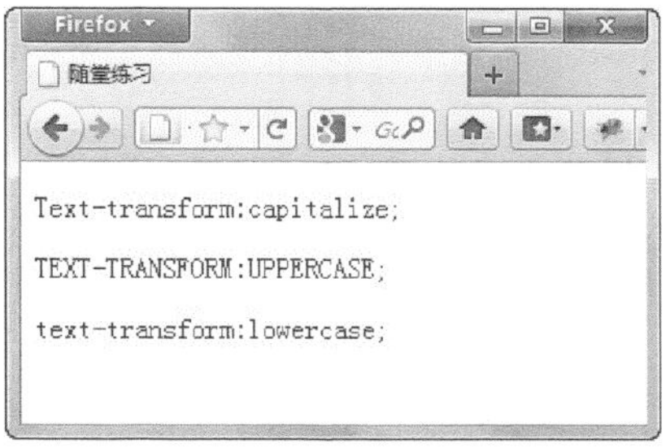

图4.6　FF中解析的大小效果

4.2　设置文本样式

字体样式主要涉及文字本身的型体效果，而文本样式主要涉及多个文字的排版效果。所以 CSS 在命名属性时，特意使用了 font 前缀和 text 前缀来区分两类不同性质的属性。

4.2.1　定义文本对齐

在传统布局中，一般使用 HTML 的 align 属性来定义对象水平对齐，这种用法在过渡型文档类型中依然可以使用。CSS 使用 text-align 属性来定义文本的水平对齐方式，该属性的用法如下。

```
text-align : left | right | center | justify
```

该属性取值包括四个：其中 left 是默认值，表示左对齐；right 表示右对齐；center 表示居中对齐；justify 表示两端对齐。

【随堂练习】

新建一个网页，保存为 test.html，在 <head> 标签内添加 <style type="text/css"> 标签，定义一个内部样式表，然后输入下面的样式，定义居中对齐类样式。

```
.center {/* 居中对齐样式类 */
    text-align:center;
}
```

然后在 <body> 标签中输入两行段落文本，并分别使用传统的 HTMLalign 属性和标准设计中的 CSS 的 text-align 属性定义文本居中。

```
<p align="center">段落文本</p>                <!-- 传统居中对齐方式 -->
<p class="center">段落文本</p>                <!-- 标准居中对齐方式 -->
```

在浏览器中预览，可以看到使用传统方式和标准方式设计文本居中的效果是相同的。

【拓展练习 1】

text-align 属性只能够设计文本的水平对齐问题，而对于块状元素的水平对齐还需要使用 CSS 的 margin 属性。在标准化设计中，如果当块状元素左右边界都被设置为自动时，则块状元素将居中显示。

新建一个网页，保存为 test.html，在 <head> 标签内添加 <style type="text/css"> 标签，定义一个内部样式表，然后输入下面的样式，定义盒子对象居中显示。

```
#box {/* 块状元素居中对齐 */
    margin-left:auto;                                  /* 左侧边界为自动 */
    margin-right:auto;                                 /* 右侧边界为自动 */
    width:300px;                                       /* 定义盒子的宽度 */
    height:50px;                                       /* 定义盒子的高度 */
    background:red;                                    /* 红色背景色 */
}
```

为了方便观察块状元素居中显示的效果，在上面的样式中定义了盒子的固定宽度和高度，并以红色背景显示。

然后在 <body> 标签中输入 <div> 标签，并定义该盒子的 ID 值为 box。

```
<div id="box"></div>
```

在标准浏览器中预览，则显示效果如图 4.7 所示。

【拓展练习 2】

由于不同浏览器及其不同版本对于 CSS 支持的不同，上述效果在 IE 6 及其以下版本浏览器不支持这种块状元素居中对齐的方式，如图 4.8 所示。不过 IE 浏览器使用 text-align 属性都可以设置块元素水平对齐。

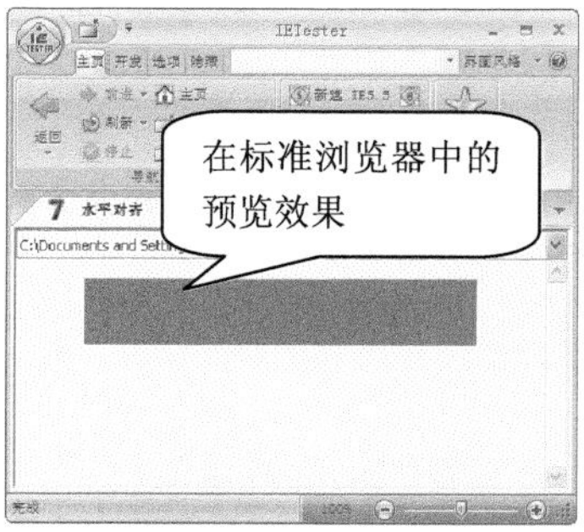

图4.7　IE 7中的解析效果

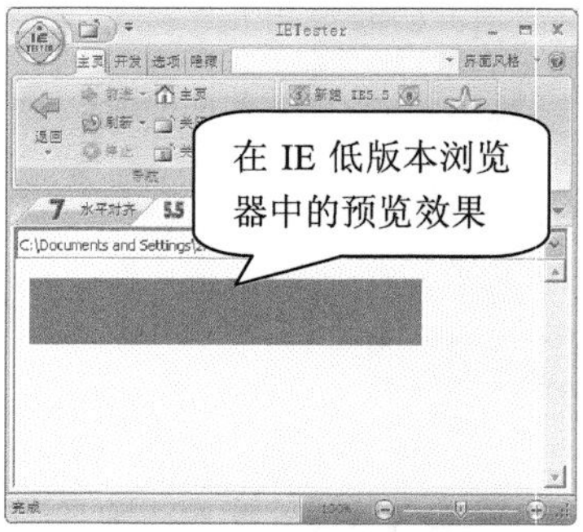

图4.8　IE 5.5中的解析效果

因此，为了兼容 IE 浏览器，可以添加 text-align 属性声明，以实现浏览器的兼容显示。针对上面的示例，使用如下的兼容样式表。

```
<style type="text/css">
body {/* 页面居中显示 */
        text-align:center;                           /* 居中显示 */
}
#box {/* 块状元素居中对齐 */
    margin-left:auto;                                /* 左侧边界为自动 */
    margin-right:auto;                               /* 右侧边界为自动 */
```

```
    text-align:left;                          /* 恢复文本左对齐默认样式 */
    width:300px;                              /* 定义盒子的宽度 */
    height:50px;                              /* 定义盒子的高度 */
    background:red;                           /* 红色背景色 */
}
</style>
```

在使用上述兼容技巧时，读者应该注意两个问题。

第一，必须定义布局包含框为居中对齐，其目的就是为了兼容 IE 早期版本浏览器。如上面的示例中，body 元素就是 div 元素的布局包含框。所谓布局包含框就是包含子元素的块状元素，通俗地说就是父级块状元素。而对于下面这样的包含结构就不能算是布局包含框了。

```
<span>
    <div id="box"></div>
</span>
```

因为 span 元素默认为行内元素，它不具有布局特性，不过它也算作包含框，进一步说就是行内包含容器。

第二，在对齐块状元素中使用 text-align 属性将居中对齐的文本再恢复到默认的左对齐状态。因为在父级元素中定义了居中对齐方式，根据 CSS 继承性，则其包含的文本也会自动居中，为了避免此举破坏文本显示效果，需要再恢复默认对齐方式。

4.2.2 定义垂直对齐

在传统布局中，一般元素不支持垂直对齐效果，不过在表格中可以实现。例如，在下面的表格结构中使用 td 元素的 valign 属性定义单元格内包含的对象垂直居中显示。

```
<table border="1">
    <tr>
        <td valign="middle">垂直对齐</td>
    </tr>
</table>
```

CSS 使用 vertical-align 属性来定义文本垂直对齐问题，该属性的用法如下。

```
    vertical-align : auto | baseline | sub | super | top | text-top | middle |
bottom | text-bottom | length
```

其中 auto 属性值将根据 layout-flow 属性的值对齐对象内容；baseline 表示默认值，表示将支持 valign 特性的对象内容与基线对齐；sub 表示垂直对齐文本的下标；super 表示垂直对齐文本的上标；top 表示将支持 valign 特性的对象的内容对象顶端对齐；text-top 表示将支持 valign 特性的对象的文本与对象顶端对齐；middle 表示将支持 valign 特性的对象的内容与对象中部对齐；bottom 表示将支持 valign 特性的对象的内容与对象底端对齐；text-bottom 表示将支持 valign 特性的对象的文本与对象顶端对齐；length 表示由浮点数字和单位标识符组成的长度值或者百分数，可为负数，定义由基线算起的偏移量，基线对于数值来说为 0，对于百分数来说就是 0%。

【随堂练习】

新建一个网页，保存为 test.html，在 <head> 标签内添加 <style type="text/css"> 标签，定义一个内部样式表，然后输入下面的样式，定义上标类样式。

```
.super {
    vertical-align:super;
}
```

然后在 <body> 标签中输入一行段落文本，并应用该上标类样式。

```
<p>vertical-align表示垂直<span class=" super ">对齐</span>属性</p>
```

在浏览器中预览，则显示效果如图 4.9 所示。

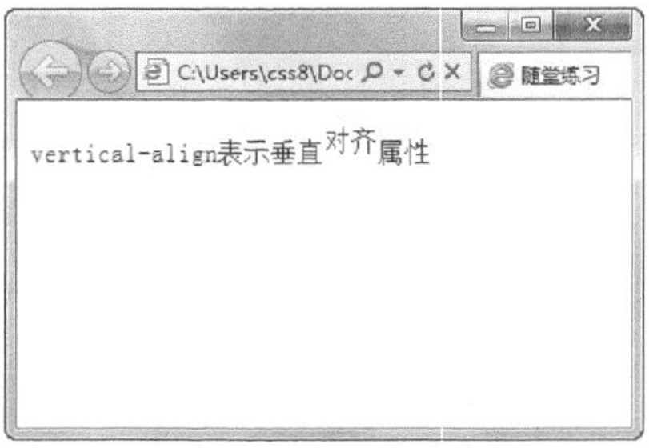

图4.9　文本上标样式效果

【拓展练习 1】

vertical-align 属性不支持块状元素对齐，只有当包含框显示为单元格时才有效。

启动 Dreamweaver，新建一个网页，保存为 test.html，在 <body> 标签内输入如下结构。

```
<div id="box">
    <div id="sub_box"></div>
</div>
```

在 <head> 标签内添加 <style type="text/css"> 标签，定义一个内部样式表，然后定义如下两个样式，定义外面盒子为单元格显示，且垂直居中。

```
#box {/* 布局包含框 */
    display:table-cell;                    /* 单元格显示 */
    vertical-align:middle;                 /* 垂直居中 */
    width:300px;                           /* 固定宽度 */
    height:200px;                          /* 固定高度 */
    border:solid 1px red;                  /* 红色边框线 */
}
#sub_box {/* 子包含框 */
    width:100px;                           /* 固定宽度 */
    height:50px;                           /* 固定高度 */
    background:blue;                       /* 蓝色背景 */
}
```

在浏览器中预览测试，则在标准浏览器中显示效果如图 4.10 所示。但是在 IE 7 及其以下版本浏览器不支持这种方法，如图 4.11 所示。

图4.10　IE 8中的解析效果

图4.11　IE 7中的解析效果

不过 IE 浏览器支持在表格中定义垂直居中，因此针对上面示例的结构进行如下修改，将内部盒子放在单元格中，这样就可以实现在 IE 7 及其以下版本浏览器中的垂直对齐效果。

```
<table>
    <tr>
        <td id="box"><div id="sub_box"></div></td>
    </tr>
</table>
```

当然这种方法在实际使用时不是很方便，建议读者尝试使用其他方法，本书也会在后面的练习中涉及此类应用。

【拓展练习 2】

vertical-align 属性提供的值很多，但是 IE 浏览器与其他浏览器对于解析它们的效果却存在很大的分歧。一般情况下，不建议广泛使用这些属性值，实践中主要用到 vertical-align 属性的垂直居中样式，偶尔也会用到上标和下标效果。为了方便读者比较这些取值效果，请上机练习下面这个示例。

新建一个网页，保存为 test.html，在 <body> 标签内输入如下结构。

```
<p>valign:
<span class="baseline"><img src="images/box.gif" title="baseline" /></
span>
<span class="sub"><img src="images/box.gif" title="sub" /></span>
<span class="super"><img src="images/box.gif" title="super" /></span>
<span class="top"><img src="images/box.gif" title="top" /></span>
<span class="text-top"><img src="images/box.gif" title="text-top" /></
span>
<span class="middle"><img src="images/box.gif" title="middle" /></span>
<span class="bottom"><img src="images/box.gif" title="bottom" /></span>
<span class="text-bottom"><img src="images/box.gif" title="text-bottom"
/></span>
</p>
```

在 <head> 标签内添加 <style type="text/css"> 标签，定义一个内部样式表，然后定义如下类样式。

```
body {font-size:48px;}
.baseline {vertical-align:baseline;}
.sub {vertical-align:sub;}
.super {vertical-align:super;}
.top {vertical-align:top;}
.text-top {vertical-align:text-top;}
.middle {vertical-align:middle;}
.bottom {vertical-align:bottom;}
```

在浏览器中预览测试，则显示效果如图 4.12 所示。读者可以通过这个效果图直观地比较这些取值的效果。

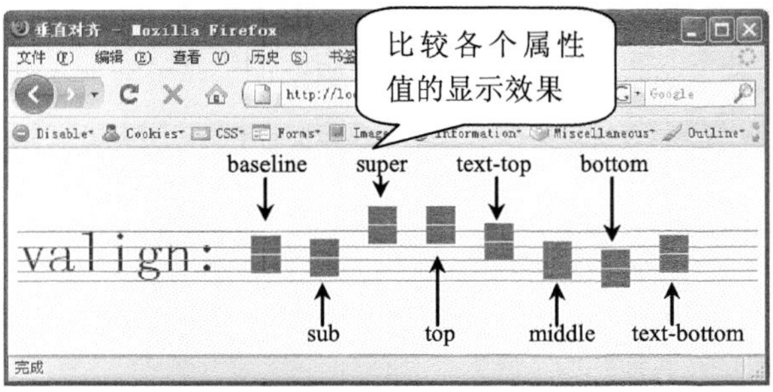

图4.12 垂直对齐取值效果比较

4.2.3 定义字距和词距

CSS 使用 letter-spacing 属性定义字距，使用 word-spacing 属性定义词距。这两个属性的取值都是长度值，由浮点数字和单位标识符组成，默认值为 normal，它表示默认间隔。

定义词距时，以空格为基准进行调节，如果多个单词被连在一起，则被 word-spacing: 视为一个单词；如果汉字被空格分隔，则分隔的多个汉字就被视为不同的单词，word-spacing: 属性此时有效。

【随堂练习】

新建一个网页，保存为 test.html，在 <head> 标签内添加 <style type="text/css"> 标签，定义一个内部样式表，然后输入下面的样式，定义两个类样式。

```
.lspacing {/* 字距样式类 */
    letter-spacing:1em;
}
.wspacing {/* 词距样式类 */
    word-spacing:1em;
}
```

然后在 <body> 标签中输入两行段落文本，并应用上面两个类样式。

```
<p class="lspacing">letter spacing word spacing (字间距) </p>
<p class="wspacing">letter spacing word spacing (词间距) </p>
```

在浏览器中预览，则显示效果如图 4.13 所示。从图中可以直观地看到，所谓字距就是定义字母之间的间距，而词距就是定义西文单词的距离。

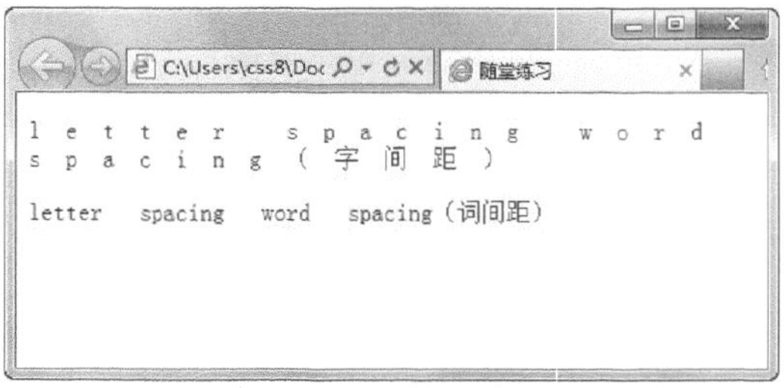

图4.13 字距和词距演示效果比较

> **注意** 字距和词距一般很少使用，使用时应慎重考虑用户的阅读体验和感受。对于中文用户来说，letter-spacing属性有效，而word-spacing:属性无效。

4.2.4 定义行高

行高也称为行距，是段落文本行与文本行之间的距离。CSS 使用 line-height 属性定义行高，该属性的用法如下。

```
line-height : normal | length
```

其中 normal 表示默认值，一般为 1.2em，length 表示百分比数字，或者由浮点数字和单位标识符组成的长度值，允许为负值。

【随堂练习】

新建一个网页，保存为 test.html，在 <head> 标签内添加 <style type="text/css"> 标签，定义一个内部样式表，然后输入下面的样式，定义两个行高类样式。

```
.p1 {/* 行高样式类1 */
    line-height:1em;                                /* 行高为一个字大小 */
}
.p2 {/* 行高样式类2 */
    line-height:2em;                                /* 行高为两个字大小 */
}
```

然后在 <body> 标签中输入两行段落文本，并应用上面两个类样式。

```
<h1>《天才梦》节选</h1>
<h2>张爱玲</h2>
<p class="p1">我是一个古怪的女孩，从小被视为天才，除了发展我的天才外别无生存的目标。然而，当童年的狂想逐渐褪色的时候，我发现我除了天才的梦之外一无所有——所有的只是天才的乖僻缺点。世人原谅瓦格涅①的疏狂，可是他们不会原谅我。 </p>
<p class="p2">加上一点美国式的宣传，也许我会被誉为神童。我三岁时能背诵唐诗。我还记得摇摇摆摆地立在一个满清遗老的藤椅前朗吟“商女不知亡国恨，隔江犹唱后庭花”，眼看着他的泪珠滚下来。七岁时我写了第一部小说，一个家庭悲剧。遇到笔画复杂的字，我常常跑去问厨子怎样写。第二部小说是关于一个失恋自杀的女郎。我母亲批评说：如果她要自杀，她决不会从上海乘火车到西湖去自溺，可是我因为西湖诗意的背景，终于固执地保存了这一点。</p>
```

在浏览器中预览，则显示效果如图 4.14 所示。

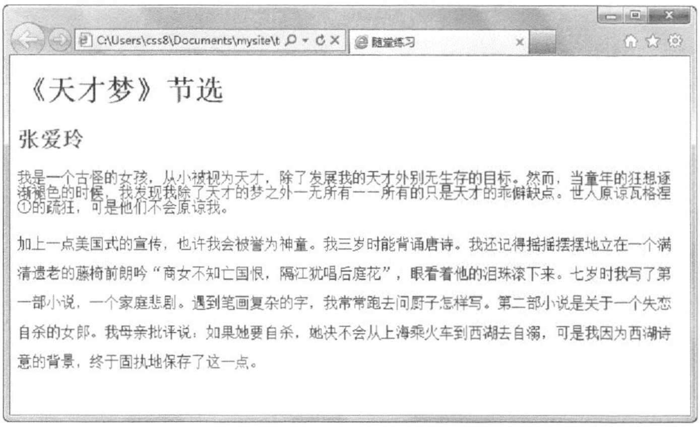

图4.14　段落文本的行高演示效果

【拓展练习 1】

行高取值单位一般使用 em 或百分比，很少使用像素，也不建议使用。

- 当 line-height 属性取值小于一个字大小时，就会发生上下行文本重叠现象。在上面示例的基础上修改定义的类样式。

```
.p1 { line-height:0.5em;}
.p2 { line-height:0em;}
```

在浏览器中预览，则显示效果如图 4.15 所示，说明当取值小于字体大小时，多行文本会发生重叠现象。

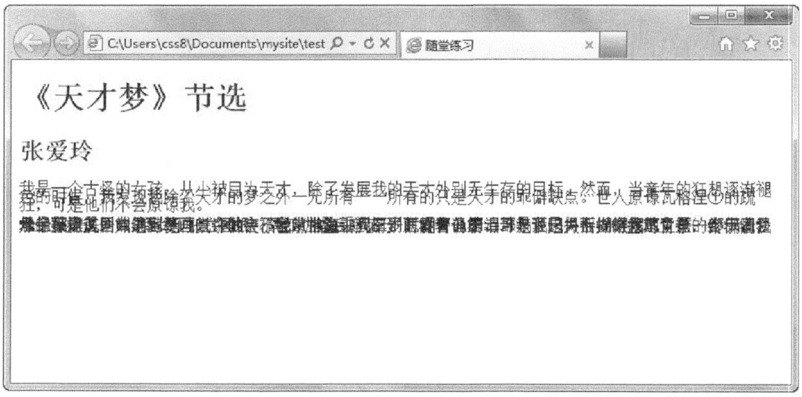

图4.15　段落文本重叠效果

◆　一般行高的最佳设置范围为 1.2 ～ 1.8em，当然对于特别大的字体或者特别小的字体，可以特殊处理。因此，读者可以遵循字体越大、行高越小的原则来定义段落的具体行高。

例如，如果段落字体大小为 12px，则行高设置为 1.8em 比较合适；如果段落字体大小为 14px，则行高设置为 1.5 ～ 1.6em 比较合适；如果段落字体大小为 16 ～ 18px，则行高设置为 1.2em 比较合适。一般浏览器默认行高为 1.2em 左右。例如，IE 默认为 19px，如果除以默认字体大小（16px），则约为 1.18em；而 FF 默认为 1.12em。

【拓展学习】

行高一般以中线为准，减去字体大小值之后，平分为上下空隙，如果值为奇数，则把多出的一个像素分给上边空隙或下边空隙。

例如，如果字体大小为 12px，行高为 1.6em，则行高实际为 19px，行高减去字体大小后等于 7px，则上下空隙分别分得 3px，然后将多出的一个像素分给上边空隙。使用等式表示如下。

行高（19px）= 下边空隙（3px）+ 字体大小（12px）+ 上边空隙（4px）

如果在浏览器中预览，则英文字体显示如图 4.16 所示，其中多余的一个像素分给了上边空隙。而对于中文字体来说，则多余的一个像素分给了下边空隙，如图 4.17 所示。

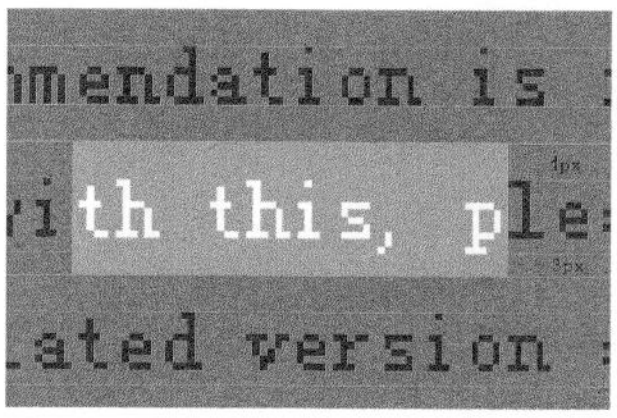

图4.16　英文字体的行高值分配示意图

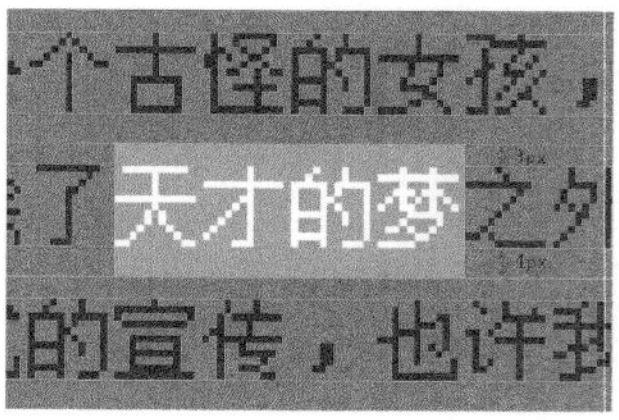

图4.17　中文字体的行高值分配示意图

【拓展练习 2】

读者也可以给 line-height 属性设置一个数值，但是不设置单位。例如：

```
body { line-height:1.6;}
```

这时浏览器会把它作为 1.6em 或者 160%，也就是说页面行高实际为 19px。利用这种特殊的现象，读者可以设计多层嵌套结构中行高继承出现的问题。

新建一个网页，保存为 test.html，在 <head> 标签内添加 <style type="text/css"> 标签，定义一个内部样式表，然后输入下面的样式，设置网页和段落文本的默认样式。

```
body {
    font-size:12px;
    line-height:1.6em;
}
p { font-size:30px;}
```

然后在 <body> 标签中输入如下标题和段落文本。

```
<h1>《天才梦》节选</h1>
<h2>张爱玲</h2>
<p>我是一个古怪的女孩，从小被视为天才，除了发展我的天才外别无生存的目标。然而，当童年的狂想逐渐褪色的时候，我发现我除了天才的梦之外一无所有——所有的只是天才的乖僻缺点。世人原谅瓦格涅①的疏狂，可是他们不会原谅我。</p>
```

上面的示例定义 body 元素的行高为 1.6em。由于 line-height 具有继承性，因此网页中的段落文本的行高也继承 body 元素的行高。浏览器在继承该值时，并不是继承“1.6em”这个值，而是将它转换为精确值之后（即 19px）再继承，换句话说 p 元素的行高为 19px，但是 p 元素的字体大小为 30px，继承的行高小于字体大小，就会发生文本行重叠现象。

如果在浏览器中预览，则演示效果如图 4.18 所示。

要解决这个错误的继承问题，读者可以重新为页面中的所有元素定义行高，但是这种方法比较烦琐，不值得推荐。

不过，如果在定义 body 元素的行高时，不为其设置单位，即直接定义为 line-height:1.6，这样页面中其他元素所继承的值为 1.6，而不是 19px。则内部继承元素就会使用为继承的值 1.6 附加默认单位 em，最后页面中所有继承元素的行高都为 1.6em。

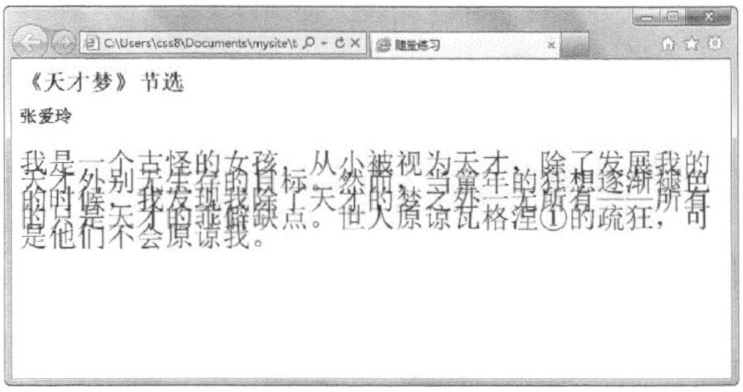

图4.18　错误的行高继承效果

4.2.5　定义缩进

CSS 使用 text-indent 属性定义首行缩进，该属性的用法如下。

```
text-indent : length
```

length 表示百分比数字，或者由浮点数字和单位标识符组成的长度值，允许为负值。建议在设置缩进单位时，以 em 为设置单位，它表示一个字距，这样可比较精确地确定首行缩进效果。

【随堂练习】

新建一个网页，保存为 test.html，在 <head> 标签内添加 <style type="text/css"> 标签，定义一个内部样式表，然后输入下面的样式，定义段落文本首行缩进 2 个字符。

```
p {/* 首行缩进2个字距 */
        text-indent:2em;
}
```

然后在 <body> 标签中输入如下标题和段落文本。

```
<h1>《天才梦》节选</h1>
<h2>张爱玲</h2>
<p>我是一个古怪的女孩，从小被视为天才，除了发展我的天才外别无生存的目标。然而，当童年的狂想逐渐褪色的时候，我发现我除了天才的梦之外一无所有——所有的只是天才的乖僻缺点。世人原谅瓦格涅①的疏狂，可是他们不会原谅我。</p>
```

在浏览器中预览，则可以看到文本缩进效果。

【拓展练习】

使用 text-indent: 属性可以设计悬垂缩进效果。

新建一个网页，保存为 test.html，在 <head> 标签内添加 <style type="text/css"> 标签，定义一个内部样式表，然后输入下面的样式，定义段落文本首行缩进负 2 个字符，并定义左侧内部补白为 2 个字符。

```
p {/* 悬垂缩进2个字距 */
    text-indent:-2em;                          /* 首行缩进 */
    padding-left:2em;                          /* 左侧补白 */
}
```

text-indent 属性可以取负值，定义左侧补白，防止取负值缩进导致首行文本伸到段落的边界外边。

然后在 <body> 标签中输入如下标题和段落文本。

```
<h1>《天才梦》节选</h1>
<h2>张爱玲</h2>
<p>我是一个古怪的女孩，从小被视为天才，除了发展我的天才外别无生存的目标。然而，当童年的狂想逐渐褪色的时候，我发现我除了天才的梦之外一无所有——所有的只是天才的乖僻缺点。世人原谅瓦格涅①的疏狂，可是他们不会原谅我。</p>
```

在浏览器中预览，则可以看到文本悬垂缩进效果，如图 4.19 所示。

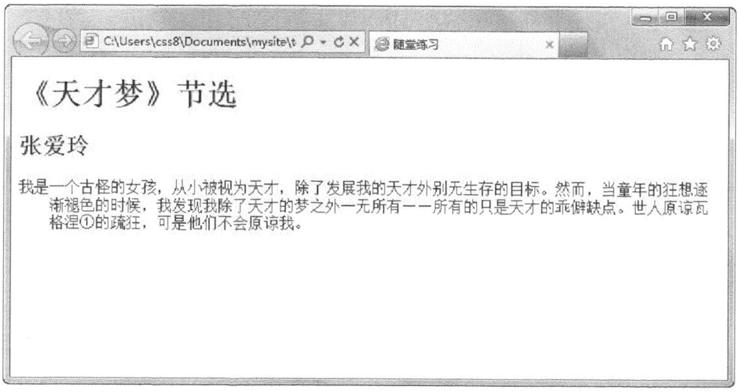

图4.19　悬垂缩进效果

4.3　综合训练

本章集训目标：

◆ 深入理解并灵活使用 CSS 的字体和文本属性，及其所能实现的效果。

◆ 能够根据网页信息的风格设计比较贴切的正文版式。

◆ 综合利用字体和文本样式，以及网页配色技巧设计个性网页样式，在版式设计中传达主观情感。

4.3.1 实训1：设计英文版式

实训说明：

本示例以宁静、含蓄为主要设计风格，结合英文版式设计习惯，整体设计以深黑色为底色，浅灰色为前景色，营造一种安静的、富有内涵的网页主观效果。

字体以无衬线字体为主，这样给人感觉页面比较干净，避免因为字体的衬线使页面看起来比较乱。文本行以疏朗的风格进行设计。整个网页设计效果如图 4.20 所示。

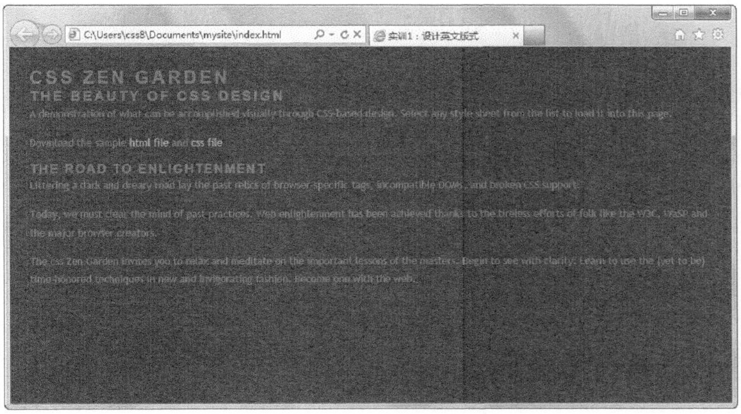

图4.20 英文格式效果

主要训练技巧说明：

◆ 通过网页配色来传递设计色彩和风格。

◆ 能够根据设计需要重新设置标签的默认样式。

◆ 灵活使用字体类型、大小、颜色设计符合要求的 CSS 网页样式。

◆ 能够正常设计系列标题和文本样式。

示例位置：

“光盘位置”\示例文件\04\实训 1：设计英文版式\index.html

设计步骤：

步骤1 构建网页结构。这是一个简单的段落文本示例，为了方便读者学习，本例截取了禅意花园（http://www.csszengarden.com/）的 HTML 文档结构的第一部分，效果如图 4.21 所示。

图4.21 禅意花园的HTML文档节选

禅意花园的文档结构比较经典，语义明确，信息传达具体，文档的结构层次清晰、明了，主次、轻重有序呈现，给人一种节奏的乐感。除去 div 架构外，整个页面合理使用了 h1、h2、h3、p 等语义化结构元素，使整个文档更符合 HTML 语义化设计要求。

```
<div id="intro">
    <div id="pageHeader">
        <h1><span>css Zen Garden</span></h1>
            <h2><span>The Beauty of <acronym title="Cascading Style Sheets">CSS</acronym> Design</span></h2>
    </div>
    <div id="quickSummary">
            <p class="p1"><span>A demonstration of what can be accomplished visually through <acronym title="Cascading Style Sheets">CSS</acronym>-based design. Select any style sheet from the list to load it into this page.</span></p>
        <p class="p2"><span>Download the sample <a href="zengarden-sample.html" title="This page's source HTML code, not to be modified.">html file</a> and <a href="zengarden-sample.css" title="This page's sample CSS, the file you may modify.">css file</a></span></p>
    </div>
    <div id=" preamble" >
        <h3><span>The Road to Enlightenment</span></h3>
            <p class=" p1" ><span>Littering a dark and dreary road lay the past relics of browser-specific tags, incompatible <acronym title=" Document Object Model" >DOM</acronym>s, and broken <acronym title=" Cascading Style Sheets" >CSS</acronym> support.</span></p>
            <p class=" p2" ><span>Today, we must clear the mind of past practices. Web enlightenment has been achieved thanks to the tireless efforts of folk like the <acronym title=" World Wide Web Consortium" >W3C</acronym>, <acronym title=" Web Standards Project" >WaSP</acronym> and the major browser creators.</span></p>
        <p class=" p3" ><span>The css Zen Garden invites you to relax and meditate on the important lessons of the masters. Begin to see with clarity. Learn to use the (yet to be) time-honored techniques in new and invigorating fashion. Become one with the web.</span></p>
    </div>
</div>
```

步骤2 规划整个页面的基本显示属性：背景色、前景色（字体颜色）、字体基本类型、网页字体大小。由于本页面仅是一个段落文本，所以为了避免段落文本与窗口边框太近，容易产生一种压抑感，故使用 margin 属性定义较大的页边距。

```
body {/* 页面基本属性 */
    background: #35393D;                          /* 定义网页背景色 */
    color: #787878;                               /* 定义字体前景色 */
    font-family: "Trebuchet MS", Arial, Helvetica, sans-serif;
                                                  /* 定义无衬线字体类型列表 */
    font-size: 13px;                              /* 统一网页字体大小 */
    margin:2em;                                   /* 增大页边距 */
}
```

步骤3 统一标题文本的样式。虽然标题级别不同，但是在同一个页面中，它们可能会存在很多相似之处。例如，边界大小、大小写、字体类型和字体疏密等。当然，这个共性必须结合具体的页面来说。本示例中的共性样式如下。

```
h1, h2, h3 {/* 统一标题样式 */
    margin: 0;                                      /* 清除标题的边界 */
    text-transform: uppercase;                      /* 小型大写效果 */
    letter-spacing: .15em;                          /* 轻微调整字距 */
    font-family: Arial, Helvetica, sans-serif; /* 无衬线字体 */
}
```

步骤4 为了区分不同级别标题的大小，这里以页面字体大小（13px）为参考进行统一规划。定义一级标题大小为 1.8 倍，二级标题大小为 1.4 倍，三级标题大小为 1.2 倍。

```
h1 {font-size: 1.8em;}
h2 {font-size: 1.4em;}
h3 {font-size: 1.2em;}
```

步骤5 定义段落文本的行高为 180%，这种疏朗的行距更有利于深色背景下用户阅读体验。

```
p {/* 段落格式 */
    margin-top: 0;                                  /* 清除段落上边界 */
    line-height: 180%;                              /* 定义行高 */
}
```

4.3.2 实训2：设计中文版式

实训说明：

中文阅读习惯与西文存在很多不同。例如，中文段落文本缩进，而西文悬垂列表；中文段落一般没有段距，而西文习惯设置一行的段距等。中文报刊文章习惯以块的适度变化来营造灵活的设计版式，当然这要以不影响阅读习惯为前提。另外，中文版式中，标题习惯居中显示，正文之前喜欢设计一个题引，题引为左右缩进的段落文本显示效果，正文以首字下沉效果显示。

本示例将展示一个简单的层级式中文版式，将一级标题、二级标题、三级标题和段落文本以阶梯状缩进，从而使信息的轻重分明，更有利于读者阅读，演示效果如图 4.22 所示。

拓展知识：

在阅读信息时，段落文本的呈现效果多以块状存在。如果说单个字是点，一行文本为线，那么段落文本就成面了，而面以方形呈现的效率最高，网站的视觉设计大部分其实都是在拼方块。在页面版式设计中，建议坚持如下设计原则。

- 方块感越强，越能给读者方向感。
- 方块越少，越容易阅读。
- 方块之间以空白的形式进行分隔，从而组合为一个更大的方块。

主要训练技巧说明：

- 能够根据网页设计风格设置网页字体和文字默认样式。
- 灵活控制多级标题的样式，以实现更优雅的版式设计要求。
- 借助伪类设计首字下沉特效。
- 灵活应用缩进版式效果，并能够通过行距调整正文的阅读体验。

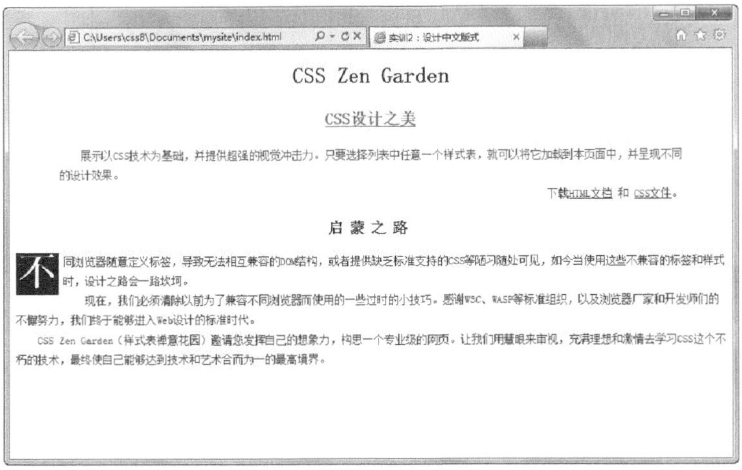

图4.22 报刊式中文格式效果

示例位置：

“光盘位置”\示例文件\04\实训2：设计中文版式\index.html

设计步骤：

步骤1 设计网页结构。本示例的HTML文档结构依然采用禅意花园的结构，截取第一部分的结构和内容，并将英文全部意译为中文。

```
<div id="intro">
    <div id="pageHeader">
        <h1><span>CSS Zen Garden</span></h1>
        <h2><span><acronym title="cascading style sheets">CSS</acronym>设计
之美</span></h2>
    </div>
    <div id="quickSummary">
        <p class="p1"><span>展示以<acronym
title="cascading style sheets">CSS</acronym>技术为基础，并提供超强的视觉冲击力。
只要选择列表中任意一个样式表，就可以将它加载到本页面中，并呈现不同的设计效果。</span></
p>
        <p class="p2"><span>下载<a title="这个页面的HTML源代码不能够被改动。"
href="http://www.csszengarden.com/zengarden-sample.html">HTML文档</a> 和 <a
title="这个页面的CSS样式表文件，你可以更改它。"
href="http://www.csszengarden.com/zengarden-sample.css">CSS文件</a>。</
span></p>
    </div>
    <div id="preamble">
        <h3><span>启蒙之路</span></h3>
        <p class="p1"><span>不同浏览器随意定义标签，导致无法相互兼容的<acronym
title="document object model">DOM</acronym>结构，或者提供缺乏标准支持的
<acronym
title="cascading style sheets">CSS</acronym>等陋习随处可见，如今当使用这些不兼
容的标签和样式时，设计之路会很坎坷。</span></p>
        <p class="p2"><span>现在，我们必须清除以前为了兼容不同浏览器而使用的一些过
```

```
时的小技巧。感谢<acronym
  title="world wide web consortium">W3C</acronym>、<acronym
  title="web standards project">WASP</acronym>等标准组织，以及浏览器厂家和开发师
们的不懈努力，我们终于能够进入Web设计的标准时代。</span></p>
        <p class="p3"><span>CSS Zen
            Garden（样式表禅意花园）邀请你发挥自己的想象力，构思一个专业级的网页。让
我们用慧眼来审视，充满理想和激情去学习CSS这个不朽的技术，最终使自己能够达到技术和艺术合而
为一的最高境界。</span></p>
      </div>
  </div>
```

步骤2 定义网页基本属性。定义背景色为白色，字体为黑色。也许你认为浏览器默认网页就是这个样式，但是考虑到部分浏览器会以灰色背景显示，显式声明这些基本属性会更加安全。字体大小为14px，字体为宋体。

```
body {/* 页面基本属性 */
    background:#fff;                                        /* 背景色 */
    color:#000;                                             /* 前景色 */
    font-size:0.875em;                                      /* 网页字体大小 */
    font-family:"新宋体", Arial, Helvetica, sans-serif;/* 网页字体默认类型 */
}
```

步骤3 定义标题居中显示，适当调整标题底边距，统一为一种字距。间距设计的一般规律：字距小于行距，行距小于段距，段距小于块距。检查的方法可以尝试将网站的背景图案和线条全部去掉，看是否还能保持想要的区块感。

```
h1, h2, h3 {/* 标题样式 */
    text-align:center;                                      /* 居中对齐 */
    margin-bottom:1em;                                      /* 定义底边界 */
}
```

步骤4 为二级标题定义一个下划线，并调暗字体颜色，目的是使一级标题、二级标题和三级标题在同一个中轴线显示时产生一个变化，避免单调。由于三级标题字数少（四个汉字），可以通过适当调节字距来设计一种平衡感，避免因为字数太少而使标题看起来很单调。

```
h2 {/* 个性化二级标题样式 */
    color:#999;                                         /* 字体颜色 */
    text-decoration:underline;                          /* 下划线 */
}
h3 {/* 个性化三级标题样式 */
    letter-spacing:0.4em;                               /* 字距 */
    font-size:1.4em;                                    /* 字体大小 */
}
```

步骤5 定义段落文本的样式。统一清除段落间距为0，定义行高为1.8倍字体大小。

```
p {/* 统一段落文本样式 */
    margin:0;                                           /* 清除段距 */
    line-height:1.8em;                                  /* 定义行高 */
}
```

步骤6 定义第一文本块中的第一段文本字体为深灰色，定义第一文本块中的第二段文本右对齐，定义第一文本块中的第一段和第二段文本首行缩进两个字距，同时定义第二文本块的第一段、第二段和第三段文本首行缩进两个字距。

```
#quickSummary .p1 {/* 第一文本块的第一段样式 */
    color:#444;                                  /* 字体颜色 */
}
#quickSummary .p2 {/* 第一文本块的第二段样式 */
    text-align:right;                            /* 右对齐 */
}
#quickSummary .p1, .p2, .p3 {/* 除了首字下沉段以外的段样式 */
    text-indent:2em;                             /* 首行缩进 */
}
```

步骤7 为第一个文本块定义左右缩进样式，设计引题的效果。

```
#quickSummary {/* 第一文本块样式 */
    margin-left:4em;                             /* 左缩进 */
    margin-right:4em;                            /* 右缩进 */
}
```

步骤8 定义首字下沉效果。CSS 提供了一个首字下沉的属性：first-letter，这是一个伪对象。什么是伪、伪类和伪对象，我们将在超链接设计章节中进行详细讲解。但是 first-letter 属性所设计的首字下沉效果存在很多问题，所以还需要进一步设计。例如，设置段落首字浮动显示（什么是浮动请参阅 CSS 布局章节讲解），同时定义字体大小很大，以实现下沉效果。为了使首字下沉效果更加明显，这里设计首字加粗、反白显示。

```
.first:first-letter {/* 首字下沉样式类 */
    font-size:50px;                              /* 字体大小 */
    float:left;                                   /* 向左浮动显示 */
    margin-right:6px;                            /* 增加右侧边距 */
    padding:2px;                                 /* 增加首字四周的补白 */
    font-weight:bold;                            /* 加粗字体 */
    line-height:1em; /* 定义行距为一个字体大小，避免行高影响段落版式 */
    background:#000;                             /* 背景色 */
    color:#fff;                                  /* 前景色 */
}
```

> **注意** **由于IE浏览器存在Bug，无法通过包含选择器来定义首字下沉效果，因此这里重新定义了一个首字下沉的样式类（first），然后手动将这个样式类加入到HTML文档结构对应的段落中。**

```
<p class="p1 first"><span>不同浏览器随意定义标签，导致无法相互兼容的<acronym
title="document object model">DOM</acronym>结构，或者提供缺乏标准支持的
<acronym
title="cascading style sheets">CSS</acronym>等陋习随处可见，如今当使用这些不兼
容的标签和样式时，设计之路会很坎坷。</span></p>
```

其他样式以及整个示例效果请参阅光盘实例。

4.4　上机练习

1．设计精美、干净的英文版式。可模仿综合训练 1 的设计方法和步骤，上机设计如图 4.23 所示的版式效果。

设计要求：

文档结构借用综合训练 1 的文档结构，只需要重设样式表即可。

调整页面风格，通过增大前景色与背景色的对比度，调整标题行的对齐方式，适当收缩行距，使页面看起来有些炫目，行文也趋于紧凑，这样页面风格就更简练了。

示例位置：

“光盘位置”\示例文件\04\上机练习 1\index.html

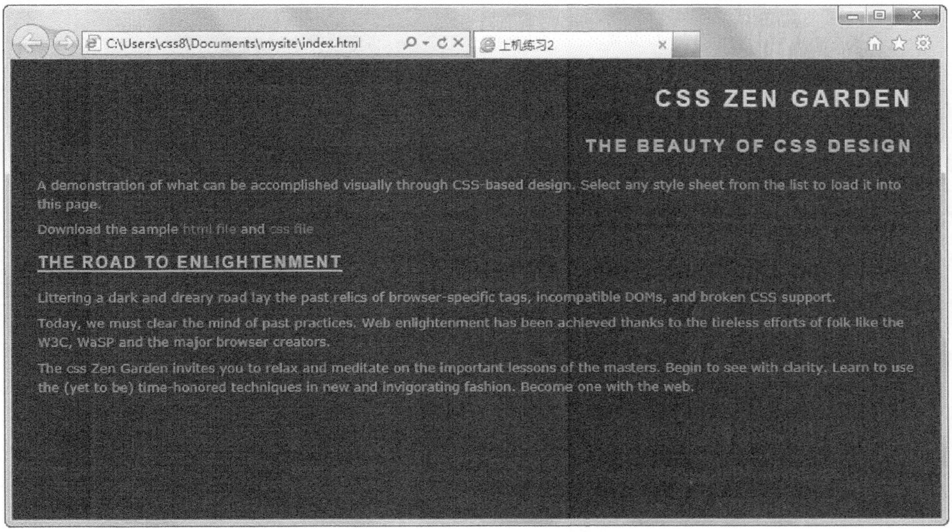

图4.23　简练的英文格式效果

操作提示：

1）调整页面的基本属性，加深背景色，增强前景色，其他基本属性可以保持一致。

2）定义标题下边界为一个字符大小，以小型大写样式显示，适当增加字距，定义字体为无衬线类型。

3）分别定义一级、二级和三级标题的样式，实现在统一标题样式基础上的差异化显示。在设计标题时，使一级、二级标题右对齐，三级标题左对齐，形成标题错落排列的版式效果。同时为了避免左右标题轻重不一（右侧标题偏重），为此定义左侧的三级标题以下划线显示，以增加左右平衡。

4）收缩段落文本行的间距，压缩段落之间的间距，适当减弱段落文本的颜色。

2．设计层级式中文版式。读者可模仿综合训练 2 的设计方法和步骤，上机设计如图 4.24 所示的版式效果。

设计要求：

文档结构借用综合训练 2 的文档结构，只需要重设样式表即可。

在 CSS 样式表中设计一个简单的层级式中文版式，将一级标题、二级标题、三级标题和段落文本以阶梯状缩进，从而使信息的轻重分明，更有利于读者阅读。

示例位置：

“光盘位置”\示例文件\04\上机练习 2\index.html

操作提示：

1）首先还是先定义页面的基本属性。这里定义页面背景色为灰绿浅色，前景色为深黑色，字体大小为 0.875em（约为 14px）。

2）统一标题为下划线样式，且不再加粗显示，限定上下边距为一个字距。在默认情况下，不同级别的标题上下边界是不同的。适当调整字距之间的疏密。

3）分别定义不同标题级别的缩进大小，设计阶梯状缩进效果。

4）定义段落文本左缩进，同时定义首行缩进效果。另外，清除段落默认的上下边界距离。

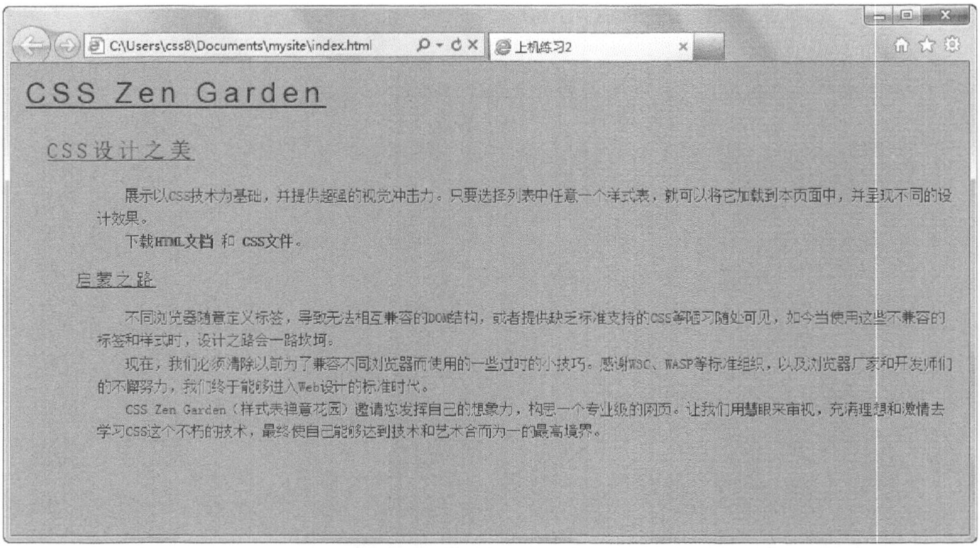

图4.24　缩进式中文格式效果

第 5 章 设置超链接样式

在网页中，超链接字体默认显示为蓝色，文字下面有一条下划线，当鼠标指针移到超链接上时，鼠标指针就会变成手形。如果超链接已被访问，那么这个超链接的文本颜色就会发生改变，默认显示为紫色，这就是经典的超链接默认样式。不过在互联网上，很少再保留超链接的默认样式，网页设计师一般都会根据网站或网页风格重新定义超链接的样式。

学习要点：

- 了解 <a> 标签的特殊性，以及相关属性设置。
- 了解超链接的伪类状态。

训练要点：

- 能够设置超链接的基本样式。
- 能够根据网页风格设计不同样式的超链接效果，提高用户操作体验。

5.1 定义超链接样式

<a> 标签能够实现从一个网页指向一个目标的链接关系，这个目标可以是另一个网页，也可以是相同网页上的不同位置，还可以是一个图片、一个电子邮件地址、一个文件，甚至是一个应用程序。而在一个网页中定义超链接的对象，可以是一段文本或者是一个图片。

5.1.1 认识超链接和路径

在网页中超链接一般可以分为以下三种类型。

- 内部链接。
- 锚点链接。
- 外部链接。

内部链接是指所链接的目标位于站内，外部链接所链接的目标一般为站外，而锚链接是一种特殊的链接，它是在内部链接或外部链接后增加锚标记后缀（# 标记名），例如，index.html#anchor 就表示跳转到 index.htm 页面中标记为 anchor 的锚点位置。

链接的路径可以使用相对路径，也可以使用绝对路径。所谓相对路径就是 URL 中没有指定超链接的协议和互联网位置，仅指定相对位置关系。例如，如果 a.html 和 b.html 位于同一目录下，则直接指定文件（b.html）即可，因为它们的相对位置关系是平等的。如果 b.html 位于本目录的下一级目录（sub）中，则可以使用“sub / b.html”相对路径即可。如果 b.html 位于上一级目录（father）中，则可以使用“../ b.html”相对路径即可。其中“..”符号表示父级目录，还可以使用“/”来定义站点根目录，如“/ b.html”就表示链接到站点根目录下的 b.html 文件。

绝对路径要指定链接所使用的协议和网站地址，例如，http://www.css.cn/web2_nav/index.html，其中 http 是传输协议，www.css.cn 表示网站地址，后面跟随字符表示站内相对地址。外部链接一般都使用绝对路径进行定义，而内部链接可以使用相对路径，也可以使用绝对路径。

根据链接目标的不同，超链接又可以分为文本超链接、图像超链接、E-mail 链接、锚点链接、多媒体文件链接和空链接等。

5.1.2 认识伪类和伪对象

伪类就是根据一定的特征对元素进行分类，而不是根据元素的名称、属性或内容。原则上特征是不能根据 HTML 文档的结构（DOM）推断得到的。直观分析，伪类可以是动态的，当用户与 HTML 文档进行交互时，一个元素可以获取或者失去某个伪类（特定的特征）。例如，鼠标指针经过就是一个动态特征，任意一个元素都可能被鼠标经过，当然鼠标指针也不可能永远停留在同一个元素上面，这种特征对于某个元素来说可能随时消失。

伪类是抽象的事物，但是伪对象是页面中可以直接看到的具体内容或区域，只不过这个具体内容或区域所限定的内容是不固定的。例如，段落文本的第一行，对于某个具体段落文本来说可能是确定的，但是在另一段文本中可能所指的内容就不相同了。

在 CSS 中，伪类和伪对象是以冒号为前缀的特定名词，它们表示一类选择器，具体说明如表 5.1 和表 5.2 所示。

比较实用的伪类包括 :link、:hover、:active、:visited 和 :focus，比较实用的伪对象包括 :first-letter 和 :first-line。其中 IE 6 及其以下版本浏览器不支持 :hover 伪类在非 a 元素上的应用。

表5.1　伪类及其说明

伪　类	说　明
:link	超链接对象未被访问前的样式
:hover	鼠标移过对象时的样式
:active	在对象被鼠标单击后到被释放之间这段时间的样式
:visited	超链接对象被访问之后的样式
:focus	对象成为输入焦点时的样式
:first-child	对象的第一个子对象的样式
:first	对于页面的第一页使用的样式

表5.2　伪对象及其说明

伪　类	说　明
:after	设置某个对象之后的内容
:first-letter	设置对象内的第一个字符样式
:first-line	设置对象内第一行的样式
:before	设置某个对象之前的内容

5.1.3　定义超链接样式

在伪类和伪对象中，与超链接相关的四个伪类选择器应用比较广泛，而且不同的浏览器也都完全支持。这几个伪类定义了超链接的四种不同状态，简单说明如下。

- a:link：定义超链接的默认样式。
- a:visited：定义超链接被访问后的样式。
- a:hover hover：定义鼠标经过超链接时的样式。
- a:active：定义超链接被激活时的样式，如鼠标单击之后，到鼠标被松开之间的这段时间的样式。

【随堂练习】

启动 Dreamweaver，新建一个网页，保存为 test.html，在 <body> 标签内插入一个超链接。

```
<a href="#">定义超链接样式</a>
```

在 <head> 标签内添加 <style type="text/css"> 标签，定义一个内部样式表，然后输入下面的样式，用来定义超链接的样式。

```
a:link { /* 超链接默认样式 */
    color: #FF0000;                    /* 红色 */
}
a:visited { /* 超链接被访问后的样式 */
    color: #0000FF;                    /* 蓝色 */
}
a:hover { /* 鼠标经过超链接的样式 */
    color: #00FF00;                    /* 绿色 */
```

```
}
a:active { /* 超链接被激活时的样式 */
    color: #FFFF00;                    /* 黄色 */
}
```

在这个示例中定义页面所有超链接默认为红色下划线效果，当鼠标经过时显示为绿色下划线效果，而当单击超链接时则显示为黄色下划线效果，超链接被访问后显示为蓝色下划线效果。

注意 **超链接的四种状态样式的排列顺序是有要求的，一般不能随意调换。先后顺序应该是：**link、visited、hover和active。**例如，在下面这个超链接样式中，当鼠标经过超链接时，由于四种状态排列顺序乱了，所以就无法看到鼠标经过和被激活时的样式效果。**

```
a:hover {color: #00FF00;}
a:active {color: #FFFF00;}
a:link {color: #FF0000;}
a:visited {color: #0000FF; }
```

【拓展练习】

在一个网页中除了可以设计统一的超链接样式，也可以根据需要为不同区域或位置的超链接定义样式。

新建一个网页，保存为 test.html，在 <body> 标签内输入下面的代码。

```
<p class="p1">
    <a href="#" class="a1">段落一超链接1</a>
    <a href="#" class="a2">段落一超链接2</a>
    <a href="#" class="a3">段落一超链接3</a>
</p>
<p class="p2">
    <a href="#" class="a1">段落二超链接1</a>
    <a href="#" class="a2">段落二超链接2</a>
    <a href="#" class="a3">段落二超链接3</a>
</p>
```

在 <head> 标签内添加 <style type="text/css"> 标签，定义一个内部样式表，然后输入下面的样式，定义第一段中的超链接样式。

```
.p1 a:link {color: #FF0000;}
.p1 a:visited {color: #0000FF;}
.p1 a:hover {color: #00FF00;}
.p1 a:active {color: #FFFF00;}
```

然后为类 a1 的所有超链接定义另一种样式。

```
.a1:link {color: #FF0000;}
.a1:visited {color: #0000FF; }
.a1:hover {color: #00FF00;}
.a1:active {color: #FFFF00;}
```

也可以使用指定类型选择器来定义超链接样式。

```
a.a1:link {color: #FF0000;}
a.a1:visited {color: #0000FF; }
a.a1:hover {color: #00FF00;}
a.a1:active {color: #FFFF00;}
```

注意 **超链接的四种状态并非都必须要定义，读者可以定义其中的两个或三个。当要把未访问的和已经访问的链接定义成相同的样式时，则可以定义link、hover和active三种状态。例如：**

```
a.a1:link {color: #FF0000;}
a.a1:hover {color: #00FF00;}
a.a1:active {color: #FFFF00;}
```

如果仅希望超链接显示两种状态样式，可以使用a和hover来定义。其中a标签选择器定义a元素的默认显示样式，然后定义鼠标经过时的样式。例如：

```
a {color: #FF0000;}
a:hover {color: #00FF00;}
```

上面这种方法是定义超链接的最简单、最快捷的方式，但是如果页面中还包括锚记，将会影响锚记的样式。如果定义如下的样式，则仅影响超链接未访问时的样式和鼠标经过时的样式，而一旦超链接被访问之后，则会恢复到默认的下划线紫色效果，所以一般不要这样定义超链接的样式。

```
a:link {color: #FF0000;}
a:hover {color: #00FF00;}
```

对于 :hover 伪类来说，不仅可以定义超链接元素，而且还可以为其他元素定义鼠标经过样式，但是在 IE 6 及其以下版本浏览器中并不支持该样式。

5.2　综合训练

本章集训目标：

- 深入理解并灵活使用 CSS 的伪类和伪对象样式。
- 能够自定义超链接的动态效果。
- 能够根据页面风格设计不同效果的超链接样式。

5.2.1　实训1：设计下划线样式

实训说明：

定义超链接的样式自然会先改变它的颜色，对于任何网站来说，一般都会将超链接的颜色重设为网站专用色，以便与页面风格融合。下划线也是超链接的基本样式，但很多网站并不喜欢使用，设计师在建站之初，就彻底清除了所有超链接的下划线。

```
a {/* 完全清除超链接的下划线效果 */
    text-decoration:none;
}
```

不过从用户体验的角度分析，如果取消下划线效果之后，可能会影响部分用户对网页的访问。因为下划线效果能够很好地提示访问者当前鼠标经过的文字是一个超链接，如图5.1所示。

图5.1 设计下划线超链接样式

下划线的效果当然不仅仅是一条实线，也可以根据需要进行订制。订制主要思路如下。

- 一方面可以借助超链接元素a的底部边框线来实现。
- 另一方面可以利用背景图像来实现，而背景图像可以设计出更多精巧的下划线样式。

主要训练技巧说明：

- 使用text-decoration属性定义下划线样式。
- 使用border-bottom属性定义下划线样式。
- 使用background属性定义下划线样式。

示例位置：

“光盘位置”\示例文件\05\实训1：设计下划线样式\index.html

设计步骤：

步骤1 构建网页结构。启动Dreamweaver，新建一个网页，保存为index.html，在<body>标签内插入多个超链接，并分别为它们指定应用的方位，并通过类进行区分。

```
<h1>设计下划线样式</h1>
<ol>
    <li class="underline1">
        <p>使用text-decoration属性定义下划线样式</p>
        <ul>
            <li><a href="#">首页</a></li>
            <li><a href="#">论坛</a></li>
            <li><a href="#">博客</a></li>
        </ul>
    </li>
    <li class="underline2">
        <p>使用text-decoration属性定义下划线样式</p>
        <ul>
            <li><a href="#">首页</a></li>
            <li><a href="#">论坛</a></li>
            <li><a href="#">博客</a></li>
        </ul>
    </li>
    <li class="underline3">
        <p>使用text-decoration属性定义下划线样式</p>
        <ul>
```

```
            <li><a href="#">首页</a></li>
            <li><a href="#">论坛</a></li>
            <li><a href="#">博客</a></li>
        </ul>
    </li>
</ol>
```

步骤2 在 <head> 标签内添加 <style type="text/css"> 标签，定义一个内部样式表，然后准备在其中输入代码，用来定义超链接的样式。

步骤3 设计页面默认的超链接样式：清除下划线效果，定义字体颜色为灰色，鼠标经过时显示为红色、加粗。

```
a {
    text-decoration:none;                    /* 清除超链接下划线 */
    color:#666;
}
a:hover {
    color:#f00;
    font-weight:bold;                        /* 加粗字体显示 */
}
```

步骤4 使用 text-decoration 属性为第一组超链接样式定义下划线样式。

```
.underline1 a {text-decoration:none;}
.underline1 a:hover {text-decoration:underline;}
```

步骤5 使用 border-bottom 属性为第二组超链接样式定义下划线样式。

```
.underline2 a {
    border-bottom:dashed 1px red;
     /* 红色虚下划线效果 */
    zoom:1;
  /* 解决IE浏览器无法显示问题 */
}
.underline2 a:hover {
    border-bottom: solid 1px #000;
     /* 改变虚下划线的样式和颜色 */
}
```

步骤6 由于浏览器在解析虚线时的效果并不一致，且显示效果不是很精致，为此使用背景图像来定义虚线，则效果会更好。

使用图像编辑软件设计一个虚线段，如图5.2所示为一个放大32倍的虚线段设计图效果，在设计时应该确保高度为1像素，宽度可以为4像素、6像素或8像素，主要根据虚线的疏密进行设置。然后选择一种颜色以跳格方式

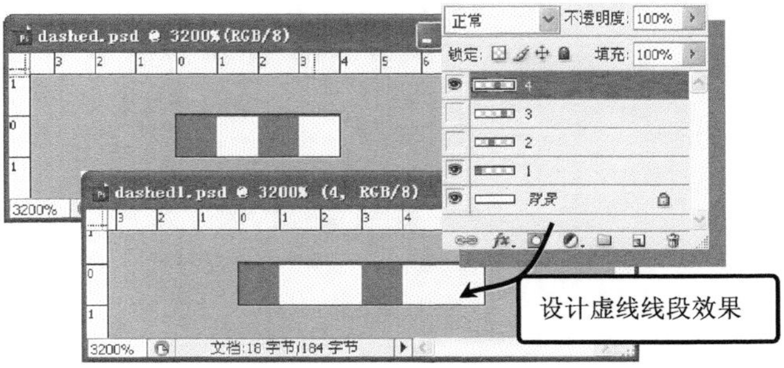

图5.2　设计虚线段

进行填充，最后保存为 GIF 格式图像即可，当然最佳视觉空隙是间隔两个像素空格。

步骤 7 使用 background 属性定义下划线样式为第三组超链接样式定义下划线样式。

```
.underline3 a:hover {
    /* 定义背景图像，定位到超链接元素的底部，并沿x轴水平平铺 */
    background:url(images/dashed1.gif) left bottom repeat-x;
}
```

有关下划线的效果还有很多，只要巧妙结合超链接的底部边框、下划线和背景图像，就可以设计出很多新颖的样式。例如，可以定义下划线的色彩、下划线距离、下划线长度、对齐方式和定制双下划线等。

5.2.2 实训2：设计立体样式

实训说明：

设计立体样式的技巧就是借助边框样式的变化（主要是颜色的深浅变化）来模拟一种凸凹变化的过程，即营造一种立体变化效果。

在本示例中定义超链接，在默认状态下显示灰色右边框线和灰色底边框线效果。当鼠标指针经过时，则清除右侧和底部边框线，并定义左侧和顶部的边框效果，这样利用错觉就设计出了一个简陋的凸凹立体效果，如图 5.3 所示。

图5.3 设计立体超链接样式

主要训练技巧说明：

- 利用边框线的颜色变化来制造视觉错觉。可以将右边框和底部边框结合，将顶部边框和左边框结合，利用明暗色彩的搭配来设计立体变化效果。
- 利用超链接背景色的变化来营造凸凹变化的效果。超链接的背景色可以设置相对深色效果，以营造凸起效果，当鼠标经过时，再定义浅色背景来营造凹下效果。
- 利用环境色、字体颜色（前景色）来烘托这种立体变化过程。

示例位置：

"光盘位置" \ 示例文件 \05\ 实训 2 ：设计立体样式 \index.html

设计步骤：

步骤 1 构建网页结构。启动 Dreamweaver，新建一个网页，保存为 index.html，在 <body> 标签内插入多个超链接。

```
<h1>设计立体超链接样式</h1>
<ul>
    <li><a href="#">首页</a></li>
    <li><a href="#">论坛</a></li>
    <li><a href="#">博客</a></li>
</ul>
```

步骤 2 在 <head> 标签内添加 <style type="text/css"> 标签，定义一个内部样式表，然后准备在其中输入代码，用来定义超链接的样式。

步骤3 设计网页背景色，营造页面设计环境。

```
body {/* 网页背景颜色 */
    background:#fcc;                              /* 浅色背景 */
}
li{ margin:2em auto;}
```

步骤4 定义 <a> 标签在默认状态下的显示效果，即鼠标未经过时的样式。

```
a {/* 超链接的默认样式 */
    text-decoration:none;                         /* 清除超链接下划线 */
    border:solid 1px;                             /* 定义1像素实线边框 */
    padding: 0.4em 0.8em;                         /* 增加超链接补白 */
    color: #444;                                  /* 定义灰色字体 */
    background: #f99;                             /* 超链接背景色 */
    border-color: #fff #aaab9c #aaab9c #fff;     /* 分配边框颜色 */
    zoom:1;                                       /* 解决IE浏览器无法显示问题*/
}
```

步骤5 定义鼠标经过时的超链接样式。

```
a:hover {/* 鼠标经过时样式 */
    color: #800000;                              /* 超链接字体颜色 */
    background: transparent;                     /* 清除超链接背景色 */
    border-color: #aaab9c #fff #fff #aaab9c;   /* 分配边框颜色 */
}
```

5.2.3 实训3：设计滑动样式

实训说明：

使用背景图像设计超链接样式比较常用，且所设计的效果比较真实、自然，更容易设计个性化的超链接样式，很多设计师就是利用背景图像的动态滑动技巧设计很多精致的超链接样式，这种技巧也被称为滑动门技术。

在本示例中先定义超链接块状显示，以便更容易控制它的大小，然后根据背景图像大小定义 a 元素的宽和高，并分别在默认状态和鼠标经过状态下定义背景图像。对于背景图像来说，宽度可以与被背景图像宽度相同，也可以根据需要小于背景图像的宽度，但是高度必须保持与背景图像的高度一致。在设计中可以结合背景图像的效果定义字体颜色，最后所得的超链接效果如图 5.4 所示。

图5.4　设计滑动超链接样式

主要训练技巧说明：

- 利用相同大小但不同效果的背景图像进行轮换。图像样式的关键是背景图像的设计，以及几种不同效果的背景图像是否能够过渡自然、切换吻合。
- 将所有背景图像组合在一张图中，然后利用 CSS 技术进行精确定位，以实现在不同状态下显示为不同的背景图像，这种技巧也被称为 CSS Sprites。

示例位置：

“光盘位置”\示例文件\05\实训3：设计滑动样式\index.html

设计步骤：

步骤1 在 Photoshop 中设计大小相同，但是效果略有不同的两张图像，如图 5.5 所示。图像的大小为 200×32 像素，第一张图像设计风格为渐变灰色，并带有玻璃效果，第二张图像设计风格为深黑色渐变。

步骤2 将上面两张图像拼合到一张图像中，如图 5.6 所示。准备利用 CSS Sprites 技术来控制背景图像的显示，以提高网页响应速度。

图5.5 设计背景图像

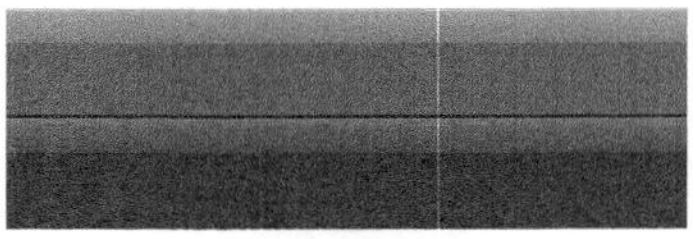

图5.6 拼合背景图像

CSS Sprites 加速的关键不是降低重量，而是减少个数。浏览器每显示一张图片都会向服务器发送请求，所以图片越多请求次数越多，造成延迟的可能性也就越大。

CSS Sprites 其实就是将网页中的一些背景图片整合到一张图片文件中，再利用 CSS 的 background-image、background-repeat、background-position 的组合进行背景定位，background-position 可以用数字精确地定位出背景图片的位置。

步骤3 启动 Dreamweaver，新建一个网页，保存为 index.html，在 <body> 标签内输入下面的代码。

```
<h1>设计滑动超链接样式</h1>
<ul>
    <li><a href="#">首页</a></li>
    <li><a href="#">论坛</a></li>
    <li><a href="#">博客</a></li>
</ul>
```

步骤4 清除列表默认样式，避免显示项目符号和列表项缩进效果。

```
li {
    float:left;                          /*浮动显示，以便并列显示各选项*/
    list-style:none;                     /* 清除项目符号 */
    margin:0;                            /* 清除缩进 */
    padding:0;                           /* 清除缩进 */
}
```

步骤5 定义超链接默认样式：为每个 <a> 标签定义背景图像，并定位背景图像靠顶部显示。

```
a {/* 超链接的默认样式 */
    text-decoration:none;                /* 清除默认的下划线 */
    display:inline-block;                /* 行内块状显示 */
    width:150px;                         /* 固定宽度 */
    height:32px;                         /* 固定高度 */
    line-height:32px;                    /* 行高等于高度，设计垂直居中 */
```

```
        text-align:center;                    /* 文本水平居中 */
        background:url(images/bg3.gif) no-repeat center top;
                                              /* 定义背景图像1，禁止平铺，居中 */
        color:#ccc;                           /* 浅灰色字体 */
    }
```

步骤 6 定义鼠标经过时的超链接样式，此时改变背景图像的定位位置，以实现动态滑动效果。

```
    a:hover {/* 鼠标经过时样式 */
        background-position:center bottom;  /* 定位背景图像，显示下半部分 */
        color:#fff;                           /* 白色字体 */
    }
```

5.3　上机练习

1．设计动态样式的技巧就是借助 CSS 大小、位置变化来产生一种动态感。由于 a 元素是行内元素，无法定义超链接的宽和高，因此需要定义 a 元素浮动显示、块状显示或绝对定位显示。如果希望多个超链接并列显示，则只能使用浮动显示或者绝对定位显示。当然，仅希望超链接字体大小发生变化，则保持默认的行内显示即可。

设计要求：

动态样式更多的用在页面导航中，借助导航按钮的变化来设计动态效果。请读者简单模拟一个动态导航效果，当鼠标经过下拉菜单时，则按钮自动向下伸展，并加粗、增亮字体效果，从而营造一种按钮下沉的效果，如图 5.7 所示。

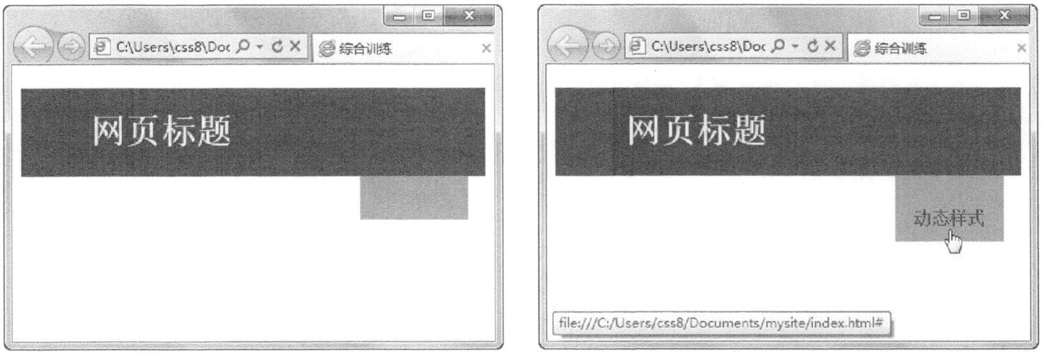

默认状态　　　　鼠标经过状态

图5.7　设计动态超链接样式

示例位置：

“光盘位置” \ 示例文件 \05\ 上机练习 1\index.html

2. 自定义鼠标指针样式。在默认状态下鼠标经过超链接时显示为手形，不过使用 CSS 的 cursor 属性可以改变鼠标样式，这样就不再局限于超链接的手形光标效果。cursor 包含了众多光标样式，详细说明如表 5.3 所示。

表5.3　鼠标经过时的光标显示样式

伪对象	说　明
auto	基于上下文决定应该显示什么光标
crosshair	十字线光标（+）
default	基于平台的默认光标，通常渲染为一个箭头
pointer	指针光标，表示一个超链接
move	十字箭头光标，用于标示对象可被移动
e-resize ne-resize nw-resize n-resize se-resize sw-resize s-resize w-resize	表示正在移动某个边，如se-resize光标用来表示框的移动开始于东南角，其他以此类推
text	表示可以选择文本，通常渲染为I形光标
wait	表示程序正忙，需要用户等待，通常渲染为手表或沙漏
help	光标下的对象包含有帮助内容，通常渲染为一个问号或一个气球
<uri>URL	自定义光标类型的图标路径

设计要求：

利用 CSS 的 cursor 自定义鼠标指针样式，改变鼠标指针的默认样式。

设计提示：

◆ 表 5.3 是 W3C 推荐的标准光标类型，但是 IE 浏览器也自定义了不少专有属性值。例如，对于手形光标类型，IE 提供了 hand 专有属性，而标准属性值为 pointer。为了兼容早期 IE 浏览器版本，那么就应该定义如下样式，这样就能够保证在不同浏览器中都显示为手形光标。

```
. pointer {/* 手形鼠标指针样式类 */
    cursor:pointer;
            /* 鼠标经过时手形样式 */
    cursor:hand;
            /* 兼容IE 6以下版本浏览器 */
}
```

◆ 自定义鼠标光标样式。使用绝对或相对 URL 指定光标文件（后缀为 .cur 或者 .ani）。cursor 属性可以定义一个 URL 列表，当用户端无法处理一系列光标中的第一个，那么它应尝试处理第二个、第三个等，如果用户端无法处理任何定义的光标，它必须使用列表最后的通用光标。例如，下面样式中就定义了三个自定义动画光标文件，最后定义了一个通用光标类型。

```
. pointer {
     cursor:url('images/1.ani'), url('images/2.ani'), url('images/3.ani'),
pointer;
}
```

6

第 6 章

定义图片和背景图像样式

图片是构成网页的基本对象，通过 <img> 可以将外部的图片嵌入到网页中，图片的显示效果可以借助 <img> 标签的属性来设置，如图片的边框、大小以及为图片设置透明效果等，但是这种传统方法会给文档添加大量冗余代码，而使用 CSS 属性对页面上的图片样式进行控制会事半功倍。另外，使用 CSS 属性还可以把图片作为背景装饰网页元素，即背景图像，CSS 提供了很多背景图像控制属性，利用它们可以设计很多精美的网页效果。

学习要点：

- 了解 <img> 标签的特殊性，以及相关属性设置。
- 了解控制图片在网页中显示的一般方法。
- 理解 CSS 各种背景图像属性，并能够正确使用。

训练要点：

- 定义网页图片的边框、大小、位置等显示属性。
- 设计图文混排效果。
- 使用 CSS 背景图像属性设计精美的栏目版块效果。

6.1 了解网页中的图像

图像是以二进制数据流的形式存储在计算机内存中的，借助 img 元素，浏览器可以将这些数据流解析并描绘到网页中。因此从本质上来分析，img 元素实际上就是一个被封装的复杂对象，它与 p、h1~h6、div、span 等标识元素存在本质的不同。W3C 曾经倡议以 object 元素为标准来插入图像，因为它更符合 HTML 语义特征。

【随堂练习】

启动 Dreamweaver，新建一个网页，保存为 test.html，在 <body> 内使用 <object> 标签插入一幅图片。在 Firefox 等现代浏览器中都能够正确解析和显示，IE 8 以及以上版本也能够正确显示。

```
<object data="images/004.jpg"></object>
```

【拓展练习】

<img> 标签不使用 url 属性来设置图像的路径，而使用 src 属性，主要是因为它更准确地表达意思。src 是 source 的缩写，它表示源的意思，即二进制数据源。

为了增加对图像二进制数据流的感性认识，请读者在网页中输入如下代码，在浏览器中预览，看看有什么效果。

```
<img src="data:image/png;base64,iVBORw0KGgoAAAANSUhEUgAAAEAAAABACAIAAAFSDN
YfAAAAaklEQVR42u3XQQrAIAwAQeP%2F%2F6wf8CJBJTK9lnQ7FpHGaOurt1I34nfH9pMMZAZ8BwM
GEvvh%2BBsJCAgICLwIOA8EBAQEBAQEBAQEBK79H5RfIQAAAAAAAAAAAAAAAAAAAAAAAAAAID%2F
ABMSqAfj%2FsLmvAAAAABJRU5ErkJggg%3D%3D" alt="二进制流单色图片" title="以二进制流
形式直接绘制单色图片">
```

在上面的示例中，直接以二进制数据流（十六进制表示）传递给 <img> 标签的 src 属性，则浏览器会自动绘制一个红色正方形图形，如图 6.1 所示。

注意　IE 7及其以下版本浏览器不支持这种方法。

由于 <img> 标签已深入人心，W3C 默认 <img> 标签为事实的标准。如果读者接触过 ASP 或者 PHP 等后台技术，就应该知道表单验证码就是由后台脚本随机生成的数字图像，然后以二进制数据流的形式直接赋予 <img> 标签的 src 属性。

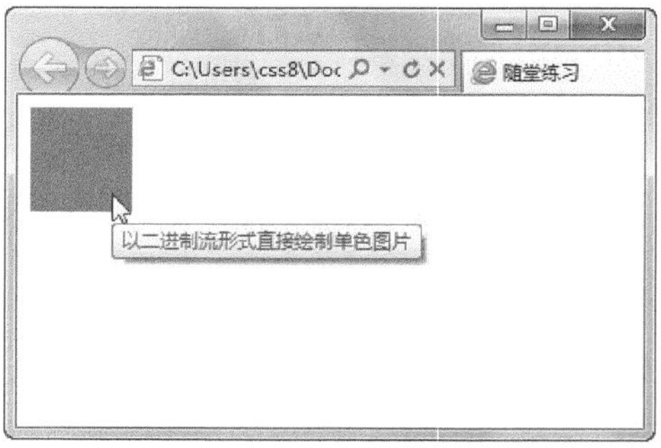

图6.1　以二进制数据流形式绘制图片

6.2 定义图片样式

俗话说："人靠衣装马靠鞍"，网页就需要图片来装饰，任何一个页面都少不了漂亮的图片来打扮一下。如何合理地使用图片、优化图片将直接影响网页的性能问题。

6.2.1 定义图片大小

<img> 标签包含 width 和 height 属性，使用它们可以控制图像的大小，在标准网页设计中这两

个属性依然有效，且被严格型 XHTML 文档认可。与之相对应，在 CSS 中可以使用 width 和 height 属性定义图片的宽度和高度。

【随堂练习】

启动 Dreamweaver，新建一个网页，保存为 test.html，在 <body> 内使用 <img> 标签插入两幅相同的图片，并分别使用 HTML 的 width 属性限制宽度为 200 像素。

```
<img class="w400px" src="images/1.jpg" width="200" />
<img src="images/1.jpg" width="200" />
```

在 <head> 标签内添加 <style type="text/css"> 标签，定义一个内部样式表，然后输入下面的样式，用来定义一个类样式，以控制指定的图片宽度为 400 像素。

```
.w400px { /* 定义图像宽度 */
    width:600px;
}
```

在浏览器中预览，则可以看到 CSS 的 width 属性会优先于 HTML 的 width 属性，如图 6.2 所示。不过在使用时，有几个问题需要读者注意。

- 用 HTML 的 width 和 height 属性来定义图片大小存在很多局限性。一方面是因为它不符合结构和表现的分离原则；另一方面使用标签属性定义图像大小只能使用像素单位（可以省略），而使用 CSS 属性可以自由选择任何相对和绝对单位。在设计图像大小随包含框宽度而变化时，使用百分比非常有用。
- 当图像大小取值为百分比时，浏览器将根据图像包含框的宽和高进行计算。
- 当为图像仅定义宽度或高度，则浏览器能够自动调整纵横比，使宽和高能够协调缩放，避免图像变形。如果同时为图像定义宽和高，则浏览器能够根据显式定义的宽和高来解析图像。

图6.2　以二进制数据流形式绘制图片

6.2.2　定义图片边框

在默认状态下网页中的图片是不显示边框的，但当为图像定义超链接时会自动显示 2~3 像素宽的蓝色粗边框。例如：尝试输入下面一行代码，然后在浏览器中预览一下效果。

```
<a href="#"><img src="images/login.gif" alt="登录" /></a>
```

HTML为<img>标签定义border属性，使用该属性可以设置图片边框粗细，当设置为0时，则能够清除边框。例如：尝试输入下面的代码，然后在浏览器中预览一下效果。

```
<a href="#"><img src="images/login.gif" alt="登录" border="0" /></a>
```

HTML 的 border 属性不是 XHTML 推荐属性，不建议使用，使用 CSS 的 border 属性会更恰当。CSS 的 border 属性不仅为图像定义边框，也可以为任意 HTML 元素定义边框，且提供丰富的边框样式，同时能够定义边框的粗细、颜色和样式，读者应养成使用 CSS 的 border 属性定义元素边框的习惯。下面分别讲解边框样式、颜色和粗细的设置方法。

1. 边框样式

CSS使用border-style属性来定义对象的边框样式，这种边框样式包括两种：虚线框和实线框。该属性的用法如下。

```
border-style : none | hidden | dotted | dashed | solid | double | groove |
ridge | inset | outset
```

该属性取值众多，说明如表 6.1 所示。

表6.1 边框样式类型

运 算 符	执行的运算
none	默认值，无边框，不受任何指定的border-width值影响
dotted	点线
dashed	虚线
solid	实线
double	双实线
groove	3D凹槽
ridge	3D凸槽
inset	3D凹边
outset	3D凸边

常用边框样式包括 solid（实线）、dotted（点）和 dashed（虚线）。dotted（点）和 dashed（虚线）这两种样式效果略有不同，同时在不同浏览器中的解析效果也略有差异。

【随堂练习】

新建一个网页，保存为 test.html，在 <body> 内使用 <img> 标签插入两幅相同的图片。

```
<div><img class="dotted" src="images/2.jpg" alt="点线边框" />
    <h2>点线边框</h2>
</div>
<div><img class="dashed" src="images/2.jpg" alt="虚线边框" />
    <h2>虚线边框</h2>
</div>
```

在 <head> 标签内添加 <style type="text/css"> 标签，定义一个内部样式表，然后输入下面的样式，定义两个类样式，用来设计图片边框效果。

```
div {
    float:left;
    text-align:center;
    margin:12px;
}
img {
    width:250px;                              /* 固定图像显示大小 */
    border-width:10px;                        /* 定义图片边框宽度 */
}
.dotted { /* 点线框样式类 */
    border-style:dotted;
}
.dashed { /* 虚线框样式类 */
    border-style:dashed;
}
```

在浏览器中预览，则可以比较虚线和点线的效果，如图 6.3 所示。

当单独定义对象某边边框样式时，可以使用单边边框属性：border-top-style（顶部边框样式）、border-right-style（右侧边框样式）、border-bottom-style（底部边框样式）和border-left-style（左侧边框样式）。

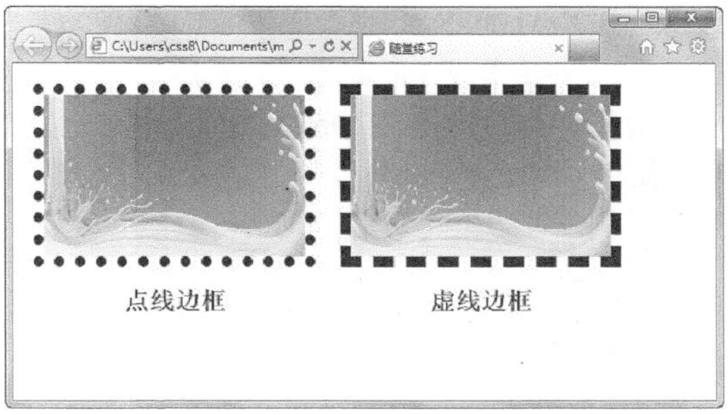

图6.3 比较边框样式效果

【拓展练习】

双线边框由两条单线组成，两条单线之间有一些空隙，两条单线的宽度之和，并加上中间的空隙宽度，等于边框的总宽度，即等于 border-width 属性值。

但是双线框的值分配也会存在一些矛盾，无法做到平均分配。例如，如果边框宽度为3px，则两条单线与其间空隙分别为1px；如果边框宽度为4px，则外侧单线为2px，内侧和中间空隙分别为1px；如果边框宽度为5px，则两条单线宽度为2px，中间空隙为1px，其他取值依此类推。

新建一个网页，保存为 test.html，在 <body> 内使用 <img> 标签插入一幅图片。

```
<img src="images/3.jpg" />
```

在 <head> 标签内添加 <style type="text/css"> 标签，定义一个内部样式表，然后输入下面的样式，分别定义边框每边的粗细，以便比较当边框设置为双线边框后，随着边框宽度的变化，内外侧边线和中间空隙的比例关系将发生变化。

```
img {
    width:400px;/* 固定图像显示大小 */
    border-style:double;
    border-top-width:30px;
    border-bottom-width:40px;
    border-right-width:50px;
    border-left-width:60px;
}
```

在浏览器中预览，则可以比较虚线和点线的效果，如图 6.4 所示。

图6.4 双线边框粗细变化

2. 边框颜色和宽度

CSS 提供了 border-color 属性定义边框的颜色，颜色取值可以是任何有效的颜色表示法。同时 CSS 使用 border-width 属性定义边框的粗细，取值可以是任何长度单位，但是不能取负值。

要定义单边边框的颜色，可以使用这些属性：border-top-color（顶部边框颜色）、border-right-color（右侧边框颜色）、border-bottom-color（底部边框颜色）和border-left-color（左侧边框颜色）。

要定义单边边框的宽度，可以使用这些属性：border-top-width（顶部边框宽度）、border-right-width（右侧边框宽度）、border-bottom-width（底部边框宽度）和border-left-width（左侧边框宽度）。

当元素的边框样式为 none 时，所定义的边框颜色和边框宽度都会无效。在默认状态下，元素的边框样式为 none，而元素的边框宽度默认为 2~3 像素。

CSS 为方便用户控制元素的边框样式，提供了众多属性，这些属性从不同方位和不同类型定义元素的边框。例如，使用 border-style 属性快速定义各边样式，使用 border-color 属性快速定义各边颜色，使用 border-width 属性快速定义各边宽度。这些属性在取值时，各边值的顺序是：顶部、右侧、底部和左侧，各边值之间以空格进行分隔。

【随堂练习】

新建一个网页，保存为 test.html，在 <body> 内使用 <img> 标签插入一幅图片。

```
<img src="images/1.jpg" />
```

在 <head> 标签内添加 <style type="text/css"> 标签，定义一个内部样式表，然后输入下面的样式，分别定义边框每边的颜色。

```
img {
    width:400px;                          /* 宽度 */
    border:solid red 60px;                /* 统一定义各边样式：实线框、红色、120像素宽度 */
    border-color:red blue green yellow;
                                /* 顶边红色、右边蓝色、底边绿色、左边黄色 */
}
```

在浏览器中预览，则显示效果如图 6.5 所示。

图6.5 定义各边边框颜色效果

【拓展练习】

配合使用复合属性自由定义各边样式，以上面的练习为例，分别使用 border-style、border-color 和 border-width 属性重新定义图片各边的边框样式，则预览效果是完全相同的，如图 6.4 所示。

```
img {
    width:400px;                            /* 宽度 */
    border-style:solid;
    border-width:60px;
    border-color:red blue green yellow;
                               /* 顶边红色、右边蓝色、底边绿色、左边黄色 */
}
```

如果各边边框相同，使用 border 属性直接定义，会更加便捷。例如，定义图片各边边框为红色实线框，宽度为 20 像素。

```
div {
    width:400px;                            /* 宽度 */
    border:solid 20px red;                  /* 边框样式 */
}
```

border 属性中的三个值分别表示边框样式、边框颜色和边框宽度，值的位置没有先后顺序，可以自由排列。

6.2.3 定义图片透明度

CSS3 以前的版本没有定义图像透明度的标准属性，不过各个主要浏览器都自定义了专有透明属性，简单说明如下。

（1）IE 浏览器

IE 浏览器使用 CSS 滤镜来定义透明度，用法如下。

```
filter:alpha(opacity=0~100);
```

alpha() 函数取值范围在 0~100 之间，数值越低透明度越高，0 为完全透明，而 100 表示完全不透明。

（2）FF 浏览器

FF 浏览器定义了 -moz-opacity 私有属性，该属性可以设计透明效果，用法如下。

```
-moz-opacity:0~1;
```

该属性取值范围在 0~1 之间，数值越低透明度越高，0 为完全透明，而 1 表示完全不透明。

（3）W3C 标准属性

W3C 在 CSS 3 版本中增加了定义透明度的 opacity 属性，用法如下。

```
opacity: 0~1;
```

该属性取值范围在 0~1 之间，数值越低透明度也就越高，0 为完全透明，而 1 表示完全不透明。

由于早期的 IE 浏览器不支持标准属性，因此当需要定义图片透明度时，需要利用浏览器的兼容性技术将这几个属性同时放在一个声明中，这样就可以实现在不同浏览器中都能够正确显示的效果。

【随堂练习】

新建一个网页，保存为test.html，在<body>内使用<img>标签插入两幅图片，以便进行比较。

```
<div><img src="images/1.jpg" alt="图像透明度" />
    <h2>原图</h2>
</div>
<div><img class="opacity" src="images/1.jpg" alt="图像透明度" />
    <h2>半透明效果</h2>
</div>
```

在<head>标签内添加<style type="text/css">标签，定义一个内部样式表，然后输入下面的样式，设计网页中其中一幅图片半透明显示。

```
div {
    float:left;
    text-align:center;
    margin:12px;
}
img { width:400px;}
.opacity {/* 透明度样式类 */
    opacity: 0.5;                          /* 兼容标准浏览器 */
    filter:alpha(opacity=50);              /* 兼容IE浏览器 */
    -moz-opacity:0.5;                      /* 兼容FF浏览器 */
}
```

在浏览器中预览，则显示效果如图6.6所示。

图6.6　定义图片半透明效果

6.2.4　定义图片对齐方式

img是行内元素，它与文本一样都可以在行内流动显示，不过图像都有大小，可以临时撑起单行文本高度，而没有改变行高，如图6.7所示。

图像能够设计水平对齐和垂直对齐样式，实现方法可以使用HTML属性，也可以使用CSS属性。CSS的text-align（水平对齐）和vertical-align（垂直对齐）属性在前面章节中已经介绍，这里就不再重复，下面重点介绍HTML的图片对齐属性。

<img>标签包含一个align属性，利用这个属性能够使图像真正脱离文本行，实现左右、上下

方向的对齐显示。align属性包含众多取值：baseline（基线）、top（顶端）、middle（居中）、bottom（底部）、texttop（文本上方）、absmiddle（绝对居中）、absbottom（绝对底部）、left（左对齐）和right（右对齐）。

图6.7 文本行中的图像

【随堂练习】

启动 Dreamweaver，新建一个网页，保存为 test.html，在 <body> 内使用 <img> 标签插入一幅图片，并将这幅图片混排在文本行中。

```
<h1>《雨天的书》节选</h1>
<h2>张晓风</h2>
<p>我不知道，天为什么无端落起雨来了。薄薄的水雾把山和树隔到更远的地方去，我的窗外遂只剩下一片辽阔的空茫了。</p>
<p>想你那里必是很冷了吧？<img src="images/bg_png.png" />另芳。青色的屋顶上滚动着水珠子，滴沥的声音单调而沉闷，你会不会觉得很寂寥呢？ </p>
<p>你的信仍放在我的梳妆台上，折得方方正正的，依然是当日的手痕。我以前没见你；以后也找不着你，我所能有的，也不过就是这一片模模糊糊的痕迹罢了。另芳，而你呢？你没有我的只字片语，等到我提起笔，却又没有人能为我传递了。</p>
<p>冬天里，南馨拿着你的信来。细细斜斜的笔迹，优雅温婉的话语。我很高兴看你的信，我把它和另外一些信件并放着。它们总是给我鼓励和自信，让我知道，当我在灯下执笔的时候，实际上并不孤独。</p>
```

在“设计”视图中选中图片，然后在“属性”面板中设置“对齐”选项值为“左对齐”，如图 6.8 所示。

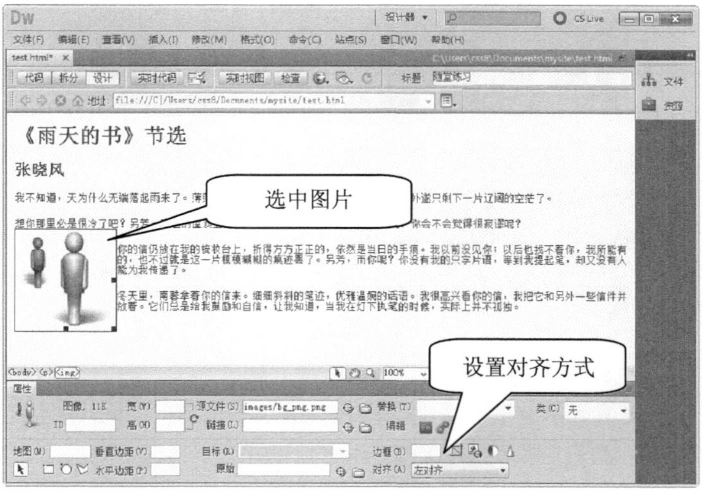

图6.8 设置图片的对齐方式

【拓展练习】

针对随堂练习示例效果，读者也可以使用 CSS 属性进行设计，这里主要使用 CSS 的 float 属性，该属性能够让元素左右浮动显示。

在 <head> 标签内添加 <style type="text/css"> 标签，定义一个内部样式表，然后设计一个向左浮动的类样式。

```
.left { /* 定义向左浮动类样式 */
    float:left;
}
```

然后在嵌入的图片标签中应用该类样式。

```
<img src="images/bg_png.png" class="left" />
```

在浏览器中预览，则显示效果如图 6.9 所示。

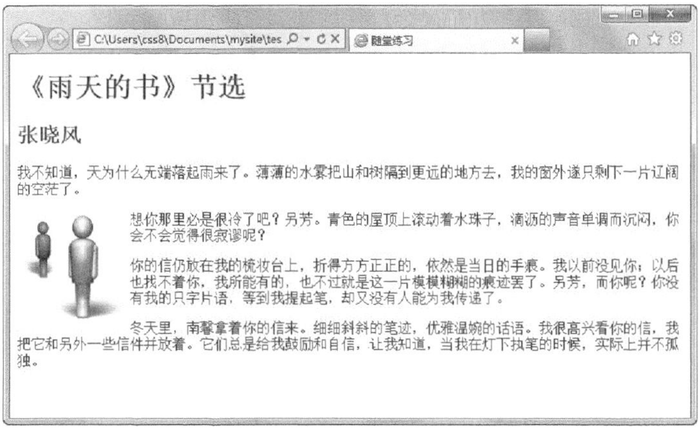

图6.9　定义图片浮动显示

6.3　控制背景样式

背景样式主要包括背景颜色和背景图像。在传统布局中，一般使用 HTML 的 background 属性为 <body>、<table> 和 <td> 等几个少数的标签定义背景图像，使用 HTML 的 bgcolor 属性为它们定义背景颜色。在标准设计中，CSS 允许使用 background 属性为所有的元素定义背景颜色和背景图像。

6.3.1　定义背景颜色

CSS 使用 background-color 定义元素的背景颜色，当然也可以使用 background 属性定义。background-color 属性的用法如下。

```
background-color : transparent | color
```

其中 transparent 属性值表示背景色透明，该属性值为默认值。color 可以指定颜色，为任意合法的颜色取值。例如，设计网页背景色为灰色，则可以设计如下样式。

```
body{
    background-color:gray;
}
```

使用 CSS 的 background 属性定义方法相同，修改上面的样式如下。

```
body{
    background:gray;
}
```

6.3.2　定义背景图像

在 CSS 中可以使用 background-image 属性来定义背景图像，具体用法如下。

```
background-image : none | url ( url )
```

其中 none 表示没有背景图像，该值为默认值，url (url) 可以使用绝对或相对地址，url 地址指定背景图像所在的路径。

URL 所导入的图像可以是任意类型，但是符合网页显示的格式一般为 GIF、JPG 和 PNG，这些类型的图像各有自己的优点和缺陷，可以酌情选用。例如，GIF 格式图像具备设计动画、透明背景和图像小巧等优点；而 JPG 格式图像具有更加丰富的颜色数，图像品质相对要好；PNG 类型综合了 GIF 和 JPG 两种图像的优点，缺点就是占用空间相对要大。

【随堂练习】

新建一个网页，保存为 test.html，在 <body> 内使用 <p> 标签插入一段文字，以便进行比较观察。

```
<p>段落行背景图像</p>
```

在 <head> 标签内添加 <style type="text/css"> 标签，定义一个内部样式表，然后输入下面的样式，分别为网页和段落文本定义背景图像。

```
body {background-image:url(images/bg.jpg);}      /* 网页背景图像 */
p {/* 段落样式 */
    background-image:url(images/png1.png);      /* 透明的PNG背景图像 */
    height:120px;                               /* 高度 */
    width:384px;                                /* 宽度 */
}
```

在浏览器中预览，则显示效果如图 6.10 所示。

> **注意**　如果背景图像为透明的GIF或PNG格式图像，则被设置为元素的背景图像时，这些透明区域依然被保留。但是对于IE 6及其以下版本浏览器来说，由于不支持PNG格式的透明效果，需要使用IE滤镜进行兼容性处理。

图6.10　定义背景图像

6.3.3　定义背景图像显示方式

CSS 使用 background-repeat 属性专门控制背景图像的显示方式，具体用法如下。

```
background-repeat : repeat | no-repeat | repeat-x | repeat-y
```

其中 repeat 表示背景图像在纵向和横向上平铺，该值为默认值，no-repeat 表示背景图像不平铺，repeat-x 表示背景图像仅在横向上平铺，repeat-y 表示背景图像仅在纵向上平铺。

【随堂练习】

新建一个网页，保存为 test.html，在 <body> 内使用 <div> 标签定义四个盒子，以便进行比较观察。

```
<div id="box1">完全平铺</div>
<div id="box2">x轴平铺</div>
<div id="box3">y轴平铺</div>
<div id="box4">不平铺</div>
```

在 <head> 标签内添加 <style type="text/css"> 标签，定义一个内部样式表，然后输入下面的样式，分别为四个盒子定义不同的背景图像平铺显示。

```
div {/* 定义盒子的公共样式 */
    background-image:url(images/png1.png);        /* 背景图像 */
    width:380px;                                   /* 宽度 */
    height:160px;                                  /* 高度 */
    border:solid 1px red;                          /* 定义边框 */
    margin:2px;                                    /* 定义边界 */
    float:left;                                    /* 向左浮动显示 */
}
#box1 {background-repeat:repeat;}                  /* 完全平铺 */
#box2 {background-repeat:repeat-x;}                /* x轴平铺 */
#box3 {background-repeat:repeat-y;}                /* y轴平铺 */
#box4 {background-repeat:no-repeat;}               /*不平铺 */
```

在浏览器中预览，则显示效果如图 6.11 所示。

图6.11　控制背景图像显示方式的效果比较

> **提示**　**这些背景图像显示方式对于设计网页栏目的装饰性效果具有非常重要的价值。很多栏目就是借助背景图像的单向平铺来设计栏目的艺术边框效果。**

6.3.4　定义背景图像显示位置

在默认情况下，背景图像显示在元素的左上角，并根据不同方式执行不同的显示效果。为了更好地控制背景图像的显示位置，CSS 定义了 background-position 属性来精确定位背景图像。

```
background-position : length || length
background-position : position || position
```

其中 length 表示百分数，或者由浮点数字和单位标识符组成的长度值。top、center、bottom 和 left、center、right 表示背景图像的特殊对齐方式，分别表示在 y 轴方向上顶部对齐、中间对齐和底部对齐，以及在 x 轴方向上左侧对齐、居中对齐和右侧对齐。

【随堂练习】

新建一个网页，保存为 test.html，在 <body> 内使用 <div> 标签定义一个盒子。

```
<div id="box"></div>
在<head>标签内添加<style type="text/css">标签，定义一个内部样式表，然后输入下面样式，在盒子的中央显示一幅背景图像。
#box {/* 盒子的样式 */
    background-image:url(images/png1.png);      /* 定义背景图像 */
    background-repeat:no-repeat;                /* 禁止平铺 */
    background-position:50% 50%;                /* 定位背景图像 */
    width:510px;                                /* 宽度 */
    height:260px;                               /* 高度 */
    border:solid 1px red;                       /* 边框 */
}
```

在浏览器中预览，则显示效果如图 6.12 所示。

图6.12　定义背景图像居中显示

注意　在使用background-position属性之前，应该使用background-image属性定义背景图像，否则background-position的属性值是无效的。在默认状态下，背景图像的定位值为（0%,0%），所以用户总会看见背景图像位于定位元素的左上角。

提示　精确定位与百分比定位的定位点是不同的。对于精确定位来说，它的定位点始终是背景图像的左上顶点。其中em取值是根据包含框的字体大小来计算的，如果没有定义字体，则将根据继承来的字体大小进行计算。

【拓展练习 1】

图6.13 设计背景图像

百分比是最灵活的定位方式，同时也是最难把握的定位单位。说其难主要在于：定位距离是变化的，同时其定位点也是变化的。为了能更直观地说清楚这个问题，下面结合示例进行讲解。

操作步骤：

步骤1 使用 Photoshop 设计一个 100 × 100 像素的背景图像，如图 6.13 所示。

步骤2 新建一个网页，保存为 test.html，在 <body> 内使用 <div> 标签定义一个盒子。

```
<div id="box"></div>
```

步骤3 在 <head> 标签内添加 <style type="text/css"> 标签，定义一个内部样式表，然后输入下面的样式。设计在一个 400 × 400 像素的方形盒子中，定位一个 100 × 100 像素的背景图像，出现的效果如图 6.14 所示。在默认状态下，定位的位置为（0%,0%），通过示例效果图观察可以发现：定位点是背景图像的左上顶点，定位距离是该点到包含框左上角顶点的距离，即两点重合。

```
body {/* 清除页边距 */
    margin:0;                                    /* 边界为0 */
    padding:0;                                   /* 补白为0 */
}
div {/* 盒子的样式 */
    background-image:url(images/grid.gif);       /* 背景图像 */
    background-repeat:no-repeat;                 /* 禁止背景图像平铺 */
    width:400px;                                 /* 盒子宽度 */
    height:400px;                                /* 盒子高度 */
    border:solid 1px red;                        /* 盒子边框 */
}
```

步骤4 修改背景图像的定位位置，定位背景图像为（100%,100%），则显示效果如图6.15所示。观察发现：定位点是背景图像的右下顶点，定位距离是该点到包含框左上角顶点的距离，这个距离等于包含框的宽度和高度。换句话说，当百分比值发生变化时，定位点也在以背景图像左上顶点为参考点不断变化，同时定位距离也根据百分比与包含框的宽和高进行计算得到一个动态值。

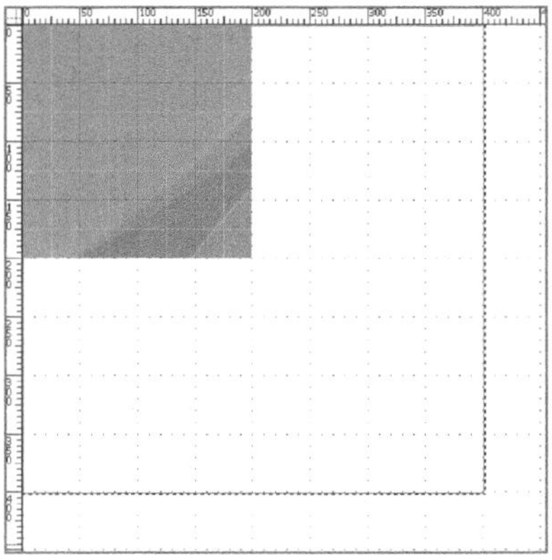
图6.14 (0%,0%)定位效果

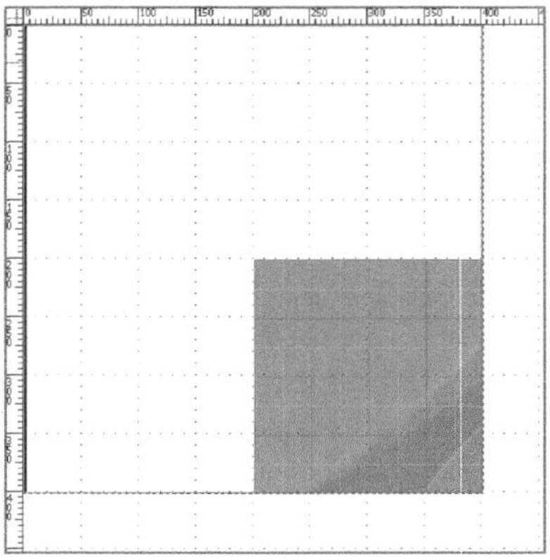
图6.15 (100%,100%)定位效果

```
#box {/* 定位背景图像的位置 */
    background-position:100% 100%;
}
```

步骤 5 定位背景图像为（50%,50%），显示效果如图6.16所示。观察发现：定位点是背景图像的中点，定位距离是该点到包含框左上角顶点的距离，这个距离等于包含框的宽度和高度的一半。

```
#box {/* 定位背景图像的位置 */
    background-position:50% 50%;
}
```

步骤 6 定位背景图像为（75%,25%），则显示效果如图6.17所示。观察发现：定位点是以背景图像的左上顶点为参考点（75%,25%）的位置，即图中所示的圆圈处。定位距离是该点到包含框左上角顶点的距离，这个距离等于包含框宽度75%和高度的25%。

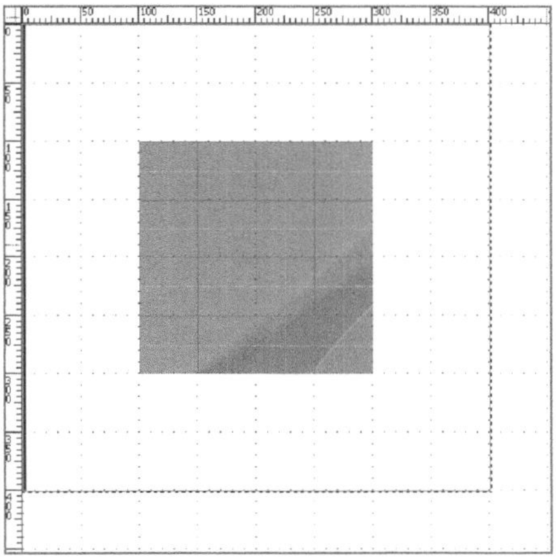

图6.16　(50%,50%)定位效果

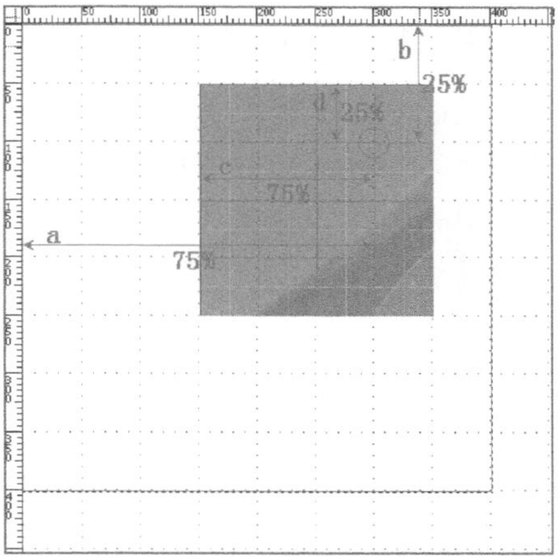

图6.17　(75%,25%)定位效果

```
#box {/* 定位背景图像的位置 */
    background-position:75% 25%;
}
```

步骤 7 百分比也可以取负值，负值的定位点是包含框的左上顶点，而定位距离则以图像自身的宽和高来决定。例如，如果定位背景图像为（-75%,-25%），则显示效果如图 6.18 所示。其中背景图像在宽度上向左边框隐藏了自身宽度的 75%，在高度上向顶边框隐藏了自身高度的 25%。

```
#box {/* 定位背景图像的位置 */
    background-position:-75% -25%;
}
```

步骤 8 同样的道理，如果定位背景图像为（-25%,-25%），则显示效果如图 6.19 所示。其中背景图像在宽度上向左边框隐藏了自身宽度的 25%，在高度上向顶边框隐藏了自身高度的 25%。

```
#box {/* 定位背景图像的位置 */
    background-position:-25% -25%;
}
```

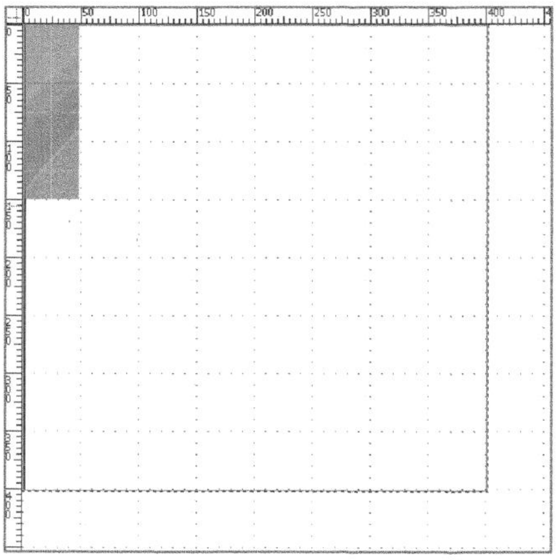

图6.18 (-75%,-25%)定位效果

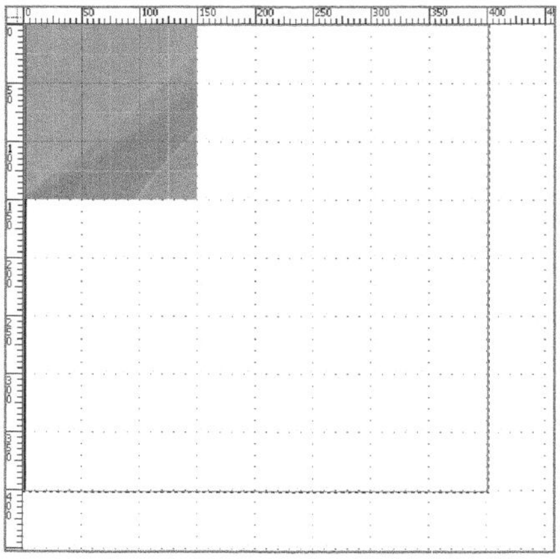

图6.19 (-25%,-25%)定位效果

【拓展练习 2】

background-position 属性提供了五个关键字：left、right、center、top 和 bottom。这些关键字实际上就是百分比特殊值的一种固定用法，详细列表说明如下。

```
/* 普通用法 */
top left、left top                    = 0% 0%
right top、top right                  = 100% 0%
bottom left、left bottom              = 0% 100%
bottom right、right bottom            = 100% 100%
/* 居中用法 */
center、center center                 = 50% 50%
/* 特殊用法 */
top、top center、center top           = 50% 0%
left、left center、center left        = 0% 50%
right、right center、center right     = 100% 50%
bottom、bottom center、center bottom  = 50% 100%
```

通过上面的取值列表及其对应的百分比值，可以看到对于关键字来说是不分先后顺序的，浏览器能够根据关键字的语义判断出它将作用的方向。

例如，在上面示例的基础上，将背景图像定位为（center left），则显示效果如图 6.20 所示。即使调整关键字的顺序，显示效果依然是相同的。

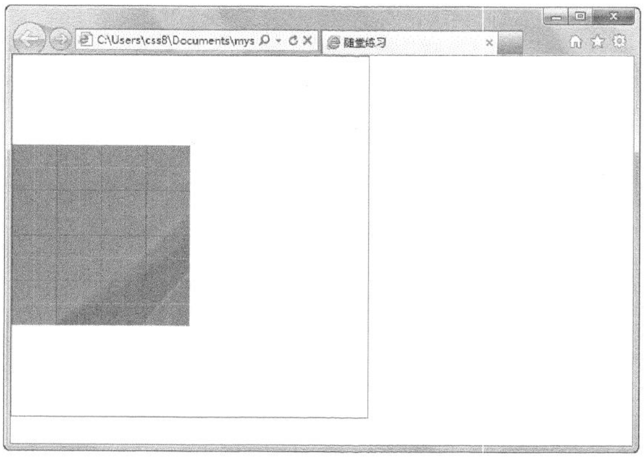

图6.20 (center left)定位效果

```
#box {
    background-position:center left;
}
```

6.3.5 定义背景图像固定显示

一般当用户定位了背景图像之后，这些背景图像能够随网页内容整体上下滚动。如果定义水印或者窗口背景等特殊背景图像，自然不希望这些背景图像在滚动网页时轻易消失。为此 CSS 定义了 background-attachment 属性，该属性能够固定背景图像始终显示在浏览器窗口中的某个位置。该属性的具体用法如下。

```
background-attachment : scroll | fixed
```

其中 scroll 表示背景图像是随对象内容滚动，该值为默认值，fixed 表示背景图像固定。

【随堂练习】

新建一个网页，保存为 test.html，在 <body> 内使用 <div> 标签定义一个盒子。

```
<div id="box"></div>
```

在 <head> 标签内添加 <style type="text/css"> 标签，定义一个内部样式表，然后输入下面的样式，定义网页背景，并将它固定在浏览器的中央，然后把 body 元素的高度定义为大于屏幕的高度，强迫显示滚动条，代码如下。

```
body {/* 固定网页背景 */
    background-image:url(images/bg1.jpg);   /* 定义背景图像 */
    background-repeat:no-repeat;            /* 禁止平铺显示 */
    background-attachment:fixed;            /* 固定显示 */
    background-position:left center;        /* 定位背景图像的位置 */
    height:1000px;                          /* 定义网页内容高度 */
}
div {/* 盒子的样式 */
    background-image:url(images/grid.gif); /* 背景图像 */
    background-repeat:no-repeat;            /* 禁止背景图像平铺 */
    background-position:center left;
    width:400px;                            /* 盒子宽度 */
    height:400px;                           /* 盒子高度 */
    border:solid 1px red;                   /* 盒子边框 */
}
```

在浏览器中预览，这时如果拖动滚动条，可以看到网页背景图像始终显示在窗口的中央位置，则显示效果如图 6.21 所示。

图6.21 定义背景图像显示

【拓展练习】

在上面的示例中读者可能也体会到，为了定义背景图像，需要定义多个属性，这是一件很烦琐的操作，为此 CSS 提供了一个 background 属性，使用这个复合属性，可以在一个属性中定义所有相关的值。例如，如果把上面示例中的四个与背景图像相关的声明合并为一个声明，则代码如下。

```
body {/* 固定网页背景 */
    background:url(images/bg2.jpg) no-repeat fixed left center;
    height:1000px;
}
```

上面各个属性值不分先后顺序，且可以自由定义，不需要指定每一个属性值。另外，该复合属性还可以同时指定颜色值，这样当背景图像没有完全覆盖所有区域，或者背景图像失效时（找不到路径），则会自动显示指定颜色。

例如，定义如下背景图像和背景颜色，则显示效果如图 6.22 所示。

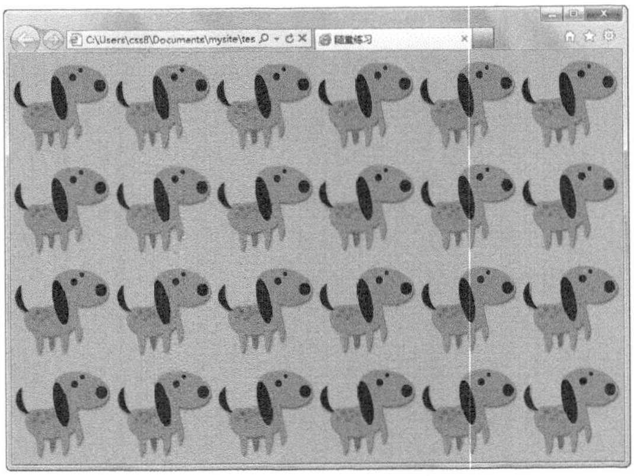

图6.22　同时定义背景图像和背景颜色

```
body {/* 同时定义背景图像和背景颜色 */
    background: #CCCC99 url(images/png-1.png);
}
```

但是如果将背景图像和背景颜色分开声明，则无法同时在网页中显示。例如，在下面的示例中，后面的声明值将覆盖前面的声明值，所以就无法同时显示背景图像和背景颜色。

```
body {/* 定义网页背景色和背景图像 */
    background:#CCCC99;
    background:url(images/png-1.png) no-repeat;
}
```

6.4　综合训练

本章集训目标：

- 在理解的基础上灵活使用 CSS、HTML 属性设计图文混排版式。
- 综合使用 CSS 的背景图像属性设计网页效果。

6.4.1　实训1：设计项目图标

实训说明：

CSS Sprites 表示 CSS 图像拼合或者 CSS 贴图定位，它是将许多小的图片组合在一起，使用

CSS 背景图像属性来控制图片的显示位置和方式。当加载页面时，不是加载每个单一图片，而是一次加载整个组合图片，这大大减少了 HTTP 请求的次数，减轻服务器压力，同时缩短了悬停加载图片所需要的时间延迟，使效果更流畅，不会停顿。

CSS Sprites 可以用在很多场合，大型网站可以将许多单独的图片以有机的方式组合起来，从而使其便于维护和更新。图片之间通常会留出较大的空白，使得图片不会影响网页的内容。CSS Sprite 多使用于较固定的像素定位中，它的弹性较差，受到定位等因素的制约。

CSS Sprites 常用来合并频繁使用的图形元素，如导航、LOGO、分割线、RSS 图标、按钮等。通常涉及内容的图片并不是每个页面都一样，但从网络中读取了该背景图片之后，后期调用该图片将从浏览器的缓存中直接读取，避免了再次对服务器的请求下载该背景图片。

在实际运用时并不是随意地将图片合并，而是根据网页中所出现的页面效果、图片的文件格式、图片的大小等诸多因素而定。

本示例的设计效果如图 6.23 所示。

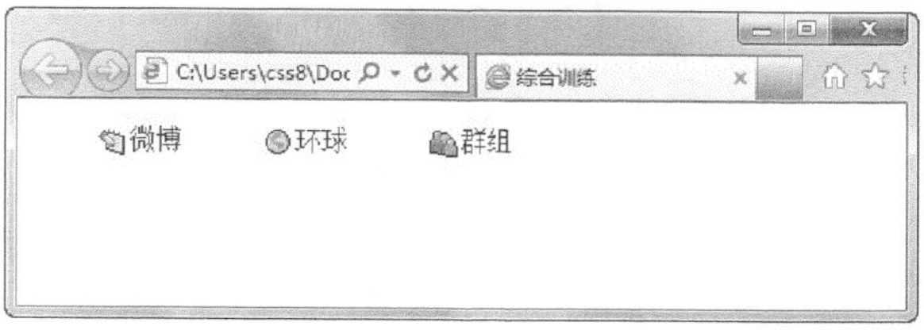

图6.23　设计项目图标

主要训练技巧说明：

- 使用 CSS 固定容器的宽度和高度。
- 超出容器的宽度和高度部分的背景图片需要隐藏。
- 在合并背景图片时，需要考虑每个图片的用途。例如，苹果网站的导航是将文字隐藏，因此图片之间可以不存在任何间距，而 Yahoo 网站的 ICON 图标旁边是有文字存在的，因此要将其图标之间留有空白，使最终出现的文字不会覆盖背景图。

示例位置：

“光盘位置” \ 示例文件 \06\ 实训 1 ：设计项目图标 \index.html

设计步骤：

步骤 1 在 Photoshop 中设计图标，然后将它们合并到一幅图片中，在合并图标时，图标排列不要太密，适当分散，腾出部分空间添加文字，如图 6.24 所示。

> **提示** 当需要使用CSS Sprite时，所用的背景图片肯定是由多张图片合并而成的，可以想象一下，当一张图片是由多张小图片合并而成，其排列的规律以及每个小图片所在的位置都是应该具备一定规律性的，而且是有一个坐标值的。如图6.25所示所使用的图标列表，该图标列表中排列是十分有规律的，每个图标之间高度都以40px为基准，宽度以400px为基准。

图6.24　设计背景图像

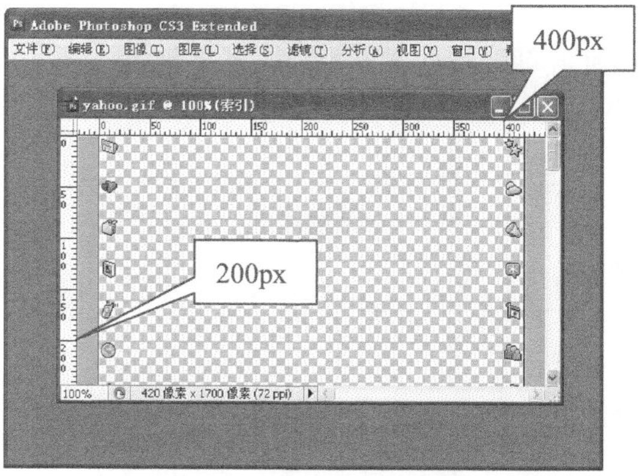

图6.25　组合图标时要注意规律

步骤2 构建网页结构。启动 Dreamweaver，新建一个网页，保存为 index.html，在 <body> 标签内输入如下结构代码。

```
<div class="ico_list">
    <h2>使用背景图像设计项目图标</h2>
    <div class="content">
        <ul>
            <li class="note">微博</li>
            <li class="earth">环球</li>
            <li class="group">群组</li>
        </ul>
    </div>
</div>
```

步骤3 在 <head> 标签内添加 <style type="text/css"> 标签，定义一个内部样式表，然后输入下面的样式。

```
.ico_list h2 {
    display:none;                           /* 列表标题不需要在页面中显示，隐藏 */
}
.ico_list li {
    float:left;
    width:100px;
    height:20px;                            /* 设置li的宽高值，并使其浮动 */
    overflow:hidden;                        /* 设置超过li的宽高值时，隐藏内容以及背
景图片 */
    list-style:none;                        /* 消除li的默认样式 */
    text-indent:20px;                       /* 设置li中内容缩进20px */
    background:url(images/yahoo.gif) no-repeat 0 0; /* 设置li的背景图片 */
}
```

步骤4 通过浏览器浏览页面效果，将发现如图 6.26 所示的效果基本上满足了所有列表 li 标签中显示有背景图片的效果，但背景图片显示的都是相同的图标。

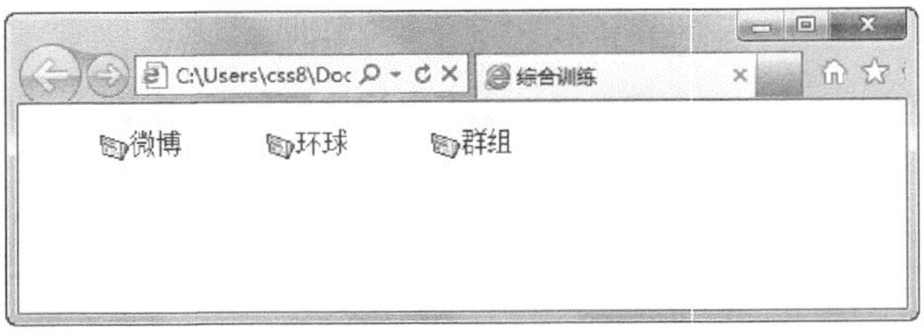

图6.26 显示背景图片的列表li标签的页面效果

在页面 HTML 结构中，针对每个不同类别的列表 li 标签设计不同的类样式，此时就可以根据实际需要，针对性书写 CSS 类样式以设计特定页面效果。

```
.ico_list li.note {
    background-position:-400px -520px;
}
.ico_list li.earth {
    background-position:0 -200px;
}
.ico_list li.group {
    background-position:-400px -200px;
}
```

步骤5 添加部分 CSS 样式，利用背景定位（background-position）属性将背景图片的位置移位，最终页面效果如图 6.23 所示。

在 CSS 样式代码中设置了所有的列表 li 标签都具有背景属性，并且具有不重复，定位在左上角（0px,0px）属性。为了实现每个列表 li 标签对应的图标是不同的，针对每个不同的列表 li 标签写上不同的类名，并在 CSS 样式中修改了其相对应的背景图片定位（background-position）属性，使之能得到相对应的图标。

以类名为 group 的列表 li 标签中背景定位（background-position）的定位原则分析一下为什么将其背景定位在（-400px,-200px）时，显示的图标就是我们所需要的。

```
.ico_list li.group {
    background-position:-400px -200px;
}
```

6.4.2 实训2：设计图文混排版式

实训说明：

在网页中不仅有用来修饰的背景图像，还有包含具体含义存在的代表内容的图片，我们称之为内容图。内容图调用方式就不能使用 CSS 的 background-image 背景属性，而应该使用 HTML 的 <img> 标签嵌入文本段中。

图文混排一般多用于介绍性的正文内容部分或者新闻内容部分，处理的方式也很简单，文字是围绕在图片的一侧，或者一边，或者四周。本示例的设计效果如图 6.27 所示。

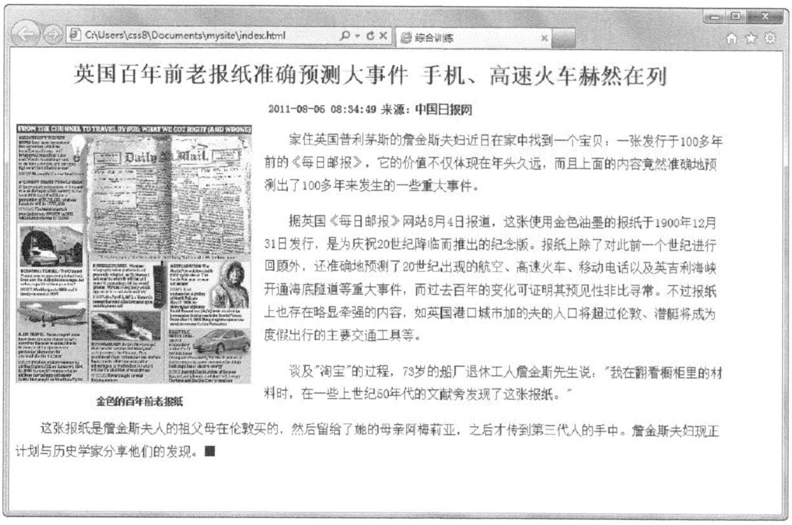

图6.27 设计图文混排版式

主要训练技巧说明：

- 图文混排版式一般情况下不是在页面设计作过程中实现的，而是在后期网站发布后通过网站的新闻发布系统进行自动发布，这样的内容发布模式对于图片的大小、段落文本排版都是属于不可控的范围，因此要考虑到图与文不规则问题。
- 使用绝对定位方式后，图片将脱离文档流，成为页面中具有层叠效果的一个元素，将会覆盖文字，因此不建议使用绝对定位实现图文混排。

◆ 通过浮动设计图文混排是比较理想的方式，适当利用补白（padding）或者文字缩进（text-indent）的方式将被图片与文字分开。

示例位置：

“光盘位置”\示例文件\06\实训2：设计图文混排版式\index.html

设计步骤：

步骤1 启动Dreamweaver，新建一个网页，保存为index.html，在<body>标签内输入如下结构代码。整个结构包含在<div class="pic_news">新闻框中，新闻框中包含三部分，第一部分是新闻标题，由标题标签负责；第二部分是新闻图片，由<div class="pic">图片框负责控制；第三部分是新闻正文部分，由<p>标签负责管理。

```
<div class="pic_news">
    <h1>英国百年前老报纸准确预测大事件 手机、高速火车赫然在列</h1>
    <h2>2011-08-05 08:34:49        来源：中国日报网</h2>
    <div class="pic"><img src="images/00000002.jpg" alt="" />
        <h3>金色的百年前老报纸</h3>
    </div>
        <p>家住英国普利茅斯的詹金斯夫妇近日在家中找到一个宝贝：一张发行于100多年前的《每日邮报》，它的价值不仅体现在年头久远，而且上面的内容竟然准确地预测出了100多年来发生的一些重大事件。 </p>
        <p>据英国《每日邮报》网站8月4日报道，这张使用金色油墨的报纸于1900年12月31日发行，是为庆祝20世纪降临而推出的纪念版。报纸上除了对此前一个世纪进行回顾外，还准确地预测了20世纪出现的航空、高速火车、移动电话以及英吉利海峡开通海底隧道等重大事件，而过去百年的变化可证明其预见性非比寻常。不过报纸上也存在略显牵强的内容，如英国港口城市加的夫的人口将超过伦敦、潜艇将成为度假出行的主要交通工具等。 </p>
        <p>谈及"淘宝"的过程，73岁的船厂退休工人詹金斯先生说："我在翻看橱柜里的材料时，在一些上世纪50年代的文献旁发现了这张报纸。"</p>
        <p>这张报纸是詹金斯夫人的祖父母在伦敦买的，然后留给了她的母亲阿梅莉亚，之后才传到第三代人的手中。詹金斯夫妇现正计划与历史学家分享他们的发现。■</p>
</div>
```

步骤2 在<head>标签内添加<style type="text/css">标签，定义一个内部样式表，然后输入下面的样式，定义新闻框显示效果。

```
.pic_news {
    width:900px; /* 控制内容区域的宽度，根据实际情况考虑，也可以不需要 */
}
```

步骤3 继续添加样式，设计新闻标题样式，其中包括三级标题，统一标题为居中显示对齐，一级标题字体大小为28像素，二级标题字体大小为14像素，三级标题大小为12像素，同时三级标题取消默认的上下边界样式。

```
.pic_news h1 {
    text-align:center;
    font-size:28px;
}
.pic_news h2 {
```

```
    text-align:center;
    font-size:14px;
}
.pic_news h3 {
    text-align:center;
    font-size:12px;
    margin:0;
    padding:0;
}
```

步骤4 设计新闻图片框和图片样式，设计新闻图片框向左浮动，然后定义新闻图片大小固定，并适当拉开与环绕的文字之间的距离。

```
.pic_news div {
    float:left;
    text-align:center;
}
.pic_news img {
    margin-right:1em;
    margin-bottom:1em;
    width:300px;
}
```

步骤5 设计段落文本样式，主要包括段落文本的首行缩进和行高效果。

```
.pic_news p {
    line-height:1.8em;
    text-indent:2em;
}
```

简单的几句CSS样式代码就能实现图文混排的页面效果。其中重点内容就是将图片设置为浮动，float:left 就是将图片向左浮动，那么如果设置 float:right 后又将会是怎样的一种效果呢，读者可以修改代码并在浏览器中查看页面效果。

6.4.3 实训3：设计博客主页

实训说明：

本示例是一个博客主页，整体布局是一个三行两列式效果，如图6.28所示。三行区域包括：头部标题和导航区域、主体区域和页脚版权信息区域。两列区域包括文章内容列和侧栏功能列。

在页面中主要用到五幅背景图像，这五幅背景图像分别用来设计网页背景、网页标题背景、导航栏背景、主体区域背景和版权信息栏背景。通过实例练习，读者能够真正体会到背景图像的设计技巧，以及背景图像的各种显示方式的应用技巧。由于现在还没有学习到 CSS 结构布局问题，所以对于页面的整体显示效果不作介绍。

主要训练技巧说明：

- 使用 CSS 的 background 属性设计网页背景。
- 使用 CSS 的 background 属性设计栏目背景。
- 设计背景图像重叠显示。
- 使用 CSS 设计伪列布局效果。

图6.28 设计博客主页

示例位置：

“光盘位置”\示例文件\06\实训 3：设计博客主页\index.html

设计步骤：

步骤 1 启动 Dreamweaver，新建一个网页，保存为 index.html，在 <body> 标签内输入如下结构代码。

```
<div class="top">
    <div class="header">
        <div id="logo">
            <h1><a href="#">博客标题</a></h1>
            <h2><a href="#" id="metamorph">副标题</a></h2>
        </div>
    </div>
</div>
<div class="container">
    <div class="navigation"> <a href="#">菜单1</a> <a href="#">菜单2</a> <a href="#">菜单3</a>
        <div class="clear"></div>
    </div>
    <div class="main">
        <div class="content">
            <h1 class="title">文章标题</h1>
            <p class="descr"><small>发布时间</small></p>
            <p>文章内容</p>
            <h2>索引标题</h2>
            <p>索引说明</p>
            <ul>
                <li><a href="#">列表1</a></li>
                <li><a href="#">列表2</a></li>
                <li><a href="#">列表3</a></li>
```

```
                </ul>
            </div>
            <div class="sidenav">
                <h2>侧栏标题</h2>
                <ul>
                    <li><a href="#">列表1</a></li>
                    <li><a href="#">列表2</a></li>
                    <li><a href="#">列表3</a></li>
                </ul>
            </div>
            <div class="clear"></div>
        </div>
        <div id="footer">
            <p>版权信息</p>
        </div>
    </div>
```

整个页面的HTML结构主要是由两个并列的结构组成（<div class="top">和<div class="container">），其中<div class="top">块定义网页标题，而<div class="container">块是主体内容区域。

同时在<div class="container">块中又包含三行并列的结构组成（<div class="navigation">、<div class="main">和<div id="footer">），其中<div class="navigation">子模块定义导航栏，<div class="main">子模块定义主体区域栏目，而<div id="footer">定义版权信息栏。<div class="main">子模块中包含内容子栏目（<div class="content">）和侧栏导航（<div class="sidenav">。

步骤2 在<head>标签内添加<style type="text/css">标签，定义一个内部样式表，然后输入样式控制页面显示，其中网页布局部分就不再详细介绍，因为涉及到很多布局技巧，这些知识将在后面章节中介绍，下面重点介绍如何设计复杂的背景图像样式。

步骤3 定义网页背景图像。在该页面中，直接使用了一个大图来定义网页背景。设置背景图像沿 x 轴方向平铺，同时使用关键字定位图像从浏览器窗口的左下角开始平铺。为了避免因为背景图像的丢失而影响页面显示效果，同时在background属性中定义一个接近蓝色的颜色（#069FFF），显示效果如图6.29所示。这是一个大图，能够正好覆盖一个屏幕大小，所以不会出现多处平铺现象。

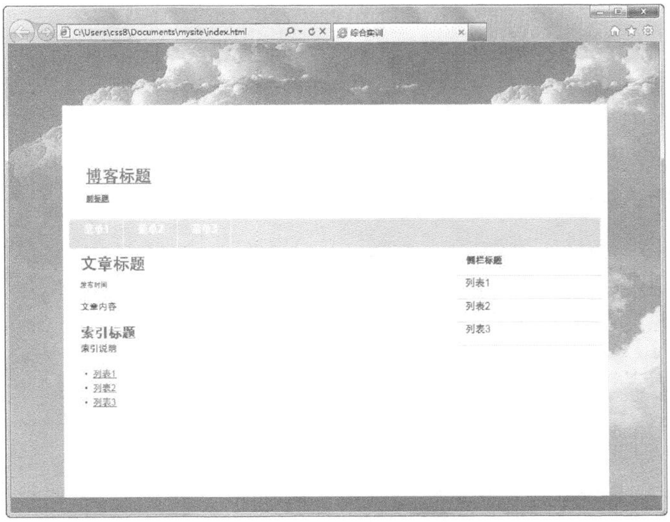

图6.29　铺设网页背景图像效果

```
body {/* 定义网页背景图像 */
    background: #069FFF url(images/bg.jpg) repeat-x left bottom;
}
```

步骤4 定义标题行的背景图像。首先，读者需要了解的是一个元素只能定义一个背景图像，如果在一个区域内显示多重背景图像效果，则可以借助元素的结构嵌套，然后分别为不同元素定义背景图像，最后实现背景图像的重叠显示效果。很多设计师正是利用这个技巧设计了很多构思精巧的页面效果。

例如，栏目圆角显示正是借助四个嵌套的元素分别定义同一个区域的四个顶角的圆角背景图像来实现的。滑动门菜单正是利用两个嵌套元素分别定义菜单的左右两侧背景图像，从而实现两扇犹如推拉门的菜单效果。

在网页标题栏目中，为了避免网页背景与头部栏目背景重合，故利用一个嵌套的元素为它们定义一个分隔区域，如图6.30所示。头部区域的背景图像是一个完整的背景图像，所以不要定义平铺显示，同时设置 <div id="logo"> 标签大小与背景图像大小一致，这样能够恰当显示标题背景图像。代码如下。

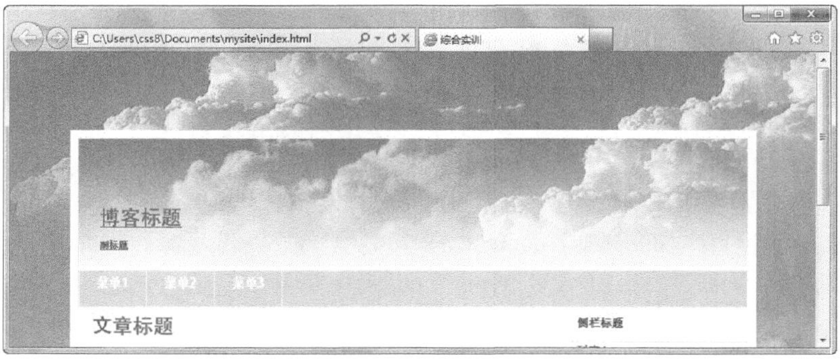

图6.30 定义网页标题栏目的背景图像效果

```
#logo {/* 标题栏目的背景图像 */
    width: 780px;                          /* 固定宽度 */
    height: 150px;                         /* 固定高度 */
    margin: 0 auto;                        /* 居中显示 */
    background: url(images/header.jpg) no-repeat left top;
                                           /* 背景图像，禁止平铺 */
}
```

步骤5 定义导航菜单的背景图像。由于导航栏目由多个菜单组成，故将背景图像定义到 a 元素上，并利用背景图像的水平平铺来设计整个栏目的效果，如图6.31所示。

```
.navigation {/* 定义导航栏目的背景图像 */
    background: #D9E1E5 url(images/menu.gif);  /* 背景图像，默认自动平铺 */
    border: 1px solid #DFEEF7;              /* 定义边框线，为背景图像镶个框 */
    height: 41px;                          /* 固定高度，该高度等于背景图像的高度 */
}
.navigation a {/* 定义菜单的背景图像 */
    background: #D9E1E5 url(images/menu.gif);  /* 背景图像，默认自动平铺 */
    border-right: 1px solid #ffffff;        /* 定义右边框线，为菜单之间定义分隔线 */
    display: block;                        /* 定义超链接块状显示 */
```

```
        float: left;                          /* 浮动块，以实现并列显示 */
        line-height: 41px;                    /* 定义行高，间接实现垂直居中 */
        padding: 0 20px;
    }
```

图6.31　定义导航栏栏目的背景图像效果

步骤 6 主要内容区域由两列组成，而这里正是利用背景图像来实现分栏效果，这种方法也被称为伪列布局，意思就是两列之间实际上就是一列，通过背景图像的显示效果来区分不同的列，如图 6.32 所示。

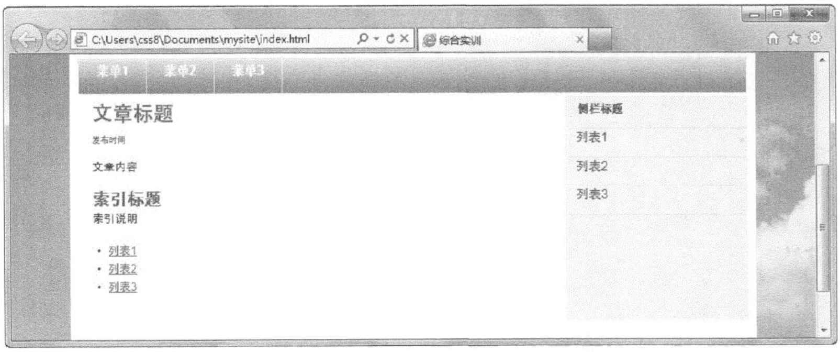

图6.32　定义主体区域的背景图像效果

```
    .main {/* 主体区域的伪列布局 */
        border-top: 4px solid #FFF;
/* 定义一个顶部边框 */
        background: url(images/bgmain.gif) repeat-y;
/* 定义背景图像垂直平铺 */
    }
```

定义伪列布局时应该注意三个问题。

- 伪列布局适合用在宽度固定的页面中，因为伪列布局的背景图像宽度是固定的。
- 伪列布局的背景图像应该拥有明显的栏目分隔标记，这样当背景图像垂直平铺时，才可以模拟出多个栏目的效果。
- 伪列布局的背景图像只能够定义在栏目的外包含框中，包含框内部可以包含多个子栏目，每个子栏目的宽度应该与对应的背景分列宽度相一致。

步骤 7 定义页脚区域的版权信息栏目的背景图像。该栏目的背景图像以水平平铺显示，因此栏目的高度必须是固定的。

```
#footer {{/* 页脚区域的背景图像 */
    background: url(images/bgfooter.gif) repeat-x; /* 定义背景图像水平平铺 */
    height: 60px;                                   /* 固定高度 */
    padding-top: 30px;                              /* 顶部补白 */
}
```

6.4.4 实训4：设计电子相册主页

实训说明：

网页图像从本质上可以划分为两类：一类是以传递信息为目的的图像，即图像本身包含语义性；另一类是以网页修饰为目的的图像，即图像本身不包含任何语义性。

通常情况下，为了设计网页而使用的图像一般多为修饰性的图像，对于修饰性的图像建议以背景图像的方式进行显示。在新闻图片、网络相册、贴图等类型的网站或网页中，很多图像本身就是信息源，用来传递平面视觉信息，因此对于这些信息应该以插入图像的方式直接插入到网页中，不应该以背景图像的方式插入。本示例训练的重点是页面中三处前景图像的设计方法和圆角区域的设计技巧。

本示例页面是一个电子相册的模板结构，页面继承上一示例的三行两列式布局。但是本节训练的重心放在前景图像的修饰上，其他技术和技巧暂时省略讲解，页面效果如图 6.33 所示。

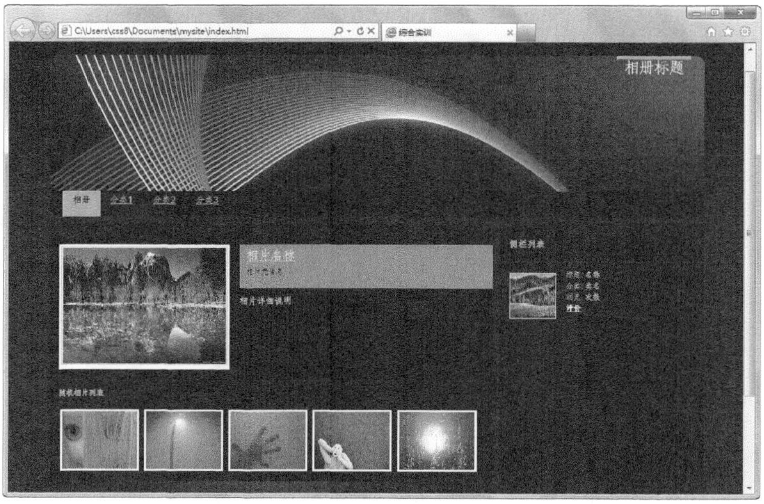

图6.33 设计电子相册主页

主要训练技巧说明：

- 使用 CSS 修饰前景图像。
- 使用 CSS 设计圆角效果。
- 使用 CSS 设计点缀装饰性背景。

示例位置：

“光盘位置”\示例文件\06\实训 4：计电子相册主页\index.html

设计步骤：

步骤1 启动 Dreamweaver，新建一个网页，保存为 index.html，在 <body> 标签内输入如下结构代码。

```
    <div id="main">
        <div id="header">
            <h1 id="logo"><a href="#" title="[Go to homepage]">相册名称</a></h1>
        </div>
        <div id="nav" class="box">
            <h3 class="noscreen">Navigation</h3>
            <ul>
                <li id="nav-active"><a href="#">相册</a></li>
                <li><a href="#">分类1</a></li>
                <li><a href="#">分类2</a></li>
                <li><a href="#">分类3</a></li>
            </ul>
        </div>
        <div id="cols-top"></div>
      <!-- 主体区域的顶部装饰标签 -->
        <div id="cols" class="box">
            <div id="content">
                <!-- 预览相片框架 -->
                <div id="topstory" class="box">
                    <div id="topstory-img"><img src="images/9.jpg" alt="" /></
div>
                    <div id="topstory-desc">
                        <div id="topstory-title">
                            <h2><a href="#">相片名称</a></h2>
                            <p class="info">元信息</p>
                        </div>
                        <div id="topstory-desc-in">
                            <p>相片详细说明</p>
                        </div>
                    </div>
                </div>
                <!-- 随机相片框架 -->
                <div class="content-padding">
                    <h3 class="hx-style01 nomt">随机相片</h3>
                    <ul id="photos" class="box">
                           <li><a href="#"><img src="images/006.jpg" alt="相册"
/></a></li>
                           <li><a href="#"><img src="images/002.jpg" alt="相册"
/></a></li>
                           <li><a href="#"><img src="images/003.jpg" alt="相册"
/></a></li>
                           <li><a href="#"><img src="images/004.jpg" alt="相册"
/></a></li>
                           <li><a href="#"><img src="images/005.jpg" alt="相册"
/></a></li>
                    </ul>
```

```
                <div class="separator"></div>
<!-- 相册列表装饰标签 -->
            </div>
        </div>
        <!-- 侧栏分类相片框架 -->
        <div id="aside">
            <h3 class="title">侧栏列表</h3>
            <div class="aside-padding smaller low box">
               <p> <img src="images/014.jpg" alt="" width="66" height="66"
class="f-left" />
                    标题: <strong>名称</strong><br />
                    分类: <strong>类名</strong><br />
                    浏览: <strong>次数</strong><br />
                    <strong><a href="#" class="high">评价</a></strong></p>
            </div>
        </div>
    </div>
    <div id="cols-bottom"></div>
<!-- 主体区域的底部装饰标签 -->
    <div id="footer-top"></div>
<!-- 页脚圆角区域的顶部装饰标签 -->
    <div id="footer">
        <p>版权信息</p>
    </div>
    <div id="footer-bottom"></div>
<!-- 页脚圆角区域的底部装饰标签-->
</div>
```

步骤 2 在 Dreamweaver 中新建 main.css 外部样式表文件，保存到 images 文件夹中，然后在 index.html 文档中使用 <link> 标签导入到文档中。

```
<link rel="stylesheet" media="screen" type="text/css" href="images/main.
css" />
```

新建 scheme.css 外部样式表文件，保存到 images 文件夹中，然后在 index.html 文档中使用 <link> 标签导入到文档中。

```
<link rel="stylesheet" media="screen" type="text/css" href="images/scheme.
css" />
```

其中 main.css 样式表文件保存基本样式，而在 scheme.css 样式表中设计网页主题样式。

步骤 3 设计顶部预览图像的装饰效果。在这个图片样式设计中，可以在 <div id="topstory-img"> 图片包含框中定义一个背景图像，如图 6.34 所示。通过这种方式定义背景图像和前景图像，则可以以背景图像来装饰前景图像，同时还可以替换当加载图像失败时显示。

其中结构代码如下。

```
<div id="topstory-img"><img src="images/9.jpg" alt="" /></div>
```

在 main.css 样式表文件中输入下面的样式。

```
#topstory #topstory-img {/* 图像包含框样式 */
    float:left;                             /* 浮动显示，方便布局和控制 */
    width:250px;                            /* 固定宽度，以便定义背景图像 */
    height:180px;                           /* 固定高度，以便定义背景图像*/
    background:url(image-02.gif);           /* 定义背景图像 */
    text-align:center;                      /* 定义前景图像水平居中显示 */
    vertical-align:middle;                  /* 定义前景图像垂直居中显示*/
    line-height:180px;                      /* 定义满行高，实现垂直居中显示 */
    padding-top:4px;                        /* 增加顶部空白区域 */
}
#topstory #topstory-img img {/* 前景图像样式 */
    width:238px;                            /*  固定图像的宽度 */
    height:170px;                           /* 固定图像的高度 */
    border:solid 1px #fff;                  /* 定义一个白色边框 */
}
```

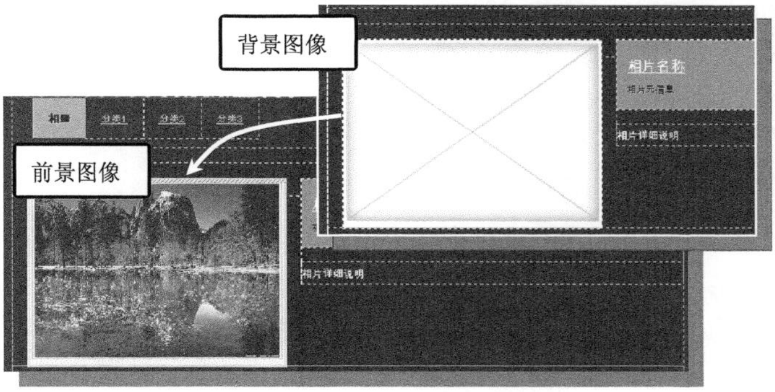

图6.34　顶部预览图像效果

步骤4 设计随机相片列表。构建一个信息列表结构，如下所示。

```
<ul id="photos" class="box">
    <li><a href="#"><img src="images/006.jpg" alt="相册" /></a></li>
    <li><a href="#"><img src="images/002.jpg" alt="相册" /></a></li>
    <li><a href="#"><img src="images/003.jpg" alt="相册" /></a></li>
    <li><a href="#"><img src="images/004.jpg" alt="相册" /></a></li>
    <li> <a href="#"><img src="images/005.jpg" alt="相册" /></a></li>
</ul>
```

然后为这个信息列表框定义一个基本样式：清除列表的默认样式，清除其他相邻栏目相互覆盖，适当调节边界和补白空隙，代码如下。

```
#photos {/* 相片列表包含框 */
    margin:0;                               /* 清除边界 */
    padding:0;                              /* 清除补白 */
    list-style:none;                        /* 清除项目列表符号 */
    margin-bottom:15px;                     /* 增加底部边界 */
    clear:both;                             /* 清除相邻模块相互覆盖 */
    padding-left:2px;                       /* 定义左侧补白 */
}
```

最后定义列表项目以行内元素显示，这样所有项目都能够在同一行内显示。定义补白的目的是露出背景图像中的边框，以设计镶边的效果。为了能够兼容 IE 浏览器，这里使用了 IE 专有属性 zoom，该属性能够触发当列表项目显示为行内元素时以布局方式显示，避免它收缩为文本行效果。

```
#photos  li {/* 单张相片包含框 */
    display:inline;                         /* 行内显示 */
    padding:3px;                            /* 为相片留白（定义补白） */
    background:url(image-03.gif) no-repeat center; /* 定义背景图像 */
    zoom:1;                     /* 布局触发器（原意为元素缩放比例为1） */
    margin-right:4px;                       /* 为相片之间增加空隙 */
}
/* 兼容非IE浏览器，即下面样式只在非IE浏览器中执行。由于非IE不支持zoom属性，因此定义为
行内块状显示 */
html>/**/body #photos  li {
    display:inline-block;                   /* 行内块状显示 */
}
#photos  li img {/* 相片样式 */
    width:82px;                             /* 固定宽度 */
    height:25px;                            /* 固定高度 */
    border:none;                            /* 清除边框 */
}
```

步骤 5 关于在侧栏中插入图像，这里主要为图像定义一个白色的修饰性边框，代码如下。

```
img.f-left {/* 相片样式 */
    float:left;                             /* 向左浮动 */
    margin-right:15px;                      /* 增加右侧边界 */
    border:solid 1px #fff;                  /* 镶嵌一个白色的边框 */
}
```

步骤 6 设计圆角效果。所谓圆角效果就是利用某种方法设计某个栏目的四个边角显示为圆形。设计圆角的方法有多种。

◆ 利用 XHTML+CSS 来设计。

借助某个指定元素（如 span、cite 等），把它看做一个、几个或一行像素点，然后使用多个同样的标签，模拟圆角像素的堆叠结构来模仿一个圆角效果，其中 CSS 负责控制标签的显示大小和堆叠顺序。

例如，在下面这个结构中，利用八个元素，分别堆砌了四个圆角区域，如图 6.35 所示。

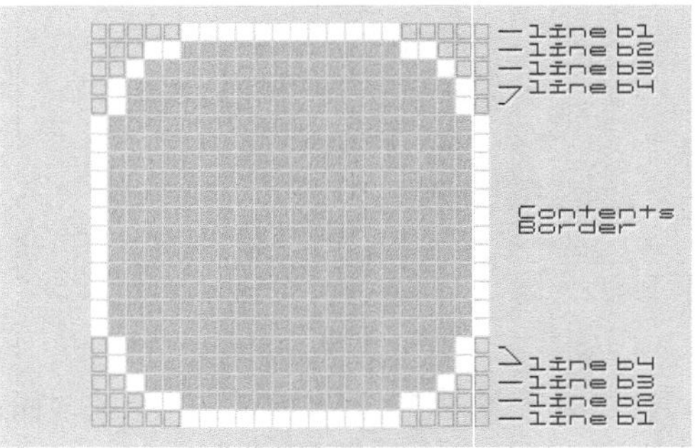

图6.35 堆砌圆角区域的示意图

```
<div class="curved">
<b class="b1"></b><b class="b2"></b><b class="b3"></b><b class="b4"></b>
<div class="boxcontent">
<!-- 圆角内容区域 -->
</div>
<b class="b4"></b><b class="b3"></b><b class="b2"></b><b class="b1"></b>
</div>
```

◆ 利用 JavaScript 脚本来描绘圆角区域。

利用 XHTML+CSS+ 背景图像的方式来设计圆角区域。这里又有三种不同的形式：如果圆角区域固定，则可以利用一张设计好的圆角背景图像来设计；如果圆角区域的高度或宽度固定，则可以使用两张半圆角的背景图像来设计，中间的区域以同色进行填充，如图 6.36 所示。如果圆角区域的宽和高都不固定，则需要四张圆角图像，然后通过结构嵌套，并利用 CSS 把这四个圆角图像分别固定在对应的顶角上即可。

还有一种特殊的设计方法，就是仅使用一种背景图像。首先设计一个圆形图像的四瓣背向组合图，如图 6.37 所示，然后利用 CSS 进行背景图像定位，这样可以更灵巧地设计圆角区域。

图6.36 一边固定的圆角区域构成示意图

图6.37 四瓣背向组合图

本示例中所需要设计的圆角区域是一个宽度固定的版权区域，如图 6.38 所示，因此可以利用两张固定宽度的半圆图像来设计。其中上半圆背景图像定义到 <div id="footer-top"> 标签中，而下半圆背景图像定义到 <div id="footer-bottom"> 标签中，再为 <div id="footer"> 定义同色背景图像即可。详细的 CSS 样式码就不再列举了。

图6.38 圆角区域效果图

```
<div id="footer-top"></div>
<div id="footer">
    <p>版权信息</p>
</div>
<div id="footer-bottom"></div>
```

6.5 上机练习

1. 在网页设计中经常需要设计细线表格，读者可利用表格的各种语义元素设计一个简单的表格结构，并将表格边框设置为 1 像素粗细的细线表格效果，如图 6.39 所示。

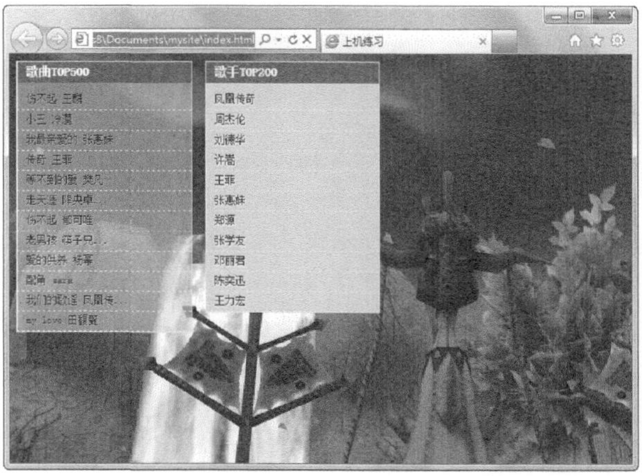

图6.39 设计透明栏目效果

设计要求：

- ◆ 针对 IE 浏览器学习使用 filter 属性定义透明效果。
- ◆ 针对标准浏览器学习使用 opacity 属性定义透明效果。
- ◆ 学习使用 position 属性定义能够拖动的栏目。

示例位置：

“光盘位置”\示例文件\06\上机练习 1\index.html

2．请读者利用背景图像设计排行版项目符号，设计效果如图 6.40 所示。

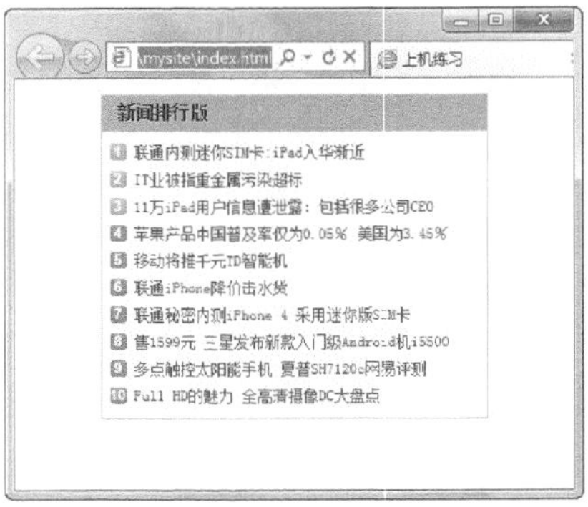

图6.40　设计排行版效果

设计要求：

- 清除列表项的默认项目符号，借助背景图像进行设计。
- 利用 <span> 标签设计列表项序号，并通过补白设计标签大小。
- 使用类样式设计列表项的背景图像显示效果。

示例位置：

“光盘位置”\示例文件\06\上机练习 2\index.html

3．CSS 圆角应用比较流行，很多网站围绕圆角进行改版，如网易、腾讯等行业巨头。由圆角引发 CSS 深层次的制作方法：纯 CSS 制作圆角、滑动门制作圆角、背景图片制作圆角以及如何通过多个有意义的标签设置圆角图片。请读者利用背景图像和 CSS 设计技巧，设计版块圆角显示，效果如图 6.41 所示。

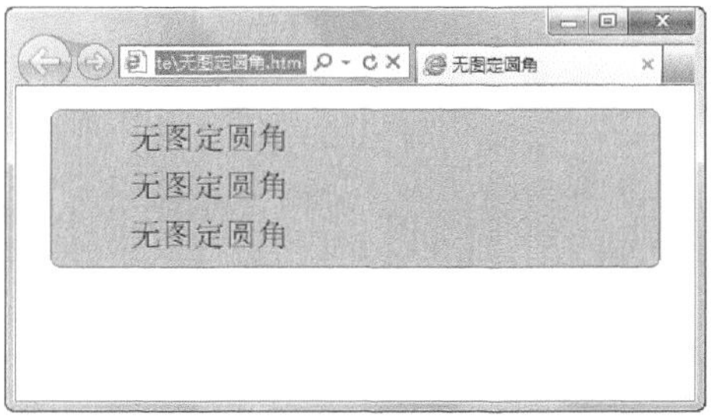

无图定圆角

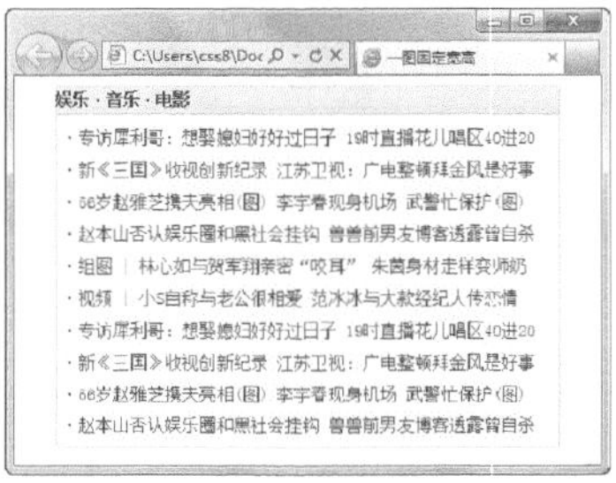
一图固定宽高

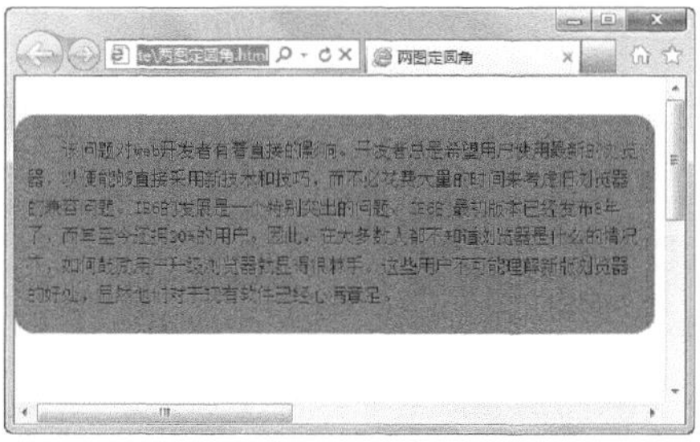
两图定圆角

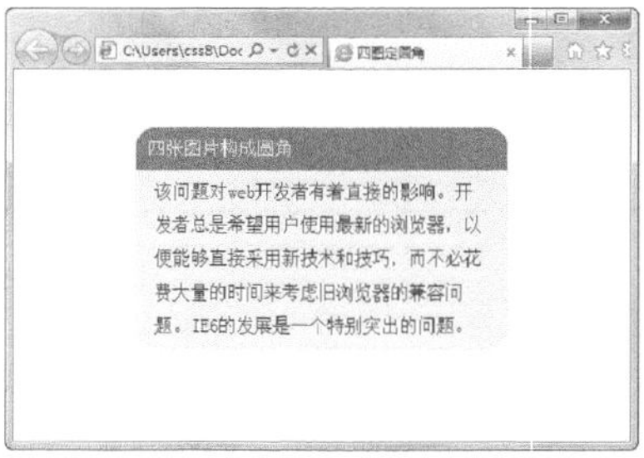

四图定圆角

图6.41　设计圆角效果

设计要求：

- 无图定圆角，即 CSS 制作圆角不需要图片，通过多个毫无意义的标签设置其宽度、外边距、边框属性的设置，最终制作出圆角形状。
- 一图固定圆角，即层设置背景图，背景图制作成圆角，宽度、高度固定。
- 两图定圆角通过背景图像可层叠，并允许它们在彼此之上进行滑动，以创造一些特殊的效果，即宽度长的压在宽度短的图片上，长图在短图上随内容的增加而向后滑动。
- 四图定圆角，显然就需要四张图片构造圆角，将四张图片应用到四个标签内，最终组成圆角。

示例位置：

“光盘位置”\示例文件\06\上机练习 3\无图定圆角 .html、一图固定宽高 .html、两图定圆角 .html、四图定圆角 .html

7

第 7 章

定义表格样式

在平时工作中随处可见的表格，如账表、明细表、成绩表、数据表等，在网页中也一样随处可见。在制作网页的时候，<table>表格标签是最常用、也是最必不可少的工具，无论是用表格显示数据，还是用表格制作网页。表格拥有特殊的结构和布局模型，能够比较醒目地描述数据间的关系，如果借助CSS设计表格样式，可以帮助用户在阅读数据时更便捷、更轻松。

学习要点：

- 了解与表格相关的标签，以及这些标签的使用。
- 了解 CSS 定义表格样式的常用属性。
- 理解 CSS 表格布局模型。

训练要点：

- 能够使用 HTML 标签快速制作表格结构。
- 能够使用 CSS 设计表格样式。
- 能够根据表格布局模型解决表格布局中遇到的各种疑难问题。

7.1 设计表格结构

表格是 HTML 最常用的对象，使用表格显示或统计数据在网页设计中屡见不鲜。最简单的表格结构由 <table>、<tr> 和 <td> 三个标签组成，在 HTML 中每个标签都有自己的语义功能，用户应该根据需要恰当使用这些标签。使用表格比较安全，它在 CSS 布局中很少出现各种 Bug。

7.1.1 搭建表格基本结构

表格通过使用 <table>、<tr> 和 <td>(或 <th>) 三个标签构成网页中数据的表示方式。

- <table>标签：定义表格外框。
- <tr>标签：定义表格行。
- <th>标签：定义表格标题头。
- <td>标签：定义表格单元格，即表格的具体数据存储单元。

<td> 标签表示数据信息包含框的最小数据单元，数据单元格可以包含文本、图片、列表、段落、表单、水平线、表格等。多个数据单元 (<td> 标签) 可通过 <tr> 标签包裹起来组成一行数据。多行数据 (<tr> 标签) 可通过 <table> 标签包裹起来组成一个表格。

以 Excel 数据表格为例，读者可以很清晰地了解表格的组成部分，如图 7.1 所示。

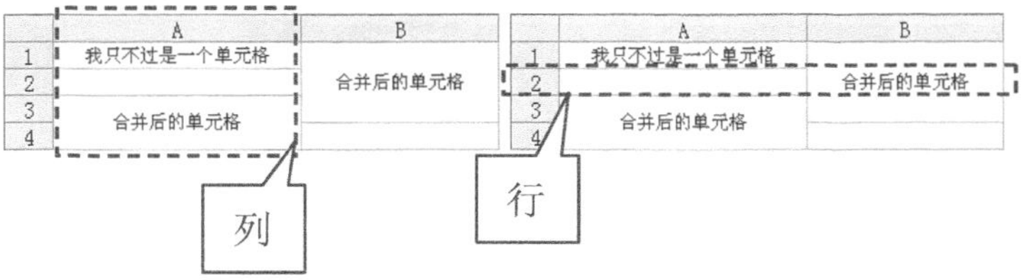

图7.1　表格结构分析

在图 7.1 所示的表格中，行、列、单元格都已经出现了，而且是必须会出现的。表格中任何一个格子就是一个单元格，横向排列组成的单元格称之为行，竖向排列组成的单元格称之为列。

【随堂练习】

启动 Dreamweaver，新建一个网页，保存为 test.html，在 <body> 内使用 <table>、<tr>、<th> 和 <td> 标签设计一个简单的表格。其中表格包含 6 行 3 列，第一行为标题行。

```
<h1>华语九天榜</h1>
<table>
    <tr><th>排名</th> <th>歌曲名</th><th>歌手名</th></tr>
    <tr><td>1</td><td>我，一个人</td><td>付辛博</td> </tr>
    <tr><td>2</td><td>他们</td><td>张惠妹</td></tr>
    <tr><td>3</td><td>伤不起</td><td>郁可唯</td></tr>
    <tr><td>4</td><td>如果有如果</td><td>邓福如</td></tr>
    <tr><td>5</td><td>狂想曲</td><td>萧敬腾</td></tr>
    <tr><td>6</td><td>越来越想爱上你</td><td>SD5行堂</td></tr>
    <tr><td>7</td><td>妈妈咪呀!</td><td>张靓颖</td></tr>
    <tr><td>8</td><td>除下吊带前</td><td>薛凯琪</td></tr>
    <tr><td>9</td><td>如梦令（电影《大武生》主题曲）</td><td>韩庚</td></tr>
    <tr><td>10</td><td>因为爱情</td><td>陈奕迅</td></tr>
</table>
```

在 IE 浏览器中预览，则演示效果如图 7.2 所示。

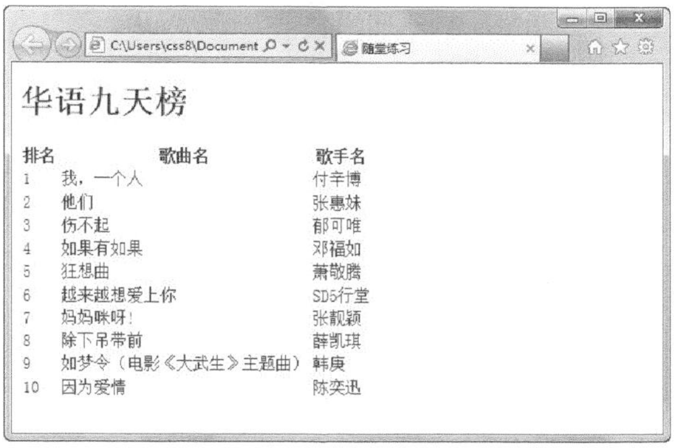

图7.2 表格的基本结构

【拓展学习】

在上面的示例中，演示了表格的基本组成，当然这个表格的结构简单，也不太美观。表格中的数据信息占用的空间大小参照该列最长数据信息来决定的。通过表格自身的一些基本属性可对其进行简单美化，如表格的宽度、高度及表格的边框控制等属性，详细说明如表 7.1 所示。在标准设计中，虽然这些属性不再建议使用，读者也可以通过 CSS 相关属性进行代替设计。

表7.1 <table>标签属性说明

属 性	说 明
width	定义宽度。功能与CSS的width属性一致
height	定义高度。功能与CSS的height属性一致
border	定义边框，属性值为0时，边框线隐藏，值越大边框线越粗。功能与CSS的border属性相似，但没有CSS边框属性强大
frame	取值：void、box、border、above、below、lhs、rhs、hsides、vsides 当frame =void时，表示不显示表格最外围的边框，默认设置 当frame =box时，显示四条边框线 当frame =border时，同时显示四条边框 当frame =above时，显示顶部边框，其余隐藏 当frame =below时，只显示底部边框，其余隐藏 当frame =lhs时，只显示左侧边框，其余隐藏 当frame =rhs时，只显示右侧边框，其余隐藏 当frame =hsides时，只显示水平方向的两条边框，其余隐藏 当frame =vsides时，只显示垂直方面的两条边框，其余隐藏
rules	取值：all、none、cols、rows、groups 当rules=all时，纵向分隔线和横向分隔线将全部显示，默认设置 当rules=none时，纵向分隔线和横向分隔线将全部隐藏，显示表格的外框 当rules=cols时，表格会隐藏横向的分隔线，显示表格的列 当rules=rows时，表格会隐藏了纵向的分隔线，显示表格的行 当rules=groups时，为行组或列组设置边框，需要<tbody>标签等分组元素查看效果
cellpadding	定义单元格的补白。功能与CSS的padding属性一致
cellspacing	定义单元格的边界。功能与CSS的margin属性一致

【拓展练习 1】

在上面的随堂练习基础上，设计表格宽度满屏显示，定义高度为 300 像素，显示边框，并定义边框线粗为 2 像素，通过 frame 和 rules 属性组合使用，让表格仅显示上下外表格边框，左右表格外边框不显示，同时不显示表格内部边框线，则设计的表格 HTML 代码如下。

```
<h1>华语九天榜</h1>
<table width="100%" height="300" border="1" frame="hsides" rules="groups">
    <tr><th>排名</th> <th>歌曲名</th><th>歌手名</th></tr>
    <tr><td>1</td><td>我，一个人</td><td>付辛博</td> </tr>
    <tr><td>2</td><td>他们</td><td>张惠妹</td></tr>
    <tr><td>3</td><td>伤不起</td><td>郁可唯</td></tr>
    <tr><td>4</td><td>如果有如果</td><td>邓福如</td></tr>
    <tr><td>5</td><td>狂想曲</td><td>萧敬腾</td></tr>
    <tr><td>6</td><td>越来越想爱上你</td><td>SD5行堂</td></tr>
    <tr><td>7</td><td>妈妈咪呀!</td><td>张靓颖</td></tr>
    <tr><td>8</td><td>除下吊带前</td><td>薛凯琪</td></tr>
    <tr><td>9</td><td>如梦令（电影《大武生》主题曲）</td><td>韩庚</td></tr>
    <tr><td>10</td><td>因为爱情</td><td>陈奕迅</td></tr>
</table>
```

在 IE 浏览器中预览，则演示效果如图 7.3 所示。

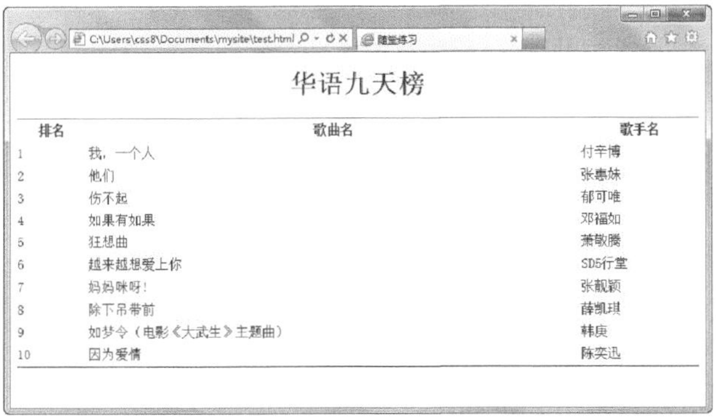

图7.3　美化表格结构

7.1.2　设计表格附加结构

如果表格中某项数据是相同的，可通过跨越多行或者多列实现数据合并。使用 HTML 的 rowspan 属性和 colspan 属性可以实现多行多列合并效果。HTML 的 colspan、rowspan 属性通常用在 <td> 和 <th> 标签中，其具体用法如下。

- colspan属性：合并多列单元格，为该属性指定一个值（数值大于等于0，且为整数），则表示要合并的单元格数目。
- rowspan属性：合并多行单元格，为该属性指定一个值（数值大于等于0，且为整数），则表示要合并的单元格数目。

【随堂练习】

新建一个网页，保存为 test.html，在 <body> 内使用 <table>、<tr>、<th> 和 <td> 标签设计一个简单的表格，然后使用 HTML 的 colspan、rowspan 属性合并相邻单元格中相同的项目。

```
<h1>个人热曲榜</h1>
<table width="100%" height="300" border="1">
    <tr>
```

```
            <th>排名</th>
            <th>歌曲名</th>
            <th>歌手</th>
        </tr>
        <tr>
            <td>1</td>
            <td>天音</td>
            <td rowspan="2">黄圣依</td>
        </tr>
        <tr>
            <td>2</td>
            <td>今年我最红</td>
        </tr>
        <tr>
            <td>3</td>
            <td colspan="2">空缺</td>
        </tr>
    </table>
```

在 IE 浏览器中预览，则演示效果如图 7.4 所示。

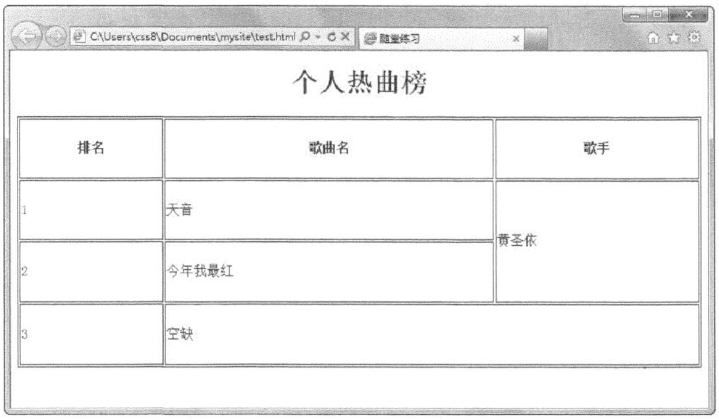

图7.4 合并相邻单元格

【拓展学习】

为方便搜索引擎的阅读，在标准设计中应该对数据表格的结构进行优化，以提升表格的语义化。在网站优化的操作中，alt 属性用于图片无法正常显示时，alt 属性中的文字替代显示，以便访问者理解网页此处的内容。图片需 alt 属性，表格则需要 summary 属性或 / 和 <caption> 标签。

- <caption> 标签包含更完整地描述表格的标记文本。它包含行内元素，如 <em>、<a> 等标签，但不可包含块元素，如 <div>、<p> 等标签。
- summary 属性包含描述表格的纯文本，它为网络爬虫和屏幕阅读器提供了帮助。对网络爬虫来说，这意味着不必查看表格，只需查看表格的描述就可知道表格的内容。在这段描述中可以在合适的情况下加入关键字，从 SEO 角度考虑，但不可乱用关键字，否则会降低网站的分数值。

summary 属性表示 HTML 表格摘要，并且不在网页中显示，而 <caption> 标签内容可以看得见。summary 属性与 <caption> 标签的不同之处是，所有人都可以看到 <caption> 标签包含的描述文本，而通常只有屏幕阅读器才能注意 summary 属性包含的信息。所以一般做法是在最佳位置上写上足够详细的描述。<caption> 标签一般表示简短的描述，用户不需要阅读表格就可以知道表格的主要内容。

注意 在XHTML严格型DTD中不需要<caption>标签，也不需要summary属性。

7.1.3 表格结构分组

表格内容可以被分组管理，这样方便网页设计师进行区域化控制，以方便数据显示、样式控制，也更有利于搜索引擎的检索。如果页面设置表头和表尾为静止，表格主体滚动，这样 Web 设计师就可以将很长的表格数据放在有限的空间里进行显示。

使用 <thead>、<tbody> 和 <tfooter> 标签可以对表格行进行分组，这些标签的作用说明如下。

- <thead> 标签表示表格表头，可以使用单独的样式定义表头，并且打印时可以在分页的上部打印表头。注意，<thead> 标签表示的是对数据列分类，而 <caption> 标签表示是一个表格总标题。
- <tbody> 标签表示表格主体，当浏览器在显示表格时，通常是完全下载表格后，再全部显示，所以当表格很长时，可以使用 <tbody> 标签实现分段显示。
- <tfooter> 标签表示表格表尾，<tfooter> 标签中的内容如同 Word 文档中的页脚属性，打印时在页面底部显示。

【随堂练习】

新建一个网页，保存为 test.html，在 <body> 内使用 <thead>、<tbody> 和 <tfooter> 标签对表格行进行分组。

```
<h1>华语九天榜</h1>
<table width="100%" height="300" border="1" frame="hsides" rules="groups">
    <thead>
        <tr><th>排名</th> <th>歌曲名</th><th>歌手名</th></tr>
    </thead>
    <tbody>
        <tr><td>1</td><td>我，一个人</td><td>付辛博</td> </tr>
        <tr><td>2</td><td>他们</td><td>张惠妹</td></tr>
        <tr><td>3</td><td>伤不起</td><td>郁可唯</td></tr>
        <tr><td>4</td><td>如果有如果</td><td>邓福如</td></tr>
        <tr><td>5</td><td>狂想曲</td><td>萧敬腾</td></tr>
        <tr><td>6</td><td>越来越想爱上你</td><td>SD5行堂</td></tr>
        <tr><td>7</td><td>妈妈咪呀!</td><td>张靓颖</td></tr>
        <tr><td>8</td><td>除下吊带前</td><td>薛凯琪</td></tr>
        <tr><td>9</td><td>如梦令（电影《大武生》主题曲）</td><td>韩庚</td></tr>
        <tr><td>10</td><td>因为爱情</td><td>陈奕迅</td></tr>
    </tbody>
    <tfoot>
        <tr><td>更多>> </td><td></td><td> </td></tr>
    </tfoot>
</table>
```

在 IE 浏览器中预览，则演示效果如图 7.5 所示。

在上面的示例中，<thead> 标签存放了表格信息的分类标题，<tbody> 标签存放了对应分类标题的具体数据信息，<tfooter> 标签暂时没有存放任何数据，可存放导航链接、当前页数等辅助信息。通过对表格数据进行行组的划分，可以减少 class 的使用，通过其标签设置 CSS 相应属性，为修改数据信息提供了方便。

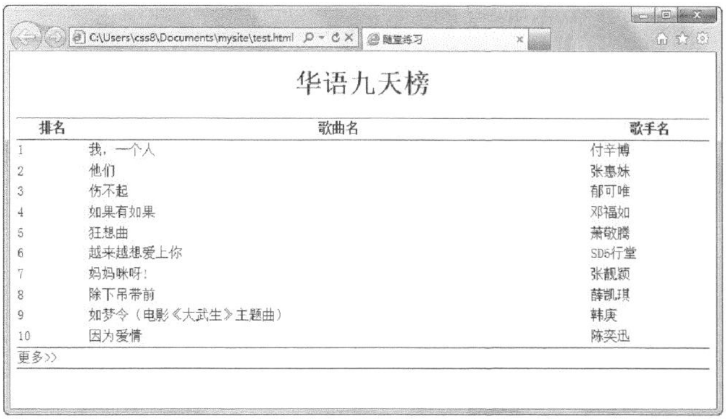

图7.5 对表格行进行分组

> **注意** <thead>标签可放在任何位置，最好放在<table>或<caption>标签之后，然后<tfooter>标签必须位于<tbody>标签之后，这样浏览器就能够优先解析表格顶部和底部的信息，最后处理中间的数据信息。通过对表格划分区域，为以后CSS控制每块区域设置不同的样式规则提供了方便。

【拓展学习】

要实现数据表格列分组，可以使用 <colgroup> 和 <col> 标签来实现，它们可以定义表格列和表格列组，二者是可选的。

- <colgroup> 标签定义表格列的分组。利用该标签可以对列进行组合以便进行格式化。该标签只有在 <table> 标签内部使用才是合法的。
- <col> 标签为表格中一个或多个列定义属性值。如需对全部列应用样式，<col> 标签很有用，这样就无须对各个单元和各行重复应用样式了。该标签可在 <colgroup> 标签中使用，也可以独立使用。

【拓展练习 1】

在上面随堂练习的基础上，在 <table> 标签中添加 <colgroup> 和 <col> 标签，对数据表格列进行分组。其中第一列和第二列为一组，第三列为一组，共计分为两组。

```
<h1>华语九天榜</h1>
<table width="100%" height="300" border="1" frame="hsides" rules="groups">
    <colgroup>
        <col span=”2” class=”col1” />
        <col class=”col2” />
    </colgroup>
    <thead>
        <tr><th>排名</th> <th>歌曲名</th><th>歌手名</th></tr>
    </thead>
    <tbody>
        <tr><td>1</td><td>我，一个人</td><td>付辛博</td> </tr>
        <tr><td>2</td><td>他们</td><td>张惠妹</td></tr>
        <tr><td>3</td><td>伤不起</td><td>郁可唯</td></tr>
        <tr><td>4</td><td>如果有如果</td><td>邓福如</td></tr>
        <tr><td>5</td><td>狂想曲</td><td>萧敬腾</td></tr>
```

```
        <tr><td>6</td><td>越来越想爱上你</td><td>SD5行堂</td></tr>
        <tr><td>7</td><td>妈妈咪呀!</td><td>张靓颖</td></tr>
        <tr><td>8</td><td>除下吊带前</td><td>薛凯琪</td></tr>
        <tr><td>9</td><td>如梦令（电影《大武生》主题曲）</td><td>韩庚</td></tr>
        <tr><td>10</td><td>因为爱情</td><td>陈奕迅</td></tr>
    </tbody>
    <tfoot>
        <tr><td>更多>> </td><td></td><td> </td></tr>
    </tfoot>
</table>
```

在 <head> 标签内添加 <style type="text/css"> 标签，定义一个内部样式表，然后输入下面的样式，分别为列组 1 和列组 2 定义两个类样式，设计前两列和最后一列背景色不同。

```
h1{text-align:center;}
.col1 { background:#FCF;}
.col2 { background:#CFF;}
```

在 IE 浏览器中预览，则演示效果如图 7.6 所示。

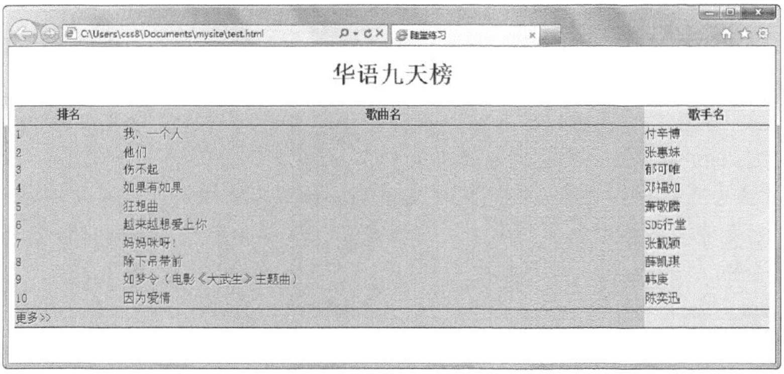

图7.6 对表格列进行分组

【拓展学习】

为了方便用户仔细阅读表格数据，应该使用 <th> 标签而不是 <td> 标签标记每个表头。<th> 标签可以用在行表头或者列表头中，为指明其用途，每个 <th> 标签都有 scope 属性。可以将 scope 设置为 "row" 或 "col" 值，指明表头属于哪个表格组。

- col：定义列组（columngroup）的表头信息。
- row：定义行组（rowgroup）的表头信息。

【拓展练习 2】

在上面拓展练习的基础上，在表格中将第一列数据转换为标题，即将第一列的 <td> 标签替换为 <th scope="col">，并通过 scope 属性定义列组，声明他们是右边数据单元格的表头。

```
<h1>华语九天榜</h1>
<table width="100%" height="300" border="1" frame="hsides" rules="groups">
    <colgroup>
        <col span=”2” class=”col1” />
```

```
            <col class=" col2"  />
        </colgroup>
        <thead>
            <tr><th>排名</th> <th>歌曲名</th><th>歌手名</th></tr>
        </thead>
        <tbody>
            <tr><th scope="row">1</th><td>我，一个人</td><td>付辛博</td> </tr>
            <tr><th scope="row">2</th><td>他们</td><td>张惠妹</td></tr>
            <tr><th scope="row">3</th><td>伤不起</td><td>郁可唯</td></tr>
            <tr><th scope="row">4</th><td>如果有如果</td><td>邓福如</td></tr>
            <tr><th scope="row">5</th><td>狂想曲</td><td>萧敬腾</td></tr>
              <tr><th scope="row">6</th><td>越来越想爱上你</td><td>SD5行堂</td></
tr>
            <tr><th scope="row">7</th><td>妈妈咪呀!</td><td>张靓颖</td></tr>
            <tr><th scope="row">8</th><td>除下吊带前</td><td>薛凯琪</td></tr>
            <tr><th scope="row">9</th><td>如梦令（电影《大武生》主题曲）</td><td>韩
庚</td></tr>
            <tr><th scope="row">10</th><td>因为爱情</td><td>陈奕迅</td></tr>
        </tbody>
        <tfoot>
            <tr><th scope="row">更多>> </th><td></td><td> </td></tr>
        </tfoot>
    </table>
```

在 IE 浏览器中预览，则演示效果如图 7.7 所示。

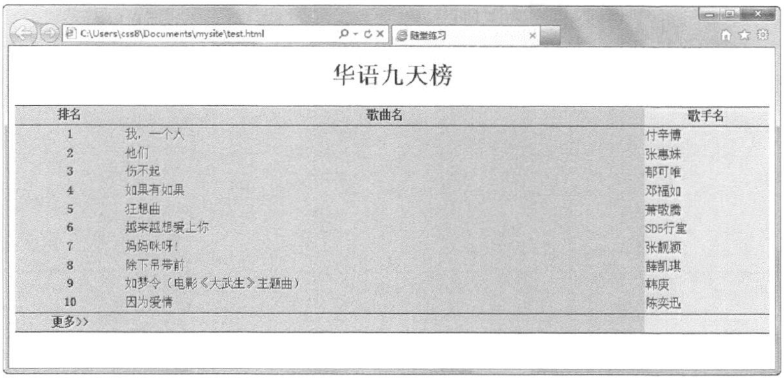

图7.7　定义表格列标题

> **注意**　可视化浏览器不太用到scope属性（IE、火狐等常用浏览器），但屏幕阅读器却非常依赖它。屏幕阅读器是一种软件，用来将文字、图形以及电脑接口的其他部分（及文字转语音技术）转换成语音及或点字。

7.2　定义表格样式

除了 HTML 表格标签的属性外，网页设计师应该使用 CSS 属性来定义表格样式，CSS 定义了几个表格专用属性，使用它们可以设计出漂亮的表格样式。

在无特殊要求的情况下，读者完全可以借助表格的 HTML 属性，但是考虑到标准化设计要求，应该避免使用 HTML 属性，积极使用 CSS 属性定义表格样式。由于表格是由多个 HTML 标签组成，对于不同标签使用什么方法来设计样式是比较讲究的，如若给 <table> 标签定义 padding 属性就没有实际意义。

7.2.1 定义表格边框样式

传统布局中主要使用 HTML 的 border 属性来定义数据表格的边框，但是这种方法存在很多弊端，无法灵活定制表格样式，虽然结合 HTML 的 frame 和 rules 属性也可以设计更多的表格边框样式，但是这些样式都显得很单调。

如果使用 CSS 的 border 属性，则可以为 table 和 td 元素定义任意边上的边框样式，这在以前是不敢想象的。传统布局中如果定制了个性边框，只能够借助多层表格嵌套，并结合背景图像来实现，当然所要付出的代价就是以牺牲 HTML 结构的语义性和易用性为前提。

【随堂练习】

在上一节拓展练习的基础上，清除 <table> 标签中定义的 border、frame 和 rules 属性，并删除使用 <colgroup> 和 <col> 标签定义的列分组。

然后在 <head> 标签内添加 <style type="text/css"> 标签，定义一个内部样式表，然后输入下面的样式，定义表格边框样式。

```
th, td {
    border:solid 1px #000;
}
```

在 IE 浏览器中预览，则演示效果如图 7.8 所示。

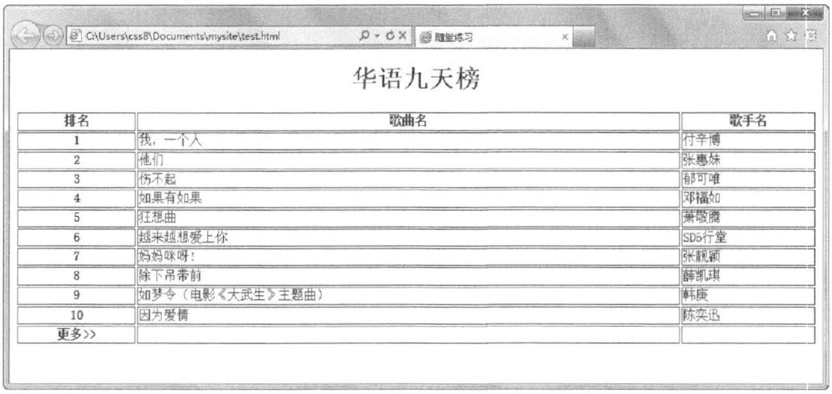

图7.8　使用CSS定义表格边框

【拓展练习】

通过效果图可以看到，使用 CSS 定义的单行线不是连贯的线条，这是为什么呢？

因为数据表中每个单元格都是一个独立的空间，为它们定义边框线时，相互之间不是紧密连接在一起的，所以会看到这样的效果。为了解决这个问题，CSS 提供了 border-collapse 属性，使用该属性可以将相邻单元格的边框合并为一个，相当于将相邻单元格连接为一个整体，如果出现重复的边框定义，将被合并为单一边框线。border-collapse 属性取值包括 separate（单元格边框相互独立）

和 collapse（单元格边框相互合并）。

例如，针对上面示例中出现的问题，为 table 元素定义如下样式，则浏览器在解析数据表格时会自动合并单元格边框，显示效果如图 7.9 所示。

```
table {/* 合并单元格边框 */
    border-collapse:collapse;
}
```

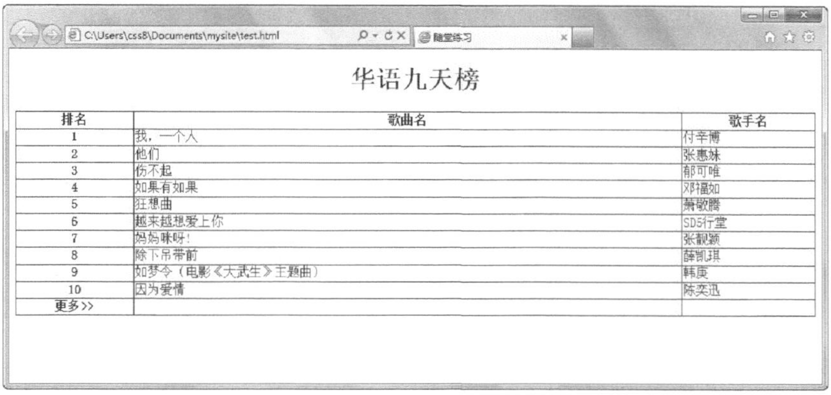

排名	歌曲名	歌手名
1	我，一个人	付辛博
2	他们	张惠妹
3	伤不起	郁可唯
4	如果有如果	邓福如
5	狂想曲	萧敬腾
6	越来越想爱上你	SD5行堂
7	妈妈咪呀！	张靓颖
8	除下吊带前	薛凯琪
9	如梦令（电影《大武生》主题曲）	韩庚
10	因为爱情	陈奕迅
更多>>		

图7.9　使用CSS合并单元格边框

7.2.2　定义单元格间距样式

为了兼容 HTML 的 cellspacing 属性，CSS 定义了 border-spacing 属性，该属性能够分离单元格之间的间距，其用法如下。

```
border-spacing : length
```

length 由浮点数字和单位标识符组成的长度值，不可为负值。

【随堂练习】

border-spacing 属性取值可以包含一个或两个值。当设置一个值时，则定义单元格行间距和列间距均为该值，如果分别定义行间距和列间距，就需要定义两个值。

例如，在上一节拓展练习的基础上，在 <head> 标签内的 <style type="text/css"> 标签中添加如下样式。

```
table {/* 分隔单元格边框 */
     border-spacing:10px 20px;
}
```

其中第一个值表示单元格之间的行间距，第二个值表示单元格之间的列间距，当使用 border-spacing 属性定义单元格之间的距离之后，该空间由表格元素的背景填充。

同时删除上一节示例中声明的样式。

```
table {/* 合并单元格边框 */
    border-collapse:collapse;
}
```

在 IE 浏览器中预览，则演示效果如图 7.10 所示。

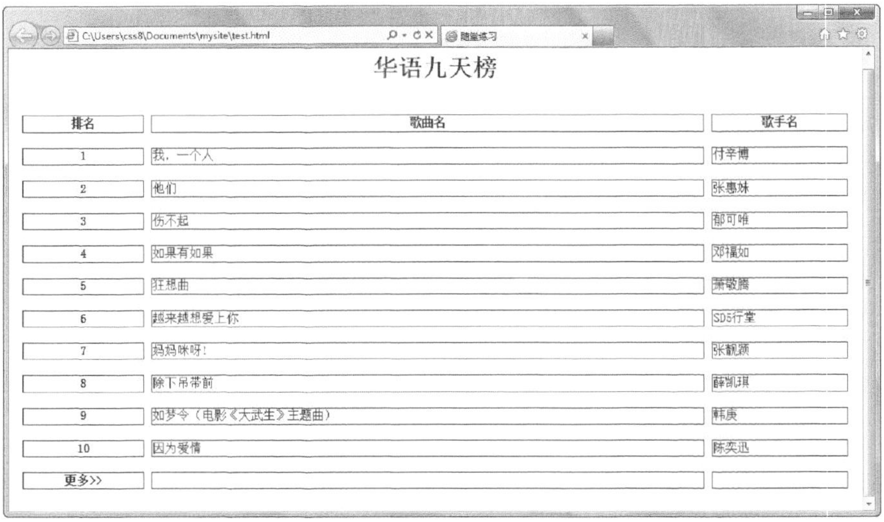

图7.10　定义单元格分离显示

【拓展学习】

使用 border-spacing 属性分离单元格时，应该注意以下三个问题。

第一，早期版本的 IE 浏览器不支持该属性，要定义相同效果的样式，就需要同时结合 HTML 的 cell-spacing 属性来设置。

第二，当使用 border-spacing 属性时，应确保数据单元格之间的相互独立性，不能使用 border-collapse: 来定义合并单元格边框。

第三，border-spacing 属性不能使用 CSS 的 margin 属性来代替。对于 td 元素来说，不支持 margin 属性。但是可以为单元格定义补白，此时 padding 属性与单元格的 cellpadding 属性功能是相同的。

【拓展练习】

利用 CSS 的 padding 属性可以更灵活地定制单元格的补白区域大小，也可以根据需要定义不同边上的补白。使用 padding 属性还可以为表格定义补白，此时可以增加表格外框与单元格的距离。例如，以上面的示例为基础，重新定义内部样式表，在 <head> 标签内的 <style type="text/css"> 标签中清除其他表格样式，添加如下样式。

```
table {/* 为数据表格定义补白 */
    border:dashed 3px red;
    padding:10px;
}
th, td {/* 为单元格定义补白 */
    border:solid 1px #000;
    padding:10px;
}
```

在 IE 浏览器中预览，则演示效果如图 7.11 所示。

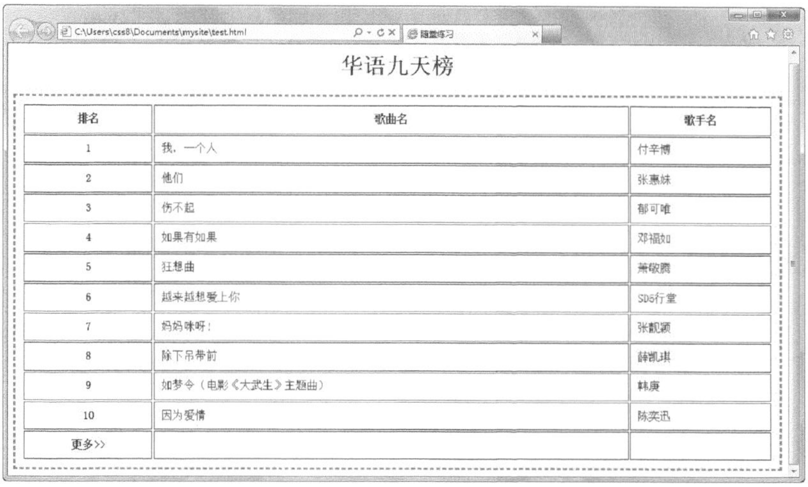

图7.11　定义单元格添加补白效果

7.2.3　定义空单元格样式

如果表格单元格的边框处于分离状态（即单元格边框处于非合并状态下），可以使用CSS的empty-cells属性来控制空单元格是否显示，该属性用法如下。

```
empty-cells : show | hide
```

其中show表示显示边框，该值为默认值，hide表示隐藏边框。

【随堂练习】

启动Dreamweaver，新建一个网页，保存为test.html，在<body>内使用<table>、<tr>、<th>和<td>标签设计一个简单的表格。其中表格包含两行两列，在前三个单元格中插入一个图标。

```
<table>
    <tr>
        <td><img src="images/1.jpg" width="200" /></td>
        <td><img src="images/2.jpg" width="200" /></td>
    </tr>
    <tr>
        <td><img src="images/3.jpg" width="200" /></td>
        <td></td>
    </tr>
</table>
```

然后在<head>标签内添加<style type="text/css">标签，定义一个内部样式表，然后输入下面的样式，定义表格样式，并隐藏空单元格边框。

```
table {/* 表格样式 */
    border:solid 2px red;              /* 定义虚线表格边框 */
    empty-cells:hide;                  /* 隐藏空单元格 */
    border-spacing:10px;               /* 定义单元格间距 */
}
th, td {/* 单元格样式 */
```

```
    border:solid 1px blue;                  /* 定义实线单元格边框 */
    padding:10px;                           /* 定义单元格内的补白区域 */
}
```

在 IE 浏览器中预览，则演示效果如图 7.12 所示。

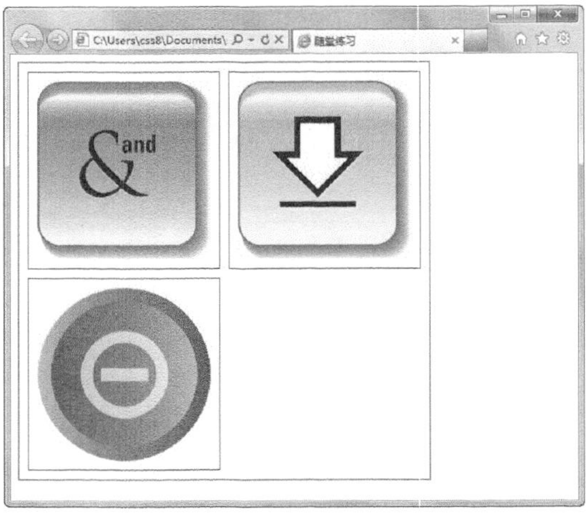

图7.12　定义空单元格显示样式

【拓展学习】

使用 empty-cells 属性时，应注意三个问题。

第一，empty-cells 属性控制了没有可视内容的单元格周围边框的显示。所谓没有可视内容就是单元格内包含内容不可见，或者单元格不包含任何内容，如果单元格的 visibility 属性定义为 hidden，则都被认为是没有可视内容。可视内容包括“ ”以及其他空白，但是不包括 ASCII 字符中的回车符（“\0D”）、换行符（“\0A”）、Tab 键（“\09”）和空格键（“\20”）。

第二，如果表格数据行中所有单元格的 empty-cells 属性取值都为 hide，而且都没有任何可视内容，那么整行就等于设置了 display: none。

第三，标准浏览器默认显示空单元格的边框。早期 IE 浏览器不支持该属性，且始终不会显示空单元格的边框。

7.3　设计复杂表格样式

表格是存储数据的最佳模型，这种模型被称为关系模型，类似的还有网状模型和文件模型等。表格结构都是由一个可选的标题头开始，后面跟随一行或许多行数据，每一行数据由一个或多个单元格组成，并可以区分为表头和数据单元格。单元格可以被合并、跨列或跨行，同时可以带有可被表现为语音或盲文的属性，以及能够将表格数据导出到数据库中的属性。单元格的行或列可以组织成行组和列组，并通过行组和列组来控制数据的分组并设置样式。在数据单元格中可以包含任何内容，如标题、列表、段落、表单、图像、预定义文本和表格（即嵌套表格）。

表格能够描述数据之间的关系，也能够实现网页布局。在传统网页布局中，表格主要被用作布局工具，如今在标准网页布局中，表格主要负责组织和显示，不再提倡使用表格进行布局了。通过在 HTML 文档使用表格指定数据之间的关系，并使用 CSS 定义表格的呈现效果，已经成为网页设计师的一种普遍用法。

7.3.1　使用CSS定义表格结构

表格布局模型是建立在数据表格的结构模型基础之上的呈现模型。一个完整的表格结构包含一个可选的标题以及任意行的单元格。当多行单元格被构建，则根据表格结构模型会自动派生出列，每行中第一个单元格属于第一列，第二个单元格属于第二列，依此类推。行和列可以在结构上被分组，并利用这个分组使用 CSS 控制多行或多列的显示样式。简单地说，表格结构模型包含了表格、标题、行、行组、列、列组和单元格。

为了更方便地控制这些结构，CSS 使用 display 属性定义了各种对应的显示模型（即显示类型），这样就可以为其他标识语言（如XML语言）和不同元素定义表格结构，并控制它们的显示样式。这里主要通过display属性进行定义，并映射到对应的表格结构中，该属性用法如下所示。

```
display : block | none | inline | compact | marker | inline-table | list-item | run-in | table | table-caption | table-cell | table-column | table-column-group | table-footer-group | table-header-group | table-row | table-row-group
```

这些属性值说明如下。

- block：块对象的默认值。将对象强制作为块对象呈递，为对象之后添加新行。
- none：隐藏对象。与visibility属性的hidden值不同，其不为被隐藏的对象保留其物理空间。
- inline：内联对象的默认值。将对象强制作为内联对象呈递，从对象中删除行。
- inline-block：将对象呈递为内联对象，但是对象的内容作为块对象呈递。旁边的内联对象会被呈递在同一行内。
- compact：分配对象为块对象或基于内容之上的内联对象。
- marker：指定内容在容器对象之前或之后。要使用此参数，对象必须和:after及:before伪元素一起使用。
- inline-table：将表格显示为无前后换行的内联对象或内联容器。
- list-item：将块对象指定为列表项目，并可以添加可选项目标志。
- run-in：分配对象为块对象或基于内容之上的内联对象。
- table：将对象作为块元素级的表格显示。
- table-caption：将对象作为表格标题显示。
- table-cell：将对象作为表格单元格显示。
- table-column：将对象作为表格列显示。
- table-column-group：将对象作为表格列组显示。
- table-header-group：将对象作为表格标题组显示。
- table-footer-group：将对象作为表格脚注组显示。
- table-row：将对象作为表格行显示。
- table-row-group：将对象作为表格行组显示。

根据表格布局模型，HTML 4.0版本开始默认规定了每一种表格元素的对应显示模型，这些默认样式展示了这些表格模型是如何被映射到HTML 4.0中。

```
TABLE    { display: table }
TR       { display: table-row }
THEAD    { display: table-header-group }
TBODY    { display: table-row-group }
TFOOT    { display: table-footer-group }
COL      { display: table-column }
COLGROUP { display: table-column-group }
TD, TH   { display: table-cell }
CAPTION  { display: table-caption }
```

【随堂练习】

启动Dreamweaver，新建一个网页，保存为test.html，在<body>内使用<div>标签来模拟一个表格结构，分别使用类名设置<div class="table">标签模拟<table>标签，使用<div class="tr">标签

模拟 <tr> 标签，使用 <div class="td"> 标签模拟 <td> 标签。

```
<div class="table">
    <div class="tr">
        <div class="td"><img src="images/01.gif" /></div>
        <div class="td"><img src="images/02.gif" /></div>
    </div>
    <div class="tr">
        <div class="td"><img src="images/03.gif" /></div>
        <div class="td"><img src="images/04.gif" /></div>
    </div>
</div>
```

在 <head> 标签内添加 <style type="text/css"> 标签，定义一个内部样式表，然后输入下面的样式，定义表格模型的类样式。

```
.table {/* 定义表格布局类样式 */
    display:table;                          /* 定义表格显示 */
    width:600px;                            /* 定义包含框的宽度 */
    border:solid 2px red;                   /* 定义虚线边框样式 */
    padding:8px;
}
.td {/* 定义单元格布局类样式 */
    display:table-cell;                     /* 定义单元格显示 */
    border:solid 1px #000;                  /* 定义边框样式 */
    height:60px;                            /* 定义固定高度 */
    width:50%;                              /* 定义百分比宽度 */
    text-align:center;                      /* 水平居中显示 */
    vertical-align:bottom;                  /* 底部垂直显示 */
    padding:4px;
}
.tr {/* 定义数据表行类样式 */
    display:table-row;                      /* 定义数据行显示 */
}
```

在 IE 浏览器中预览，则演示效果如图 7.13 所示。

注意

由于IE 7及其以下版本浏览器暂时还不支持表格布局模型，所以还无法在这些浏览器中获得上图效果。

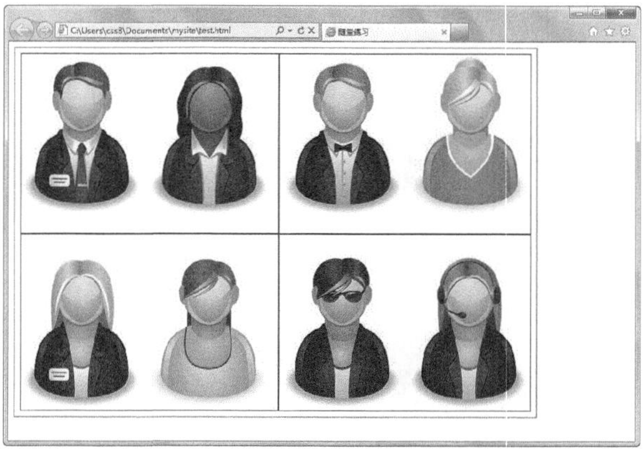

图7.13 使用<div>标签模拟表格模型结构

7.3.2 定义表格列和行的样式

单元格位于表格的行和列交叉点上，根据表格布局模型，单元格应该从属于行，而不是列，或者说单元格是行的子对象，但绝对不是列的子对象。不过根据表格布局模型，多个同列的单元格可以组合为一个列，我们可以形象地把它比作列集合。

通过设置列的属性可以影响列包含的单元格显示样式。列和列组元素所支持的标准属性包括如下。

- border：定义指定列或列组的边框。只有当table被定义了border-collapse:collapse声明时，border属性才有效。
- background：定义指定列或列组中单元格的背景，但是只有在单元格和行设置了透明背景时适用。
- width：定义指定列或列组的最小宽度。
- visibility：如果当设置一个列的visibility为collapse，那么该列中所有的单元格都不会被渲染，而延伸到其他列的单元格将被剪裁。另外，表格的宽度也会相应减少该列本应占据的宽度。

【随堂练习】

新建一个网页，保存为 test.html，在 <body> 内使用 <table>、<tr>、<th> 和 <td> 标签设计一个数据表格。定义 12 个列组元素，然后对数据列进行分组，并为其中特殊的数据列定义显示样式。

```
<h1>定义表格的列和行样式</h1>
<table>
    <colgroup>
        <col class="col1" />
        <col class="col2" />
        <col class="col3" />
        <col class="col4" />
        <col class="col5" />
        <col class="col6" />
        <col class="col7" />
        <col class="col8" />
        <col class="col9" />
        <col class="col10" />
        <col class="col11" />
        <col class="col12" />
    </colgroup>
        <tr> <th>排名</th> <th>校名</th><th>总得分</th> <th>人才培养总得分</th><th>研究生培养得分</th>  <th>本科生培养得分</th><th>科学研究总得分</th><th>自然科学研究得分</th><th>社会科学研究得分</th><th>所属省份</th><th>分省排名</th> <th>学校类型</th> </tr>
        <tr> <td>1</td><td>清华大学</td><td>296.77</td><td>128.92</td><td>93.83</td> <td>35.09</td><td>167.85</td> <td>148.47</td><td>19.38</td><td>京 </td><td>1</td><td>理工</td>    </tr>
        <tr> <td>2</td> <td>北京大学 </td> <td>222.02</td><td>102.11</td><td>66.08</td> <td>36.03</td><td>119.91</td><td>86.78</td> <td>33.13</td><td>京 </td><td>2</td>td>综合 </td> </tr>
        <tr><td>3</td> <td>浙江大学 </td><td>205.65</td> <td>94.67</td>
```

```
<td>60.32</td><td>34.35</td>          <td>110.97</td><td>92.32</td><td>18.66</
td><td>浙 </td><td>1</td><td>综合 </td> </tr>
        <tr> <td>4</td><td>上海交大</td> <td>150.98</td> <td>67.08</
td><td>47.13</td><td>19.95</td>              <td>83.89</td> <td>77.49</td>
<td>6.41</td> <td>沪 </td> <td>1</td><td>综合 </td> </tr>
        <tr> <td>5</td> <td>南京大学</td><td>136.49</td> <td>62.84</
td><td>40.21</td><td>22.63</td>              <td>73.65</td> <td>53.87</
td><td>19.78</td><td>苏</td> <td>1</td> <td>综合 </td> </tr>
        <tr> <td>6</td><td>复旦大学 </td> <td>136.36</td><td>63.57</
td> <td>40.26</td><td>23.31</td>              <td>72.78</td> <td>51.47</td>
<td>21.31</td><td>沪</td> <td>2</td> <td>综合 </td> </tr>
        <tr><td>7</td> <td>华中科大</td> <td>110.08</td> <td>54.76</td>
<td>30.26</td><td>24.50</td>          <td>55.32</td><td>47.45</td><td>7.87</
td> <td>鄂 </td><td>1</td><td>理工 </td> </tr>
        <tr><td>8</td> <td>武汉大学 </td><td>103.82</td> <td>50.21</td>
<td>29.37</td><td>20.84</td>          <td>53.61</td><td>36.17</td><td>17.44</
td> <td>鄂 </td> <td>2</td><td>综合</td> </tr>
      <tr><td>9</td><td>吉林大学 </td><td>96.44</td><td>48.61</td><td>25.74</
td><td>22.87</td> <td>47.83</td><td>38.13</td> <td>9.70</td><td>吉 </
td><td>1</td><td>综合</td> </tr>
        <tr>td>10</td><td>西安交大</td> <td>92.82</td> <td>47.22</
td><td>24.54</td> <td>22.68</td><td>45.60</td> <td>35.47</td><td>10.13</
td><td>陕</td><td>1</td><td>综合</td> </tr>
  </table>
```

在 <head> 标签内添加 <style type="text/css"> 标签，定义一个内部样式表，然后输入下面的样式，定义各列样式。

```
table {/* 定义表格样式 */
    border:dashed 1px red;              /* 定义表格虚线框显示 */
    border-collapse:collapse;           /* 合并单元格边框 */
}
th, td {/* 定义单元格样式 */
    border:solid 1px #000;              /* 定义单元格边框线 */
}
col.col1, col.col11 {/* 第1列、第11列样式 */
    width:3em;                          /* 固定列宽度为3个字体大小 */
    text-align:center;                  /* 居中对齐（IE下有效） */
    font-weight:bold;                   /* 字体加粗显示（IE下有效） */
    color:red;                          /* 列内数据红色字体显示（IE下有效） */
}
col.col2 {/* 第2列样式 */
    border:solid 12px blue;             /* 定义列粗边框显示（IE下无效） */
}
col.col3 {/* 第3列样式 */
    background:#FF99FF;                 /* 定义列背景色 */
}
```

```
col.col4, col.col7 {/* 第4列、第7列样式 */
    background:#33CCCC;                    /* 定义列背景色 */
}
```

最后分别在 IE 7（如图 7.14 所示）和 IE 8（如图 7.15 所示）中演示，从中可以看到 IE 不同版本在解析效果上存在一定的区别，这与 IE 7 及其以下版本浏览器不完全支持表格布局模型有关系。当然，在其他现代主流浏览器中都基本上支持表格布局模型了。

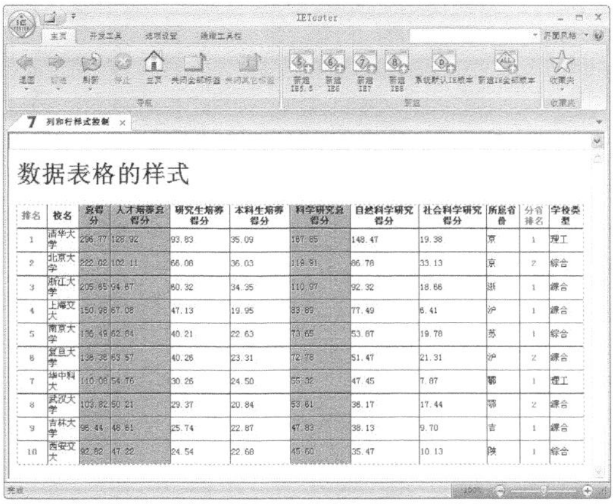

图7.14 IE 7中解析列样式

图7.15 IE 8中解析列样式

从演示结果中可以看到，早期 IE 版本不支持列的边框样式，而非 IE 浏览器不支持上面所列之外的任何属性。

【拓展练习】

对于表格行的控制，操作相对要简单些。要控制单行样式，只需控制tr元素即可；要控制多行样式，这时需要使用tbody、tfoot和thead元素对数据行进行分组，然后通过这些行组元素来控制多行数据的样式。

例如，针对上面的示例，分别使用 tbody、tfoot 和 thead 元素对数据行进行分组，分组后的数据表结构如下，为了节省篇幅，这里省略了每行数据中大部分单元格结构及其包含的数据。

```
<table>
    <thead>
        <tr><th>排名</th>...</tr>
        <tr class="row1"><td>1</td>...</tr>
        <tr class="row2"><td>2</td>...</tr>
        <tr class="row3"><td>3</td>...</tr>
        <tr class="row4"><td>4</td>...</tr>
    </thead>
    <tbody>
        <tr><td>5</td>...</tr>
        <tr><td>6</td>...</tr>
        <tr><td>7</td>...</tr>
        <tr><td>8</td>...</tr>
        <tr><td>9</td>...</tr>
    </tbody>
    </tfoot>
```

```
        <tr><td>10</td>...</tr>
    </tfoot>
</table>
```

然后分别为第 1 行到第 4 行数据以及 tbody 行组数据定义样式。

```
tr.row1 {/* 第1行样式类 */
    width:3em;                          /* 最小宽度，将会影响到其他行单元格宽度 */
    text-align:center;                          /* 居中显示 */
    font-weight:bold;                           /* 加粗字体 */
    color:red;                                  /* 红色字体 */
}
tr.row2 {/* 第2行样式类 */
    border:solid 12px blue;                     /* 定义粗边框线效果 */
}
tr.row3 {/* 第3行样式类 */
    background:#FF99FF;                         /* 定义背景色 */
}
tr.row4 {/* 第4行样式类 */
    background:#33CCCC;                         /* 定义背景色 */
}
tbody {/* 主体行组样式类 */
    background:blue;                            /* 定义行组背景色 */
    color:white;                                /* 定义行组字体颜色 */
}
```

与列组不同，标准浏览器一般支持 CSS 提供的所有常用属性，但是早期版本 IE 浏览器不支持行组的边框样式。另外，在定义 tbody 元素时，应该先定义 thead 元素，否则浏览器会将所有数据行都归为 tbody 行组中。上面示例所显示的效果如图 7.16 所示。

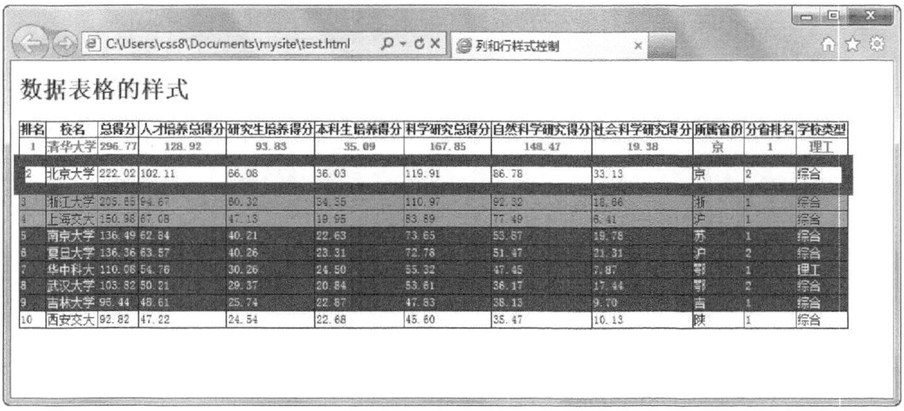

排名	校名	总得分	人才培养总得分	研究生培养得分	本科生培养得分	科学研究总得分	自然科学研究得分	社会科学研究得分	所属省份	分省排名	学校类型
1	清华大学	296.77	128.92	93.83	35.09	167.85	148.47	19.38	京	1	理工
2	北京大学	222.02	102.11	66.08	36.03	119.91	86.78	33.13	京	2	综合
3	浙江大学	205.65	94.67	60.32	34.35	110.97	92.32	18.66	浙	1	综合
4	上海交大	150.98	67.08	47.13	19.95	83.89	77.49	6.41	沪	1	综合
5	南京大学	136.49	62.84	40.21	22.63	73.65	53.87	19.78	苏	1	综合
6	复旦大学	136.36	63.57	40.26	23.31	72.78	51.47	21.31	沪	2	综合
7	华中科大	110.08	54.76	30.26	24.50	55.32	47.45	7.87	鄂	1	理工
8	武汉大学	103.82	50.21	29.37	20.84	53.61	36.17	17.44	鄂	2	综合
9	吉林大学	96.44	48.61	25.74	22.87	47.83	38.13	9.70	吉	1	综合
10	西安交大	92.82	47.22	24.54	22.68	45.60	35.47	10.13	陕	1	综合

图7.16　表格数据行组的显示效果

7.3.3　定义表格标题样式

为了控制数据表格的标题样式，CSS 提供了 caption-side 属性来定义标题的显示位置，该属性用法如下。

```
caption-side : top | right | bottom | left
```

其中 top 为默认值，表示 caption 在表格的上边显示，right 表示 caption 在表格的右边显示，bottom 表示 caption 在表格的下边显示，left 表示 caption 在表格的左边显示。

如果要水平对齐标题，则可以使用text-align属性；对于左右两侧的标题，可以使用vertical-align属性进行垂直对齐，取值包括top、middle和bottom，其他取值无效，默认为top。

【随堂练习】

新建一个网页，保存为 test.html，在 <body> 内使用 <table>、<tr>、<th> 和 <td> 标签设计一个数据表格。

```
<table>
    <caption>
        表格的标题
    </caption>
    <tr>
        <td><img src="images/01.gif" /></td>
        <td><img src="images/02.gif" /></td>
    </tr>
    <tr>
        <td><img src="images/03.gif" /></td>
        <td><img src="images/04.gif" /></td>
    </tr>
</table>
```

在 <head> 标签内添加 <style type="text/css"> 标签，定义一个内部样式表，然后输入下面的样式，定义各列样式。定义标题靠左显示，并设置标题垂直居中显示。

```
table {/* 定义表格样式 */
    border:solid 1px red;                /* 虚线外框 */
}
th, td {/* 定义单元格样式 */
    border:solid 1px #000;               /* 实线内框 */
}
caption {/* 定义标题行样式 */
    caption-side:left;                   /* 左侧显示 */
    width:10px;                          /* 定义宽度 */
    margin:auto 20px;                    /* 定义左右边界 */
    vertical-align:middle;               /* 垂直居中显示 */
    font-size:14px;                      /* 定义字体大小 */
    font-weight:bold;                    /* 加粗显示 */
    color:#666;                          /* 灰色字体 */
}
table img{ width:200px;}
```

IE 浏览器暂不支持 caption-side 属性，所以在 IE 浏览器中显示如图 7.17 所示，在 FF 浏览器中显示如图 7.18 所示。

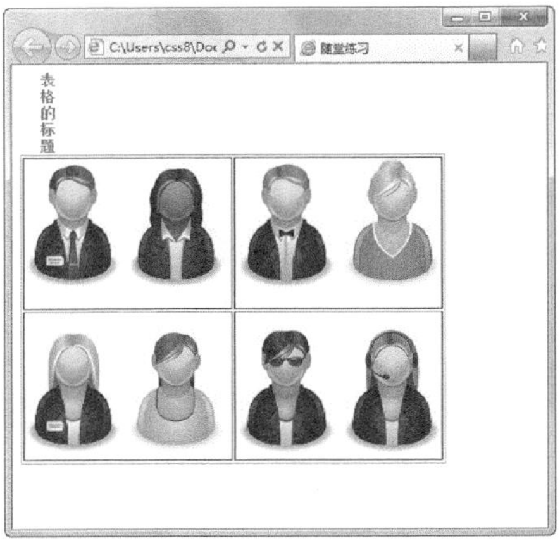

图7.17 IE中解析效果

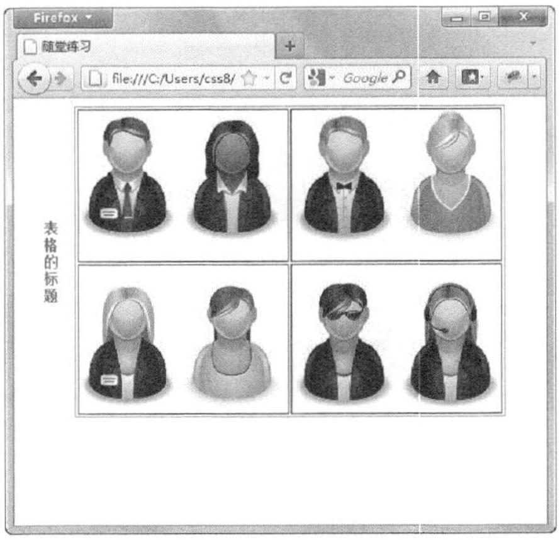

图7.18 FF中解析效果

注意 **如果要在IE浏览器中定义标题行的显示位置，可以使用caption元素的私有属性align定义，但是它仅能够定位标题在顶部（top）和底部（bottom），以及顶部左侧（left）、中间（center）和右侧（right）显示。**

7.3.4 表格内样式的层叠顺序

由于用户可以同时为 table、tr 和 td 等元素定义背景色、边框和字体属性等样式，这时就很容易发生相同样式重叠冲突问题，为此需要了解表格布局模型中元素间的层叠覆盖顺序。

根据表格布局模型的层规划，各种表格元素背景层叠的顺序如图 7.19 所示，通过该图可以看到 td 元素的背景图像或背景色具有最大优先权，也就是说如果定义了单元格背景，则下面的各种元素的背景都将看不到，依此类推，如果单元格为透明，则行（tr 元素）具有最大优先权。当然表格定义的背景优先权最弱，如果表格中其他元素都为透明时，才可以看到表格的背景。

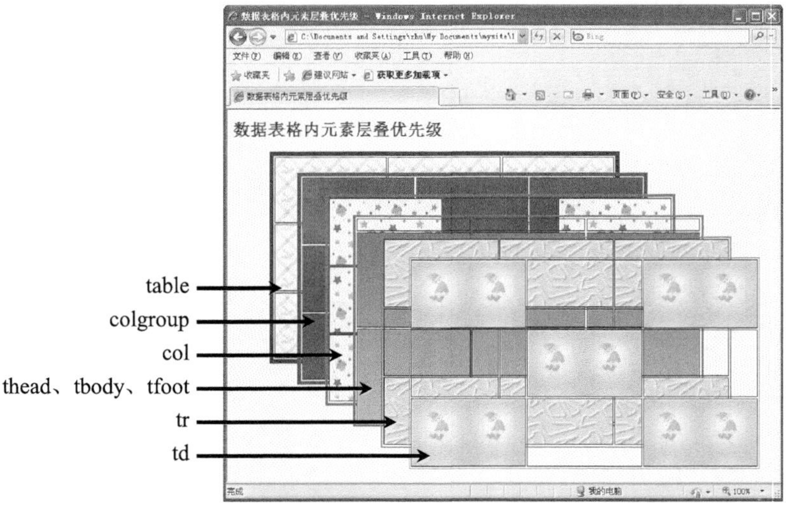

图7.19 数据表格内元素层叠优先级

【随堂练习】

对于表格边框样式来说，元素之间的层叠和覆盖顺序又是怎样的呢？为了更真实地认识边框覆盖顺序，新建一个网页，保存为 test.html，在 <body> 内使用 <table>、<tr>、<th> 和 <td> 标签设计一个三行三列的数据表格。

```
<table class="table1">
    <colgroup>
    <col class="col1" />
    <col class="col2" />
    <col class="col3" />
    </colgroup>
    <tr class="tr1">
        <td class="cell1"> </td>
        <td class="cell2"> </td>
        <td class="cell3"> </td>
    </tr>
    <tr class="tr2">
        <td class="cell4"> </td>
        <td class="cell5"> </td>
        <td class="cell6"> </td>
    </tr>
</table>
```

在 <head> 标签内添加 <style type="text/css"> 标签，定义一个内部样式表，然后输入下面的样式。

```
body, table, td {
    font-size:12px;
}
table {
    border:solid 2px red;
    position:absolute;
    width:500px;
    height:200px;
    border-collapse:collapse;
}
td {border:solid 10px #000;}
.cell1 { border-style:dashed;}
.cell2 {border-style:double;}
```

如果定义第一个单元格为虚线边框，而第二个单元格为双线边框，则可以看到同宽的双线边框将覆盖虚线和实线边框，而虚线边框将覆盖实线边框，如图 7.20 所示。

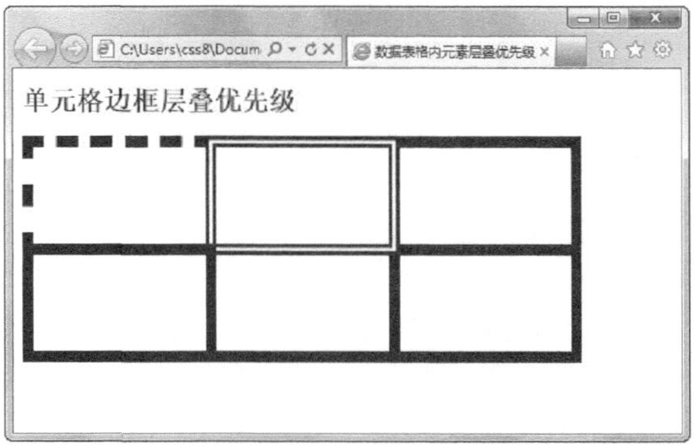

图7.20 框线型的覆盖关系

【拓展学习】

简单总结一下边框覆盖的规则和顺序。

- 如果定义了 border-style:hidden;，那么它的优先级高于任何其他相冲突的边框。任何边框只要有该取值，将覆盖该位置的所有边框。通俗地说，如果边框被定义为隐藏显示，则其他任何重叠声明都是无效的。
- 如果定义了 border-style:none;，那么它的优先级是最低的。只有在该边汇集的所有元素的边框属性都是 none 时，该边框才会被省略，元素的边框默认值为 none。
- 更宽的边框将覆盖相对较窄的边框。如果若干边框的 border-width 属性值相同，那么样式的优先顺序将根据边框样式类型排序（排在前面的优先级最高）：double、solid、dashed、dotted、ridge、outset、groove 和 inset。
- 如果边框样式只有颜色上的区别，那么样式的优先顺序将根据元素类型进行排序（排在前面的优先级最高）：td、tr、thead（或 tbody、tfoot）、col、colgroup 和 table。

7.4 综合训练

本章集训目标：

- 在理解 CSS 表格属性的基础上定义表格基本样式。
- 灵活使用 CSS 各种属性设计精美的表格样式。

7.4.1 实训1：设计清新悦目的表格样式

实训说明：

在设计大容量数据的表格样式时，读者应该考虑浏览者的浏览体验，让表格看起来更悦目、不刺眼，在阅读数据时不疲劳，不容易让人看错行。本示例数据表格样式清秀，特别适合显示多行数据，表格样式以柔和色调为主要设计风格，避免引起视觉疲劳，示例设计效果如图 7.21 所示。

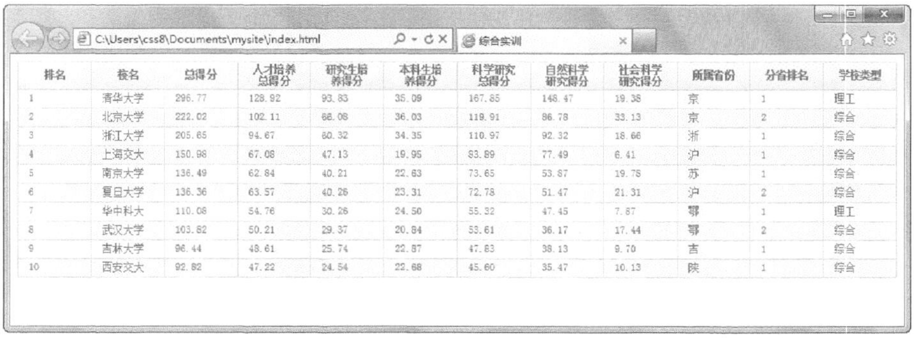

排名	校名	总得分	人才培养总得分	研究生培养得分	本科生培养得分	科学研究总得分	自然科学研究得分	社会科学研究得分	所属省份	分省排名	学校类型
1	清华大学	296.77	128.92	93.83	35.09	167.85	148.47	19.38	京	1	理工
2	北京大学	222.02	102.11	66.08	36.03	119.91	86.78	33.13	京	2	综合
3	浙江大学	205.65	94.67	60.32	34.35	110.97	92.32	18.66	浙	1	综合
4	上海交大	150.98	67.08	47.13	19.95	83.89	77.49	6.41	沪	1	综合
5	南京大学	136.49	62.84	40.21	22.63	73.65	53.87	19.78	苏	1	综合
6	复旦大学	136.36	63.57	40.26	23.31	72.78	51.47	21.31	沪	2	综合
7	华中科大	110.08	54.76	30.26	24.50	55.32	47.45	7.87	鄂	1	理工
8	武汉大学	103.82	50.21	29.37	20.84	53.61	36.17	17.44	鄂	2	综合
9	吉林大学	96.44	48.61	25.74	22.87	47.83	38.13	9.70	吉	1	综合
10	西安交大	92.82	47.22	24.54	22.68	45.60	35.47	10.13	陕	1	综合

图7.21 设计清新悦目的表格样式

主要训练技巧说明：

- 表格色调以清淡为主，不刺激眼睛，但是又能够准确区分数据行和列。边框线以淡蓝色为主色调，并配以 12 像素的灰色字体，营造一种精巧的设计效果，其设计重点在于色调搭配上。
- 以隔行变色的技巧来分行显示数据，这也是目前数据表的主流样式，它符合视线的换行显示，避免错行阅读数据。
- 通过轻微的渐变背景图像来设计表格列标题，使表格看起来更大方，富有立体感。

示例位置：

“光盘位置”\示例文件\07\实训1：设计清新悦目的表格样式\index.html

设计步骤：

图7.22 设计背景图像

步骤1 在Photoshop中设计渐变的背景图像，高度为30像素，渐变色调以淡蓝色为主，如图7.22所示。

步骤2 构建网页结构。启动Dreamweaver，新建一个网页，保存为index.html，在<body>标签内输入如下结构代码。

```
<table>
        <tr> <th>排名</th> <th>校名</th><th>总得分</th> <th>人才培养总得分</th><th>研究生培养得分</th>  <th>本科生培养得分</th><th>科学研究总得分</th><th>自然科学研究得分</th><th>社会科学研究得分</th><th>所属省份</th><th>分省排名</th> <th>学校类型</th> </tr>
        <tr> <td>1</td><td>清华大学</td><td>296.77</td><td>128.92</td><td>93.83</td> <td>35.09</td><td>167.85</td> <td>148.47</td><td>19.38</td><td>京 </td><td>1</td><td>理工</td>    </tr>
        <tr> <td>2</td> <td>北京大学 </td> <td>222.02</td><td>102.11</td><td>66.08</td> <td>36.03</td><td>119.91</td><td>86.78</td> <td>33.13</td><td>京 </td><td>2</td>td>综合 </td> </tr>
        <tr><td>3</td> <td>浙江大学 </td><td>205.65</td> <td>94.67</td><td>60.32</td><td>34.35</td>          <td>110.97</td><td>92.32</td><td>18.66</td><td>浙 </td><td>1</td><td>综合 </td> </tr>
        <tr> <td>4</td><td>上海交大</td> <td>150.98</td> <td>67.08</td><td>47.13</td><td>19.95</td>               <td>83.89</td> <td>77.49</td><td>6.41</td> <td>沪 </td> <td>1</td><td>综合 </td> </tr>
        <tr> <td>5</td> <td>南京大学</td><td>136.49</td> <td>62.84</td><td>40.21</td><td>22.63</td>               <td>73.65</td> <td>53.87</td><td>19.78</td><td>苏</td> <td>1</td> <td>综合 </td> </tr>
        <tr> <td>6</td><td>复旦大学 </td> <td>136.36</td><td>63.57</td> <td>40.26</td><td>23.31</td>               <td>72.78</td> <td>51.47</td><td>21.31</td><td>沪</td> <td>2</td> <td>综合 </td> </tr>
        <tr><td>7</td> <td>华中科大</td> <td>110.08</td> <td>54.76</td><td>30.26</td><td>24.50</td>            <td>55.32</td><td>47.45</td><td>7.87</td> <td>鄂 </td><td>1</td><td>理工 </td> </tr>
        <tr><td>8</td> <td>武汉大学 </td><td>103.82</td> <td>50.21</td><td>29.37</td><td>20.84</td>           <td>53.61</td><td>36.17</td><td>17.44</td> <td>鄂 </td> <td>2</td><td>综合</td> </tr>
      <tr><td>9</td><td>吉林大学 </td><td>96.44</td><td>48.61</td><td>25.74</td><td>22.87</td> <td>47.83</td><td>38.13</td> <td>9.70</td><td>吉 </td><td>1</td><td>综合</td> </tr>
        <tr>td>10</td><td>西安交大</td> <td>92.82</td> <td>47.22</td><td>24.54</td> <td>22.68</td><td>45.60</td> <td>35.47</td><td>10.13</td><td>陕</td><td>1</td><td>综合</td> </tr>
</table>
```

步骤3 在<head>标签内添加<style type="text/css">标签，定义一个内部样式表。

步骤4 定义表格样式。表格样式包括三部分内容：表格边框和背景样式、表格内容显示样式和表格布局样式。布局样式包括定义表格固定宽度解析，这样能够优化解析速度，显示空单元格，合并单元格的边框线，并设置表格居中显示。表格边框为1像素宽的浅蓝色实线框，字体大小固定为12像素的灰色字体。

```
table {/* 表格基本样式 */
    table-layout:fixed;                    /* 固定表格布局，优化解析速度*/
    empty-cells:show;                      /* 显示空单元格 */
    margin:0 auto;                         /* 居中显示 */
    border-collapse: collapse;             /* 合并单元格边框 */
    border:1px solid #cad9ea;              /* 边框样式 */
    color:#666;                            /* 灰色字体 */
    font-size:12px;                        /* 字体大小 */
}
```

table-layout 是 CSS 定义的一个标准属性，用来设置表格布局的算法，取值包括 auto 和 fixed。当取值为 auto 时，则布局将基于单元格内包含的内容来进行布局，表格在每一单元格内所有内容读取计算之后才会显示出来。当取值 fixed 时，表示固定布局算法，在这种算法中，表格和列的宽度取决于 col 对象的宽度总和，如果没有指定，则根据第一行每个单元格的宽度。如果表格没有指定宽度，则表格默认宽度为 100%。auto 布局算法需要两次进行布局计算，影响客户端的解析速度；fixed 布局算法仅需要一次计算，所以速度非常快。

步骤5 定义列标题样式。列标题样式主要涉及到背景图像的设计，具体代码如下。

```
th {/* 列标题样式 */
    background-image: url(images/th_bg1.gif); /* 指定渐变背景图像 */
    background-repeat:repeat-x;            /* 定义水平平铺 */
    height:30px;                           /* 固定高度 */
}
```

步骤6 定义单元格的显示样式。这里主要定义单元格的高度、边框线和补白。定义单元格左右两侧补白的目的是避免单元格不要与数据挤在一起。

```
td {/* 单元格的高度 */
    height:20px;                           /* 固定高度 */
}
td, th {/* 单元格的边框线和补白 */
    border:1px solid #cad9ea;              /* 单元格边框线应与表格边框线一致 */
    padding:0 1em 0;                       /* 单元格左右两侧的补白，一个字距 */
}
```

步骤7 定义隔行变色样式类。由于 CSS 2 还不能直接定义隔行变色的属性（CSS 3 中已经支持），所以可以定义一个隔行变色的样式类，然后将它应用到数据表中的奇数行或偶数行。

```
tr.a1 {/* 隔行变色样式类 */
    background-color:#f5fafe;              /* 定义比边框色稍浅的背景色 */
}
```

7.4.2 实训2：设计结构清晰的表格样式

实训说明：

本示例设计风格不再为表格设计边框，采用开放式设计思路，利用立体标题样式来隐含数据表区域，并借助标题分列效果来划分不同列，借助鼠标经过行时变换行背景颜色来提示当前行，最后通过树形结构来设计层次清晰的分类数据表格效果，示例设计效果如图 7.23 所示。

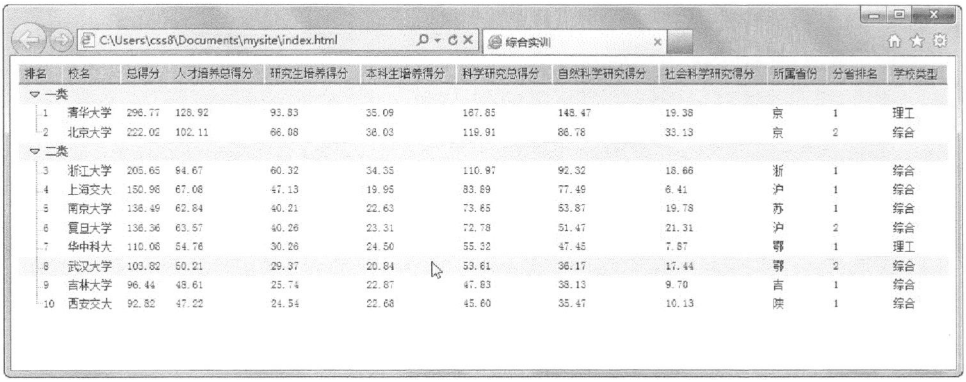

排名	校名	总得分	人才培养总得分	研究生培养得分	本科生培养得分	科学研究总得分	自然科学研究得分	社会科学研究得分	所属省份	分省排名	学校类型
▽ 一类											
1	清华大学	296.77	128.92	93.83	35.09	167.85	148.47	19.38	京	1	理工
2	北京大学	222.02	102.11	66.08	36.03	119.91	86.78	33.13	京	2	综合
▽ 二类											
3	浙江大学	205.65	94.67	60.32	34.35	110.97	92.32	18.66	浙	1	综合
4	上海交大	150.98	67.08	47.13	19.95	83.89	77.49	6.41	沪	1	综合
5	南京大学	136.49	62.84	40.21	22.63	73.65	53.87	19.78	苏	1	综合
6	复旦大学	136.36	63.57	40.26	23.31	72.78	51.47	21.31	沪	2	综合
7	华中科大	110.08	54.76	30.26	24.50	55.32	47.45	7.87	鄂	1	理工
8	武汉大学	103.82	50.21	29.37	20.84	53.61	36.17	17.44	鄂	2	综合
9	吉林大学	96.44	48.61	25.74	22.87	47.83	38.13	9.70	吉	1	综合
10	西安交大	92.82	47.22	24.54	22.68	45.60	35.47	10.13	陕	1	综合

图7.23 设计结构清晰的表格样式

主要训练技巧说明：

- 适当修改数据表格的结构，使其更利于树形结构的设计。
- 借助背景图像应用技巧来设计树形结构标志。
- 借助伪类选择器来设计鼠标经过行时变换背景颜色（IE 6 不支持该属性）。
- 通过边框和背景色来设计列标题的立体显示效果。

示例位置：

“光盘位置”\示例文件\07\实训 2：设计结构清晰的表格样式\index.html

设计步骤：

步骤 1 在 Photoshop 中设计三个图标，如图 7.24 所示。其中第一个图标表示向下箭头图标，第二个和第三个图标用来设计分层结构示意图图标。

图7.24 设计图标

步骤 2 构建网页结构。启动 Dreamweaver，新建一个网页，保存为 index.html，在 <body> 标签内输入如下结构代码。本示例结构是在上一示例基础上适当修改数据表的结构。在修改数据表结构时，不要主动去破坏数据表的语义结构，而是强化数据表格的语义层次。

例如，使用 thead 和 tbody 元素定义数据表格的数据分组，将标题分为一组（标题区域），再将主要数据分为一组（数据区域）。根据数据分类的需要，增加两个合并的数据行，该行仅包含一个单元格，为了避免破坏结构，需要使用合并操作（colspan="12"）来表示该单元格是合并单元格。为了更好地控制数据表的样式，本示例定义了很多样式类，因此，还需要将这些样式类引用到 tr、th 和 td 元素中。经过修改之后的数据表格结构如下（省略了不重要的数据单元格及其包含的内容）。

```
<h1>数据表格样式设计实战2</h1>
<table  summary="层次清晰的数据表样式" >
    <thead>
        <tr>
```

```
            <th>排名</th>......
        </tr>
    </thead>
    <tbody>
        <tr>
            <td class="arrow" colspan="12">一类</td>
        </tr>
        <tr>
            <th class="start">1</th>......
        </tr>
        <tr>
            <th class="end">2</th>......
        </tr>
        <tr>
            <td class="arrow" colspan="12">二类</td>
        </tr>
        <tr>
            <th class="start">3</th>......
        </tr>
        <tr>
            <th class="start">4</th>......
        </tr>
        <tr>
            <th class="start">5</th>......
        </tr>
        <tr>
            <th class="start">6</th>......
        </tr>
        <tr>
            <th class="start">7</th>......
        </tr>
        <tr>
            <th class="start">8</th>......
        </tr>
        <tr>
            <th class="start">9</th>......
        </tr>
        <tr>
            <th class="end">10</th>......
        </tr>
    </tbody>
</table>
```

步骤 3 在设计之前先统一表格标签的默认样式。例如，在 body 元素中定义页面字体类型，通过 table 元素定义数据表格的基本属性，以及其包含文本的基本显示样式，同时统一标题单元格和普通单元格的基本样式。

```
body {/* 页面基本属性 */
    font-family:"宋体" arial, helvetica, sans-serif; /* 页面字体类型 */
}
table {/* 表格基本样式 */
    border-collapse: collapse;          /* 合并单元格边框 */
    font-size: 75%;                     /* 字体大小，约为12像素 */
    line-height: 1.1;                   /* 行高，使数据显得更紧凑 */
}
th {/* 列标题基本样式 */
    font-weight: normal;                /* 普通字体，不加粗显示 */
    text-align: left;                   /* 标题左对齐 */
    padding-left: 15px;                 /* 定义左侧补白 */
}
th, td {/* 单元格基本样式 */
    padding: .3em .5em;                 /* 增加补白效果，避免数据拥挤在一起 */
}
```

步骤 4 定义列标题的立体效果。列标题的立体效果主要借助边框样式来实现，设计顶部、左侧和右侧边框样式为像素宽的白色实线，而底部边框则设计为 2 像素宽的浅灰色实线，这样就可以营造出一种淡淡的立体凸起效果。

```
thead th {/* 列标题样式，立体效果 */
    background: #c6ceda;                /* 背景色 */
    border-color: #fff #fff #888 #fff;  /* 配置立体边框效果 */
    border-style: solid;                /* 实线边框样式 */
    border-width: 1px 1px 2px 1px;      /* 定义边框大小 */
    padding-left: .5em;                 /* 增加左侧的补白 */
}
```

步骤 5 定义树形结构效果。树形结构主要利用虚线背景图像（ 和 ）来模拟，借助背景图像的灵活定位特性，可以精确设计出树形结构样式，然后将这个样式分别设计为两个样式类，这样就可以分别将它们应用到每行的第一个单元格中。

```
tbody th.start {/* 树形结构非末行图标样式 */
    background: url(images/dots.gif) 18px 54% no-repeat;
                                        /* 背景图像，定义树形结构非末行图标 */
    padding-left: 26px;                 /* 增加左侧的补白 */
}
tbody th.end {/* 树形结构末行图标样式 */
    background: url(images/dots2.gif) 18px 54% no-repeat;
                                        /* 背景图像，定义树形结构的末行图标 */
    padding-left: 26px;                 /* 增加左侧的补白 */
}
```

步骤 6 为分类标题行定义一个样式类。通过为该行增加一个提示图标以及行背景色，来区分不同分类行之间的视觉分类效果，最后将这个分类标题行样式类应用到分类行中即可。

```
.arrow {/* 数据分类标题行的样式 */
```

```
    background:#eee url(images/arrow.gif) no-repeat 12px 50%;
                                            /* 背景图像，定义提示图标 */
    padding-left: 28px;                     /* 增加左侧的补白 */
    font-weight:bold;                       /* 字体加粗显示 */
    color:#444;                             /* 字体颜色 */
}
```

步骤7 定义伪样式类，设计当鼠标经过每行时变换背景色颜色，以此显示当前行效果。

```
tr:hover, td.start:hover, td.end:hover {/* 鼠标经过行、单元格上时的样式 */
    background: #FF9;                       /* 变换背景色 */
}
```

7.5 上机练习

1．在网页设计中经常需要设计细线表格，请读者利用表格的各种语义元素设计一个简单的表格结构，并将表格边框设置为1像素粗细的细线表格效果，如图7.25所示。

设计要求：

- 灵活使用多种表格语义元素设计表格结构，如<thead>、<tfoot>、<th>、<caption>等标签。
- 表格边框包含table外边框、单元格边框，因此在设计表格边框线时，应该考虑表格各个元素的相互影响。
- 使用border-collapse属性合并单元格边框线。

示例位置：

"光盘位置"\示例文件\07\上机练习1\index.html

2．使用<col>、<colgroup>标签可以设置由列组合而成的单元格组样式，但表格对于行的标签只有<tr>，无法直接通过标签属性设置某一行中所有单元格的样式。不过读者可以通过添加class类名或者CSS的相邻选择符设计所需要的结果。请读者在上一示例基础上设计一个隔行换色的表格效果，如图7.26所示。

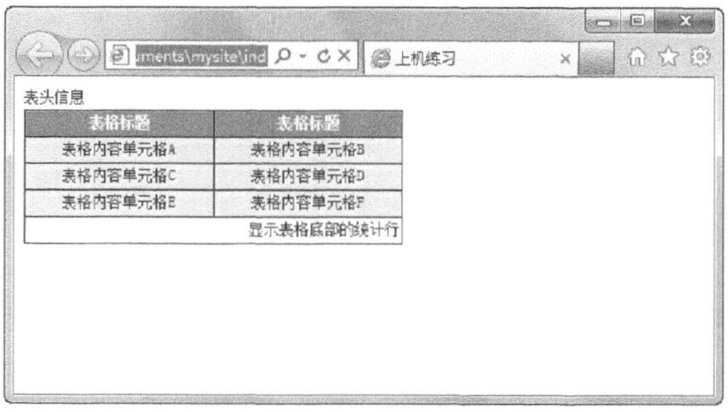

图7.25 设计细线表格效果

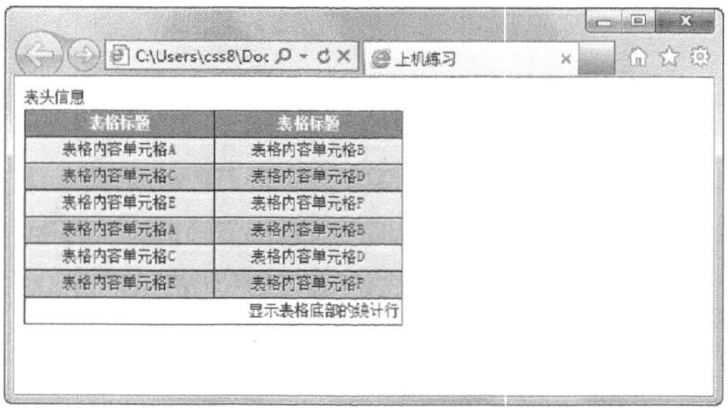

图7.26 设计隔行换色的表格效果

设计要求：

- 利用相邻选择符设计隔行换色的表格效果。
- 通过为偶数行或奇数行定义类样式来设计隔行换色的表格效果。

示例位置：

"光盘位置" \ 示例文件 \07\ 上机练习 2\index.html

3．在网页设计中经常会设计日历，大部分日历以表格结构实现，这是因为在结构上日历是一种数据型的表格结构，而且在无 CSS 支持的情况下也能够完整地呈现日历的基本面貌。请读者尝试使用表格设计一个如图 7.27 所示的日历表效果。

图7.27 设计日历表格效果

设计要求：

- 定义表格 table 标签的宽度，合并单元格之间的边框等样式。表头 caption 标签在浏览器默认解析的情况下，文字是居中显示的，因此添加 text-align:left; 将文字居左显示，并且设置表头的高度属性以及文字颜色。
- 单元格内容 td 标签和单元格标题 th 标签所需要的样式只有背景颜色和文字颜色的不同，因此可以将这两个元素归为一个组定义样式，然后再单独针对单元格标题定义背景颜色和文字颜色。
- 单元格内容 td 标签中所显示的时间是当前系统所显示的时间，添加一个名为 current 的 class 类名，并将其 CSS 样式定义的与其他单元格内容不同，突出显示当前日期。而且 .current 类还有一个作用是为程序开发人员提供一个接口，方便在程序开发的过程中调用这个类名，便于判断系统当前日期后为页面实现效果。
- 日历表中为了能更好地体现某个月份的上一个月份的月尾几天和下一个月份的月头几天在当前月份中的位置，可以在页面中添加该内容，并通过 CSS 样式将其视觉效果弱化。

示例位置：

"光盘位置" \ 示例文件 \07\ 上机练习 3\index.html

8

第 8 章

定义表单样式

网页不仅能向用户传达信息，还能与用户对话，对话的过程主要是通过表单实现，良好的表单设计能够帮助用户进行良好的沟通。表单主要包含表单域、输入框、下拉列表、单选按钮、复选框和按钮等元素，每个元素在表单中所起到的作用也各不相同，而且每个元素在浏览器中呈现时具备不同的特殊性。了解不同表单元素在浏览器中所具备的特殊性，以及 CSS 样式对其所能控制的范围，就能更清晰地明白如何利用合适的表单元素，以及如何利用 CSS 样式美化表单元素。

学习要点：

- 了解与表单相关的标签，以及这些标签的使用方法。
- 了解 CSS 定义表单样式的常用属性。
- 理解 CSS 设计表单样式的一般技巧。

训练要点：

- 能够使用 HTML 标签快速制作表单结构。
- 能够使用 CSS 设计表单样式。
- 能够根据网页设计风格，灵活使用各种技巧设计表单样式。

8.1　设计表单结构

随着网站对交互性要求的加强，表单在Web应用程序中的地位越来越重要。网站离不开各种表单：付费需要使用表单，用户注册或订阅需要使用表单，数据信息统计需要表单。可以说小到搜索框，大到会员支付系统，这些都需要表单及其表单元素进行设计，因此表单成为网站交互功能的重要组成部分。实际上，表单是一个集合概念，它由众多表单元素组成，如文本框、多行文本框、单选按钮、复选框、下拉列表和按钮等。

8.1.1　定义表单框

一个完整的表单结构应该由下面三部分组成。

- 表单框架（<form>标签）：<form>标签是一个包含框，里面包含所有表单元素，通过浏览器看不到任何效果。表单框架包含处理表单数据所用CGI程序的URL以及数据提交到服务器的方法。
- 表单域（<input>、<select>等标签）：用于采集用户的输入或选择的数据，如文本框、多行文本框、密码框、隐藏域、单选按钮、复选框、下拉列表框及文件上传框等。
- 表单按钮（<input>、<button>标签）：用于将数据传送到服务器上的CGI脚本或者取消输入，还可以用来控制其他定义了处理脚本所进行的工作，包含提交按钮、复位按钮和一般按钮。

【随堂练习】

启动 Dreamweaver，新建一个网页，保存为 test.html，在 <body> 内使用 <form> 标签包含一个 <input> 标签和一个提交按钮，并借助 <p> 标签将按钮和文本框分行显示。

```
<form action="a.php" method="get" id="form1" name="form1">
    <p>姓名：<input name="" type="text" /></p>
    <p><input type="submit" value="提交"/></p>
</form>
```

在 IE 浏览器中预览，则演示效果如图 8.1 所示。

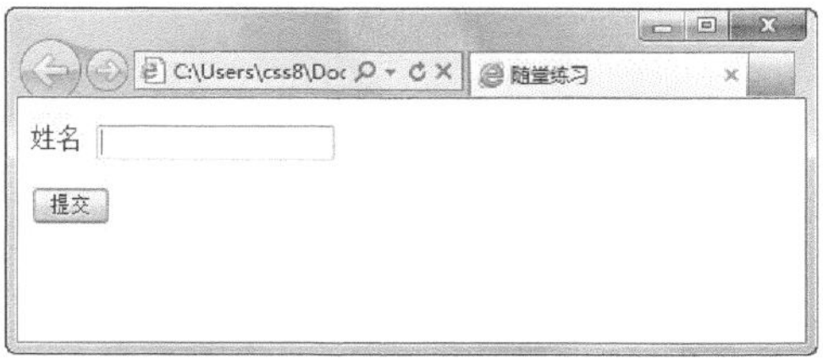

图8.1　表单的基本效果

【拓展学习】

<form> 标签主要包含三个常用属性：action、enctype 和 method。

- action属性：设置数据提交至目标地址，HTML本身并没有提供处理表单数据的原生机制，它的作用是提交，具体处理由脚本或程序实现。该目标页面可以是相对地址或是绝对地址。当设置action="#"时，表示提交给当前页面。

此时可以使用 JavaScript 脚本对其进行验证。例如，用户名是否已存在、密码是否过于简单、两次密码输入是否一致、必填项是否填写完整及验证码输入是否正确等前端脚本处理，当表单内数据正确无误后，可提交至服务器，以减少服务器压力的目的。

- enctype属性：定义表单数据在发送到服务器之前以何种方式进行编码，主要包括以下三种方式。
  - application/x-www-form-urlencoded：<form>标签的默认值，将表单中数据编码定义为名称/值对的形式发送至服务器。
  - multipart/form-data：将表单中数据编码为一条消息，表单中每个表单元素表示消息中的一个部分，然后传送至服务器。表单中含有上传组件时，此属性值是必须的。表单上传文件一般为非文本内容，例如压缩文件（如*.rar）、图片格式(如*.jpg)或mp3等。

- text/plain：将表单中的数据以纯文本方式进行编码。发送邮件须设置编码类型，否则会出现接收编码时混乱的情形。

◆ method属性：表示处理数据的方法，提醒用户代理（这里专指浏览器）采用哪种方式通过表单处理程序以及表单数据。method属性主要包括两种方式：get和post，在数据传输过程中分别对应HTTP协议中的GET和POST方法。

- get 方法传输的数据量少，执行效率比 post 方法好。单击表单中的“提交”按钮时，浏览器的地址上可以看到传递的具体数据，在进行数据查询时可以使用 get 方法。
- post 方法传输的数据量大，按照变量和值相对应的方法传递至相应的 url，无法通过浏览器的地址查看，适合传输比较机密的信息。在进行数据删除、添加等操作时可以使用 post 方法。

8.1.2 定义输入域

<input> 标签可以定义多种形式的输入框，包括单行文本输入框、密码输入框、隐藏输入、文件上传组件、单选按钮、提交按钮、重置按钮以及图像按钮等。<input> 标签基本方式如下所示。

```
<input type=" " />
```

与 <img> 标签一样，它是一个自结束行内元素，<input> 标签中的 type 属性决定了输入域的具体选项，如果没有设置 type 属性或者没有 type 属性值，按照单行文本框处理。

【随堂练习】

新建一个网页，保存为 test.html，在 <body> 内使用 <form> 标签包含三个 <input> 标签，分别使用三种书写方式定义文本输入框。

```
<form action="a.php" method="get" id="form1" name="form1">
    <p>第一种方式 <input /></p>
    <p>第二种方式 <input type="" /></p>
    <p>第三种方式 <input type="text" /></p>
    <p><input type="submit" value="提交"/></p>
</form>
```

在 IE 浏览器中预览，则演示效果如图 8.2 所示。虽然结果是一致的，但是为了保持良好的代码书写习惯，应遵循 HTML 标准，按照第三种方式书写文本输入框。

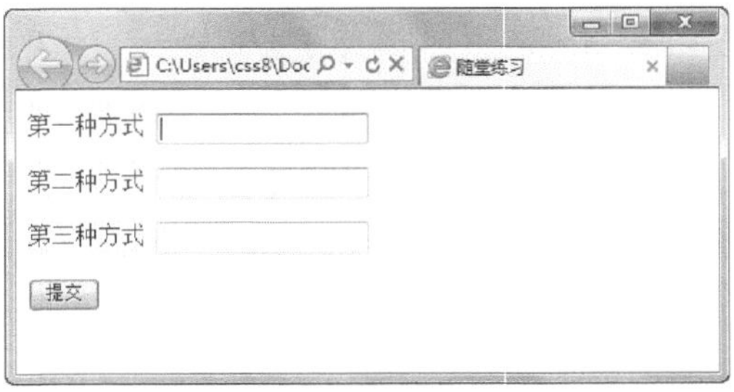

图8.2 单行文本框<input>标签书写方式

【拓展学习】

输入域常用属性包括 type、maxlength、value、size 和 readonly 属性，说明如下。

◆ maxlength属性：表示输入字符串的最大长度，其值是一个数字（数字为整数且大于等于0），用来表示允许输入的最多字符数。例如，在下面的代码中设置最多输入三个字符，当输入第四个字符时，光标无法继续移动，即无法输入。

```
<form>
    <p><input type="text" maxlength="3" /></p>
</form>
```

- value属性：表示输入框的默认值，当载入表单时，<input>标签显示value属性值，即提示用户输入框的输入格式。例如，在下面的代码中设置默认值“请输入您的姓名且不可为数字”。
- size属性：表示输入框的宽度，CSS中的width属性可以代替该属性。

```
<form>
      <p>姓名：<input  type="text"  value="请输入您的姓名且不可为数字"
maxlength="100"/></p>
    <p>姓名：
          <input  type="text"  value="请输入您的姓名且不可为数字"  size="50"
maxlength="100"/>
    </p>
</form>
```

在上面的示例中，在第一个文本输入框中提供的默认值没有完全显示，在第二个文本输入框中通过本身的 size 属性（设置文本框的宽度），内容完全显示出来了。此处不建议使用 size 属性控制输入框的宽度，可通过 CSS 属性的宽度 width 进行相应设置，将一切表示性元素删除，建立一个符合 WEB 标准的 XHTML 页面。

- readonly 属性：布尔值，表示该字段只可读不可输入，相当于 3.5 英寸软盘的只读不写操作，主要应用在 <input> 和 <textarea> 标签，建议如下书写。

```
<p>姓名：<input  type="text"  value="请输入您的姓名"  maxlength="100"
readonly="readonly"  /></p>
```

错误书写方式如下。

```
<p>姓名：<input type="text" value="请输入您的姓名" maxlength="100"  readonly
/></p>
```

将鼠标指针移至输入框，删除里面的文字，内容将无法删除。虽然两者都能达到无法修改输入框内容目的，但是第一种方式更符合 WEB 标准的 XHTML 书写规则。

【拓展练习 1】

将 <input> 标签的 type 属性设置为 password，文本域将成为密码输入框，可以将其输入的字符以星号或圆点显示，达到加密的作用，这种加密方式安全性比较差，需要通过其他方式将密码进行加密。密码输入框的主要作用是在输入密码时防止别人偷看。日常生活中，自动取款机的密码输入框用到的就是这个控件，可以有效地防止密码被人偷窥。

新建一个网页，保存为 test.html，在 <body> 标签内输入如下代码。

```
<form>
    <p> <input type="password" value="请输入密码" ></p>
</form>
```

在上面的示例中设置了默认值，但由于密码输入框的特殊性质，在浏览器中显示的依然是星号或圆点。

【拓展练习 2】

隐藏域 (type="hidden") 就是在网页中看不到信息，当提交表单时，它包含的一些数据也将提供给服务器。注意，隐藏域只包含一个 value 属性，使用该属性可以将各种固定参数传递到服务器，如统计用户访问 IP，确定用户的来源。

```
<form>
  <p> <input type=" hidden" value="123456" ></p>
</form>
```

【拓展练习 3】

文件上传（type="file"）可以将本地网络上的某个文件以二进制数据流的形式传递至服务器。例如，QQ的“本地中转站”可以单次上传1G大小的文件存储在腾讯的服务器上；163邮箱发送邮件时上传的附件。

```
<form method="post">
  <p><input name="" type="file" /></p>
</form>
```

在浏览器中演示效果如图 8.3 所示。

图8.3　文件上传组件

文件上传组件表面看起来像两个组件，其实只有一个，默认的文件上传按钮一般不美观，可以通过 CSS 透明度设计，隐藏按钮显示，再使用 CSS 的定位属性将新的按钮放在默认的按钮下面，然后使用 JavaScript 获取文件上传输入框中的路径，将地址保存并放到需要的位置即可。

> **注意** **使用文件上传组件时form元素的method属性值须设置为"post"，enctype属性值须设置为"multipart/form-data"，否则提交操作将失败。**

【拓展练习 4】

多行文本框（<textarea>）可以允许用户输入大量信息，单行文本框不能满足这种需求。与输入域不同，多行文本框是一个容器元素，不是自结束元素，主要应用在用户留言或者聊天窗口，如 QQ 聊天窗口。

例如，在下面的示例中，为客户提供留言输入框，定义了输入的字符宽度和显示的行数，并分别使用了 readonly、disabled 属性，比较它们的不同。

```
<form>
    <table width="400" align="center">
        <tr>
            <td>客户留言方式一：</td>
            <td>客户留言方式二：</td>
        </tr>
        <tr>
            <td><textarea name="" cols="40" rows="6" readonly="readonly" >
输入内容</textarea></td>
            <td><textarea name="" cols="40" rows="6" disabled="disabled" >
```

```
输入内容</textarea></td>
            </tr>
        </table>
    </form>
```

在浏览器中预览，则演示效果如图 8.4 所示。

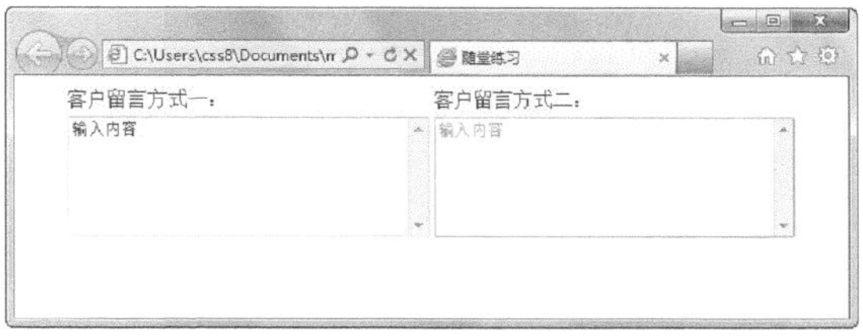

图8.4　多行文本框分别设置readonly和disabled属性

textarea元素包含cols、wrap、rows、disabled和readonly这五个常用属性。

- ◆ cols 属性用于设置文本区域内可见字符宽度，rows 属性用于设置文本区域内可见行数，一般通过 CSS 的 width 和 height 属性控制文本框的宽度和高度。当输入的内容超过可视区域后，多行文本框将出现滚动条，通过 CSS 控制是否显示滚动条。
- ◆ wrap属性：定义输入内容大于文本区域宽度时显示的方式。
  - ● 默认值：文本自动换行；当输入内容超过文本域的右边界时会自动转到下一行，而数据在提交、处理时自动换行的地方不包含额外的换行符。
  - ● Off：用来避免文本换行，当输入的内容超过文本域右边界时，文本将向左滚动，必须用Return才能将插入点移到下一行。
  - ● Virtual：允许输入文本自动换行。当输入内容超过文本域的右边界时会自动转到下一行，而数据在被提交、处理时，自动换行的地方不会有换行符出现。
  - ● Physical：文本自动换行，当数据被提交处理时换行符也将被一起提交处理。
- ◆ disabled属性：当首次加载时该文本区域禁用，提交内容时不会将此项值传递至服务器。该属性将对多行文本框的鼠标和键盘操作屏蔽。如不可通过鼠标选中里面的值，设置的快捷键或Tab键都无效。
- ◆ readonly属性：用户无法修改文本区域内的内容，提交内容时会将此项值提交至服务器。该属性不影响多行文本框的鼠标和键盘操作。如使用鼠标选中多行文本框内容，将其复制，或通过键盘使该文本框获得焦点。

disabled 和 readonly 属性的区别如下。

- ◆ disabled 和 readonly 属性从图 8.4 中可以发现：readonly 属性设置与否在图 8.4 上无任何影响；disabled 属性设置后文字变成灰色，不可单击。
- ◆ readonly 只针对 input 和 textarea 有效，而 disabled 对于所有的表单元素都有效，包括 select、radio、checkbox、button 等。
- ◆ 表单元素在使用了 disabled 后，当我们将表单以 POST 或 GET 的方式提交的话，此元素的值不会被传递出去，而 readonly 会将该值传递出去。

8.1.3　定义选择域

单选按钮（<input type="radio">）实际上是一个圆形的选择框。当选中单选按钮时，圆形按钮的中心会出现一个点，相当于圆点。多个单选按钮可以合并为一个单选按钮组，单选按钮组中的 name 值必须相同，如 name="RadioGroup1"，即单选按钮组同一时刻也只能选择一个。

【随堂练习】

新建一个网页，保存为 test.html，在 <body> 内使用 <form> 标签包含三个单选按钮。

```
    <form>
        <p>性别：
            <label>
                <input type="radio" name="RadioGroup1" value="男" />
                男</label>
            <label>
                <input type="radio" name="RadioGroup1" value="女" />
                女</label>
            <label>
                      <input  type="radio"  name="RadioGroup1"  value="保密"
checked="checked"/>
                保密</label>
        </p>
    </form>
```

在 IE 浏览器中预览，则演示效果如图 8.5 所示。在填写表单时，有时不想让别人了解自己的性别，可以选择“保密”选项，当载入表单时，默认选中的是“保密”，这样就减少了用户操作的次数。如果不设置单选按钮的初始值，会让用户感觉此处不需要选择，影响网站的交互性。

图8.5　单选按钮效果

单选按钮组的作用是“多选一”，一般包括有默认值，否则不符合逻辑。此处使用 checked 属性表示选中状态，而不是 value 属性。

【拓展练习 1】

复选框（<input type="checkbox">）可以同时选择多个，每个复选框都是一个独立的元素，且必须有一个唯一的名称（name 属性）。它的外观是一个矩形框，当选中某项时，矩形框中会出现一小对号。同单选按钮 (radio) 一样使用 checked 属性表示选中状态，与 readonly 属性类似 checked 属性也是一个布尔型属性。

例如，在下面的示例中，选择你喜欢的运动，有四个选项：“足球”、“篮球”、“排球”及“羽毛球”，设置羽毛球为默认值。

```
    <form>
        你喜欢的运动：
        <label>
            <input name="足球" type="checkbox" value="足球" />
            足球</label>
        <label>
            <input name="篮球" type="checkbox" value="蓝球" />
            篮球</label>
        <label>
            <input name="排球" type="checkbox" value="排球"  />
            排球</label>
        <label>
                 <input  name="羽毛球"  type="checkbox"  value="羽毛球"
checked="checked"/>
```

```
        羽毛球</label>
</form>
```

页面演示效果如图 8.6 所示。

图8.6 复选框效果

在上面的示例中，使用了 label 标签，单选按钮中也使用过它，label 标签的作用是将文字和文字后面的标签关联在一起，当单击“足球”文字时，“足球”后面的复选框就可以选中，其余的“蓝球”、“排球”、“羽毛球”亦是如此，这样提高了表单的可用性和可访问性，目前流行的浏览器均支持这种方式。

【拓展练习 2】

<select> 标签与 <option> 标签配合使用用于设计下拉列表或者列表框，<select> 标签可以包含任意数量的 <option> 标签或 <optgroup> 标签。<optgroup> 标签是对 <option> 标签的分组，即多个 <option> 标签放到一个 <optgroup> 标签内。

> **注意** <optgroup>标签中的内容不能被选择，它的值也不会提交给服务器。<optgroup>标签用于在一个层叠式选择菜单中为选项分类，label属性是必须的，在可视化浏览器中，它的值将会是一个不可选的伪标题，为下拉列表分组。

<select> 标签同时定义菜单和列表，两者的区别如下。

- 菜单是节省空间的方式，正常状态下只能看到一个选项，单击下拉按钮打开菜单后才能看到全部的选项，即默认设置是菜单形式。
- 列表显示一定数量的选项。如果超出了这个数量，出现滚动条，浏览者可以通过拖动滚动条来查看并选择各个选项。

例如，在下面的示例中，“您来自哪个城市”针对省份的不同进而更快地选择您的城市，通过 <optgroup> 标签将数据进行分组，可以更快地找到所要选择的选项，使用 selected 属性默认设置选中“青岛”。如果没有定义该属性，则“您来自哪个城市”的值将为第一个选项，即“潍坊”。

```
<form>
    您来自哪个城市：
    <select name="选择城市">
        <optgroup label="山东省">
            <option value="潍坊">潍坊</option>
            <option value="青岛" selected="selected">青岛</option>
        </optgroup>
        <optgroup label="山西省">
            <option value="太原">太原</option>
            <option value="榆次">榆次</option>
        </optgroup>
    </select>
</form>
```

页面演示效果如图 8.7 所示。

- size属性：定义下拉列表中显示的项目数目，<optgroup>标签的项目计算在其中。它的作用与输入域是不同的，在输入域中代表的是默认值。在<select>中设置size="3"，则下拉列表将不止显示一个“潍坊”值，而是显示“山东省”、“潍坊”及“青岛”三个值。

◆ multiple属性：定义下拉列表可以多选。例如，设置multiple="multiple"，则按住Shift键，在下拉列表中单击可以同时选择多个项目值，如可以同时选中“潍坊”和“青岛”两个值。

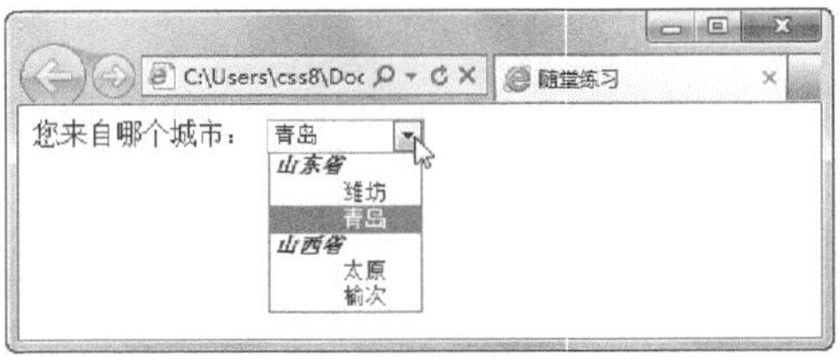

图8.7　下拉列表效果

8.1.4　优化表单结构

在表单的应用中，有时需要对表单的信息进行分组，例如，在“注册”表单中，将注册信息分组成基本信息（必填项目）、详细信息（选填项目）等。此时可以使用 <fieldset> 和 <legend> 标签完成上述任务。

◆ <fieldset>标签：为表单进行分组，一个表单可以有多个<fieldset>标签。它在包含的文本和<input>标签等表单元素外面形成一个包围框。

◆ <legend>标签：说明每组的内容描述，即包围框的标题，默认显示在<fieldset>标签形成包围框的左上角。<legend>标签用于表单元素(input、textarea、select)，配于for属性将值传递给相应的表单元素。

在不同的浏览器下，<fieldset> 标签形成的包围框不一致，IE 浏览器下显示为圆角框，而火狐下显示为正四方框，可通过将 CSS 中的 border 属性设置为 0，重新定义边框，或使用背景图设置。为了兼容不同浏览器实现圆角（仅限于 <fieldset> 标签），可以使用私有属性来实现。如火狐浏览器下使用 -moz-border-radius 属性，Chrome 和 Safari 浏览器设置 -webkit-border-radius 属性。

<label> 标签为内联元素，定义表单域提示信息，它不允许嵌套使用。通过绑定该标签的 for 属性，可将文本内容与表单域关联。当用户单击标签文本时，系统根据 for 属性值自动定位 id 值等于 for 属性值的表单域，加快信息输入。如果不使用 for 属性，通过 <label> 标签嵌套整个表单域和表单域对应的内容。

tabindex 属性定义按下 Tab 键时被表单元素或链接选中的顺序。

◆ 当 tabindex=0 时相当于默认设置。

◆ 当 tabindex=-1 时，表示禁用该标签的 Tab 键。

◆ tabindex 属性值越小，则优先级越高，即最早获得焦点。

◆ 多个元素的 tabindex 属性值相同，依照元素出现的先后顺序获得焦点。

◆ 设置 disabled 属性的元素，tabindex 属性值无效。

【随堂练习】

新建一个网页，保存为 test.html，在 <body> 内使用 <form> 标签设计一个表单结构，然后使用 <label> 标签的两种方式实现内容信息与表单元素的关联，并为用户设置快捷键，以加快访问表单元素。

```
<form>
    <table>
        <tbody>
            <tr>
                        <td><label for="XingMing" accesskey="1">名字
:    </label>
```

```
    <input type="text" name="text" value="周涛" size="20" tabindex="1"
id="XingMing"></td>
                </tr>
                <tr>
                    <td><label>输入密码:
    <input type="text" name="password" value="******"size="20" tabindex="3">
                        </label></td>
                </tr>
                <tr>
                    <td><label>确认密码:
    <input type="text" name="password" value="******" size="20" tabindex="2">
                        </label></td>
                </tr>
                <tr>
                    <td><button tabindex="-1">提交</button></td>
                </tr>
            </tbody>
        </table>
    </form>
```

然后在 <head> 标签内添加 <style type="text/css"> 标签，定义一个内部样式表，然后输入下面的样式，定义表格样式。

```
table{
text-align:left;                              /* 设置左对齐 */
font-size:14px;                               /* 设置文字大小 */
margin:0 auto;                                /* 设置水平居中 */
}
```

在 IE 浏览器中预览，则演示效果如图 8.8 所示。“姓名”和“输入密码”使用了两种方式获取文本内容与文本域的关联。<label> 标签设置 for="XingMing"，随后的文本域中设置 id 值 "XingMing" 实现与“姓名”关联。<label> 标签没有进行任何属性设置，通过包裹“输入密码”和文本域，实现文本域与“输入密码”关联。

图8.8 <label>标签是否使用for属性及tabindex属性

整体改变“姓名”、“输入密码”、“确认密码”、“提交”的 Tab 按键顺序。当按下 Tab 键时，值为“周涛”的文本域获得焦点，依次为“确认密码”和“输入密码”，而“提交”按钮取消 Tab 按键获得焦点功能。

8.2 定义表单样式

表单元素比较特殊，不易使用 CSS 控制其样式，例如，下拉列表、列表框、单选按钮和复选框。特别是下拉列表和列表框，如果希望完全个性化定制其显示样式，只能够通过 JavaScript 脚本间接实现。不过，使用 CSS 还是可以定义表单元素的大部分样式。

8.2.1 定义输入域样式

不同浏览器对表单元素的默认样式都有不同的解析方式，在设计中为了符合页面风格，可以对表单的各个元素进行相应美化。现在对应用最多的 input 类型的元素及多行文本框进行 CSS 设置。

【随堂练习】

启动 Dreamweaver，新建一个网页，保存为 test.html，在 <body> 内使用 <form> 标签包含一个文本框和一个文本区域。

```
<form>
    <p>输入框:
        <input type="text" value="看我的颜色" />
    </p>
    <p>多行文字输入框:
        <textarea>看我的颜色</textarea>
    </p>
</form>
```

然后在 <head> 标签内添加 <style type="text/css"> 标签，定义一个内部样式表，然后输入下面的样式，定义表单样式，为文本框和文本区域设置不同的边框颜色和字体颜色。

```
body{
font-size:14px;                              /* 文本大小 */
}
input{
width:200px;                                 /* 设置宽度 */
height:25px;                                 /* 设置高度 */
font-size:14px;                              /* 文本大小*/
line-height:25px;                            /* 设置行高 */
border:1px solid #339999;                    /* 设置边框属性 */
color:#FF0000; /* 字体颜色 */
background-color:#99CC66;                    /* 背景颜色 */
}
textarea{
width:200px;                                 /* 设置宽度 */
height:100px;                                /* 设置高度 */
line-height:24px;                            /* 设置行高 */
border:none;                                 /* 清除默认边框设置 */
border:1px solid #ff7300;                    /* 设置边框属性 */
background:#99CC99;                          /* 设置宽度 */
display: block;                              /* 背景颜色*/
margin-left:40px;                            /* 设置外间距 */
}
```

首先定义整个表单中文字的大小和输入域的空间，设置宽度和高度，输入域的高度和行高应一致，即方便实现单行文字垂直居中，接着设置单行输入框的边框，在字体颜色和背景颜色的取色中，一般反差较大，突出文本内容。

然后，设置多行文本框属性。同样对其宽高设置，此处设置它的行高为 24 像素，实现行与行的间距，而不设置垂直居中。通过浏览器可以发现多行文本框的边框线有凹凸的感觉，此时设置边框线为 0，并重新定义边框线的样式。多行文本框前输入的内容较多，可以设置块元素换行显示，使文本输入全部显示。通过浏览器发现单行文本框和多行文本框左边并没有对齐，通过设置 margin-left 属性来实现上（单行文本框）下（多行文本框的对齐），最后更改多行文本框的背景色，即整个表单内元素设置完毕。

在 IE 浏览器中预览，则演示效果如图 8.9 所示。

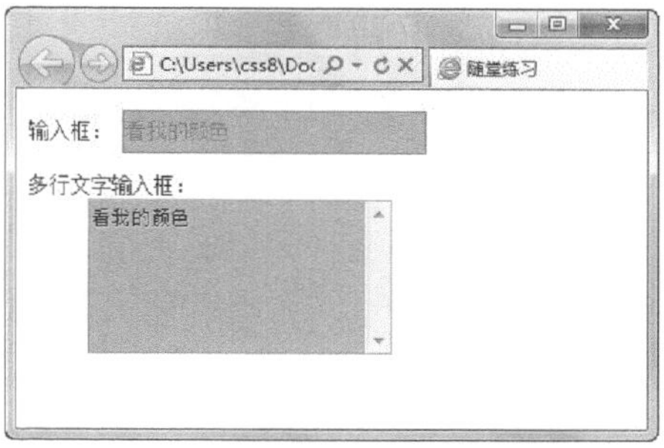

图8.9　单行文本框和多行文本框设置

【拓展练习 1】

在 CSS 中控制表单域对象，可以使用不同的方法。以上面的示例为例，如果使用属性选择器，则可以使用如下样式来控制。

新建一个网页，保存为 test.html，在 <body> 内使用 <form> 标签包含一个文本框和一个密码域。

```
<form>
    <p>输入框：
        <input type="text" value="看我的颜色" />
    </p>
    <p>密码输入框：
        <input type="password" value="看我的颜色" />
    </p>
</form>
```

然后在 <head> 标签内添加 <style type="text/css"> 标签，定义一个内部样式表，然后输入下面的样式。

```
body{
font-size:14px;                          /* 文本大小*/
}
input{
width:200px;                             /* 设置宽度 */
height:25px;                             /* 设置高度 */
border:1px solid #339999;                /* 设置边框 */
background-color:#99CC66;                /* 设置背景颜色 */
}
input[type='password']{
background-color:#F00;                   /* 设置背景颜色 */s
}
```

在 IE 浏览器中预览，则演示效果如图 8.10 所示。

用户也可以使用类样式控制表单样式。以上面的示例为基础，简单定义一个类样式，然后添加到表单域元素身上。

图8.10　使用伪类样式控制表单域

```
input.new{
background-color:#F00;                    /* 设置宽度 */s
}
<form>
    <p>输入框：<input type="text" value="看我的颜色" /></p>
    <p>密码输入框：<input type="password" value="看我的颜色" class="new" /></p>
</form>
```

【拓展练习 2】

大多数表单元素获得焦点时，会发生较大的变化，提示用户当前所在的位置，如使用 CSS 伪类 :focus 可以实现输入框的背景色的改变；使用 CSS 伪类 :hover 可以实现当鼠标滑过输入框时，加亮或者改变输入框的边框线，提示当前鼠标滑过输入框。

> **提示** CSS伪类:focus、:hover等伪类标识符，IE 6不支持，但阻止不了网站设计为提高表单的可用性的决心，可通过JavaScript动态添加/删除类名实现。

新建一个网页，保存为 test.html，在 <body> 内使用 <form> 标签包含一个文本框和一个密码域。

```
<form>
    <p>输入框：
        <input type="text" value="看我的颜色" />
    </p>
    <p>密码输入框：
        <input type="password" value="看我的颜色" class="new" />
    </p>
</form>
```

然后在 <head> 标签内添加 <style type="text/css"> 标签，定义一个内部样式表，输入下面的样式。

```
body {
    font-size:14px;                       /* 设置宽度 */
}
input {
    width:200px;                          /* 设置宽度 */
    height:25px;                          /* 设置宽度 */
    border:1px solid #339999;             /* 设置宽度 */
    background-color:#99CC66;             /* 设置宽度 */
}
p span {
    display:inline-block;                 /* 设置宽度 */
    width:100px;                          /* 设置宽度 */
    text-align:right;                     /* 设置宽度 */
}
input {
    width:200px;                          /* 设置宽度 */
    height:25px;
    border:3px solid #339999;             /* 设置宽度 */
    background-color:#99CC66;             /* 设置宽度 */
```

```
    }
    input:focus {
        background-color:#FF0000;           /* 设置宽度 */
    }
    input:hover {
        border:3px dashed #99FF00;          /* 设置宽度 */
    }
```

在 IE 浏览器中预览，则演示效果如图 8.11 所示。

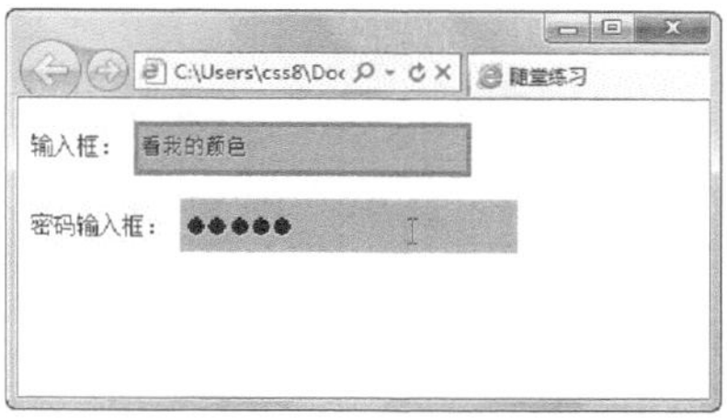

图8.11 使用伪类设计动态样式效果

8.2.2 定义选择域样式

使用 CSS 可以设计单选按钮和复选框的样式，但是如果要整体改变其外观，可以通过背景图片替代默认样式。单选按钮和复选框都可以实现。

【综合练习】

设计思路：

本示例通过背景图像代替默认单选按钮样式的设计思路，实现使用 CSS 设计个性化的单选按钮效果。

- 个性化自定义的单选按钮首先需要两种图片状态：选中和未选中，对其添加不同的 class 类，实现背景图像的改变。
- 通过 <label> 标签的 for 属性和单选按钮的 id 属性值，实现内容与单选按钮的关联，即单击单选按钮相对应的文字时，单选按钮亦被选中。
- 浏览器名称设置背景图片，单击时添加 class 类，最后隐藏单选按钮。注意，本例需要 JavaScript 动态更改 class 类，缺少 JavaScript 脚本控制将无法动态改变单选按钮的选中与否。

操作步骤：

步骤 1 在 Photoshop 中设计两个大小相等的背景图标，图标样式如图 8.12 所示。

图8.12 设计背景图标

步骤 2 新建一个网页，保存为 test.html，在 <body> 内使用 <form> 标签包含多个单选按钮。该表单设计评选各个浏览器被认可的人数，选项有火狐浏览器、IE 浏览器、谷歌浏览器等。

步骤 3 在 <head> 标签内添加 <style type="text/css"> 标签，定义一个内部样式表，输入下面的样式。

```
<form>
    <h3>请选择您最喜欢的浏览器</h3>
    <p>
            <input type="radio" checked="" id="radio0" value="radio"
name="group"/>
        <label for="radio0" class="radio1">Internet Explorer</label>
```

```
        </p><p>
                <input type="radio" checked="" id="radio1" value="radio"
name="group"/>
            <label for="radio1" class="radio1" >Maxthon</label>
        </p><p>
                <input type="radio" checked="" id="radio2" value="radio"
name="group"/>
            <label for="radio2" class="radio2" >Mozilla Firefox</label>
        </p><p>
                <input type="radio" checked="" id="radio3" value="radio"
name="group"/>
            <label for="radio3" class="radio1" >谷歌浏览器</label>
        </p><p>
              <input type="radio" checked="checked" id="radio4" value="radio"
name="group"/>
            <label for="radio4" class="radio1" >Opera</label>
        </p><p>
                <input type="radio" checked="" id="radio5" value="radio"
name="group"/>
            <label for="radio5" class="radio1" >世界之窗</label>
        </p><p>
                <input type="radio" checked="" id="radio6" value="radio"
name="group"/>
            <label for="radio6" class="radio1" >搜狗浏览器</label>
        </p>
    </form>
```

步骤4 页面进行初始化，网页内容为16号黑体。表单 <form> 元素宽度为600像素，为每行存放三个单选按钮确定空间，并使表单在浏览器中居中显示。<form> 元素的相对定位应去掉，此处体现子元素设置绝对定位时其父元素最好能设置相对定位，减少 bug 的出现。

```
    /*页面基本设置及表单<form>元素初始化 start*/
    body {font-family:"黑体"; font-size:16px;}
    form {position:relative; width:600px; margin:0 auto; text-align:center;}
```

步骤5 <p> 标签宽度为200像素，并设置为左浮动，实现表单（表单的宽度为600像素，600/200=3）内部横向显示三个单选按钮。各个浏览器名称长短不同，对其进行左对齐设置，达到视觉上的对齐。<p> 标签在不同浏览器下默认间距大小不一致，此处设置内外间距为0像素，会发现第一行单选按钮和第二行单选按钮过于紧密，影响美观，于是设置上下外间距（margin）为10像素。

```
    p{ width:200px; float:left; text-align:left; margin:0; padding:0;
margin:10px 0px;}
```

步骤6 <input> 标签的 id 值和 <label> 标签的 for 属性值一致，实现两者关联，并将 <input> 标签进行隐藏操作，即 <input> 标签设置为绝对定位，并设置较大的 left 值，比如 left：-999em；<input> 标签完全移出浏览器可视区域之外，达到隐藏该标签的作用，为紧跟在它后面的文字设置背景图片替代单选按钮（<input> 标签）做铺垫。

```
    input {position: absolute; left: -999em; }
```

步骤 7 <label> 标签添加 class 类 radio1 和 radio2，代表单选按钮未选中和选中两种状态。现在分别对 class 类 radio1 和 radio2 进行设置，两者 CSS 属性设置一致，区别在于其背景图片的不同，具体内容如下。

- 设置背景图片不平铺，起始位置为左上角，清除外间距设置。背景图片的宽度是 33 像素、高度是 34 像素，即设置的背景图片和文字的间距一定要大于 33 像素，防止文字压住背景图片（文字在图片上面）。
- 设置左内间距为 40 像素（可调整大小），设置 <label> 标签高度为 34 像素、高度也是 34 像素，实现垂直居中，且完整显示背景图片（高度值必须大于 34 像素），用背景图片代替单选按钮。
- 在浏览器显示中观察页面，背景图片未显示完整，此时需要将 <label> 标签的 CSS 属性设置为块元素，设置的高度才有效。当鼠标移至 <label> 标签时设置指针变化为手型，提示当前可以单击。最后加入 JavaScript 脚本，实现动态单击选中效果，脚本不属于本书介绍范围，读者可以直接使用（也可直接删除 JavaScript 脚本）。单选按钮可以通过背景图片替代，同样如示例，使用背景图片也可以替代复选框的默认按钮样式。

```
.radio1 {margin: 0px;padding-left: 40px;color: #000;line-height: 34px;height: 34px;
    background:url(img/4.jpg) no-repeat left top;cursor: pointer; display:block; }
.radio2 {background:url(img/3.jpg) no-repeat left top; }
```

本示例的内部样式表完整代码如下。

```
body{
font-family:"黑体";                     /* 字体类型 */
font-size:16px;                         /* 字体大小 */
}
form{
color:#000;                             /* 字体颜色 */
position:relative;                      /* 设置相对定位 */
width:600px;                            /* 设置宽度 */
margin:0 auto;                          /* 居中对齐 */
text-align:center;                      /* 居中对齐*/
}
p{
color:#000;                             /* 字体颜色 */
width:200px;                            /* 设置宽度 */
float:left;                             /* 设置左浮动 */
text-align:left;                        /* 设置左对齐 */
margin:0;                               /* 清除间距 */
padding:0;                              /* 清除间距*/
margin:10px 0px;                        /* 左右居中上下10像素间距 */
}
input{
color:#000;                             /* 字体颜色 */
position: absolute;                     /* 设置绝对定位 */
left: -999em;                           /* 超出浏览器可视部分，达到隐藏效果 */
line-height: 50px;                      /* 设置行高 */
```

```
height: 50px;                           /* 设置高度 */
}
.radio1 {
color:#000;                             /* 字体颜色 */
margin: 0px;                            /* 清除间距*/
padding-left: 40px;                     /* 设置左间距 */
color: #000;                            /* 字体颜色 */
line-height: 34px;                      /* 设置行高 */
height: 34px;                           /* 设置高度 */
background:url(img/4.jpg) no-repeat left top;/* 设置背景图片 */
cursor: pointer;                        /* 鼠标为手型 */
display:block;                          /* 转换为块元素 */
}
.radio2 {
background:url(img/3.jpg) no-repeat left top;/* 设置背景图片 */
}
```

步骤 8 在 IE 浏览器中预览，则演示效果如图 8.13 所示。

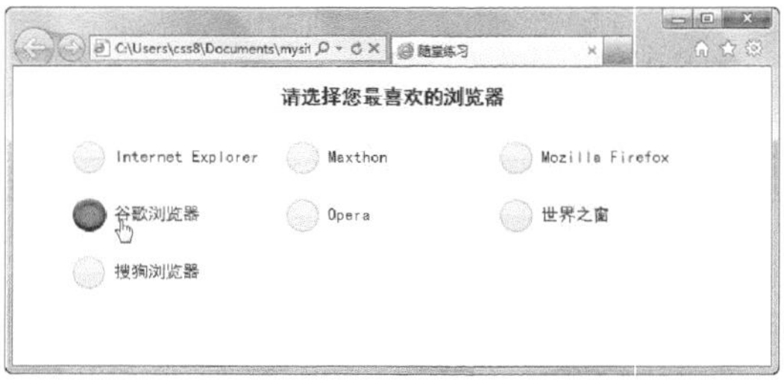

图8.13　背景图片代替单选按钮默认样式

8.2.3　定义列表域样式

通过 CSS 可以对下拉列表显示的字体和边框样式进行设置，但是对于其他样式，不同浏览器对于 CSS 的支持却不是很完善。一般情况下，通过 CSS 可以简单地设置字体和边框样式，对下拉列表中的每项选择进行单独的背景颜色、文字加粗等效果，此时用户通过下拉列表颜色的差异区分不同的选项。

【随堂练习】

新建一个网页，保存为 test.html，在 <body> 内使用 <form> 标签包含一个下拉列表。

在 <head> 标签内添加 <style type=” text/css” > 标签，定义一个内部样式表，输入下面的样式。添加不同的 class 类名，实现不同 <option> 标签的背景颜色，最终达到七彩虹颜色的下拉列表。

```
<div class='box'>
    <select >
        <option class="bjc1">内容一</option>
        <option class="bjc2">内容二</option>
        <option class="bjc3">内容二</option>
        <option class="bjc4">内容二</option>
    </select>
</div>
```

步骤1 <select> 标签的父元素 <div> 标签设置宽度为 120 像素，IE 浏览器下设置为 150 像素，超出部分隐藏，通过步骤 2 查看超出部分隐藏是否有效。

```
.box{width:120px;width:150px\9; overflow:hidden;}
```

步骤2 <select> 标签设置宽度为 136 像素，它的值小于外层 <div> 标签的宽度，对其设置高度为 23 像素，因为背景图像尺寸为 119×23 像素，最外层的 <div> 标签设置的宽度是背景图片的宽度所定义的。背景图片的设置是查看现代浏览器和 IE 浏览器对 <select> 标签支持情况。通过图 8.14 和图 8.15 比较可以发现，IE 浏览器超出部分没有隐藏，且 IE 浏览器中的 <select> 标签与其子元素 <option> 标签的宽度为 120 像素，而现代浏览器 <select> 标签宽度为 136 像素，其子元素并没有与 <select> 标签宽度一致，而是与 <div> 标签宽度一致，通过为 box 设置高度 200 像素、及背景色可查看。

```
select{width:136px; color: #909993; border:none;height:23px; line-height:23px;
background:none;background:url(images/5.jpg) no-repeat left top; color:#000000; font-weight:bold;}
.box{height:200px; background-color:#3C9}
```

步骤3 下拉列表的每个选项设置不同的背景颜色，通过 <option> 标签不同的 clss 名设置不同的背景颜色，实现七彩虹效果。<option> 标签的值与 <select> 标签高度应一致，设置为手型，高度 23 像素，更改鼠标样式为手型。

```
.bjc1{background-color:#0C9;}
.bjc2{background-color:#F96}
.bjc3{background-color:#0F0}
.bjc4{background-color:#C60}
option{font-weight:bold; border:none; line-height:23px; height:23px; cursor:pointer;}
```

完整的 CSS 内部样式表代码如下。

```
.box{
color:#000;                                 /* 字体颜色 */
width:120px;                                /* 设置宽度 */
width:150px\9;                              /* ie8下宽度为150像素 */
overflow:hidden;                            /* 超出隐藏 */
}
select{
width:136px;                                /* 设置宽度 */
color: #909993;                             /* 字体颜色 */
border:none;                                /* 取消边框 */
height:23px;                                /* 设置高度 */
line-height:23px;                           /* 设置行高 */
background:none;                            /* 背景隐藏 */
background:url(images/5.jpg) no-repeat left top;      /* 设置背景图片 */
color:#000000;                              /* 字体颜色 */
font-weight:bold;                           /* 字体加粗 */
}
option{
```

第5章 第6章 第7章 第8章

```
font-weight:bold;                        /* 字体加粗 */
border:none;                             /* 取消边框 */
line-height:23px;                        /* 设置行高 */
height:23px;                             /* 设置高度 */
cursor:pointer;                          /* 设置鼠标为手型 */
}
.bjc1{background-color:#0C9;}            /* 设置背景颜色*/
.bjc2{background-color:#F96;}            /* 设置背景颜色*/
.bjc3{background-color:#0F0;}            /* 设置背景颜色*/
.bjc4{background-color:#C60;}            /* 设置背景颜色 */
```

页面演示效果如图 8.14、图 8.15 所示。通过浏览器比较浏览发现，微软 IE 浏览器没有支持 <select> 标签的背景图片设置，而火狐浏览器则已经实现。谷歌、Opera 等浏览器也不支持。通过 JavaScript 和 CSS 相结合可以模拟 <select> 标签。如果下拉列表设计简单，只有对下拉列表的宽度、字体颜色等简单要求的效果，采用 <select> 标签，如果需要含有特殊的设计效果，对其背景图片进行设置，改变下拉列表的下拉按钮形状，一般都是通过其他标签模拟实现下拉列表的效果，而不再通过 <select> 标签设置。

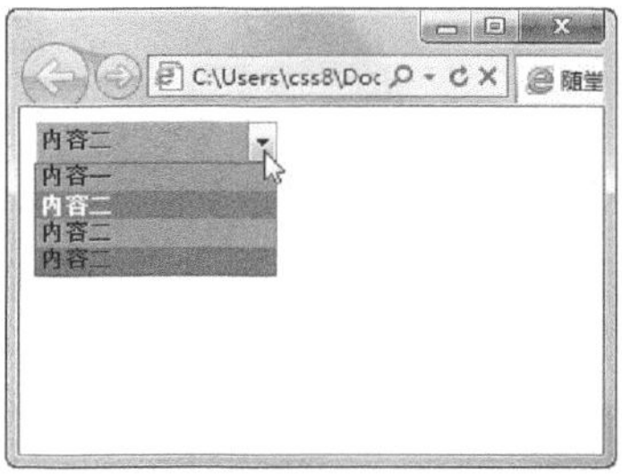

图8.14　IE浏览器下拉列表不支持背景图片

图8.15　火狐浏览器下拉列表支持背景图片

8.3　综合训练

本章集训目标：

- 能够正确根据网页交互需求，准确设计表单结构。
- 能够使用 CSS 设计常用表单样式。
- 能够根据页面风格设计更具个性的表单样式。

8.3.1　实训1：设计用户登录表单

实训说明：

在一般情况下，网站都会提供用户管理系统，或者是后台管理系统，可以说用户登录是用户进入网站的第一步操作，登录表单框及其样式将直接影响到用户的访问情绪。本示例设计的登录框以灰色为主色调，灰色是万能色，能够与任何色调风格的网站相融合，整个登录框醒目，结构简单，方便用户使用，表单框设计风格趋于淡定自然，演示效果如图 8.16 所示。

主要训练技巧说明：

- 能够根据页面设计需要控制表单设计风格。
- 通过类样式灵活设计表单局部细节。

- 使用 CSS 的 border 属性设计风格和谐的表单样式。
- 能够利用补白、对齐方式调整表单元素的显示位置。

示例位置：

“光盘位置”\示例文件 \08\ 实训 1：设计用户登录表单 \index.html

设计步骤：

步骤 1 在 Photoshop 中设计渐变的背景图像，高度为 21 像素，宽度为 2 像素，渐变色调以淡灰色为主，如图 8.17 所示。

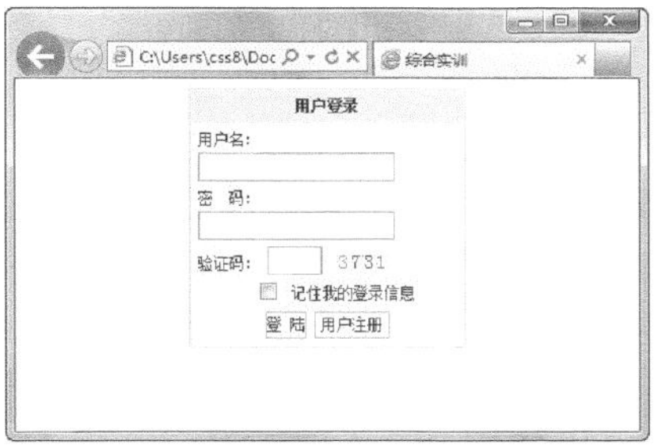

图8.16　设计用户登录表单样式

图8.17　设计背景图像

步骤 2 构建网页结构。启动 Dreamweaver，新建一个网页，保存为 index.html，在 <body> 标签内输入如下结构代码。

```
<div class="user_login">
    <h3>用户登录</h3>
    <div class="content">
        <form method="post" action="">
            <div class="frm_cont userName">
                <label for="userName">用户名：</label>
                <input type="text" id="userName" />
            </div>
            <div class="frm_cont userPsw">
                <label for="userPsw">密　码：</label>
                <input type="password" id="userPsw" />
            </div>
            <div class="frm_cont validate">
                <label for="validate">验证码：</label>
                <input type="text" id="validate" />
                <img src="images/getcode.jpg" alt="验证码：3731" /></div>
            <div class="frm_cont keepLogin">
                <input type="checkbox" id="keepLogin" />
                <label for="keepLogin">记住我的登录信息</label>
            </div>
            <div class="btns">
                <button type="submit" class="btn_login">登 陆</button>
                <a href="#" class="reg">用户注册</a></div>
        </form>
    </div>
</div>
```

用户登录框主要由用户名输入框、密码输入框、验证码输入框和登录按钮等相关内容组成，每个网站根据自身的实际需求而决定登录框中所应该包含的元素。

表单框包含在 <div class="user_login"> 包含框中，添加类名为 user_login 的 <div> 标签将所有登录框元素包含在一个容器之内，便于后期的整体样式控制。其中包含一个标题 <h3> 和一个子包含框 <div class="content">，即内容框。

表单元素在正常情况下都应该存在于 <form> 标签中，通过 <form> 标签中的 action 属性和 method 属性检测最后表单内的数据需要发送到服务器端哪个页面，以及以什么方式发送的。

利用 div 标签将输入框以及文字包含在一起，形成一个整体。在整个表单中多次出现相同类似的元素，可以考虑使用一个类名调整多次出现的样式。例如，这里使用了 frm_cont 这个类作为整体调整，再添加一个 userName 类针对性调整细节部分。

使用 <label> 标签中的 for 属性激活与 for 属性的属性值相对应的表单元素标签。例如，<label for="userName"> 标签被单击时，将激活 id="userName" 的 input 元素，使光标出现在对应的输入框中。

步骤 3 在 <head> 标签内添加 <style type="text/css"> 标签，定义一个内部样式表。

步骤 4 设计登录框最外层包含框（<div class="user_login">）的宽度为 210px，再增加内补丁 1px，使其内部元素与边框之间产生一点间距，显示背景颜色或者背景图片，增强视觉效果。

将登录框内的所有元素内补丁、边界以及文字的样式统一。在网站整体制作的初期这一步是必不可少的，通过设置整体的样式，可以减少后期再逐个设置样式的麻烦。如果需要调整也可以很快地将所有样式修改，当然针对特定标签可以通过类样式进行有针对性地设置。

```
.user_login { /* 设置登录框样式，增加1px的内补丁，提升整体表现效果 */
    width:210px;
    padding:1px;
    border:1px solid #DBDBD0;
    background-color:#FFFFFF;
}
.user_login * { /* 设置登录框中全局样式，调整内补丁、边界、文字等基本样式 */
    margin:0;
    padding:0;
    font:normal 12px/1.5em "宋体", Verdana,Lucida, Arial, Helvetica, sans-serif;
}
```

> **注意** 在编写CSS样式代码时，需要从大的包含框开始写样式，然后逐步一点一点地调整局部细节部分，这样的处理方式能更好地把握细节与整体效果。

步骤 5 设置标题的高度以及行高，并且居中显示。在此不设置标题的宽度，使其宽度的属性值为默认的 auto，主要是考虑让其随着外面容器的宽度而改变。重要的一点是我们可以省去计算宽度的时间，还可以让标题与容器的边框之间 1px 之差能完美体现。

```
.user_login h3 { /* 设置登录框中标题的样式 */
    height:24px;
    line-height:24px;
    font-weight:bold;
    text-align:center;
    background-color:#EEEEE8;
}
```

步骤6 为了增强容器与内容之间的空间感，针对表单区域内容增加内补丁，使内容不会与边框显得拥挤。

```
.user_login .content {/* 设置登录框内容部分的内补丁，使其与边框产生一定的间距 */
    padding:5px;
}
```

步骤7 增加每个表单之间的间距，使表单上下之间有错落感。

```
.user_login .frm_cont {/* 将表单元素的容器向底下产生5px的间距 */
    margin-bottom:5px;
}
```

步骤8 当用户单击 <label> 标签包含的文字时，能够激活对应的文本框，为了加强用户体验效果，当用户将鼠标指针经过文字时，指针将转变为手型，提示用户该区域点击后会有效果。

```
.user_login .frm_cont label {/* 设置鼠标经过所有的label标签的，鼠标为手型 */
    cursor:pointer;
}
```

步骤9 在表单结构中包含四个表单域对象，其中三个是输入域类型，另外一个是多选框类型。对于输入域类型的 <input> 标签是可以修改边框以及背景等样式的，而多选框类型的 <input> 标签在个别浏览器中是不能修改的。因此，本示例有针对性修改“用户名”、“密码”和“验证码”输入框的样式，添加边框线。

输入域类型的 <input> 标签虽然可以通过 CSS 样式修改其边框以及背景样式，但 FF 浏览器还存在一些问题，无法利用 CSS 的 line-height 行高属性设置单行文字垂直居中。因此考虑利用内补丁（padding）的方式将输入域的内容由顶部“挤压”，形成垂直居中的效果。

```
  .user_login .userName input, .user_login .userPsw input, .user_login
.validate input {/* 将所有输入框设置宽度以及边框样式 */
    width:146px;
    height:17px;
    padding:3px 2px 0;
    border:1px solid #A9A98D;
}
```

步骤10 验证码输入框的宽度相对于其他几个输入框比较小，为了使其与验证码图片之间有一定的间隔，需要再单独使用 CSS 样式进行调整。

```
.user_login .validate input { /* 设置验证码输入框的宽度以及与验证图之间的间距 */
    width:36px;
    text-align:center;
    margin-right:5px;
}
```

步骤11 缩进“记住我的登录信息”的内容，使多选框与其他输入框对齐，利用该容器的宽度属性值为默认值 auto 的前提下，增加左右内补丁不会导致最终的宽度变大特性，使用 padding-left 将其缩进。

浏览器默认解析多选框与文字并列出现时，不会将文字与多选框的底部对齐。为了调整这个显示效果的不足，可以使用 CSS 样式中的 vertical-align 垂直对齐属性，将多选框向下移动来达到最终效果。FF浏览器的调整导致了IE浏览器的不足，因此需要利用针对IE浏览器的兼容方法，将CSS的vertical-align垂直对齐属性设置为0，最终在IE浏览器与FF浏览器之间能达到一个相对的平衡关系。

```
.user_login .keepLogin { /* 将记住密码区域左缩进48px，与输入框对齐 */
    padding-left:48px;
}
.user_login .keepLogin input { /* 调整多选框与文字之间的间距，以及底边与文字对齐 */
    margin-right:5px;
    vertical-align:-1px;
    *vertical-align:0; /* 针对IE浏览器的HACK */
}
```

步骤12 将按钮文字设置为相对于类名为btns的父级容器居中显示，需要注意两点内容如下。

- 锚点a标签是内联元素，不具备宽高属性。但也不能转化为块元素，如果转化为块元素后，父级的text-align:center居中将会失效，而且需要将按钮和文字设置浮动后才能与按钮并列显示。
- 在IE浏览器中，按钮与文字之间的垂直对齐关系如同多选框与文字之间的对齐，需要利用vertical-align将其调整。

根据这两点需要考虑的问题，可以针对锚点a标签设置padding属性增加背景图片显示的空间，可以利用兼容方式调整IE浏览器中对于按钮与文字之间的对齐关系。

```
.user_login .btns { /* 按钮区域的容器居中显示 */
    text-align:center;
}
.user_login .btns a {/* 设置文字基本样式以及增加相应的内补丁显示背景图片 */
    padding:3px 4px 2px;
    text-decoration:none;
    color:#000000;
}
.user_login .btns button {/* 设置按钮高度以及针对IE浏览器调整按钮与文字的对齐方式 */
    height:21px;
    *vertical-align:-3px; /* 针对IE浏览器的兼容方式/
    cursor:pointer;
}
.user_login .btns button, .user_login .btns a { /* 将按钮区域中的文字和按钮设置边框线以及背景图片 */
    border:1px solid #A9A98D;
    background:url(images/bg_btn.gif) repeat-x 0 0;
}
```

8.3.2 实训2：设计用户注册表单

实训说明：

网站一般存在两种用户，即注册用户和游客。网站中对游客和注册用户赋予的权限是不同的，其中游客只可浏览帖子，注册用户不仅可以浏览帖子，还可以在网站中发表新的话题或者帖子。游客可以通过注册成为本站用户，而站内用户可以登录网站，进行信息发布。用户注册是用户登录的前提，当用户登录系统之后，用户才能拥有与网站交互的能力，演示效果如图 8.18 所示。

从布局角度分析，整个表单分为两大板块：登录板块和注册板块。<form>标签作为整个表单的父元素，<fieldset>标签对表单的登录和注册进行区块划分。<legend>标签作为表单的区块名称，表单中每项信息使用<p>标签对其项目区分。每项信息通过<label>标签和相应表单元素组合即可。

图8.18　设计用户注册表单

主要训练技巧说明：

- 表单结构和样式应以简单、实用为主，特别是用户输入性表单，一定要设计得简洁易用。
- 使用 <fieldset> 标签对表单进行分组，以便模块化管理。
- 使用 <label> 标签捆绑表单元素，添加表单提示信息。
- 使用 <legend> 标签设计表单分组标题。

示例位置：

“光盘位置”\示例文件\08\实训2：设计用户注册表单\index.html

设计步骤：

步骤1 启动 Dreamweaver，新建一个网页，保存为 index.html，在 <body> 标签内输入如下结构代码，构建表单结构。

```
<form action="" method="post" name="" id="Form">
    <fieldset>
        <legend>用户登录</legend>
            <p><label for="xingming">用户名：</label><input type="text" 
name="xingming" id="xingming" value="" /></p>
            <p><label for="mima">密码：</label><input type="password" 
name="mima" id="mima"/></p>
        <p class="enter"><input name="tijiao" type="submit" class="buttom" 
value="登 录" /></p>
    </fieldset>
    <fieldset>
        <legend>用户注册</legend>
            <p><label for="xingming2">用户名：</label><input type="text" 
name="xingming2" id="xingming2"  /><span>*(最多30个字符)</span> </p>
            <p><label for="mima2">密码：</label><input type="password" 
name="mima2" id="mima2" /><span>*(最多30个字符)</span> </p>
            <p><label for="chongfumima2">重复密码：</label><input 
type="password" name="chongfumima2" id="chongfumima2"/><span>*(密码需要一致)</
span> </p>
        <p><label for="secproblem">密码保护问题：</label><select class="sel" 
```

```
id="secproblem" name="secproblem"><option value="0">请选择密码提示问题</option>
… </select></p>
                <p><label for="daan">密码保护问题答案：</label><input type="text"
name="daan" id="daan"/></p>
            <p class="XB2">
                <label for="xingbie2">性别：</label><label class="Wid2"><input
type="radio" name="RadioGroup1" value="0" id="RadioGroup1_0" />男</label>
                    <label class="Wid2"><input type="radio" name="RadioGroup1"
value="1" id="RadioGroup1_1" />女</label></p>
            <p><label for="yinxiang2">本站印象：</label><textarea id="yinxiang2"
></textarea></p>
                <p class="fuwu"><label for="AgreeToTerms">同意服务条款：</
label><input type="checkbox" name="AgreeToTerms" id="AgreeToTerms" value="1"
/><a href="#" title="您是否同意服务条款">查看服务条款？</a> </p>
            <p class="enter"><input name="tijiao" type="submit" class="buttom"
value="提 交" /></p>
        </fieldset>
    </form>
```

步骤 2 在 <head> 标签内添加 <style type="text/css"> 标签，定义一个内部样式表，然后逐步输入 CSS 代码，设计表单样式。

步骤 3 通过 CSS 对页面表单元素进行页面划分。设置表单 <form> 标签宽度为 600 像素，居中对齐，整个表单内部文字大小为 14 像素。表单 <fieldset> 标签设置上下 15 像素，居中对齐。设置文字对齐方式为左对齐。

```
form{width:600px; font-size:14px;margin:0px auto;}
fieldset{margin:15px auto; text-align:left;width:600px;-moz-border-
radius:5px;-webkit-border-radius:5px;}
```

步骤 4 针对“用户登录”和“用户注册”上下区域的标题，设计 <legend> 标签样式。设置内边距和边框属性，并观察占用的空间，对文字进行加粗，以示区分标题文字和页面默认文字。与 <legend> 标签同为兄弟的 <p> 标签对其进行页面初始化设置，外间距和内间距为 0 像素，此时选项与选项之间的文字距离过于紧密，增加上下间距为 10 像素。在后面的操作中需对 <label> 标签设置浮动，使之拥有宽度，为避免 bug 的产生，<legend> 标签设置清除浮动操作 clear:both。

```
legend{padding:3px 12px; border:1px solid #1E7ACE; font-weight:bold;}
```

步骤 5 完成页面初步布局之后，就可以来设计表单细节样式。细节操作分为两步。

- 针对页面表单应用最多的 <input> 标签和 <label> 标签进行设置。
- 特殊输入域元素和 <label> 标签进行单独设置。<input> 标签宽度为 150 像素，高度为 20 像素，行高也是 20 像素，设置边框属性。

接着 <label> 标签进行初始化，宽度为 140 像素，保证最长的文字也能够在一行中显示，设置为左浮动，确保该标签拥有块布局属性，文字右对齐确保文字内容右侧与表单 <input> 标签左侧在一起。最后使 <label> 标签行高与 <input> 标签行高一致。

```
input{margin-right:10px; width:150px; height:20px; line-height:20px;
border:1px solid #094e87;}
label{width:140px; float:left; text-align:right;line-height:20px;}
```

步骤6 设置特殊输入域元素样式。设置“用户登录”最后一个登录输入框标签，通过其外面的p元素的class属性，做成按钮的效果。重新设置宽度、高度、边框属性及背景色，让其拥有按钮的外观。高度和行高一致，实现单行文字的垂直居中。设置该元素的居中对齐，通过相对定位在其当前位置向左移动40像素。至此“用户登录”按钮已经设置完毕。

```
input{margin-right:10px; width:150px; height:20px; line-height:20px;
border:1px solid #094e87;}
p.enter{text-align:center;}
p.enter input{border:1px solid #369; background:#6CF;width:60px; line-
height:25px; height:25px;
position:relative; left:-40px;}
```

步骤7 设置<label>标签样式。“用户注册”中“性别”选项使用了三个<label>标签，第一个<label>标签前面的CSS属性设置达到网站需要的效果，后面的两个<label>标签需要重新设置。

首先对“男”和“女”的<label>标签的宽度设置，它继承了前面的140像素的宽度，此处为auto，其宽度根据内容多少进行自适应。

接着重置<input>标签的相关属性，宽度同样设置为auto进行自适应，将边框属性设置为none，删掉input元素的边框属性，将右间距设置为0，通过浏览器查看效果，发现“男”或“女”与之后的单选按钮位置高低不一，此时使相对定位元素向上移动。使用相对定位元素对性别的<input>标签下移3像素。

选择“用户注册”分区中的“同意服务条款”选项，设置超链接字体大小为12像素，字体颜色为黑色。对其复选框进行初始化，宽度、边框及右间距的设置与“性别”选项一样，而高度和行高需要重新更改设置为12像素，以期达到文字大小和复选框视觉一致。

```
/**性别 设置 start***/
p.XB2 input{ width:auto; border:none;margin-right:0px; position:relative;
top:3px;}
p.XB2 label.Wid2{width:auto; position:relative; top:-6px;+top:-3px;}
/**性别 设置 end***/
p.fuwu input{width:auto; height:12px; line-height:12px; border:none;
margin-right:0px;}
a{color:#000; font-size:12px;}
```

步骤8 设计<select>和<textarea>标签样式。设置这两个元素的宽度、高度和边框，使页面此项内容与文字的对齐。<select>标签的字体颜色重新设置：为增加现代浏览器的体验性，使用css伪类hover设置鼠标滑过时的背景颜色，代表其当前所在选项。对性别和服务条款中的css伪类hover属性背景图片设置为none，取消前面<input>标签伪类hover属性的继承。最后将必填写项目用红色字体表示出来，且小于正常文字大小如12像素。<span>标签字体设置为红色12号字，用于提示用户填写当前选项需要注意的问题，增加用户体验。

```
select{height:25px;width:151px; color:#36F;border:none; border:1px solid
#094e87;}
textarea{height:45px;width:220px;border:1px solid #094e87;}
input:hover{background-color:#F30;}
p.fuwu input:hover{background:none;}
p.XB2 input:hover{background:none;}
span{color:#F00;font-size:12px;}
```

通过 CSS 的宽度和高度属性可以去掉输入域本身的样式，使用 CSS 属性选择器可以很灵活地设置 input 输入域样式，不管它的类型（type 值）是什么，IE 6 及以下不支持，可以通过为其他类型的输入域解决问题。网上有针对 IE 6 不支持 CSS 属性选择器编写的脚本（http://ie7-js.googlecode.com/svn/test/index.html，百度搜索关键字：ie7.js），通过该脚本就可以不必加入 class 类名了。通过前面的 CSS 属性无法定义个性化的单选按钮或复选框的样式，但通过 <label> 标签 for 属性与 <input> 标签 ID 值实现相关联的特点，可采用背景图片代替默认单选按钮或复选框的样式。

8.3.3 实训3：设计搜索框

实训说明：

搜索并不只是出现在类似 Google、百度这类专业的搜索引擎网站中，在各大站点甚至是一些小型网站上都会有，但功能局限在其相关网站中的内容搜索。搜索框一般包含“关键词输入框”、“搜索类别”、“搜索提示”和“搜索按钮”，当然简单的搜索框只有“关键词输入框”和“搜索按钮”这两个元素。本示例将介绍如何设计附带有提示的搜索框样式，演示效果如图 8.19 所示。

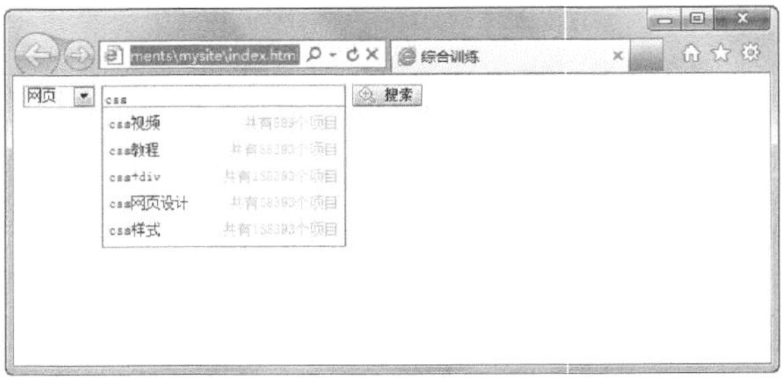

图8.19 设计搜索框

主要训练技巧说明：

- 在制作搜索框的过程中，需要考虑的都是细节部分的内容，整体掌控上相对比较简单。
- 利用 CSS 的 float 浮动属性辅助调整元素位置。
- 自定义下拉列表的个性样式。
- 兼容各主流浏览器的一般方法。

示例位置：

“光盘位置”\示例文件\08\实训 3：设计搜索框\index.html

设计步骤：

步骤 1 启动 Dreamweaver，新建一个网页，保存为 index.html，在 <body> 标签内输入如下结构代码，构建表单结构。

```
<div class="search_box">
    <h3>搜索框</h3>
    <div class="content">
        <form method="post" action="">
            <select>
                <option value="1">网页</option>
                <option value="2">图片</option>
                <option value="3">新闻</option>
                <option value="4">MP3</option>
            </select>
             <input type="text" value="css" /> <button type="submit">搜索</
button>
            <div class="search_tips">
                <h4>搜索提示</h4>
```

```
            <ul>
                <li><a href="#">css视频</a><span>共有589个项目</span></li>
                <li><a href="#">css教程</a><span>共有58393个项目</span></li>
                <li><a href="#">css+div</a><span>共有158393个项目</span></
li>
                    <li><a href="#">css网页设计</a><span>共有58393个项目</
span></li>
                <li><a href="#">css样式</a><span>共有158393个项目</span></li>
            </ul>
        </div>
    </form>
  </div>
</div>
```

整个表单结构分为两个部分，将“下拉列表”、“文本输入框”和“按钮”归为一类，主要功能是用于搜索信息;“搜索提示”为当在“文本输入框”中输入文字时，将会出现相对应的搜索提示信息，该功能主要是由后台程序开发人员实现，前台设计师只需要将其以页面元素表现即可。

步骤2 在 <head> 标签内添加 <style type="text/css"> 标签，定义一个内部样式表，然后逐步输入 CSS 代码，设计表单样式。

步骤3 通过分析最终效果可以看到，页面中并没有显示“站内搜索”和“搜索提示”这两个标题，且“搜索按钮”是以图片代替的，“搜索提示”是出现在“搜索输入框”的底部，并且宽度与输入框相等。为此，开始在内部样式表中输入下面样式，对表单结构进行初始化设计。

```
.search_box { /* 设置输入框的整体宽度，并设置为相对定位，成为其子级元素的定位参考 */
    position:relative;
    width:360px;
}
.search_box * { /* 设置输入框内所有的内补丁、边界为0，列表修饰为无，并且设置字体样式等 */
    margin:0;
    padding:0;
    list-style:none;
    font:normal 12px/1.5em "宋体", Verdana,Lucida, Arial, Helvetica, sans-serif;
}
.search_box h3, .search_tips h4 { /* 隐藏标题文字 */
    display:none;
}
```

步骤4 设置搜索框整体的宽度属性值以及其所有子元素的内补丁、边界等相关属性。为了方便将搜索提示信息框通过定位的方式显示在搜索输入框的底部，因此在 .search_box 中定义 position 属性，让其成为子级元素定位的参照物。文档结构中的标题在页面中不需要显示，因此可以将其隐藏。虽然现在只是将标题文字隐藏了，后期网站开发过程如果需要显示时，可以直接通过 CSS 样式修改，而不需要再次去调整文档结构。

```
.search_box select {/* 将下拉框设置浮动，并设置其宽度值 */
    float:left;
    width:60px;
}
.search_box input {/* 设置搜索输入框的样式，在设置其浮动的同时并将其与左右两边的元
```

```
素添加间距（边界） */
        float:left;
        width:196px;
        height:14px;
        padding:1px 2px;
        margin:0 5px;
        border:1px solid #619FCF;
    }
    .search_box button {/* 设置按钮浮动，以缩进方式隐藏按钮上的文字并去除其边框添加背景
图片 */
        float:left;
        width:59px;
        height:18px;
        text-indent:-9999px;
        border:0 none;
        background:url(images/btn_search.gif) no-repeat 0 0;
        cursor:pointer;
    }
```

步骤5 “搜索类别”下拉列表、“搜索关键字”输入框和“搜索按钮”这三个元素按照常理来理解原本就是可以并列显示的，但为了将这三个元素之间的默认空间缩短，因此使用 float:left; 使它们之间的距离缩短。再利用输入框 input 增加可控的边界 margin:0 5px;，以调整三者之间的间距。

三者之间整体样式调整完毕后，再对其细节部分进行详细的调整修饰。美化输入框并且利用文字缩进属性隐藏按钮上的文字，使用图片代替。

步骤6 下拉列表 select 标签只是设置了宽度属性值，并未设置其高度属性值，其中的原因就是 IE 浏览器和 FF 浏览器对其高度属性值的解析完全不一样，因此采用默认的方式而不是再次利用 CSS 样式定义其相关属性。

步骤7 按钮 button 标签在默认情况下不具备当鼠标悬停时显示手形的功能，因此需要特殊定义。

```
    .search_tips { /* 将搜索提示框设置的宽度与输入框相等，并绝对定位在输入框底部 */
        position:absolute;
        top:17px;
        left:65px;
        width:190px;
        padding:5px 5px 0;
        border:1px solid #619FCF;
    }
```

步骤8 “搜索提示框”使用绝对定位的方式显示在输入框的底部，其宽度属性值等于输入框的宽度属性值，可以提高视觉效果上的完美度。不设置提示框的高度属性值是希望搜索框能随着内容的增加而自适应高度。

```
    .search_tips li {
        float:left;
        width:100%;
        height:22px;
        line-height:22px;
    } /* 设置搜索提示框内的列表高度和高度值，利用浮动避免IE浏览器中列表上下间距增多的BUG*/
```

步骤 9 在 IE 浏览器中，列表 li 标签上下间距会因为多加了几个上下间距的 Bug 问题，为了避免该问题的出现，将所有列表 li 标签添加浮动 float 属性。宽度属性值设置为 100% 可以避免当列表 li 标签具有浮动属性时，宽度自适应的问题。

```
.search_tips li a { /* 搜索提示中相关文字居左显示，并设置相关样式 */
    float:left;
    text-decoration:none;
    color:#333333;
}
.search_tips li a:hover { /* 搜索提示中相关文字在鼠标悬停时显示红色文字 */
    color:#FF0000;
}
.search_tips li span { /* 以灰色弱化搜索提示相关数据，并居右显示 */
    float:right;
    color:#CCCCCC;
}
```

步骤 10 将列表项 <li> 标签中的锚点 a 标签和 <span> 标签分别左右浮动，使它们靠两边显示在“搜索提示框”内，并相应的添加文字样式做细节调整。

8.4 上机练习

1．图 8.20 是一个域名注册表单，请读者模仿该图效果，动手设计一个类似的表单结构和样式。该表单包含了常用的文本输入域、多行文本框、单选按钮、复选框、下拉列表、提交按钮以及 <fieldset>、<legend>、<label> 标签等内容，效果如图 8.20 所示。

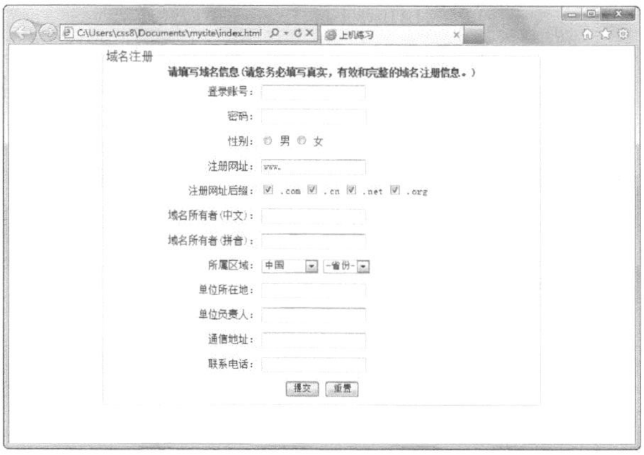

图8.20 设计域名注册表单

设计要求：

- 使用 CSS 定义表格宽度，统一表单文字大小为 14 像素。<fieldset> 标签设置了宽度，如果不设置，则以浏览器窗口大小为准。
- 在 <form> 标签外面添加 <div> 标签，设计一个表单包含框，通过设置 overflow:hidden 样式隐藏超出部分内容，同时设置 <fieldset> 标签宽度。为满足不同浏览器下的圆弧边框效果，可通过使用浏览器的私有属性，如 -moz-border-radiu:5px;（火狐浏览器）、-webkit-border-radius:5px; (Chrome 和 Safari 浏览器设置)，IE 浏览器默认是圆弧边框效果。
- 通过设置 <td> 标签行高，实现“域名注册”表单中元素之间的视觉纵向分离。
- 使用 <legend> 标签定义表单标题，通过 <label> 标签的 for 属性实现文本内容与右侧的表单元素相关联。“域名注册”表单中文字内容长短不一致，应设置单元格右对齐，拉近表单内容与右侧表单元素的距离，减少眼睛移动和处理表单数据的时间。
- 针对“登录账号”、“密码”、“注册网址”设置不同的快捷键，分别为 Alt+1、Alt+3、Alt+2（火狐浏览器对应为 Alt+Shift+1、Alt+Shift +3、Alt+Shift +2）。

示例位置：

“光盘位置”\示例文件\08\上机练习1\index.html

2．对于表单相关的制作方式，万变不离其宗，再复杂的表单也就只有那么几个控件元素组成，只要不断尝试去改变去摸索，那么最终就能很好地掌握每个控件元素的特性了。图8.21是一个反馈表单，反馈表单的作用主要是网站的用户对网站的意见反馈，与网站之间的“对话”通道。因此反馈表单中包含的控件元素必不可少的就是可以输入多行的文本域（textarea标签）。

请读者模仿该图效果，动手设计一个类似的表单结构和样式。该表单包含了表单域fieldset标签、表单域标题legend标签、文件上传控件input（type="file"）和文本域textarea标签。表单域fieldset标签主要是将表单分成多个小区域显示在网页中；表单域标题legend标签则是针对每个不同的表单域设置标题；文件上传控件input（type="file"）结合后台开发程序语言或者JavaScript语言可以实现文件上传功能；文本域textarea标签是可以输入多行文本的元素控件，相对于输入框input标签的区别就是多行与单行。

定义CSS样式基本原则是从外到内，从泛到细，同时还要善于利用CSS选择器。在添加CSS样式之前，读者需要了解浏览器默认解析这几个表单控件元素的效果。

- 表单域fieldset标签在FF浏览器中显示的是直角，而IE显示的是圆角。
- 表单域标题legend标签在FF浏览器与IE浏览器中显示的文字颜色有所不同。
- 文件上传控件input（type="file"）在FF浏览器中，输入框是灰色的，并且单击输入框时会弹出文件浏览窗口，而IE浏览器中输入框是白色的，单击输入框并无反映。
- 文本域textarea标签在FF浏览器中无滚动条，而IE浏览器中则会显示灰色不可用的滚动条，并且FF浏览器中的文字比IE浏览器中的文字要大一点（如图8.21所示），导致文本域的高度也不相同。

图8.21 设计反馈表单

设计要求：

- 整体样式主要包含反馈表单的整体宽度以及内部所有子元素的默认样式。整体宽度、边框等样式的定义是根据视觉效果而定，定义内部所有子元素的样式是为了提高后期对子元素样式定义的便利性。
- 定义反馈表单标题的高度，并设置标题文本缩进以及文字大小等样式，增强标题与内容之间的反差以及整齐感。
- 为了不让反馈表单内部信息与边框太紧密，将表单内容区域增加10像素的左右内补丁，使其与表单整体有一定的间距。
- 表单域在浏览器默认解析的情况下是有边框线的，不需要边框线就需要将其隐藏，需要部分边框线就要将不需要的部分隐藏。例如，如果只需要一条上边框线，应先将所有边框消除（border:0 none;），然后再次定义上边框的样式。
- 在定义整体样式时，将所有内补丁（padding）定义为0，导致表单域标题legend标签中的文字紧挨表单域边框。需要将其缩进就要将左内补丁值增加。
- 将每个表单的内容增加上外补丁，增加每个表单元素之间的空间感。
- 使<label>标签浮动，这样就可以将旁边的元素（即文本输入框）“吸”到旁边，并设置宽度和高度属性，将文字右对齐。这样的排列效果在视觉效果上可以达到整齐的感觉，不会让浏览者感觉这个表单是杂乱无章的。

示例位置：

“光盘位置”\示例文件\08\上机练习2\index.html

第 9 章

定义列表样式

在网页中大部分信息都是通过列表形式显示的，如信息分类、新闻列表、菜单、排行榜等，除了网页正文的段落文本和标题文本外，其他信息都需要列表结构进行组织和管理。列表结构是标准结构中最核心的部件之一，无论从语义性角度分析，还是从表现层控制角度分析，使用列表结构来显示信息都是最佳选择，因此列表样式是网页设计中很重要的工作。

学习要点：

- 了解列表结构和列表类型。
- 了解 CSS 定义列表样式的属性。
- 了解列表样式的不同浏览器解析差异。

训练要点：

- 能够使用列表结构设计各种语义明确、结构层次清晰的版块。
- 能够使用 CSS 设计导航菜单样式。
- 能够使用 CSS 设计列表版块样式。

9.1 设计列表结构

HTML提供三种列表结构：无序列表（ul）、有序列表（ol）和自定义列表（dl）。无序列表和有序列表可以通用，而自定义列表还包含了一个项目标题选项。

9.1.1 无序列表

无序列表其实就是一个列表结构，使用<ul>标签定义，无序列表结构包含的选项排序位置是没有先后顺序之分的。例如：

```
<ul>
  <li>无序列表选项1</li>
  <li>无序列表选项2</li>
</ul>
```

HTML 对标签有着相对严格的要求，每个标签都必须关闭，而且每个标签之间的嵌套要正确，尤其是列表的结构。以下列表结构都是错误的，不符合严谨型 HTML 文档要求。

◆ <ul> 标签与 <li> 标签之间不能够插入其他标签。

```
<ul>
  <li>无序列表选项1</li>
  <div>无序列表选项2</div>
</ul>
```

正确的用法应该是：将<div>标签放到<ul>标签外或者<li>内。

◆ 错误的多层 <ul> 标签嵌套。

```
<ul>
  <li>无序列表选项1</li>
  <ul>
    <div>无序列表选项2</div>
  </ul>
</ul>
```

正确的用法应该是：将嵌套的<ul>标签放在外层<li>标签内部。

◆ <li> 标签必须封闭。

```
<ul>
  <li>无序列表选项1
  <li>无序列表选项2
</ul>
```

正确的用法应该是：关闭<li>标签即可。

浏览器对无序列表的默认解析也是有规律的。无序列表可以分为一级无序列表和多级无序列表，一级无序列表在浏览器中解析后，会在列表 li 标签前面添加一个小黑点的修饰符，而多级无序列表则会根据级数而改变列表前面的修饰符。

【随堂练习】

新建一个网页，保存为 test.html，在 <body> 内使用 <ul> 标签构建一个三层嵌套的无序列表结构。

```
<ul>
    <li>一级列表选项1</li>
    <li>一级列表选项2
        <ul>
            <li>二级列表选项1</li>
            <li>二级列表选项2
                <ul>
                    <li>三级列表选项1</li>
                    <li>三级列表选项2</li>
                </ul>
            </li>
        </ul>
    </li>
</ul>
```

在IE浏览器中预览，则演示效果如图9.1所示。

通过效果图可以发现，无序列表随着其所包含的列表级数的增加而逐渐缩进，并且随着列表级数的增加而改变不同的修饰符。

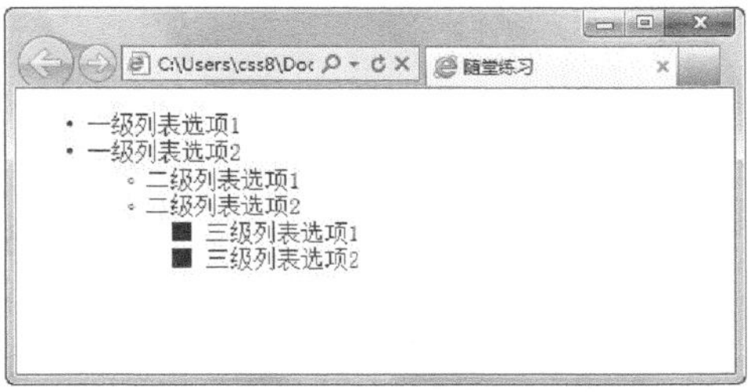

图9.1　无序列表嵌套效果

9.1.2　有序列表

相对于无序列表而言，有序列表最大的区别就是带有排名的性质，有序列表选项之间位置是有序排列的，不可随意变换顺序。使用<ol>标签可以定义有序列表结构。例如：

```
<ol>
  <li>排名选项1</li>
  <li>排名选项2</li>
</ol>
```

有序列表也可分为一级有序列表和多级有序列表，浏览器默认解析时都是将有序列表以阿拉伯数字表示，并增加缩进。

【随堂练习】

新建一个网页，保存为test.html，在<body>内使用<ol>标签构建一个三层嵌套的有序列表结构。

```
<ol>
    <li>一级排序列表选项1</li>
    <li>一级排序列表选项2
        <ol>
            <li>二级排序列表选项1</li>
            <li>二级排序列表选项2
                <ol>
```

```
                        <li>三级排序列表选项1</li>
                        <li>三级排序列表选项2</li>
                    </ol>
                </li>
            </ol>
        </li>
    </ol>
```

在 IE 浏览器中预览，则演示效果如图 9.2 所示。

有序列表在多级的情况下，理论上应该随着层级的增加而出现 1.1 或者 1.1.1 之类的数字，但浏览器却无法在网页中直接解析出这样的效果，如果需要使用 1.1 或者 1.1.1 之类的数字表示方式，那么就只能使用 CSS 和背景图像实现，也可以直接输入这些符号。

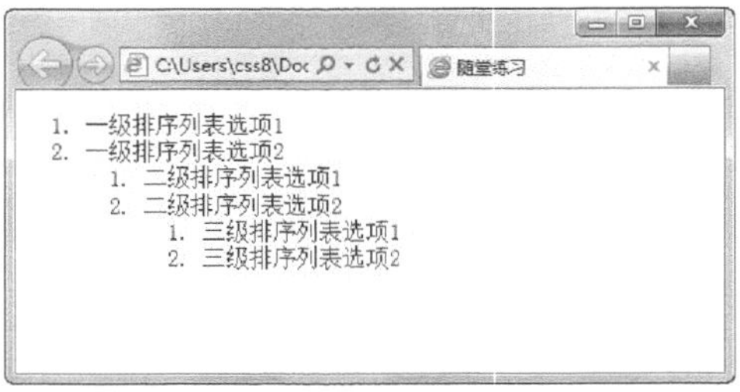

图9.2　有序列表嵌套效果

9.1.3　自定义列表

在 HTML 中自定义列表使用 <dl> 标签构建，<dl> 标签包含了 <dt> 标签和 <dd> 标签，一个 <dt> 标签对应着多个或者一个 dd 标签。自定义列表结构如下。

```
<dl>
  <dt>自定义标题1</dt>
  <dd>自定义选项1</dd>
  <dt>自定义标题2</dt>
  <dd>自定义选项2</dd>
</dl>
```

或者：

```
<dl>
  <dt>自定义标题</dt>
  <dd>自定义选项1</dd>
  <dd>自定义选项2</dd>
</dl>
```

无论选用哪种自定义列表方式，都应该注意几个问题。

- <dl> 标签必须与 <dt> 标签相邻，<dd> 标签需要相对于一个 <dt> 标签。
- <dl>、<dt>、<dd> 三个标签之间不允许出现其他标签。
- 标签必须是成对出现，嵌套要合理。

<dl> 标签是自定义列表外框，<dt> 是自定义列表标题，<dd> 则是自定义列表的内容，因此自定义列表 <dl> 标签一般都是出现在名词性解释的网页版块中。

【随堂练习】

新建一个网页，保存为 test.html，在 <body> 内使用 <dl>、<dt> 和 <dd> 三个标签构建一个名词解释的小栏目。

```
<div class="w3c">
    <h1>W3C推荐的标准</h1>
    <dl>
        <dt>CSS</dt>
        <dd>CSS是Cascading Style Sheets的缩写，中文翻译为层叠样式表。目前推荐遵循的是W3C于1998年5月制订的CSS 2版本，最新版本为CSS 3.0。</dd>
        <dt>DOM</dt>
          <dd>DOM是Document Object Model的缩写，中文翻译为文档对象模型。根据W3C DOM规范，DOM是一种与浏览器、平台、语言的接口，使得用户可以访问页面其他的标准组件。</dd>
        <dt>HTML</dt>
         <dd>HTML是Hypertext Markup Language的缩写，中文翻译为超文本标识语言，这种语言把网页结构和表现混在一起，用于控制网页文档的显示方式。用HTML标记进行格式编排的文档称为HTML文档，目前最新版本是HTML 5.0，使用最广泛的是HTML 4.1版本。</dd>
    </dl>
</div>
```

在 IE 浏览器中预览，则演示效果如图 9.3 所示。

自定义列表时，通过自定义列表的标题以及自定义列表的内容，让阅读该列表的用户明白列表中存在的类别以及相关介绍。

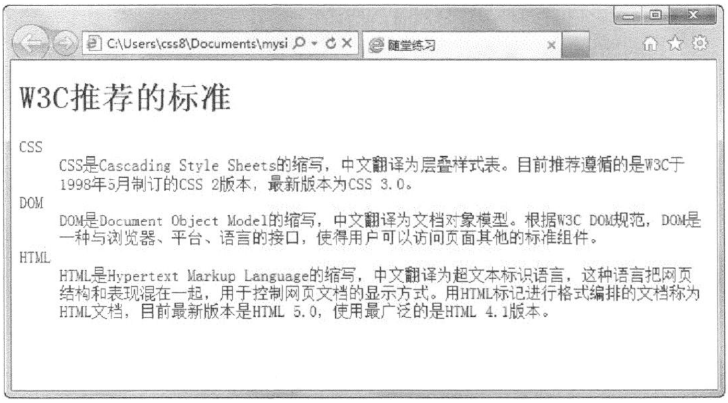

图9.3　名词解释栏目效果

9.2　定义列表样式

有序列表和无序列表在默认情况下会显示项目符号和缩进版式，自定义列表也呈现缩进显示效果。使用 CSS 可以重新设计这些效果。

9.2.1　设计项目符号类型

为了能够精确控制列表的项目符号，CSS 定义了 list-style-type 属性来控制项目符号的类型，该属性的用法如下。

```
list-style-type : disc | circle | square | decimal | lower-roman | upper-roman | lower-alpha | upper-alpha | none | armenian | cjk-ideographic | georgian | lower-greek | hebrew | hiragana | hiragana-iroha | katakana | katakana-iroha | lower-latin | upper-latin
```

其中取值说明如表 9.1 所示。

表9.1　list-style-type的取值说明

属 性 值	说　明	属 性 值	说　明
disc	实心圆，默认值	upper-roman	大写罗马数字
circle	空心圆	lower-alpha	小写英文字母
square	实心方块	upper-alpha	大写英文字母
decimal	阿拉伯数字	none	不使用项目符号
lower-roman	小写罗马数字		

9.2.2　设计项目符号显示位置

CSS 定义了 list-style-position 属性来控制项目符号的显示位置，该属性的用法如下。

```
list-style-position : outside | inside
```

其中 outside 表示将项目符号显示在列表项的文本行以外，列表符号默认显示为 outside；inside 表示将项目符号显示在列表项文本行以内。

【随堂练习】

新建一个网页，保存为 test.html，在 <body> 内使用 <ul> 标签构建一个无序列表结构。

```
<div class="w3c">
    <h1>W3C推荐的标准</h1>
    <ul>
        <li>CSS是Cascading Style Sheets的缩写，中文翻译为层叠样式表。</li>
        <li>DOM是Document Object Model的缩写，中文翻译为文档对象模型。</li>
        <li>HTML是Hypertext Markup Language的缩写，中文翻译为超文本标识语言。</
li>
    </ul>
</div>
```

在 <head> 标签内添加 <style type="text/css"> 标签，定义一个内部样式表，输入下面的样式。定义项目列表符号为黑色实心方块，并在内部显示。

```
div.w3c {/* 给外包含框加个边框，并固定宽度 */
    width:500px;
    border:solid 2px red;
}
div.w3c ul {/* 列表基本样式 */
    list-style-type: square;            /* 黑色方块实心符号*/
    list-style-position:inside;         /* 显示在里面 */
    border:solid 1px blue;
}
```

在 IE 浏览器中预览，则演示效果如图 9.4 所示。

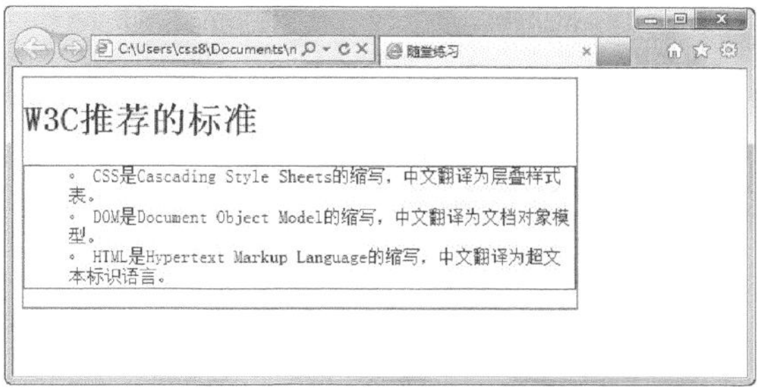

图9.4 列表项目符号显示在内部

注意 **不同浏览器对于项目符号的解析效果，以及其显示位置略有不同。如果要兼容不同的浏览器，使显示效果都一致，建议使用背景图像来定义项目符号。另外，项目符号显示在里面和外面会影响项目符号与列表文本之间的距离，同时影响列表项的缩进效果，这种效果在不同浏览器中解析时也存在差异。**

9.2.3 自定义项目符号

从设计的角度来看，列表结构所提供的这些默认符号是不能满足需求的，为此 CSS 提供了 list-style-image 属性来自定义项目符号，在该属性中允许用户指定一个外部图标文件的地址，以此扩展项目符号的个性化设计需求，该属性的用法如下。

```
list-style-image : none | url ( url )
```

其中 none 表示不指定图像，该值为默认值；url (url) 函数可以使用绝对或相对路径指定外部图像。

注意 **url字符串必须使用单引号或双引号括起来。在IE 7及其以下版本中会允许用户忽略引号。**

【随堂练习】

新建一个网页，保存为 test.html，在 <body> 内使用 <ul> 标签构建一个无序列表结构。

```
<div class="w3c">
    <h1>W3C推荐的标准</h1>
    <ul>
        <li>CSS是Cascading Style Sheets的缩写，中文翻译为层叠样式表。</li>
        <li>DOM是Document Object Model的缩写，中文翻译为文档对象模型。</li>
        <li>HTML是Hypertext Markup Language的缩写，中文翻译为超文本标识语言。</li>
    </ul>
</div>
```

在 <head> 标签内添加 <style type="text/css"> 标签，定义一个内部样式表，输入下面的样式，自定义符号图像。

```
div.w3c {/* 给外包含框加个边框，并固定宽度 */
    width:500px;
    border:solid 2px red;
}
```

```
div.w3c ul {/* 列表基本样式 */
    list-style-image:url("images/icon (12).gif");
/* 自定义列表项目符号 */
    border:solid 1px #ddd;
}
```

在 IE 浏览器中预览，则演示效果如图 9.5 所示。

当同时定义项目符号类型和自定义项目符号时，自定义项目符号将覆盖默认的符号类型。但是如果 list-style-type 属性值为 none 或指定外部的图标文件路径不能被显示时，则 list-style-type 属性有效。

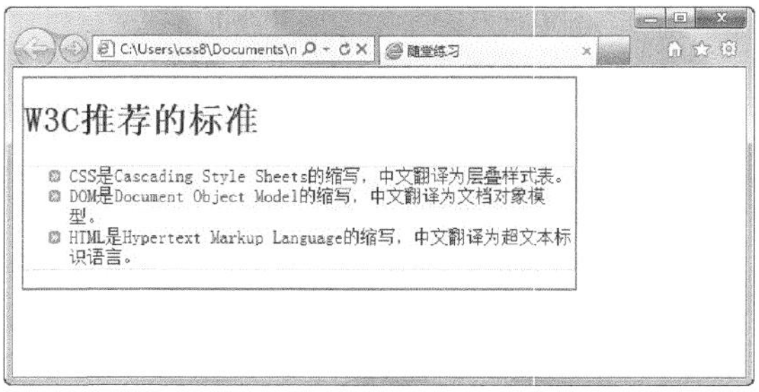

图9.5 自定义项目符号

9.2.4 使用背景图像定义项目符号

使用 CSS 的 list-style-type 和 list-style-image 属性来定义项目符号都不免显得僵硬，如果我们利用背景图像来模拟列表结构的项目符号，则会极大地改善项目符号的灵活性。

使用背景图像定义项目符号需要注意三个技巧。

- 首先隐藏列表结构的默认项目符号。方法是设置 list-style-type 的属性值为 none。
- 为列表项（li 元素）定义背景图像，用来指定要显示的项目符号，并利用前面章节中的学习方法精确控制背景图像的位置。
- 定义列表项（li 元素）左侧空白，否则背景图像会隐藏到列表文本下。

【随堂练习】

新建一个网页，保存为 test.html，在 <body> 内使用 <ul> 标签构建一个无序列表结构。

```
<div class="w3c">
    <h1>W3C推荐的标准</h1>
    <ul>
        <li>CSS是Cascading Style Sheets的缩写，中文翻译为层叠样式表。</li>
        <li>DOM是Document Object Model的缩写，中文翻译为文档对象模型。</li>
        <li>HTML是Hypertext Markup Language的缩写，中文翻译为超文本标识语言。</li>
    </ul>
</div>
```

在 <head> 标签内添加 <style type="text/css"> 标签，定义一个内部样式表，输入下面的样式，使用背景图像自定义符号图像。先清除列表的默认项目符号，然后为项目列表定义背景图像，并定位到左侧垂直居中的位置。为了避免列表文本覆盖背景图像，故定义左侧补白为一个字符宽度，这样就可以把列表信息向右侧方向缩进显示。

```
div.w3c {/* 给外包含框加个边框，并固定宽度 */
    width:500px;
    border:solid 2px red;
}
```

```
ul {/* 清除列表结构的项目符号 */
    list-style-type:none;
    margin:0;                               /* 清除列表缩进显示 */
    padding-left:1em;                       /* 重新设置列表缩进距离 */
}

li {/* 定义列表项目的样式 */
    background-image:url("images/icon (17).gif"); /* 定义背景图像 */
    background-position:left center;    /* 精确定位背景图像的位置 */
    background-repeat:no-repeat;        /* 禁止背景图像平铺显示 */
    padding-left:2em;                   /* 为背景图像挤出空白区域 */
}
```

在IE浏览器中预览，则演示效果如图9.6所示。

使用背景图像能够设计出很多巧妙的项目符号效果，同时会使设计思路更为灵活，不再被局限在既定的设计框中，读者可以自由控制项目符号的显示位置。

图9.6 使用背景图像自定义项目符号

9.3 综合训练

本章集训目标：

- 能够正确使用HTML列表结构设计信息列表显示栏目。
- 能够使用CSS设计列表样式。
- 能够根据页面风格设计更具个性的列表样式。

9.3.1 实训1：设计垂直导航菜单

实训说明：

每个网站都需要借助导航菜单来完成信息的浏览导航功能，可以说它就是一个网站地图，帮助访问者找到正确的访问路径。为了使这个导航菜单发挥更大的引导作用，如何将它设计得更易用，更吸引人就显得很重要了。列表结构有其本身特有的表现样式，因此如何实现更好的布局就非常关键了。一般在导航菜单设计中，总会隐藏列表结构的默认样式，如隐藏项目列表，取消列表项缩进等。

列表在默认状态下会以垂直布局形式显示，这是一种符合人眼视觉移动的布局效果。如果设计导航菜单以垂直列表形式显示时，那么需要CSS表现层的代码就会非常少了。

本示例演示了列表结构垂直布局的基本形式：首先清除列表结构的默认样式（列表符号、缩进显示），然后固定列表项目的宽度和高度，同时定义其包含的a元素以块状显示，并定义对应的宽度和高度。最后借助背景色、字体颜色和边框颜色的变化来营造鼠标经过时的动态效果，示例演示如图9.7所示。

图9.7　设计垂直导航菜单

主要训练技巧说明：

- 列表项目中的超链接（a 元素）应定义为块状显示。a 元素是一个行内元素，无法控制其宽度和高度。由于行内元素自身的显示特性，使外部列表项目的布局形成虚设，这不利于用户使用。所以无论导航栏样式如何设计，都应该把超链接定义为块状显示。
- 由于块状元素默认显示为 100% 的宽度，但是一个导航栏的宽度不可能满行显示，所以一般都应该限制导航栏的宽度，这个宽度可以根据页面的具体布局来设置。
- 定义导航栏的宽度有多种方法。方法一是定义列表的宽度（ul 或 ol 元素），这样其包含的列表项目和超链接都被限制在这个范围内；方法二是定义列表项目（li 元素）的宽度，这样外包含框（ul 或 ol 元素）就能够腾出精力设计其他效果；方法三是定义超链接（a 元素）的宽度，因为在某些情况为 ul、ol 或 li 时定义宽度会带来布局上的问题，有时也可能带来兼容性的问题。
- 应该考虑浏览器的兼容性问题。不同浏览器对于列表样式在解析时存在一定的差异性，特别是 IE 6 及其以下版本浏览器很容易让初学者生畏。

示例位置：

“光盘位置”\ 示例文件 \09\ 实训 1：设计垂直导航菜单 \index.html

设计步骤：

步骤 1 启动 Dreamweaver，新建一个网页，保存为 index.html，在 <body> 标签内输入如下结构代码。

```
<ul id="menu">
    <li><a href="#" title="">首页</a></li>
    <li><a href="#" title="">博客</a></li>
    <li><a href="#" title="">论坛</a></li>
    <li><a href="#" title="">微博</a></li>
    <li><a href="#" title="">后台</a></li>
</ul>
```

步骤 2 在 <head> 标签内添加 <style type="text/css"> 标签，定义一个内部样式表，设计垂直导航样式。

```
#menu {/* 定义列表样式 */
    list-style-type: none;          /* 清除项目符号 */
    margin: 0;                      /* 清除边界 */
    padding: 0;                     /* 清除补白 */
    width: 180px;                   /* 固定列表宽度 */
}
#menu li a {/* 定义超链接的默认样式 */
```

```
    display: block;                          /* 定义块状显示 */
    padding: 2px 4px;                        /* 增加补白 */
    text-decoration: none;                   /* 清除下划线 */
    background-color: #FFF2BF;               /* 浅黄色背景 */
    border: 2px solid #FFF2BF;               /* 定义边框线 */
}
#menu li a:hover {/* 定义鼠标经过时的样式 */
    color: black;                            /* 黑色字体 */
    background-color: #FFE271;               /* 加重背景色 */
    border-style: outset;                    /* 定义立体边框样式（立体凸边） */
}
#menu li a:active {/* 定义超链接被激活时的样式 */
    border-style: inset;                     /* 定义立体边框样式（立体凹边） */
}
</style>
```

步骤3 为了能够兼容早期IE版本浏览器（如IE 6），还需要补加如下样式之一，实现在不同浏览器中都显示相同的效果。上面的样式如果在IE 6中显示，则如图9.8所示。

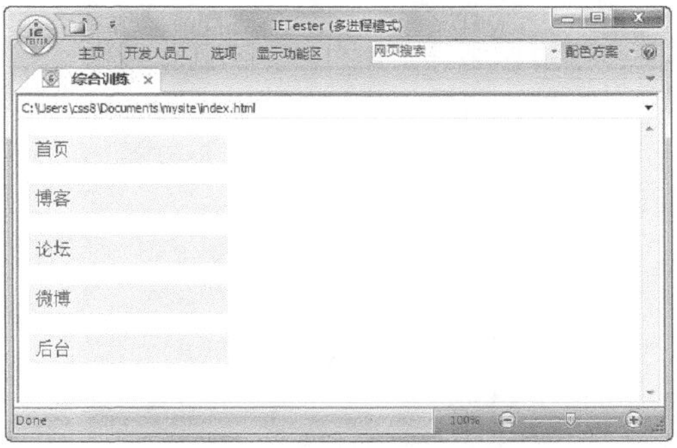

图9.8　IE 6显示的双倍间距效果

通过上图可以看到，在IE 6中列表项目被双倍距离显示了，解决类似的问题可以有很多种方法。

方法一，为超链接定义一个宽度，这样就可以避免此类问题发生。

```
#menu li a {/* 为超链接定义宽度 */
    width:100%;
}
```

方法二，如果觉得定义宽度存在一定的局限性，在特定布局中可能会破坏页面结构，也可以使用IE浏览器的专有属性来定义。zoom属性是IE浏览器的专有属性,用来表示缩放元素大小的意思，表示缩放为，即保留原来大小。当然，该属性用在这里的目的不是缩放元素，而是激发a元素具有布局功能，从而强迫IE浏览器能够正确解析超链接的显示效果。

```
#menu li a {/* 兼容IE浏览器布局 */
    zoom:1;
}
```

方法三，定义列表项目为行内显示。这是一种很奇特的方法，具体原因目前还没有明晰的解释，但是这种方法不会破坏列表结构的整体布局，同时对于其他浏览器来说也没有害处，所以一般作为一个Hack（补丁代码）技巧来使用。

```
#menu li {/* 定义列表项目行内显示 */
    display:inline;
}
```

第四，对于 IE 6 及其以下版本中还存在一个 Bug。当设置超链接为块状显示时，虽然在其他浏览器中能够使整个方块区域都可以处于单击状态，但是在 IE 6 及其以下版本中必须确保鼠标指针移动到链接的文本区域内才有效，因此必须为超链接定义一个高度。如果顾及高度值会对 IE 7 和非 IE 浏览器的影响，则不妨使用如下 Hack 技巧，单独为在 IE 6 及其以下版本浏览器定义高度。

```
* html #menu li a {/* 兼容IE浏览器布局，激活鼠标单击区域 */
    height:1px;
}
```

最后，再补充一点，当清除列表结构的默认样式时，可以定义在 ul 或 ol 元素身上，也可以直接定义在 li 元素身上，两者的效果是一致的。

9.3.2 实训2：设计水平导航菜单

实训说明：

相对于垂直布局形式，网页中多喜欢选用水平导航菜单。首先，水平布局能够控制列表结构在有限的行内显示，从而节省大量的页面空间。其次，把大量的列表项目收缩到一行或更少的行内显示，这样可以方便浏览者在不需要频繁移动视线的情况下了解整个导航信息。当然水平布局的导航条也更容易设计出与页面相融合的版式。

水平布局的核心是：如何将多行显示的列表项目控制在单行内显示。当然，将多行列表项目控制在一行内显示可以有多种方法。

在本示例中使用浮动方式进行布局，为了解决因为浮动显示可能存在的兼容性问题，直接将列表（即 ul 元素）、列表项（即 li 元素）和超链接（即 a 元素）都定义为浮动显示，这样就可以把复杂问题简单化处理了，示例演示如图 9.9 所示。

图9.9 设计水平导航菜单

主要训练技巧说明：

- 利用行内显示来设计水平布局。这种方法的设计核心是：定义列表项目显示为行内元素。这样就能够使所有列表项目在同一行内显示，然后再根据需要借助边框、背景色和字体颜色来设计超链接的动态效果。
- 利用浮动显示来设计水平布局。这种方法的设计核心是：定义列表项目浮动显示。通过浮动显示，则可以设计多个列表项显示在一行内。

示例位置：

"光盘位置" \ 示例文件 \09\ 实训 2：设计水平导航菜单 \index.html

设计步骤：

步骤 1 在 Photoshop 中设计渐变的背景图像，高度为 66 像素，宽度为 7 像素，渐变色调分别以黑色和红色为主，如图 9.10 所示。

图9.10 设计背景图像

步骤 2 启动 Dreamweaver，新建一个网页，保存为 index.html，在 <body> 标签内输入如下结构代码。

```
<ul id="menu">
    <li><a href="#" title="">首页</a></li>
```

```
    <li><a href="#" title="">博客</a></li>
    <li><a href="#" title="">论坛</a></li>
    <li><a href="#" title="">微博</a></li>
    <li><a href="#" title="">后台</a></li>
</ul>
```

步骤 3 在列表结构的底部添加一个任意元素，并设置它的样式为清除左右两侧浮动。

```
<ul id="menu">
    ......
    <br style="clear:both;" />
</ul>
```

如果仅浮动显示列表项（即 li 元素），则列表结构的包含框（即 ul 或 ol 元素）将会无法包含所有列表项，自动收缩为一条线，但是在 IE 6 及其以下版本浏览器中则会强迫包含框展开，以实现包含列表项。如果要解决这个问题，可以定义列表结构的包含框也浮动显示，或者通过其他方式强制包含框展开以包含列表项。如上所示，在列表项后面增加一个清除元素，如下面结构中的
 标签，这样就可以强制列表结构包含框（<ul id="menu">）展开显示。

步骤 4 在 <head> 标签内添加 <style type="text/css"> 标签，定义一个内部样式表，设计水平导航样式。

```
#menu {/* 定义列表结构的基本样式 */
    margin: 0;                          /* 清除边界 */
    padding: 0;                         /* 清除补白 */
    list-style-type:none;               /* 清除项目符号 */
    float: left;                        /* 定义列表向左浮动 */
    font: bold 13px Arial;              /* 字体加粗显示 */
    width: 100%;                        /* 定义宽度 */
    border: 1px solid #625e00;          /* 定义边框样式 */
    background: black url(images/menu1.gif) center center repeat-x;
                                        /* 定义列表背景图像 */
}
#menu li {/* 定义列表项目浮动显示 */
    float: left;                        /* 向左浮动 */
}
#menu li a {/* 定义超链接默认样式 */
    float: left;                        /* 向左浮动显示 */
    color: white;                       /* 白色字体 */
    padding: 9px 11px;                  /* 定义补白 */
    text-decoration: none;              /* 清除下划线 */
    border-right: 1px solid white;      /* 定义菜单白色分隔线 */
}
#menu li a:visited {/* 定义超链接访问后的样式 */
    color: white;                       /* 白色字体 */
}
#menu li a:hover, #menu li .current {/* 定义鼠标经过超链接时的样式 */
    color: white;                       /* 白色字体 */
```

```
    background: transparent url(images/menu2.gif) center center repeat-x;
                                                   /* 替换背景图像 */
}
```

当列表项目浮动显示之后，将会出现很多布局问题，这些会影响到相邻模块的位置关系，以及内部包含的超链接显示关系。很多读者也注意到这样的设计规律，那就是每个导航菜单中都先将列表结构的默认样式清除掉，如列表项目符号和列表项缩进显示等。在清除缩进时，由于不同浏览器的默认样式不同，所以在兼容处理时，习惯上设置列表的补白和边界都为 0。因为，IE 浏览器默认通过边界来定义列表的缩进样式，而非 IE 浏览器默认通过补白来定义列表的缩进样式。

9.3.3 实训3：设计滑动门菜单

实训说明：

滑动门导航菜单就是利用背景图像的滑动从而产生特殊的动态效果。设计滑动门样式，需要读者弄清楚几个概念。

- 设计好“门”。这个门实际上就是背景图像，滑动门一般至少需要两张背景图像，以实现闭合成门的设计效果，当然完全采用一张背景图像一样能够设计出滑动门效果（如图 9.11 所示），这就要求背景图像设计得完全能够融合。考虑到门能够适应不同尺寸的菜单，所以背景图像的宽度和高度应该尽量大，这样就可以保证比较大的灵活性。

图9.11 设计滑动门背景图像

- 设计好门轴，至少需要两个元素配合使用才能够使门自由推拉。背景图像需要安装在对应的门轴之上才能够自由推拉，从而产生滑动效果。一般在列表结构中，可以利用 li 和 a 元素配合使用。

例如，对于下面这个列表结构来说，由于每个菜单项的字数不尽相同，使用滑动门来设计效果会更好。

```
<ul id="menu">
    <li><a href="#" title=""><span>首页</span></a></li>
    <li><a href="#" title=""><span>微博客</span></a></li>
    <li><a href="#" title=""><span>我的博客</span></a></li>
    <li><a href="#" title=""><span>新民主论坛</span></a></li>
    <li><a href="#" title=""><span>后台管理登陆</span></a></li>
</ul>
```

然后借助门来设计滑动门菜单样式。

设计思路：

将 li 和 a 元素当作两个重叠的元素，这有点类似于 Photoshop 中两个重叠的图层，然后在下面叠放的元素中定义如图 9.11 所示的背景图像，并定位左对齐，使其左侧与 li 元素左侧对齐；同理设置 a 元素的背景图像，使其右侧与 a 元素的右侧对齐，这样两个背景图像就可以叠放重合了。如此设计的目的就是希望无论菜单项中包含多少字数（在有限的范围内），菜单项左右两侧都能够以圆角效果显示。

为了避免上下元素的背景图像相互挤压两头的圆角区域的背景图像，可以通过为 li 元素的左侧和 a 元素的右侧定义补白来限制两个元素不能完全覆盖左右两侧的圆角头区域。

本示例将上面两种不同的滑动门理解的方法融合在一起，实现滑动门菜单既能够自由适应高度和宽度，也能够实现真正意义的上下滑动，从而设计逼真的动态效果，示例演示如图 9.12 所示。

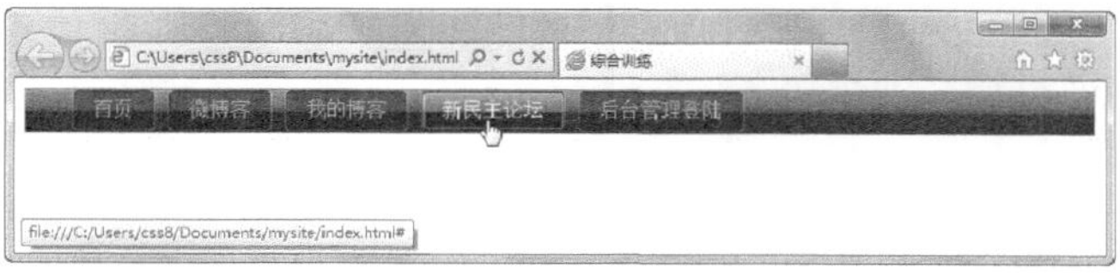

图9.12　完全自由伸缩的滑动门导航菜单

主要训练技巧说明：

- 滑动门有水平和垂直滑动两种效果，可根据需要分别进行设计。水平滑动需要考虑背景图像的宽度足够宽，避免菜单项文本撑开了背景图像；垂直滑动需要被不同效果的背景图像垂直合并在一起，然后通过背景定位技术实现动态滑动。
- 滑动门样式比较动感、时尚，但要考虑可能会出现的意外，避免菜单项宽度或者高度发生变化时，而背景图像无法适应的尴尬情况。

示例位置：

“光盘位置” \ 示例文件 \09\ 实训 3：设计滑动门菜单 \index.html

设计步骤：

步骤 1 在 Photoshop 中设计渐变的背景图像，设计另一种效果的背景图像，如图 9.13 所示，它是图 9.11 所示的加亮图像。

步骤 2 利用 Photoshop 将这两个背景图像拼合在一起，形成滑动的门，如图 9.14 所示。

图9.13　滑动门背景图像

图9.14　拼合滑动门背景图像

步骤 3 启动 Dreamweaver，新建一个网页，保存为 index.html，在 <body> 标签内输入如下结构代码。

```
<ul id="menu">
    <li><a href="#" title=""><span>首页</span></a></li>
    <li><a href="#" title=""><span>微博客</span></a></li>
    <li><a href="#" title=""><span>我的博客</span></a></li>
    <li><a href="#" title=""><span>新民主论坛</span></a></li>
    <li><a href="#" title=""><span>后台管理登陆</span></a></li>
</ul>
```

要在水平方向和垂直方向上同时保证滑动，需要适当完善一下 HTML 结构，在超连接内部再包裹一层结构（span 元素），因为仅就上面的列表结构是无法实现这种双向滑动的效果。

步骤 4 在 <head> 标签内添加 <style type="text/css"> 标签，定义一个内部样式表，设计滑动门导航样式。

```
#menu {/* 定义列表样式 */
    background: url(images/bg1.gif) #fff; /* 定义导航菜单的背景图像 */
    padding-left: 32px;                    /* 定义左侧的补白 */
    margin: 0px;                           /* 清除边界 */
```

```
    list-style-type: none;                    /* 清除项目符号 */
    height:35px;                              /* 固定高度，否则会自动收缩为0 */
}
#menu li {/* 定义列表项样式 */
    float: left;                              /* 向左浮动 */
    margin:0 4px;                             /* 增加菜单项之间的距离 */
}
#menu span {/* 定义超链接内包含元素span的样式 */
    float:left;                               /* 向左浮动 */
    padding-left:18px;                        /* 定义左侧补白，避免左侧圆角被覆盖 */
    background:url(images/menu4.gif) left center repeat-x;
                                              /* 定义背景图像，并左中对齐 */
}
#menu li a {/* 定义超链接默认样式 */
    padding-right: 18px;         /* 定义右侧补白，与左侧形成对称空白区域 */
    float: left;                              /* 向左浮动 */
    height: 35px;                             /* 固定高度 */
    color: #bbb;                              /* 定义百分比宽度，实现与li同宽 */
    line-height: 35px;                        /* 定义行高，间接实现垂直对齐 */
    text-align: center;                       /* 定义文本水平居中 */
    text-decoration: none;                    /* 清除下划线效果 */
    background:url(images/menu4.gif) right center repeat-x; /* 定义背景图像 */
}
#menu li a:hover {/* 定义鼠标经过超链接的样式 */
    text-decoration:underline;                /* 定义下划线 */
    color: #fff                               /* 白色字体 */
}
```

步骤 5 设计当鼠标指针经过时的滑动效果。

```
#menu li a:hover {/* 定义鼠标经过超链接的样式 */
    text-decoration:underline;                /* 定义下划线 */
    color: #fff                               /* 白色字体 */
}
```

步骤 6 将鼠标指针经过的样式修改为如下的样式。

```
#menu a:hover {/* 定义鼠标经过超链接的样式 */
    color: #fff;                              /* 白色字体 */
    background:url(images/menu5.gif) right center repeat-x;
                                              /* 定义滑动后的背景图像 */
}
#menu a:hover span {/* 定义鼠标经过超链接的样式 */
    background:url(images/menu5.gif) left center repeat-x;
                                              /* 定义滑动后的背景图像 */
    cursor:pointer;                           /* 定义鼠标经过时显示手形指针 */
    cursor:hand;                              /* 早期IE版本下显示为手形指针 */
}
```

9.3.4　实训4：设计Tab分类展示面板

实训说明：

Tab 面板在综合性页面中比较常见，在一个 Tab 面板中可以浓缩多个同等面积的栏目内容。由于 Tab 面板能够在有限的空间内包含更多的内容，能够对信息进行分类浏览，特别受到大型商业网站的青睐。所以，如果访问大型的、以新闻内容为主的网站，基本上都可以看到 Tab 面板的身影。

Tab 面板的设计核心是：利用 CSS 并根据浏览者的选择来决定隐藏或显示的菜单内容，实际上 Tab 面板所包含的全部内容都已经下载到客户端浏览器中，只不过利用 CSS 隐藏部分内容的显示。一般 Tab 面板仅会显示一个 Tab 面板项，只有当用户单击选择之后才会显示其他 Tab 面板所指定的内容。通俗地说，Tab 面板就是一个被捆绑在一起的分类内容框的普通导航菜单，由导航菜单项来决定内容包含框中包含内容的显示和隐藏，示例演示如图 9.15 所示。

图9.15　设计Tab分类展示面板

主要训练技巧说明：

- 合理构建 Tab 面板的导航菜单列表结构，并确保列表结构的选项与 Tab 面板中各个子面板一一对应。
- 利用 CSS 的 display 属性定义隐 / 显两个样式类，控制列表项和 Tab 子面板的隐藏和显示。
- 适当借助 JavaScript 脚本动态控制 Tab 菜单和面板的交换显示和隐藏。

示例位置：

“光盘位置”\示例文件\09\实训 4：设计 Tab 分类展示面板\index.html

设计步骤：

步骤 1 在 Photoshop 中设计渐变的背景图像，第一幅背景图像高度为 28 像素，宽度为 460 像素，渐变色调以浅绿色为主，第二幅背景图像高度为 29 像素，宽度为 116 像素，渐变色调以浅绿色为主，但渐变方向与上一幅背景图像上下相反，如图 9.16 所示。

图9.16　设计背景图像

步骤 2 启动 Dreamweaver，新建一个网页，保存为 index.html，在 <body> 标签内输入如下代码。设计 Tab 面板的样式首先应该设计好对应的 HTML 菜单结构，设计 Tab 面板包含框、Tab 菜单列表和子面板框。其中 Tab 面板中 <div class="Menubox"> 包含框包含的内容是菜单项，而 <div class="Contentbox"> 包含框中包含的是具体被控制的内容。

```
<div id="tab">
    <div class="Menubox">
        <ul>
```

```
            <li id="tab_1" class="hover" onclick="setTab(1,4)">主页</li>
            <li id="tab_2" onclick="setTab(2,4)">团购</li>
            <li id="tab_3" onclick="setTab(3,4)">博客</li>
            <li id="tab_4" onclick="setTab(4,4)">微博</li>
        </ul>
    </div>
    <div class="Contentbox">
        <div id="con_1" class="hover" ><img src="images/1.JPG" /></div>
        <div id="con_2" class="hide"><img src="images/2.JPG" /></div>
        <div id="con_3" class="hide"><img src="images/3.JPG" /></div>
        <div id="con_4" class="hide"><img src="images/4.JPG" /></div>
    </div>
</div>
```

步骤3 在<head>标签内添加<style type="text/css">标签，定义一个内部样式表，即Tab面板的CSS样式。这里包含三部分CSS代码：第一部分定义了列表结构、列表项和超链接元素的默认样式；第二部分定义了选项卡包含框的基本结构；第三部分定义了与Tab面板相关的几个类样式，详细代码如下。

```
<style type="text/css">
/* 页面元素的默认样式-*/
a {/* 超链接的默认样式 */
    color:#00F;                          /* 定义超链接的默认颜色 */
    text-decoration:none;                /* 清除超链接的下划线样式 */
}
a:hover {/* 鼠标经过超链接的默认样式 */
    color: #c00;                         /* 定义鼠标经过超链接的默认颜色 */
}
ul {/* 定义列表结构基本样式 */
    list-style:none;                     /* 清除默认的项目符号 */
    padding:0;                           /* 清除补白 */
    margin:0px;                          /* 清除边界 */
    text-align:center;                   /* 定义包含文本居中显示 */
}
/* 选项卡结构 */
#tab {/* 定义选项卡的包含框样式 */
    width:460px;                         /* 定义Tab面板的宽度 */
    margin:0 auto;                       /* 定义Tab面板居中显示 */
    font-size:12px;                      /* 定义Tab面板的字体大小 */
}
/* 菜单样式类*/
    .Menubox {/* Tab面板栏的类样式 */
    width:100%;                          /* 定义宽度，100%宽度显示 */
    background:url(images/tab1.gif);     /* 定义Tab面板栏的背景图像 */
    height:28px;                         /* 固定高度 */
    line-height:28px;                    /* 定义行高，间接实现垂直文本居中显示 */
}
```

```
.Menubox ul {/* Tab面板栏包含的列表结构基本样式 */
    margin:0px;                               /* 清除边界 */
    padding:0px;                              /* 清除补白 */
}
.Menubox li {/* Tab面板栏包含的列表项基本样式 */
    float:left;                               /* 向左浮动，实现并列显示 */
    display:block;                            /* 块状显示 */
    cursor:pointer;                           /* 定义手形指针样式 */
    width:114px;                              /* 固定宽度 */
    text-align:center;                        /* 定义文本居中显示 */
    color:#949694;                            /* 字体颜色 */
    font-weight:bold;                         /* 加粗字体 */
}
.Menubox li.hover {/* 鼠标经过列表项的样式类 */
    padding:0px;                              /* 清除补白 */
    background:#fff;                          /* 加亮背景色 */
    width:116px;                              /* 固定宽度显示 */
    border:1px solid #A8C29F;                 /* 定义边框线 */
    border-bottom:none;                       /* 清除底边框线样式 */
    background:url(images/tab2.gif);          /* 定义背景图像 */
    color:#739242;                            /* 定义字体颜色 */
    height:27px;                              /* 固定高度 */
    line-height:27px;                         /* 定义行高，实现文本垂直居中 */
}
.Contentbox {/* 定义Tab面板中内容包含框基本样式类 */
    clear:both;                               /* 清除左右浮动元素 */
    margin-top:0px;                           /* 清除顶边界 */
    border:1px solid #A8C29F;                 /* 定义边框线样式 */
    border-top:none;                          /* 清除顶部边框线样式 */
    height:181px;                             /* 固定包含框高度 */
    padding-top:8px;                          /* 定义顶部补白，增加与Tab面板距离 */
}
.hide {/* 隐藏样式类 */
    display:none;                             /* 隐藏元素显示 */
}
</style>
```

步骤4 为了能够实现 Tab 面板的交互效果，这里还需要一个简单的 JavaScript 函数来实现动态交互效果。在下面这个 JavaScript 函数中，定义了两个参数，第一个参数定义要隐藏或显示的面板，第二个参数定义了当前 Tab 面板包含了几个 Tab 选项卡，并定义当前选项卡包含的列表项的类样式为 hover。最后为每个 Tab 面板中的 li 元素调用该函数即可，从而实现单击对应的菜单项，即可自动激活该脚本函数，并将当前列表项的类样式设置为 hover，同时显示该菜单对应的面板内容，而隐藏其他面板内容。该示例演示效果如图 9.15 所示。

```
<script>
function setTab(cursel,n){
    for(i=1;i<=n;i++){
```

```
        var menu=document.getElementById("tab_"+i);
        var con=document.getElementById("con_"+i);
        menu.className=i==cursel?"hover":"";
        con.style.display=i==cursel?"block":"none";
    }
}
</script>
```

9.4 上机练习

1．尝试在上一节实训 1 的基础上，思考如何将垂直布局形式转换为水平布局形式，演示效果如图 9.17 所示。

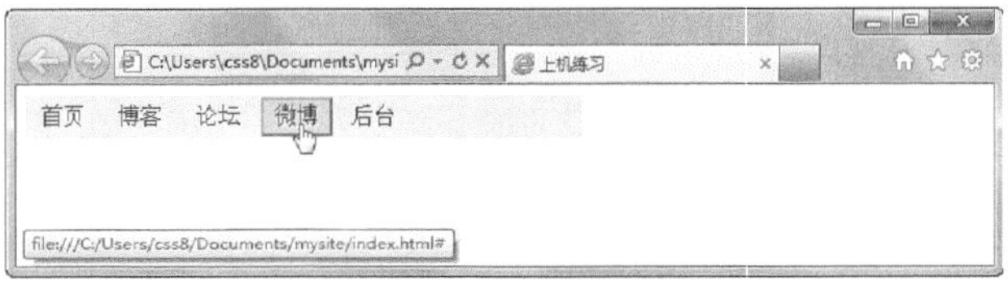

图9.17 水平布局形式

设计要求：

首先将列表项目定义为行内显示（这一步是核心），然后利用补白来定义菜单的宽度和高度（因为行内元素是不能直接定义大小的），最后再利用背景色、边框样式和字体颜色的变化来设计超链接的动态效果。

示例位置：

“光盘位置”\示例文件\09\上机练习 1\index.html

2．设计导航下拉面板样式。这种导航样式比较特殊，当鼠标指针移到菜单项目上时将自动弹出一个大型的下拉面板，在该面板中显示各种分类，如图 9.18 所示。这种样式在网上书店类型网站中使用比较多，当鼠标指针移过或单击某个菜单时，就自动显示一个下拉面板。实际上导航下拉面板是一种特殊的下拉菜单样式。在下拉菜单中经过简单的修改就可以设计出这种很实用的样式类型来。

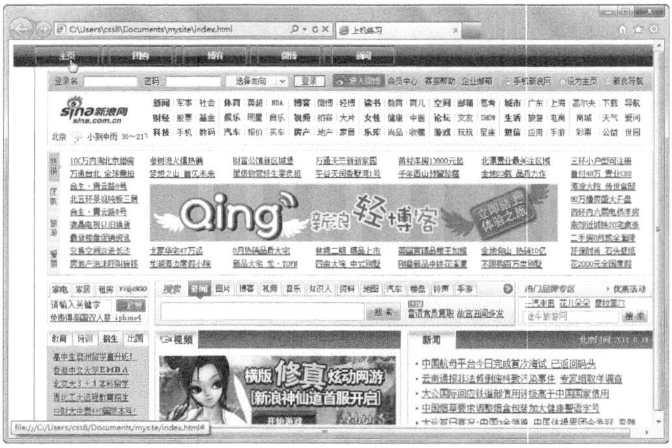

图9.18 设计导航下拉面板样式

设计要求：

设计下拉导航面板的核心就是：如何设计兼容不同浏览器的 HTML 文档结构。设计思路就是在超链接（a 元素）内部包含一个面板结构，当鼠标指针经过超链接时，自动显示这个面板，而在默认状态下隐藏其显示。但是由于不同浏览器对于超链接 a 元素包含其他结构的解析存在很大不同，甚至是矛盾的，为此，在设计结构时，必须为各种主要浏览器进行考虑（如 IE 6、IE 7 和 FF）。在超链接中包含一个面板结构，要使超链接能够正常有效地被执行，需要使用 IE 条件语句。

```
<ul id="lists">
    <li><a href="#" class="tl">主页
        <!--[if IE 7]><!--></a><!--<![endif]-->
```

```
        <!--[if lte IE 6]><table><tr><td><![endif]-->
        <div class="pos1"><img src="images/1.JPG" /></div>
        <!--[if lte IE 6]></td></tr></table></a><![endif]-->
    </li>
</ul>
```

在上面的这个结构中，其难点就是 IE 条件语句。IE 条件语句实际上就是一个条件结构，用来判断当前 IE 浏览器的版本号，以便执行不同的 CSS 样式或解析不同的 HTML 结构。

示例位置：

“光盘位置” \ 示例文件 \09\ 上机练习 2\index.html

3．设计音乐排行榜栏目版块样式。这种栏目版式比较特殊，主要涉及如何设计项目符号的样式，如图 9.19 所示。数字序号已经不再是普通的常见文字了，而是经过特殊处理的文字效果，使用背景图像才可以达到预期想要的效果。这个背景图像在列表中处理方式也是重要的设计技巧。

- 十个数字，也就是十张图片，可不可以将这十张图片合并成一张图片。
- 将十张图片合并成一张图片，但 HTML 结构中又没有针对每个列表 <li> 标签添加 class 类名，怎么将图片指定到相对应的排名中。

图9.19 设计音乐排行榜栏目版块样式

设计要求：

将有序列表 <ol> 标签的高度属性值设定一个固定值，这个固定值为列表 <li> 标签的 10 倍，并将列表所有的默认样式修饰符取消；利用有序列表 <ol> 标签中增加左补丁的空间显示合并后的数字背景图。

简单的方法代替了给不同的列表 <li> 标签添加不同背景图片的麻烦步骤。但这种处理方式的缺陷就是必须调整好背景图片中十个数字图片之间的间距，而且如果增加了每个列表 <li> 标签的高度，那么就需要重新修改背景图片中十个数字图片之间的间距。

排行榜中第一名的歌曲携带有专辑图片，列表 <li> 标签的高度会相对比较高，解决方法可以针对第一个列表 <li> 标签添加一个 class 类名)。

图9.20 设计二级菜单导航

示例位置：

“光盘位置” \ 示例文件 \09\ 上机练习 3\index.html

4．设计二级菜单导航。利用 CSS 样式可以实现二级菜单导航，也可以使用 JavaScript 等脚本语言实现。常规做法是利用 CSS 样式美化，配合 JavaScript 脚本实现显示或者隐藏二级菜单导航，演示效果如图 9.20 所示。二级导航常由两个无序列表嵌套构成，类似如下列表结构。

```
<ul id="nav">
    <li><a href="#">首页</a></li>
    <li><a href="#">关于我们</a>
```

```
        <ul>
            <li><a href="#">我们的故事</a></li>
            <li><a href="#">我们的团队</a></li>
        </ul>
    </li>
</ul>
```

设计要求：

- 调整一级导航整体的宽度（即无序列表 <ul> 标签 #nav 的宽度）。
- 将一级导航中列表 <li> 标签设置宽度以及高度属性值，并且浮动使其并排显示。
- 改变二级导航定位后的位置。
- 一级导航（无序列表 <ul> 标签）因为其子元素列表 <li> 标签的浮动，需要清除其自身的浮动才具有高度属性值。
- 改变各个元素相对应的边框显示。
- 每个元素之间的间距等细节调整。

示例位置：

“光盘位置”\示例文件\09\上机练习 4\index.html

5. 设计图文列表信息栏目样式。在前面章节中曾经讲解了图文混合排版样式，对于图文列表信息的处理其实大同小异，不同的是图文列表信息的表现方式是将列表内容以图片的形式在页面中体现，简单理解就是图片列表信息附带简短的文字说明。本示例的演示效果如图 9.21 所示。在图中展示的内容主要有列表标题、图片和图片相关说明的文字。

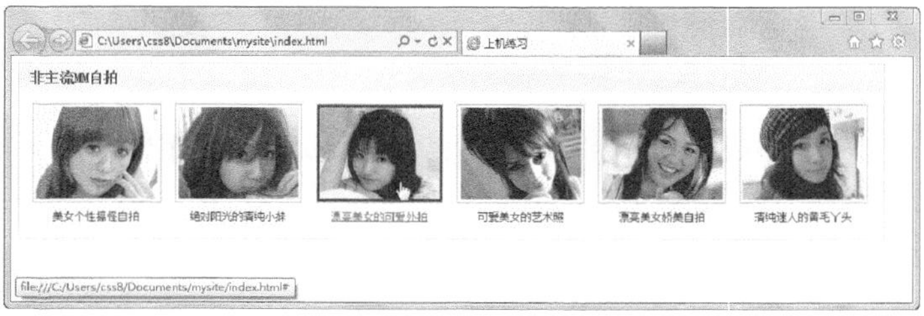

图9.21　设计图文列表信息栏目样式

设计要求：

- 图文列表的排列方式最讲究的一点就是宽度属性值的计算。横向排列的列表，当整体的列表（有序列表 ol 或者无序列表 ul）横向空间不足以将所有列表横向显示时，浏览器会将列表换行显示。这样的情况只有宽度计算正确，才足够将所有列表横向排列显示并且不会产生空间的浪费。
- 准确计算列表内容区域所需要的空间是有必要的。分析示例中每张图片的宽度属性值为 134px，左右内补丁分别为 3px，左右边框分别为 1px 宽度的线条，并且图片列表与图片列表之间的间距为 15px（即右外补丁为 15px），根据盒模型的计算方式，最终列表 li 标签的盒模型宽度值为 1px+3px+134px+3px+1px+15px=157px，因此图文列表区域总宽度值为 157px×6=942px。
- 计算宽度之后，设计主要的内容，然后可以对图文列表的整体效果做 CSS 样式的修饰，如图文列表的背景和边框以及图文列表标题的高度、文字样式和背景等。
- 最后需要调整内容，则是对图文列表信息细节以及用户体验的把握，如图片的边框、背景和文字的颜色等，并且还要考虑当用户在鼠标经过图片时，为了能更好地体现视觉效果，可以添加当鼠标指针经过图片列表信息时图片以及文字的样式变化。

示例位置：

“光盘位置”\示例文件\09\上机练习 5\index.html

第10章

CSS网页布局和定位

在网页中 HTML 语言负责构建文档结构，组织和管理网页显示的信息，CSS 语言负责控制文档结构的布局，装饰页面对象的显示效果。网页布局是一个相对复杂的 CSS 技术话题，有别于设计简单的对象样式，读者需要深入理解 CSS 布局的原理、规律和技巧。

学习要点：

- 了解 CSS 布局的基本类型。
- 了解 CSS 盒模型基本概念。
- 理解每一类 CSS 布局的原理、规律和方法。

训练要点：

- 能借助 CSS 盒模型原理能够从容控制页面对象的显示大小、空间位置。
- 能够利用浮动原理设计简单的网页布局效果。
- 能够利用 CSS 定位技术精确控制页面元素的显示位置。

10.1 认识网页布局

网页布局从某种意义上讲就是艺术设计，而不是技术操作。很多时候，即使是相同的结构和布局，但是在不同设计师手中所呈现的效果也就截然不同，如果将艺术设计的问题过分技术化，就容易僵化设计的灵感。当然对于初学者来说，应该先学通技术，再积累艺术设计的灵感。当然作为技术图书，本书侧重技术的讲解，专注网页布局的基础方法和设计技巧，艺术的陶冶和修炼需要读者课下积淀。

10.1.1 定义显示属性

在网页中经常会看到 <div> 和 <span> 标签，当然它们显示的效果却截然不同，如多个 <span> 标签可以并行显示，而多个 <div> 标签不能同行显示。实际上 <div> 和 <span> 标签分别代表两类不同显示性质的元素。与 <div> 标签显示性质相同的常用标签有 <p>、<h1>、<h2>、<h3>、<form> 等，而与 <span> 标签显示性质相同的常用标签有 <a>、<img>、<input> 等。

CSS 定义了 display 属性，该属性可以设置任意元素的显示性质，具体用法如下。

```
display : block | none | inline | compact | marker | inline-table | list-item | run-in | table | table-caption | table-cell | table-column | table-column-group | table-footer-group | table-header-group | table-row | table-row-group
```

该属性主要取值如下所示。

- block：定义元素块状显示。块状元素默认显示宽度为100%，并占据一行，即使宽度不为100%显示，也不允许一行内显示多个元素，因为块状元素都隐藏附加了换行符。
- none：隐藏元素显示。这与visibility属性取值为hidden不同，它不为被隐藏的元素保留空间，隐藏之后该元素占据位置将被后面元素所挤占。
- inline：定义元素行内显示，也称为内联显示。行内元素不可以定义宽度和高度，上下外边界不起作用，因此给人的印象是如同皮纸袋子，用来包裹一部分行内对象，以便统一它们的显示效果；而对于块状元素来说，则如同硬木盒子。
- inline-block：定义元素为行内块状显示，也就是说它拥有行内元素的特性，同时能够定义宽度和高度，因此它允许其他行内元素在一行内显示。IE 5.5版本及其以上浏览器支持该属性，FF不支持。
- list-item：定义元素为列表项目，并自动添加项目符号，实际上它是块状元素的一种特殊效果。
- table：定义元素为块状表格显示。
- table-caption：定义元素为块状表格标题显示。
- table-cell：定义元素为块状单元格显示。
- table-column：定义元素为块状表格列显示。
- table-row：定义元素为表格行显示。

不过由于浏览器兼容性问题，目前能够被不同浏览器接受的属性值仅有 block、inline 和 none，其他选项被主流浏览器支持的程度不是很高，因此也很少被设计师选用。

【随堂练习】

新建一个网页，保存为 test.html，在 <body> 内使用 <div> 和 <span> 标签分别独立包含图片。在默认状态下，浏览器会将 <div> 标签包含的图片独立一行显示，而将多个 <span> 标签包含的图片并列在一行显示，如图 10.1 所示。

```
<span><img src="images/1.jpg" /></span>
<span><img src="images/2.jpg" /></span>
<span><img src="images/3.jpg" /></span>
<div><img src="images/1.jpg" /></div>
<div><img src="images/2.jpg" /></div>
<div><img src="images/3.jpg" /></div>
```

在 <head> 标签内添加 <style type="text/css"> 标签，定义一个内部样式表，输入下面的样式。设置 <div> 标签以行内元素显示。

```
div { display:inline; }                    /* 定义d元素行内显示   */
```

在 IE 浏览器中预览，则演示效果如图 10.2 所示。

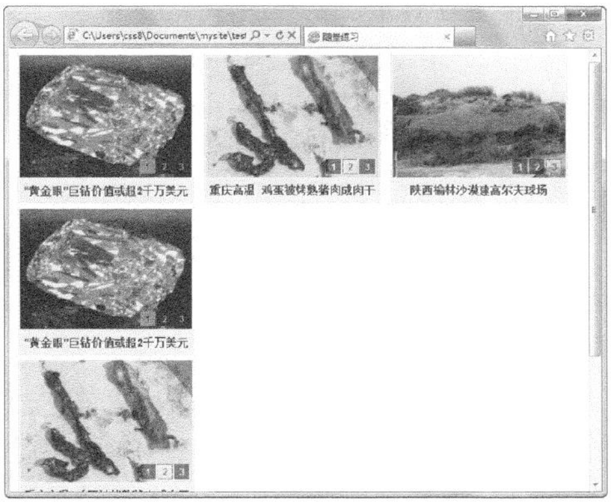

图10.1　默认显示效果

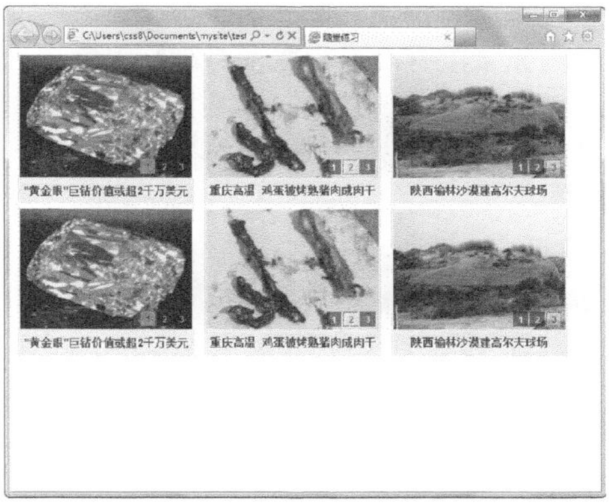

图10.2　行内显示显示效果

【拓展学习】

CSS的display属性包含很多值，但是在网页中比较常见和常用的仅有两个属性值：block和inline。当元素被定义block显示属性时，习惯称之为块元素；当元素被定义inline显示属性时，习惯称之为行内元素。

很多标签默认情况下显示为块元素，如表 10.1 所示。在默认设置下，块状元素的宽度为 100%，而且后面隐藏附带有换行符，使块状元素始终占据一行。

表10.1　HTML包含的块元素

块 元 素	说　明
address	表示特定信息，如地址、签名、作者、文档信息。一般显示为斜体效果
blockquote	表示文本中的一段引用语。一般为缩进显示
div	表示通用包含块，没有明确的语义
dl	表示定义列表
fieldset	表示字段集，显示为一个方框，用来包含的文本和其他元素
form	说明所包含的控件是某个表单的组成部分
h1-h6	表示标题，其中h1表示一级标题，字号最大，h6表示最小级别标题，字号最小
hr	画一条横线
noframes	包含对于那些不支持 FrameSet元素的浏览器使用的HTML

（续表）

块元素	说明
noscript	指定在不支持脚本的浏览器中显示的HTML
ol	编制有序列表
p	表示一个段落
pre	以固定宽度字体显示文本，保留代码中的空格和回车
table	表示所含内容组织成含有行和列的表格形式
ul	表示不排序的项目列表
li	表示列表中的一个项目
legend	在FieldSet元素绘制的方框内插入一个标题

行内元素没有高度和宽度，没有固定的形状，定义它的 width 和 height 属性无效。内联元素可以在行内自由流动，它显示的高度和宽度只能根据所包含内容的高度和宽度来确定。在 HTML 中也有很多标签默认显示为行内元素，如表 10.2 所示。

表10.2 HTML包含的行内元素

内联元素	说明
a	表示超链接
abbr	标注内部文本为缩写，用title属性标示缩写的全称，在非IE浏览器中会以下点划线显示，IE不支持
acronym	表示取首字母的缩写词，一般显示为粗体，部分浏览器支持
b	指定文本以粗体显示
bdo	用于控制包含文本的阅读顺序，如<bdo dir= "rtl" >this fragment is in english</bdo>，浏览器会从右到左显示文本
big	指定所含文本要以比当前字体稍大的字体显示
br	插入一个换行符
button	指定一个容器，可以包含文本，显示为一个按钮
cite	表示引文，以斜体显示
code	表示代码范例，以等宽字体显示
dfn	表示术语，以斜体显示
em	表示强调文本，以斜体显示
i	指定文本以斜体显示
img	插入图像或视频片断
input	创建各种表单输入控件
kbd	以定宽字体显示文本
label	为页面上的其他元素指定标签
map	包含客户端图像映射的坐标数据
object	插入对象

（续表）

内联元素	说　明
q	分离文本中的引语
samp	表示代码范例
script	指定由脚本引擎解释的页面中的脚本
select	表示一个列表框或者一个下拉框
small	指定内含文本要以比当前字体稍小的字体显示
span	指定内嵌文本容器
strike	带删除线显示文本
strong,	以粗体显示文本
sub	说明内含文本要以下标的形式显示，比当前字体稍小
sup	说明内含文本要以上标的形式显示，比当前字体稍小
textarea	多行文本输入控件
tt,	以固定宽度字体显示文本
var	定义程序变量，通常以斜体显示

10.1.2 定义定位属性

网页布局实际上也是网页对象的定位，定位方式的不同，网页对象的显示和控制方法也不同。CSS 通过 position 属性定义任何元素的定位方式，该属性的用法如下。

```
position : static | absolute | fixed | relative
```

该属性取值说明如下。

- static 表示默认值，说明元素无特殊定位，对象遵循 HTML 定位规则，即以静态方式显示。
- absolute 表示绝对定位，使用这种方式定位对象后，CSS 会将对象从文档流中拖出，使用 left、right、top、bottom 等属性进行精确定位，此时该对象不再受文档流的影响。
- fixed 表示固定定位，使用这种方式定位对象后，CSS 将会遵从绝对 (absolute) 方式。但是要遵守一些其他规范，定位参照物将始终根据浏览器窗口，而不是其他对象。
- relative 表示相对定位，使用这种方式定位对象后，CSS 将会允许对象在文档流中偏移位置，但是不能够脱离文档流。对象可以使用 left、right、top、bottom 等属性进行偏移定位。

当元素按默认的静态定位方式显示时，可以使用float属性定义元素浮动显示，浮动元素虽然不会脱离文档流，但是可以左右浮动，通过浮动方式能够改善对象显示顺序和位置，该属性用法如下。

```
float : none | left | right
```

取值说明如下。

- none 表示默认值，它表示对象不浮动。
- left 表示对象浮动到包含框的左侧。
- right 表示对象浮动到包含框的右侧。

根据 position 和 float 属性配合使用的情况，可以将网页布局分为三种基本类型，简单说明如下。

1. 流动网页布局模型

流动网页布局模型是 CSS 默认的网页布局模型，在默认状态下的 HTML 元素都是根据流动模型在网页中显示的。在这种模型中，对象自身都是被动的、随着文档流自上而下按顺序动态分布。流动布局只能根据元素排列的先后顺序来决定分布位置。要改变某个元素的位置，只能通过改变它在 HTML 文档流中的显示位置，所以说这是一种被动的布局模式。

2. 层网页布局模型

层模型技术最早源于 Netscape Navigator 4.0 推出并支持的 Layer（层）技术。Layer 可以将页面的内容引入层的概念，希望像图像编辑器那样精确定位网页元素，摆脱 HTML 元素自然流动所带来的弊端，实现增强网页处理的能力。当元素被定义为绝对定位、固定定位时，对象就具有了层布局模型的特性，不再受文档流的影响。

3. 浮动页布局模型

浮动页布局模型是 CSS 推出的一种布局模型，任何静态定位的元素，如果被定义了左、右浮动显示，则对象就具有浮动布局模型特性，此时网页对象就可以根据浮动方向灵活改变自身的显示位置，以设计并列显示效果。

10.1.3 网页布局方式

网页布局形式千变万化，不过根据不同的考虑角度，可以将网页归纳为不同的布局类型，简单说明如下。

1. 根据行列分类

这里的行和列是根据网页模块显示效果进行划分的，如单行版式、两行版式、三行版式、多行版式、单列版式、两列版式、三列版式和多列版式等，然后将行和列进行组合就可以形成多种布局样式。

2. 根据显示性质分类

根据布局元素的显示性质进行分类，可以分为流动布局、浮动布局、定位布局和混合布局等。

3. 根据布局性质分类

根据网页宽度的取值单位进行分类，可以分为固定宽度布局（以像素为单位定义网页宽度）、流动宽度布局（以百分比为单位定义网页宽度）、液态宽度布局（以 em 为单位定义网页宽度）。另外，还可以混合多种取值单位进行布局。

10.2 CSS盒模型

网页中所有的元素都遵循 CSS 盒模型原则进行显示，只有很好地掌握盒模型以及其中每一个元素的用法，才能真正地控制页面中每个元素的样式。CSS 盒模型主要包括外间距、内间距、边框、高度、宽度属性，这些属性也是 CSS 最基本的属性。通过这几个属性就可以控制元素的显示，设计元素的样式和实现页面布局效果。

10.2.1 认识盒模型

CSS 盒模型就是一个矩形空间，在这个空间内包裹着各种准备要显示的网页信息。盒模型一般都包括外间距（margin，也称边界）、边框（border）、内间距（padding，也称补白）和内容区域（content）四大区域，如图 10.3 所示。

内容区域包括宽度（width）、高度（height）和背景（background），实际上背景能够延伸到补白区域，有些浏览器中背景图像甚至延伸到边框内。

对于一个CSS盒模型来说，它的实际宽度或高度就等于内容区域的宽（width）和高（height）加上二倍的边界、边框和补白之和。

```
W = width (content) + 2 * (border + padding + margin)
H = height (content) + 2 * (border + padding + margin)
```

在IE 6版本以下浏览器中存在着这样的错误，CSS的width属性表示内容区域、补白和边框宽度之和，而height属性表示内容区域、补白和边框高度之和，所以在IE 6以下版本中，盒模型的实际大小如下公式所示，不过现在已经很少有人再用IE 5.5版本浏览器了。

```
W = width + 2 * margin
H = height + 2 * margin
```

CSS盒模型不仅仅包含这几个空间，关键是它允许用户自定义各个空间不同边的显示大小和样式，这一点对于布局来说是很重要的。因为很多时候我们会根据需要分别调整各边上的边界、补白和边框。由于CSS元素都是以盒子形状存在，这为网页布局奠定了基础。

元素的摆放存在两种可能：第一，元素之间相邻为伴，相互通过边界产生影响。第二，元素之间相互包含，此时相互作用就不仅仅是边界问题了，还包括补白。当元素的显示性质发生变化时，相互之间的影响就会更加复杂。

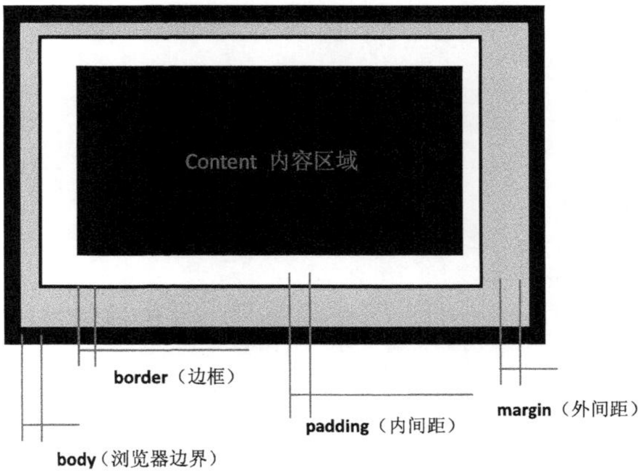

图10.3 盒模型

10.2.2 定义边界大小

在CSS中，边界大小由margin属性定义，它定义了元素与其他相邻元素的距离，该属性用法如下。

```
margin : auto | length
```

其中auto表示自动，则CSS将根据默认值进行处理，默认情况下默认值为0。Length表示由浮点数字和单位标识符组成的长度值；也可以作为百分数，百分数将基于父对象的高度或宽度进行确定。

由margin属性还可以派生出如下四个子属性。

- margin-top（顶部边界）
- marging-right（右侧边界）
- marging-bottom（底部边界）
- margin-left（左侧边界）

这些属性可以分别定制元素在不同方位上与其他元素的间距。

【随堂练习】

新建一个网页，保存为test.html，在<body>内使用<div>标签构建四个盒子，并分别定义ID值。

```
<div id="box1"></div>
<div id="box2"></div>
```

```
<div id="box3"></div>
<div id="box4"></div>
```

在 <head> 标签内添加 <style type="text/css"> 标签，定义一个内部样式表，输入下面的样式。

```
div { /* div元素的默认样式 */
    height:40px;                         /* 统一高度 */
    border:solid 1px red;                /* 统一边框样式 */
    background:url(images/bg7.jpg);      /* 定义背景图像 */
}
#box4 {/* 第四个盒子样式 */
    margin-top:10px;                     /* 顶部边界大小 */
    margin-right:1em;                    /* 右侧边界大小 */
    margin-left:1em;                     /* 左侧边界大小 */
}
#box3 {/* 第三个盒子样式 */
    margin-top:20px; margin-right:4em; margin-left:4em;}
#box2 {/* 第二个盒子样式 */
    margin-top:30px; margin-right:8em; margin-left:8em;}
#box1 {/* 第一个盒子样式 */
    margin-top:40px; margin-right:12em; margin-left:12em;}
```

该示例有规律地设置了四个盒子的外边界变化，通过不同方向上外边界的设置，从而设计一个梯状效果，在 IE 浏览器中预览，则演示效果如图 10.4 所示。因此自由设置边界大小，可以调整网页中不同元素的显示位置。

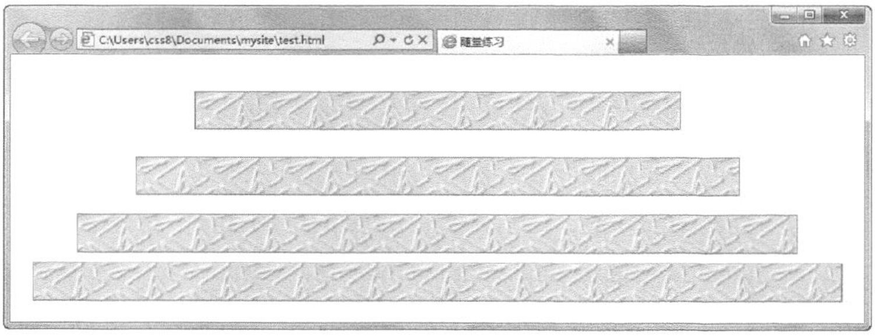

图10.4　自定义元素各边边界大小

【拓展学习】

为了提高代码编写效率，CSS 也提供了边界定义的简写方式。

◆ 如果四个边界相同，则直接使用margin属性定义。例如：

```
margin:10px;
```

◆ 如果四个边界不相同，则可以在margin属性中定义四个值，四个值用空格进行分隔，代表边的顺序是顶部、右侧、底部和左侧，即从顶部开始按顺时针方向进行设置，具体用法如下。

```
margint:top right bottom left;
```

◆ 如果上下边界不同，左右边界相同，则可以使用三个值进行代替，具体用法如下。

```
margint:top right bottom;
```

◆ 如果上下边界相同，左右边界相同，则直接使用两个值进行代替：第一个值表示上下边界，第二个值表示左右边界，具体用法如下。

```
margint:top right;
```

【拓展练习 1】

为了提高代码编写效率，针对上面示例中的样式可以这样简写。

```
div { /* div元素的默认样式 */
    height:40px;                              /* 统一高度 */
    border:solid 1px red;                     /* 统一边框样式 */
    background:url(images/bg7.jpg);
}
#box4 { margin: 10px 1em auto 1em;}
#box3 {margin: 20px 4em auto 4em;}
#box2 { margin: 30px 8em auto 8em;}
#box1 {margin: 40px 12em auto 12em;}
```

还可以进一步地简写，以提高代码的书写速度。

```
div { /* div元素的默认样式 */
    height:40px;                              /* 统一高度 */
    border:solid 1px red;                     /* 统一边框样式 */
    background:url(images/bg7.jpg);
}
#box4 { margin: 10px 1em auto;}
#box3 {margin: 20px 4em auto;}
#box2 { margin: 30px 8em auto;}
#box1 {margin: 40px 12em auto;}
```

这样会节省大量代码，且更为高效。当使用这种简写形式时，如果某个边没有定义大小，则可以使用 auto（自动）关键字进行代替，但是必须设置一个值，否则会产生错误。

【拓展练习 2】

在 CSS 盒模型中，边界是最为复杂的一个要素，当多个元素相邻布局时，一般都使用边界来调整相互之间的距离。但是，元素的边界存在重叠现象，且重叠的表现形式各异，不同显示性质的元素发生的重叠效果也不相同，这为页面布局带来很多不确定性的问题。

在默认情况下，流动的块状元素存在上下边界重叠现象，这种重叠将以最大边界代替最小边界作为上下两个元素的距离。

例如，新建一个网页，保存为 test.html，在 <body> 内使用 <div> 标签构建两个盒子，并分别定义 ID 值。

```
<div id="box1"></div>
<div id="box2"></div>
```

在 <head> 标签内添加 <style type="text/css"> 标签，定义一个内部样式表，输入下面的样式。定义上面元素的底部边界为 50 像素，而下面元素的顶部边界为 30 像素，如果不考虑重叠，则上下元素的间距应该为 80 像素，而实际距离为 50 像素，如图 10.5 所示。

```
div {
    height:20px;
    border:solid 1px red;
}
#box1 { margin-bottom:50px; }
#box2 { margin-top:30px; }
```

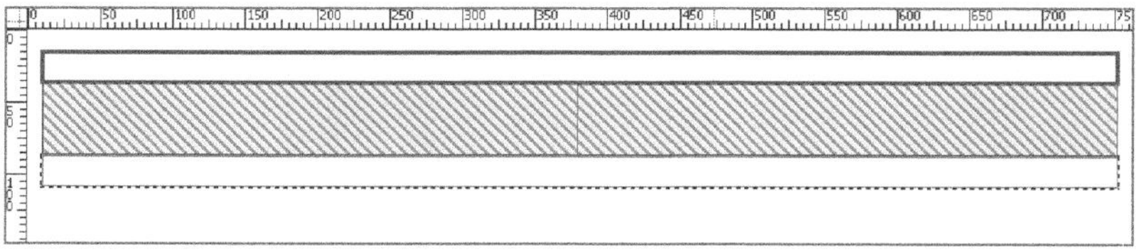

图10.5　上下元素的重叠现象

相邻元素的左右边界一般不会发生重叠，但是对于行内元素来说，上下边界是不会产生任何效果的。

例如，新建一个网页，保存为 test1.html，在 <body> 内使用 <span> 标签包含一段文本。

```
<p>“死生契阔，与子成悦；执子之手，与子偕老”是一首悲哀的诗，然而它的人生态度又是何等肯定。我不喜欢壮烈。我是喜欢悲壮，更喜欢苍凉。<span>壮烈只是力，没有美，似乎缺少人性。</span>悲哀则如大红大绿的配色，是一种强烈的对照。——出自张爱玲的散文《自己的文章》</p>
```

在 <head> 标签内添加 <style type="text/css"> 标签，定义一个内部样式表，输入下面的样式。定义 span 元素包含的行内文本外边界为四个字体大小，这时就会看到左右边界对相邻文本产生影响，而对于上下文本是没有任何影响的，如图 10.6 所示。

```
span {/* 行内元素的样式 */
    color:red;
    font-weight:bold;
    margin:4em;                          /* 边界为四个字体大小 */
    border:solid 1px blue;
}
```

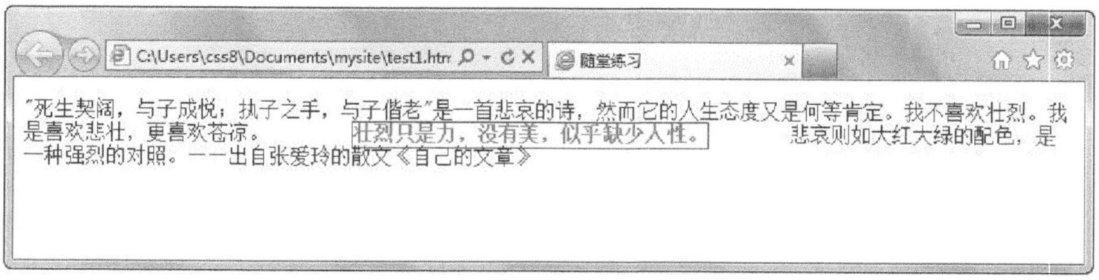

图10.6　行内元素的边界响应效果

10.2.3 定义边框样式

边框由 border 属性定义，与边界一样，也可以单独为各边定义独立的边框样式。

- border-top（顶部边框）
- border-right（右侧边框）
- border-bottom（底部边框）
- border-left（左侧边框）

如果说边界的作用是用来调整本元素与其他元素的距离，那么边框的作用就是划定本元素与其他元素之间的分隔线。也许在网页布局中，边界的使用频率要远远大于边框，但是在局部样式设计中，边框的作用也不容小视。一般可以使用 border 属性来设计版块的边框样式，或者定义行线、文本装饰线、下划线和图像修饰线等。

边框样式包括三个基本属性：border-style（边框样式）、border-color（边框颜色）和 border-width（边框宽度）。三者之间的联系也非常紧密，如果没有定义 border-style 属性，所定义的 border-color 和 border-width 属性是无效的。反过来，如果没有定义 border-color 和 border-width 属性，定义 border-style 也是没有用的。

不过，不同浏览器为 border-width 设置了默认值（默认为 medium 关键字）。medium 关键字大约等于 2~3 像素（视不同浏览器而定），另外还包括 thin（1~2 像素）关键字和 thick（3~5 像素）关键字。当然，也可以为边框自由设置不同长度值。

border-color 默认值为黑色。所以当为元素仅仅定义 border-style 属性，则浏览器能够正常显示边框效果。如果定义了包含字体的颜色，则边框颜色也会随着改变。

边框宽度和颜色的属性值没有太多需要记忆的内容，但是对于 border-style 属性来说，读者需要记住它所包含的样式，说明如下。

- none：无边框，默认值。
- hidden：隐藏边框，IE不支持。
- dotted：点线。
- dashed：虚线。
- solid：实线
- double：双线。
- groove：3D凹槽效果线。
- ridge：3D凸槽效果线。
- inset：3D凹边效果线。
- outset：3D凸边效果线。

对于上面的关键字，其中 solid 是最常用的，而 dotted 和 dashed 也是设计师喜爱选用的样式，常用来装饰对象。double 关键字比较特殊，它定义边框显示为双线，在外单线和内单线之间是一定宽度的间距。其中内单线、外单线和间距之和必须等于 border-width 属性值，所以这里就存在分配矛盾的问题。

- 如果边框宽度是 3 的倍数，如 3px、6px、9px 等，就比较好办，三者平分宽度，即内单线、外单线和中间空隙的大小相同。否则 CSS 会根据如下规则进行分配。
- 如果余数为 1，就会将这 1 像素宽度分配给外单线。
- 如果余数为 2，就分别为内单线和外单线分配 1 像素宽度。

【随堂练习】

新建一个网页，保存为 test.html，在 <body> 内使用 <p> 标签构建多行段落文本。

```
<p id="p1">#p1 { border-style:solid; }</p>
<p id="p2">#p2 { border-style:dashed; }</p>
<p id="p3">#p3 { border-style:dotted; }</p>
<p id="p4">#p4 { border-style:double; }</p>
<p id="p5">#p5 { border-style:groove; }</p>
<p id="p6">#p6 { border-style:ridge; }</p>
<p id="p7">#p7 { border-style:inset; }</p>
<p id="p8">#p8 { border-style:outset; }</p>
```

在 <head> 标签内添加 <style type="text/css"> 标签，定义一个内部样式表，输入下面的样式。

```
p{background:blue; color:#FFF;}
#p1 { border-style:solid; }                /* 实线效果 */
#p2 { border-style:dashed; }               /* 虚线效果 */
#p3 { border-style:dotted; }               /* 点线效果 */
#p4 { border-style:double; }               /* 双线效果 */
#p5 { border-style:groove; }               /* 3D凹槽效果*/
#p6 { border-style:ridge; }                /* 3D凸槽效果*/
#p7 { border-style:inset; }                /* 3D凹边效果*/
#p8 { border-style:outset; }               /* 3D凸边效果*/
```

在 IE 浏览器中预览，则演示效果如图 10.7 所示。

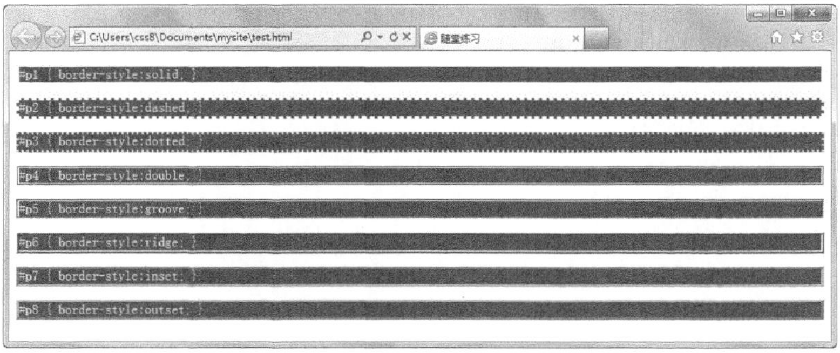

图10.7 IE下边框样式显示效果

【拓展练习】

在 CSS 盒模型中，边框用法是最复杂的要素。因为边框样式包括样式、宽度和颜色。

首先，边框样式的三个属性可以单独使用，这样border-style、border-width和border-color属性的用法与margin相同。此时可以为不同的边定义边框样式、边框宽度和边框颜色。例如：

```
border-solid:solid;                        /* 四条边都为实线 */
border-color:red blue;                     /* 上下边为红色，左右边为蓝色 */
border-width:1px 2px 3px;      /* 上边宽为1像素，底边宽为3像素，左右边为2像素*/
border-solid:solid dashed dotted double;
                                /* 上边为实线，右边为虚线，底边为点线，左边为双线*/
```

如果希望单独为各边定义边框样式，可以使用 border-top、border-right、border-bottom 和 border-left 进行定义，方法与上面相同。例如，为单独边定义样式时，可以自由设置边框样式、边框颜色和边框宽度。属性值之间以空格进行分隔，且没有先后顺序。

```
border-top:solid;                          /* 顶边为黑色实线 */
border-right:solid blue;                   /* 右边为蓝色实线 */
border-bottom:solid blue 3px;              /* 底边为3像素宽的蓝色实线 */
border-left:solid blue 3px;                /* 左边为3像素宽的蓝色实线 */
```

如果仅希望定义某条边的某一种属性时，则可以在上面指代各边属性的基础上增加具体边框样式后缀。当然，也可以在上面的属性上直接有选择地进行定义。例如：

```
border-top-style:solid;                    /* 顶边为实线 */
border-right-color:blue;                   /* 左边线为蓝色 */
```

```
border-bottom-width:3px;                    /* 底边线宽为3像素 */
border-left-style:solid;                    /* 左边为实线 */
```

如果希望快速定义边框样式，则可以在border属性中直接简写，例如：

```
border:solid 1px blue;                      /* 四边均为蓝色1像素宽度的实线 */
border:solid 1px;                           /* 四边均为1像素宽度的实线 */
border:1px blue;                            /* 四边均为蓝色1像素宽度的线  */
```

边框是占据空间的。在网页布局中，由于边框宽度仅有 1 像素，所以经常会忽略边框对于布局的影响。特别在浮动布局中，由于多出了 1 像素边框，从而导致布局失败。因此读者在计算各个布局元素的宽度时，应该时刻考虑边框的宽度。

在流动布局中，当我们为包含框定义 100% 的宽度，而又定义了两侧的边框宽度，结果就会在浏览器窗口的水平方向上出现滚动条。

背景色或背景图像可能会延伸到边框底部。不同浏览器对此解析不同，例如，为一个 div 元素定义很宽的点线边框，同时定义背景色为红色，就会发现在 IE 7 中背景色仅在内容区域和补白区域显示，而在 IE 8 下背景色已经延伸到边框底部，如图 10.8 和图 10.9 所示。

```
div {
    width:200px;
    height:50px;
    background:red;                         /* 红色背景  */
    border:dotted 50px;                     /* 虚线边框  */
}
```

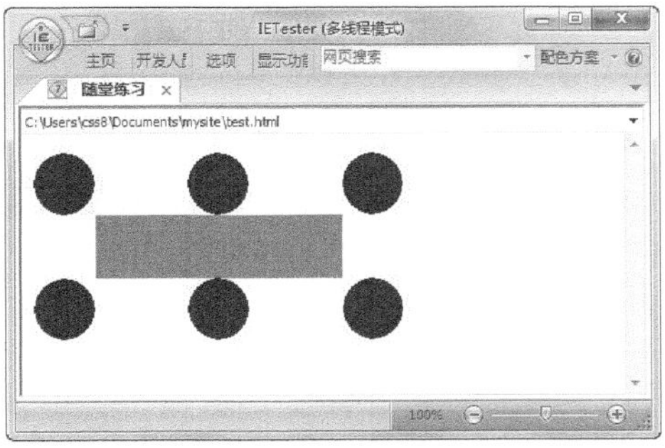

图10.8 IE 7下边框与背景的关系

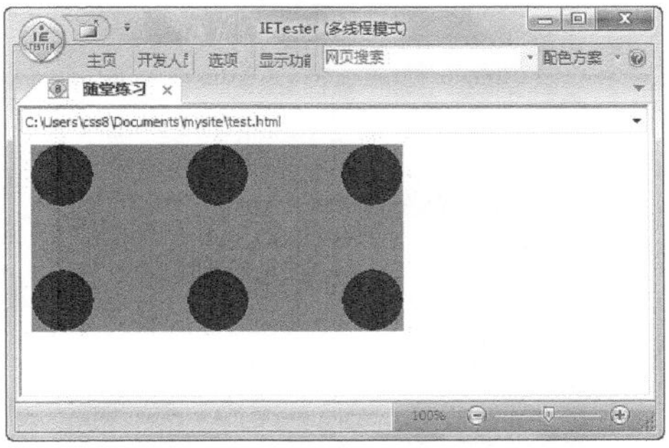

图10.9 IE 8下边框与背景的关系

10.2.4 定义补白大小

补白用来调整元素包含的内容与元素边框的距离，由 padding 属性负责定义，该属性用法如下。

```
padding : length
```

length 表示由浮点数字和单位标识符组成的长度值，或者百分数，百分数是基于父对象的宽度。

从功能上讲，补白不会影响元素的大小，但是由于在布局中补白同样占据空间，所以在布局时应该考虑补白对布局的影响。如果在没有明确定义元素宽度和高度的情况下，使用补白来调整元素内容的显示位置要比边界更加安全。

pading 与 margin 属性用法一样，不仅可以快速简写，还可以利用 padding-top、padding-right、padding-bottom 和 padding-left 属性来分别定义四边的补白大小。

【随堂练习】

新建一个网页，保存为 test.html，在 <body> 内使用 <div> 和 <p> 标签构建一个包含框和文本框嵌套结构。

```
<div class="box1">
    <p>横看成岭侧成峰远近高低各不同</p>
</div>
```

在 <head> 标签内添加 <style type="text/css"> 标签，定义一个内部样式表，输入下面的样式。

```
body, p {
    margin:0;                                   /* 清除浏览器默认外间距*/
    padding:0;                                  /* 清除浏览器默认内间距*/
}
.box1 {
    background:url(images/bg1.jpg) no-repeat left top;    /* 设置背景图片 */
    width:360px;                                /* 盒子宽度与图片宽度一致 */
    height:340px;                               /* 盒子高度与图片高度一致 */
    margin:0 auto;                              /* 设置居中对齐方式 */
    margin-top:30px;                            /* 设置盒子与浏览器上方间距为30像素， */
    border:6px double #533F1C;                  /* 设置边框线为5像素的实线*/
}
.box1 p {
    font-size:42px;                             /* 设置字体大小，太小则在图片上不明显 */
    color:#000;                                 /* 设置字体颜色 */
    font-family:"黑体";                          /* 设置字体类型 */
    line-height:1.2em;                          /* 设置行高，根据字体大小计算行高大小 */
    padding-left:60px;                          /* 单独使用左间距 */
    padding-top:10px;         /* 单独使用上间距，并观察与外层盒子上外间距的不同 */
}
```

在 IE 浏览器中预览，则演示效果如图 10.10 所示。

补白不会发生重叠，当元素没有定义边框的情况下，以 padding 属性来替代 margin 属性，是定义元素之间的间距的一个比较不错的选择。

内元素无法定义宽度和高度，所以很多时候还可以利用补白来定义行内元素的高度和宽度，其目的就是为了能够为行内元素定义背景图像。

图10.10　IE下边框样式显示效果

10.3　浮动布局

浮动布局是网页布局中最重要的排版方式。在上节曾经讲解了如何使用 float 属性来定义元素浮动显示。float 中文翻译为浮动的意思，该属性取值包括 left（向左浮动）、right（向右浮动）和 none（不浮动）。

10.3.1　浮动布局的基本用法

CSS 的 float 属性可以定义元素浮动显示，利用该属性可以设计浮动布局，浮动布局的最大特点就是可以让多个版块并列显示，从而实现设计多列排版样式。

【随堂练习】

新建一个网页，保存为 test.html，在 <body> 内使用 <div> 标签定义三个盒子。

```
<div id="box1">盒子1</div>
<div id="box2">盒子2</div>
<div id="box3">盒子3</div>
```

在 <head> 标签内添加 <style type="text/css"> 标签，定义一个内部样式表，输入下面的样式，初始化盒子基本样式。统一盒子大小为 200 × 100 像素，边框为 2 像素宽的红线，并添加背景图像。在默认状态下，这三个元素都以流动自然显示，根据 HTML 结构的排列顺序自上而下进行排列。

```
div {/* div元素基本样式  */
    width:200px;                          /* 固定宽度  */
    height:100px;                         /* 固定高度  */
    border:solid 2px red;                 /* 边框样式  */
    margin:4px;                           /* 增加外边界  */
    background:url(images/bg.jpg)         /* 定义背景图像  */
}
```

再添加一个样式，定义三个盒子都向左浮动，在 IE 浏览器中预览，则发现三个盒子并列显示在一行，如图 10.11 所示。

```
div {/* 定义所有div元素都向左浮动显示  */
    float:left;
}
```

如果拖动浏览器窗口的大小，就会发现随着窗口宽度的变化，浮动元素的位置也会自动进行调整，以实现能够在一行内装下多个浮动元素，如图 10.12 所示。

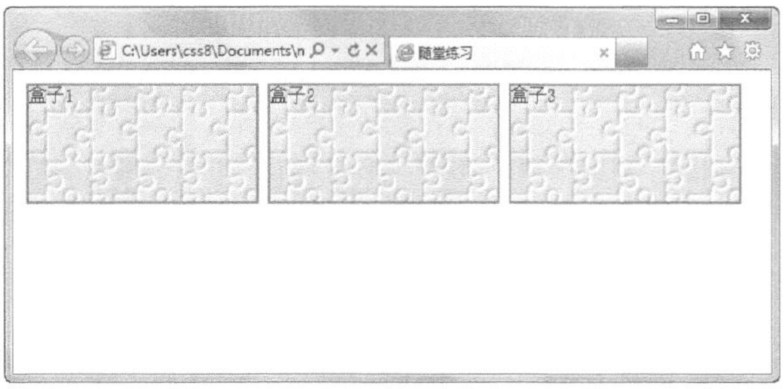

图10.11　并列浮动

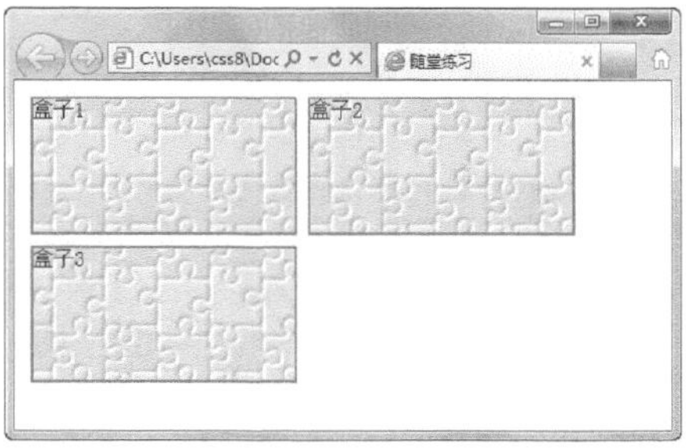

图10.12　错位浮动

浮动元素能够实现元素并列显示效果，因此可以利用浮动布局来设计多栏页面布局效果。当多个元素并列浮动时，浮动元素的位置不是固定的，它们会根据父元素的宽度灵活调整。

【拓展练习 1】

浮动的不确定性很容易引起网页布局错位的问题。要解决这个问题，只有定义父元素的宽度为固定值，才可以避免此类问题的发生。

例如，如果定义 body 元素宽度固定，此时就会发现无论如何调整窗口大小都不会出现浮动元素错位现象，如图 10.13 所示。

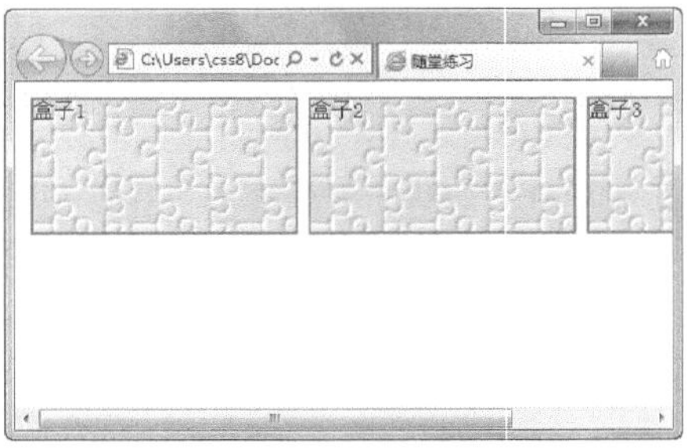

图10.13　避免浮动错位显示效果

```
body { width:636px; }                    /* 固定父元素的宽度 */
```

【拓展练习 2】

如果设计第一个盒子为浮动显示，第二、三个盒子为流动显示，即默认显示方式，就会发现后面的流动元素能够围绕浮动元素显示，元素包含的文本也会环绕显示。注意，此时不同浏览器以及不同 IE 版本浏览器在解析时会存在不同。

如果设计后面的盒子浮动显示，则前面的流动元素不再环绕后面的浮动元素，这说明浮动元素还遵循文档流动分布的规律，它不会完全脱离文档流独自向上浮动。

如果设计三个盒子分别向左右浮动，则它们还会遵循上述所列的浮动显示原则。例如，定义第一个和第二个盒子向左浮动，第三个盒子向右浮动，则显示效果如图 10.14 所示。

```
#box1,#box2 {float:left; }
#box3 {float:right; }
```

如果取消定义浮动元素的大小定义，此时就会发现每个盒子都会自动收缩到所包含对象的大小，如图 10.15 所示。这说明浮动元素有自动收缩空间的功能，而块状流动元素就没有这个功能。在没有定义高度和宽度的情况下，宽度会显示为 100%。因此，很多设计师就是利用浮动元素的这个特征来设计自动包含的布局效果。

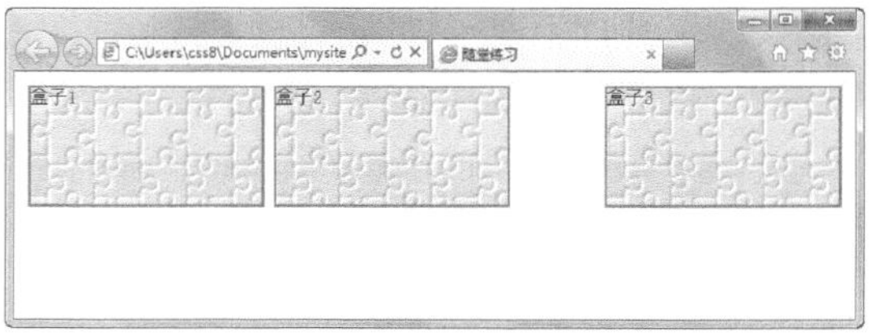

图10.14　浮动方向不同效果

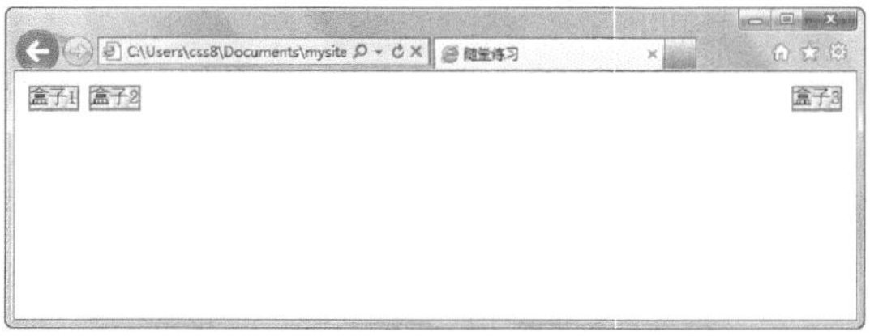

图10.15　浮动元素自动包含内部对象

如果浮动元素内部没有包含内容，这时元素会收缩为一点，但是对于 IE 浏览器来说，则收缩为一条竖线。

如果一个盒子包含在一个大的浮动盒子中，则浮动元素都是以包含框为参照物进行浮动的，浮动元素不能够脱离包含框而随意浮动。

如果为浮动元素定义负外边界，则可以使其显示到包含框的外面。

浮动布局是网页布局中最活跃的因子，当然各种浮动布局也存在大量浏览器解析不兼容现象，需要引起读者的高度重视。

10.3.2　清除浮动

为了防止元素随意浮动，CSS 定义了 clear 属性，该属性能够清除浮动，避免元素随意浮动显示，该属性用法如下。

```
clear : none | left | right | both
```

该属性取值说明如下。

- left：该取值能够禁止左侧显示浮动元素。如果浮动元素发现左侧存在浮动元素，则会换行到下一行重新显示。
- right：该取值能够禁止右侧显示浮动元素。如果浮动元素发现右侧存在浮动元素，则会换行到下一行重新显示。
- both：该取值能够禁止左右两侧存在浮动元素。如果发现存在浮动元素则会自动换行进行显示。
- none：表示不清除浮动元素，可以允许浮动并列显示。

【随堂练习】

新建一个网页，保存为test.html，在<body>内使用<div>标签定义三个盒子。

```
<div id="box1">盒子1</div>
<div id="box2">盒子2</div>
<div id="box3">盒子3</div>
```

在<head>标签内添加<style type="text/css">标签，定义一个内部样式表，输入下面的样式。定义三个盒子都向左浮动，然后定义第二个盒子清除左侧浮动。

```
div {
    width:200px;                         /* 固定宽度 */
    height:100px;                        /* 固定高度 */
    border:solid 2px red;                /* 边框样式 */
    margin:4px;                          /* 边界距离 */
    float:left;                          /* 向左浮动 */
    background:url(images/bg.jpg)        /* 定义背景图像  */
}
#box2 { clear:left; }                    /* 清除向左浮动 */
```

在IE浏览器中预览，则显示效果如图10.16所示。第二个盒子没有排列在第一个盒子的右侧，而是换行显示在第一盒子的下方，但是第三个盒子由于没有设置清除属性，所以它会向上浮动到第一个盒子的右侧。

如果定义这三个盒子向左浮动，无论是否清除右侧浮动，会发现它们都能够并列显示在一行。如果清除第一个盒子的浮动显示，则不会影响后面元素的浮动显示，如图10.17所示。

图10.16 清除浮动

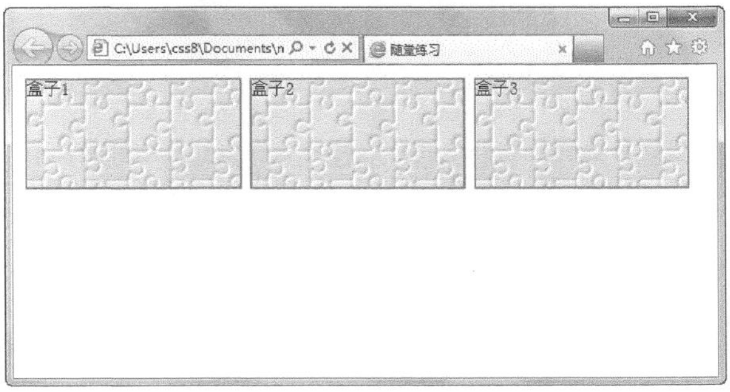

图10.17 无效的清除浮动效果

10.4 定位布局

浮动布局比较灵活，但是不容易控制，且不同浏览器在解析时存在很多分歧，为兼容浏览器实现相同的显示效果带来很多挑战。而定位布局克服了这些问题，能够帮助用户精确定位页面中的任意元素，使网页布局变得更加随心所欲，当然由于定位布局缺乏灵活性，也给空间大小和位置不确定的版面布局带来困惑。因此，在网页布局实战中，读者应该灵活使用这两种布局方式，满足个性化设计需求。

10.4.1 定位布局的基本用法

CSS 使用 position 属性精确定位元素的显示位置，position 属性取值包括 static、absolute、fixed 和 relative。

- static：不定位显示。作为默认值，所有元素都显示为流动布局效果。
- absolute：绝对定位。强制元素从文档流中脱离出来，并根据坐标来确定显示位置，一般使用 left、right、top 和 bottom 属性来定义，并使用 z-index 属性定义相互层叠顺序。
- fixed：固定定位，但根据窗口参照物进行定位。
- relative：相对定位，可以 left、right、top 和 bottom 属性来确定元素在正常文档流中的偏移位置。

【随堂练习】

新建一个网页，保存为 test.html，在 <body> 内使用 <div> 标签定义三个盒子。

```
<div id="box1">盒子1</div>
<div id="box2">盒子2</div>
<div id="box3">盒子3</div>
```

在 <head> 标签内添加 <style type="text/css"> 标签，定义一个内部样式表，输入下面的样式。定义三个盒子均为绝对定位显示，并分别使用 left、right、top 和 bottom 属性定义元素的定位坐标。

```
body {
    padding:0;                          /* 清除页边距（兼容非IE浏览器） */
    margin:0;                           /* 清除页边距（兼容IE浏览器） */
}
div {
    width:200px; height:100px;          /* 固定元素的宽度和高度 */
    border:solid 2px red;               /* 边框样式 */
    position:absolute;                  /* 绝对定位 */
}
#box1 { left:50px; top:50px; }          /* 距离左侧窗口距离50像素，距离顶部窗口
距离50像素*/
#box2 { left:40%; }                     /* 距离左侧窗口距离为窗口宽度的40% */
#box3 { right:50px; bottom:50px}
                            /* 距离右侧窗口距离50像素，距离底部窗口距离50像素*/
```

在 IE 浏览器中预览，则显示效果如图 10.18 所示。

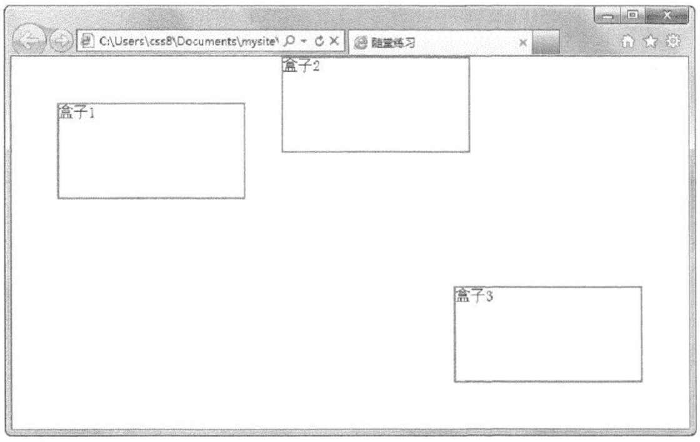

图10.18 精确定位页面元素显示效果

【拓展练习 1】

在绝对定位布局中，读者应该理解包含块这个概念。包含块不同于元素包含框，它定义了所包含的绝对定位元素的坐标参考对象。注意，凡是被定义了相对定位、绝对定位或固定定位的元素都将自动拥有包含块的功能，此时包含在该元素的定位元素都将以包含块为参照物进行定位，而不是文档窗口的左上角。

例如，在上面示例的基础上，重新设计HTML文档结构，为第二个和第三个盒子定义一个包含块。

```
<div id="box1">盒子1</div>
<div id="wrap">
    <div id="box2">盒子2</div>
    <div id="box3">盒子3</div>
</div>
```

在 <head> 标签内添加 <style type="text/css"> 标签，并添加如下样式，定义 <div id="wrap"> 盒子为包含块。

```
#wrap {/* 定义包含块 */
    width:300px;                   /* 定义包含块的宽度 */
    height:200px;                  /* 定义包含块的高度 */
    float:right;                   /* 定义包含块向右浮动 */
    margin:100px;                  /* 包含块的外边界 */
    border:solid 1px blue;         /* 边框样式 */
    position:relative;             /* 相对定位 */
}
```

在IE浏览器中预览，则显示效果如图10.19所示。可以看到第二个和第三个盒子以包含块 <div id="wrap"> 作为参照物进行绝对定位，而不再将窗口作为坐标参照物。

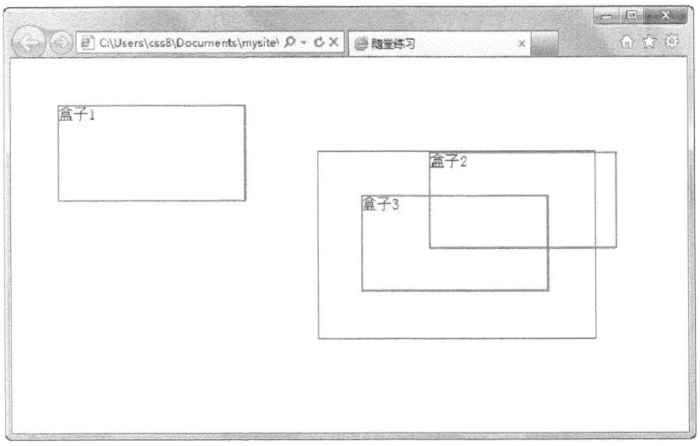

图10.19 精确定位页面元素显示效果

【拓展练习 2】

利用包含块设计出很多精巧的布局，以弥补 position 定位过于僵硬的布局缺陷。由于相对定位的元素还没有脱离文档流，同时它又能够定义元素为包含块，这样就可以利用相对定位实现流动布局和定位布局完美融合。

例如，针对上一个拓展示例的文档结构，重新设计文档的样式表。设计第一个盒子流动显示，并适当调整盒子的顶部边界和高度，设计第二、三个盒子为绝对定位显示，并分别定位它们左对齐和右对齐，定义 <div id="wrap"> 包含框为相对定位，则它就具备包含块的功能。

```
body {
    padding:0;                              /* 清除页边距（兼容非IE浏览器） */
    margin:0;                               /* 清除页边距（兼容IE浏览器） */
}
#box1 {
    height:100px;
    margin-top:20px;
    border:solid 2px blue;
}
#box2, #box3 {                    /* 定位第二个和第三个盒子大小和绝对定位 */
    width:49%;
    height:200px;
    border:solid 2px red;
    position:absolute;
    background:url(images/bg.jpg);
}
#box2 { left:0;}                            /* 定位第二个盒子位置 */
#box3 { right:0;}                           /* 定位第三个盒子位置 */
#wrap { position:relative; }                /* 定义包含块 */
```

在 IE 浏览器中预览，则显示效果如图 10.20 所示。这时就会发现，当第一个盒子的高度和位置发生变化时，则第二、三个盒子也会随之改变显示位置，但是第二、三个盒子始终以 <div id="wrap"> 包含块进行定位。但是 <div id="wrap"> 并没有脱离文档流，因此它还会受到顶部的 <div id="box1"> 盒子的影响。

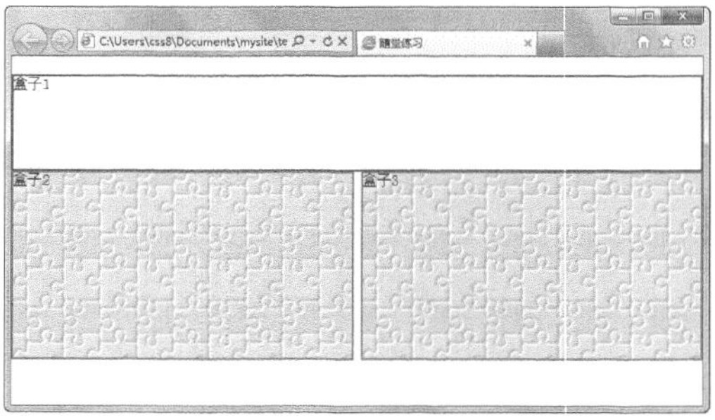

图10.20　混合布局网页

【拓展练习 3】

固定定位是一种特殊的定位方式，它始终以浏览器窗口作为参照物进行定位，其他用法与绝对定位相同。如果希望一个模块始终显示在浏览器窗口的某个位置，则可以使用固定定位进行设计，这样无论浏览器窗口滚动条如何滚动，它都不会与网页内容一起隐藏起来。

例如，在下面这个简单的模拟结构中，包含两部分：顶部是网站导航部分，底部是具体的网页内容。

```
<div id="header"><img src="images/bg1.jpg" /></div>
<div id="wrap">
```

如果希望顶部的导航部分始终显示在浏览器窗口的顶部，且不受下面网页正文的影响，则可以这样设计样式表。

```
body {
    padding:0;                          /* 清除页边距（兼容非IE浏览器） */
    margin:0;                           /* 清除页边距（兼容IE浏览器） */
}
#header {
    position:fixed;                     /* 固定定位显示 */
    top:0;                              /* 固定在顶部显示 */
}
#wrap { height:1000px;}
```

在 IE 浏览器中预览，则显示效果如图 10.21 所示。当用户拖动滚动条时，顶部的导航信息始终显示在顶部。

图10.21　固定定位的网页效果

> **注意**　**在定位布局中如果出现left和right、top和bottom同时被定义的现象，则left优于right，而top优于bottom。但是如果元素没有被定义宽度和高度，则元素将会被拉伸，以适应左右或上下同时定位。另外，IE 6及其以下版本浏览器不支持固定定位，因此在使用时要考虑这个因素。**

10.4.2　定义定位层叠顺序

无论是相对定位、固定定位，还是绝对定位，只要坐标相同都可能存在元素重叠现象。在默认情况下，相同类型的定位元素，排列在后面的定位元素会覆盖前面的定位元素。为了灵活设置定位层叠顺序，CSS 定义了 z-index 属性，该属性能够改变定位元素的覆盖顺序，该属性的用法如下所示。

```
z-index : auto | number
```

其中auto表示默认值，它将根据父对象的定位来确定层叠顺序；number表示无单位的整数值，可为负数，数值越大就越显示在上面。

【随堂练习】

新建一个网页，保存为 test.html，在 <body> 内使用 <div> 标签定义三个盒子。

```
<div id="box1">盒子1</div>
<div id="box2">盒子2</div>
<div id="box3">盒子3</div>
```

在 <head> 标签内添加 <style type="text/css"> 标签，定义一个内部样式表，输入下面的样式。定义三个盒子都为相对定位显示，并分别使用 left、right、top 和 bottom 属性调整它们的显示位置，设计重叠显示效果，在默认情况下它们会显示如图 10.22 所示。

```
div {
    width:200px;                          /* 固定宽度 */
    height:100px;                         /* 固定高度 */
    border:solid 2px red;                 /* 边框样式 */
    position:relative;                    /* 相对定位 */
}
#box1 { background:red; }                 /* 第一个盒子红色背景 */
#box2 {/* 第二个盒子样式 */
    left:60px;                            /* 左侧距离 */
    top:-50px;                            /* 顶部距离 */
    background:blue;                      /* 蓝色背景 */
}
#box3 {/* 第三个盒子样式 */
    left:120px;                           /* 左侧距离 */
    top:-100px;                           /* 顶部距离 */
    background:green;                     /* 绿色背景 */
}
```

在上面样式表的基础上，添加如下样式，分别为三个盒子定义 z-index 属性值，第一个盒子的值最大，所以它就层叠在最上面，而第三个盒子的值最小，而被叠放在最下面，如图 10.23 所示。

```
#box1 { z-index:3; }
#box2 { z-index:2; }
#box3 { z-index:1; }
```

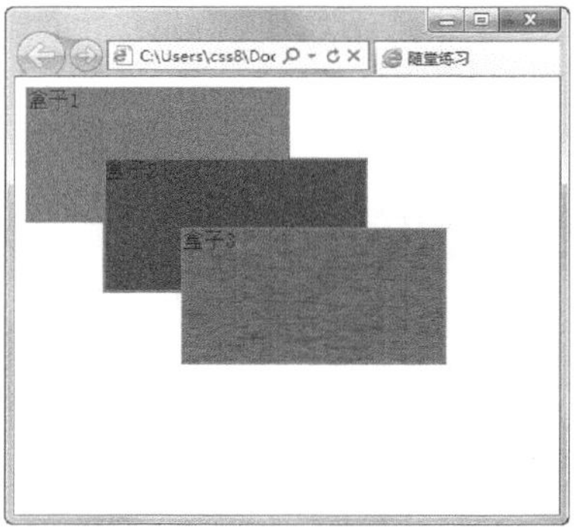

图10.22 默认层叠顺序

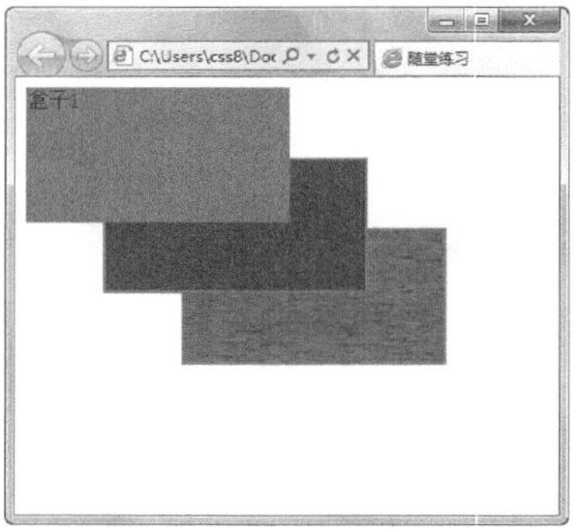

图10.23 改变层叠顺序

【拓展练习】

如果 z-index 属性值为负值，则将隐藏在流动元素下面。

例如，新建一个网页，保存为 test.html，在 <body> 内使用 <div> 和 <p> 标签构建一行段落文本和一个独立的盒子。

```
<p>我永远相信只要永不放弃，我们还是有机会的。最后，我们还是坚信一点，这世界上只要有梦想，只要不断努力，只要不断学习，不管你长得如何，不管是这样，还是那样，男人的长相往往和他的的才华成反比。今天很残酷，明天更残酷，后天很美好，但绝大部分是死在明天晚上，所以每个人不要放弃今天。</p>
<div id="box1"></div>
```

在 <head> 标签内添加 <style type="text/css"> 标签，定义一个内部样式表，输入下面的样式，定义盒子的样式为绝对定位，并设置层叠顺序为 -1。

```
#box1 {
    width:100%; height:200px;                /* 固定高度和高度 */
    position:absolute;                       /* 绝对定位 */
    z-index:-1;                              /* 层叠顺序*/
    top:0px;                                 /* 偏移位置，实现与文本对齐 */
    background:url(images/bg.jpg);
}
```

在 IE 浏览器中预览，则演示效果如图 10.24 所示。

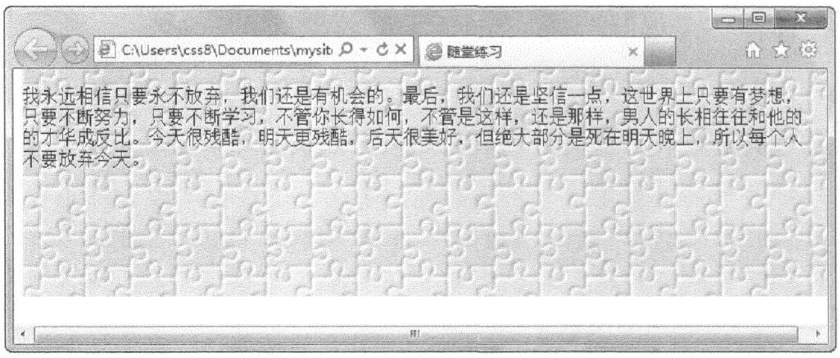

图10.24 定义定位元素隐藏在文档流下面

10.5 综合训练

本章集训目标：

- 能够灵活使用浮动布局设计网页效果。
- 能够灵活使用定位布局设计网页效果。
- 能够根据 CSS 盒模型用法设置网页对象的显示大小、位置和间距。

10.5.1 实训1：设计网页居中显示

实训说明：

CSS 布局是比较复杂的：一是实现设计稿的设计效果没有表格布局那么直接，CSS 布局需要将设计效果转换为代码表示，对于初学者来说很容易走弯路；二是不同浏览器之间的差异性很大，在 IE 下设计得很满意，但是一旦在 FF 等标准浏览器中预览，布局就走样了，甚至惨不忍睹。要解决这些问题，一方面需要读者深入理解 CSS 布局原理，同时熟悉各种 CSS 布局技巧，并需要不断实践，积累实战技巧。

文本居中可以使用 text-align:center; 声明来实现，但是对于网页布局来说要实现居中显示就没有那么容易了。对于网页布局来说，要实现居中，一般可以通过 text-align 和 margin 属性配合来实现。本案例演示效果如图 10.25 所示。

主要训练技巧说明：

- 不同浏览器对于布局居中的支持是不同的。例如，对于 IE 浏览器来说，如果要设计网页居中显示，则可以为包含框定义 text-align:center; 声明，而非 IE 浏览器不支持该种功能。如果能够实现兼容，只要使用 margin 属性，同时设置左右两侧边界为自动（auto）即可。

◆ 要实现网页居中显示，就应该为网页定义宽度，且宽度不能够为100%，否则就无法实现居中显示效果。

◆ 灵活使用嵌套结构设计浮动布局和定位布局的居中显示效果。

图10.25　设计网页居中显示效果

示例位置：

“光盘位置” \ 示例文件 \10\ 实训 1：设计网页居中显示 \index.html

设计步骤：

步骤1 启动 Dreamweaver，新建一个网页，保存为 index.html，在 <body> 标签内输入如下结构代码。为了简化设计，在此仅设计了一个网页包含框，网页内容通过一幅图片进行表示，当然它不会影响实战中的网页内容居中显示效果。

```
<div id="wrap"><img src="images/page.jpg" /></div>
```

步骤2 在 <head> 标签内添加 <style type="text/css"> 标签，定义一个内部样式表，设计网页居中样式。注意网页居中显示，必须要定义网页宽度不要满屏显示，否则看不到居中显示效果。

```
body{
    background:#FFF8E6;
    margin:0;
    padding:0;
    text-align:center;                /* 网页居中显示（IE浏览器有效） */
}
#wrap {/* 网页外套的样式 */
    margin-left:auto;                 /* 左侧边界自动显示 */
    margin-right:auto;                /* 右侧边界自动显示 */
    text-align:left;                  /* 恢复网页正文文本默认的居左显示 */
    width:991px;                      /* 固定宽度，只有这样才可以实现居中显示
效果 */
}
```

步骤3 上面的样式对于浮动包含框来说是无效的。要解决这个问题，可以复制 index.html 为

index1.html，然后重构网页结构，在网页包含框内部再嵌套一层包含框。

```
<div id="wrap">
    <div id="subwrap"><img src="images/page.jpg" /></div>
</div>
```

步骤 4 在上例内部样式表基础上再添加如下样式，设计外套流动显示，内套浮动显示。

```
#subwrap {/* 网页内套的样式 */
        width:100%;                         /* 显示定义100%宽度，以便与外套同宽 */
    float:left;                             /* 浮动显示 */
}
```

步骤 5 在浏览器中预览 index1.html 网页效果，则会发现与图 10.25 所示效果完全相同，但是网页内包含框是浮动布局显示的。

步骤 6 下面再来探索定位布局如何实现居中显示。定位布局相对复杂，要实现居中显示，也可以借助内外两个包含框来实现。复制 index1.html 为 index2.html，保留文档结构不变，然后重新设计该网页的样式表。

步骤 7 清除复制过来的样式表，重新进行设计。设计外框为相对定位，内框为绝对定位显示。这样内框将根据外框进行定位，由于外框为相对定位，将遵循流动布局的特征进行布局，显示效果如图 10.25 所示。

```
body{ background:#FFF8E6; margin:0; padding:0; text-align:center;}
#wrap {/* 网页外套的样式 */
    margin-left:auto;                       /* 左侧边界自动显示 */
    margin-right:auto;                      /* 右侧边界自动显示 */
    text-align:left;                        /* 网页正文文本居左显示 */
    width:991px;                   /* 固定宽度，只有这样才可以实现居中显示效果 */
    position:relative;                      /* 定义网页外框相对定位，设计包含块 */
}
#subwrap {/* 网页内套样式 */
    width:100%;                             /* 与外套同宽 */
    position:absolute;                      /* 绝对定位 */
}
```

10.5.2 实训2：设计自适应的网页定位布局

实训说明：

定位布局没有能够得到广泛的重视和应用，主要在于它过于精确，从而失去了灵活布局的优势，所以很多设计师一般不喜欢使用绝对定位布局，仅将它作为一种小技巧在页面中局部使用。不过有时适当使用一下定位布局，也能让你轻松应对复杂的定位问题。

本示例将演示如何使用定位布局的方法来设计三行三列版式。在浮动布局中，如果让主信息区域显示在页面中间栏，而次要信息和功能服务版块放置在页面左右两侧会比较麻烦，但是如果使用定位布局就很简单。本示例演示效果如图 10.26 所示。

主要训练技巧说明：

- 灵活结合流动布局和定位布局，实现复杂的网页设计。
- 通过定位技术实现网页版块的合理展示和美化。
- 借助 JavaScript 脚本控制绝对定位无法自适应显示动态网页内容。

图10.26　设计网页定位布局效果

示例位置：

“光盘位置”\示例文件\10\实训2：设计自适应的网页定位布局\index2.html

设计步骤：

步骤1 启动Dreamweaver，新建一个网页，保存为index.html，在<body>标签内输入如下结构代码。这是一个常规网页结构，它包含了网页标题栏、服务栏和正文区域和页脚区域等版块。

```
<div id="model">
    <div id="header">
        <h1>网页标题</h1>
        <h2>网页副标题</h2>
    </div>
    <div id="main">
        <div id="content">
            <h3>主信息区域</h3>
        </div>
        <div id="subplot">
            <h3>次信息区域</h3>
        </div>
        <div id="serve">
            <dl>
                <dt>功能服务区域</dt>
                <dd>服务列表项</dd>
            </dl>
        </div>
    </div>
    <div id="footer">
        <p>版权信息区域</p>
    </div>
</div>
```

步骤2 在<head>标签内添加<style type="text/css">标签，定义一个内部样式表，设计标题行、版权信息行流动显示，中间行定义为包含块。然后就可以使用绝对定位设置次信息栏，功能服务栏定位到页面的左右两侧，而主信息栏显示在中间。此时在浏览器中预览，则显示效果如图 10.27 所示。

```
#main {/* 定义包含块 */
    position:relative;                  /* 相对定位 */
}
#content {/* 主信息栏样式 */
    margin-left:25%;                    /* 左侧边界，腾出空间为左栏显示 */
    margin-right:20%;                   /* 右侧边界，腾出空间为右栏显示 */
}
#subplot {/* 次信息栏样式 */
    width:25%;                          /* 左栏宽度 */
    position:absolute;                  /* 绝对定位 */
    left:0;                             /* 靠左显示 */
    top:0;                              /* 靠顶显示 */
}
#serve {/* 服务栏样式 */
    width:20%;                          /* 右栏宽度 */
    position:absolute;                  /* 绝对定位 */
    right:0;                            /* 靠右显示 */
    top:0;                              /* 靠顶显示*/
}
```

图10.27 网页定位布局核心样式

步骤3 使用 CSS 为每个栏目定义背景色，以方便观察效果。同时利用上一节综合实例的网页居中布局技巧，让网页居中显示，则效果如图 10.28 所示。

```
* { margin:0; padding:0;} /* 清除所有元素的默认边距 */
/* 网页居中显示 */
body { text-align:center; }
#model {
    width:800px;
    margin-left:auto;
    margin-right:auto;
    text-align:left;
}
/* 为不同栏目涂上背景色 */
#header { background:#FF00FF; }
#content {background:#FFCC00;}
```

```
#subplot {background:#00CCCC;}
#serve {background:#99CCFF;}
#footer { background:#FF99FF; }
```

图10.28　美化网页定位布局

步骤4 定位布局存在一个致命的问题：当绝对定位的栏目高度延伸时，由于它已经脱离了文档流，所以就不会对文档流中相邻的结构块产生影响，于是就出现了上图中绝对定位栏目覆盖其他栏目的现象。可以有两种方法解决这个问题。

- 如果在预知绝对定位栏目高度的情况下，则可以事先固定住绝对定位栏目的高度。
- 借助 JavaScript 脚本来动态调整绝对定位元素的高度，代码如下。

```
<script type="text/javascript" language="javascript">
window.onload = function(){
    var main = document.getElementById("main");     //定义即将控制的外框div
    var left = document.getElementById("subplot").offsetHeight;
                                                    //获得内部ID=subplo的div高度
    var right = document.getElementById("serve").offsetHeight;
                                                    //获得内部ID=serve的div高度
    var middle = document.getElementById("content").offsetHeight;
                                                    //获得内部ID=content的div高度
    var height = 0;                                 //定义变量来储存最大值
    height = left - right > 0 ? left : right;            //数值比较
    height = middle - height > 0 ? middle : height; //数值比较
    main.style.height = height + "px";      //设定外框div的高度为得出的最大高度
}
</script>
```

此时如果在浏览器中预览，则会发现页脚栏目就不会被定位布局版块覆盖了，效果如图 10.29 所示。

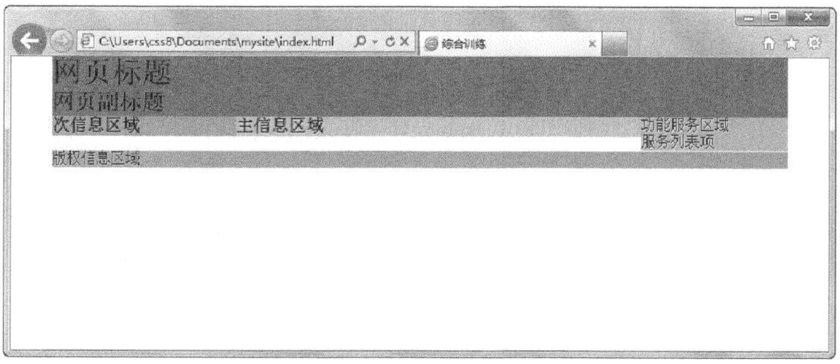

图10.29　能够自动拉伸的定位布局效果

步骤5 使用定位布局可以很轻松地将左右栏位置进行互调，此时仅需要调整栏目的定位方向和宽度，在内部样式表底部添加如下样式。

```
#subplot {
    width:20%;                              /* 调整宽度*/
    left:auto;                              /* 恢复为默认值*/
    right:0;                                /* 右对齐*/
}
#serve {
    width:25%;                              /* 调整宽度*/
    right:auto;                             /* 恢复为默认值*/
    left:0;                                 /* 左对齐*/
}
```

这样所得的效果如图 10.30 所示。这种随意定位的效果对于浮动布局来说，难度是非常大的，因为它不仅仅涉及到调整浮动方向的问题，因为当前页面是三行三列结构布局，彼此相互影响，改动一点就会影响整个页面的布局效果。

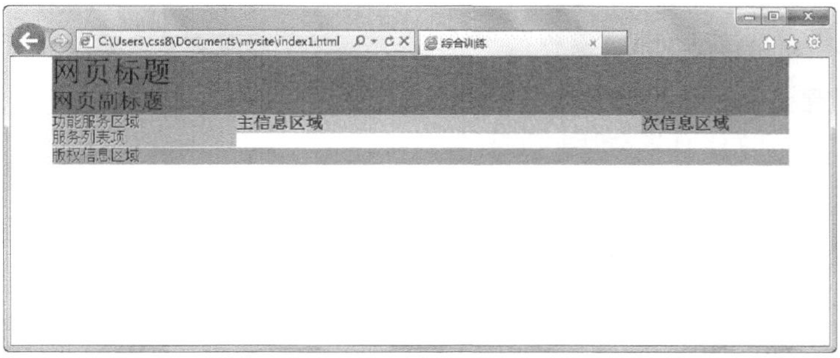

图10.30　轻松调整定位布局中栏目的位置

步骤6 在上面的设计思路基础上，读者根据具体规划的网页宽度、栏目宽度分别调整对应栏目宽度即可，不过在使用时，一定要结合 margin 属性来调整其他栏目的边界大小，避免绝对定位栏目覆盖其他栏目的问题。例如，本示例最终实战效果的各栏目宽度重设如下所示，演示效果如图 10.26 所示。

```
#content {/* 主信息栏样式 */
    margin-left:331px;                      /* 左侧边界，腾出空间为左栏显示 */
    margin-right:220px;                     /* 右侧边界，腾出空间为右栏显示 */
}
#subplot {width:331px; }
#serve { width:220px; }
#model { width:998px;}
```

10.5.3　实训3：设计等高网页布局

实训说明：

在上面的示例中可以看到当多栏并列显示时，不可避免地出现栏目高度参差不齐的现象，这个问题对于整体页面布局效果来说是有严重影响的。为了解决这个问题，可以通过两种方法解决。

- 伪列布局法。所谓伪列布局法，就是设计一个背景图像，利用背景图像来模拟栏目的背景。
- 使用补白和边界重叠法。这种设计方法的思路是设计三列栏目的底部补白为无穷大，这样在有限的窗口内都能够显示栏目的背景色，因此也就不用担心栏目高度无法自适应，然后为了避免补白过大产生的空白区域，再设计底部边界为负无穷大，从而覆盖掉多出来的补白区域，最后再在中间行包含框中定义 overflow:hidden; 声明，剪切掉多出的区域即可。

本示例将演示如何使用第二种方法设计等高网页布局效果，示例演示效果如图 10.31 所示。

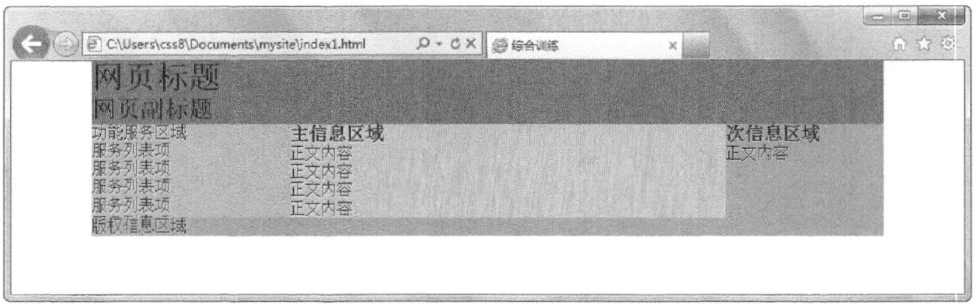

图10.31　设计自适应高度的布局

主要训练技巧说明：

- 能够借助各种技巧解决网页布局中发现的疑难杂症。
- 熟悉伪列布局的一般方法。
- 能够借助 margin 和 padding 属性配合的方法解决多列栏目不等高的问题。

示例位置：

“光盘位置” \ 示例文件 \10\ 实训 3：设计等高网页布局 \index.html

设计步骤：

步骤 1 设计伪列布局所需要的背景图像。启动 Photoshop，然后根据网页多列规划的宽度设计一个多色背景图像，如图 10.32 所示。背景图像宽度为 800 像素，高度可以任意。三列背景色应该根据栏目实际宽度进行设计。

图10.32　伪劣布局背景图像

步骤 2 启动 Dreamweaver，新建一个网页，保存为 index.html，在 <body> 标签内输入上一示例的结构代码。

步骤 3 在上一示例的样式表基础上，在包含框（<div id="main">）中定义这个背景图像，让其沿 y 轴平铺。

```
#main {
    position:relative;
    width:100%;
    background:url(images/bg.gif) center repeat-y      // 伪列背景图像
}
```

为了避免三列栏目背景颜色的影响，我们不妨将事先定义的背景颜色全部删除。其中任何一个栏目高度发生变化，它都会撑开包含框，由于包含框背景图像是一个模拟的栏目背景图像，所以就给人一种栏目等高的错觉。当然，在使用这种方法时，一定要设计页面宽度是固定的，即使用像素为单位定义网页宽度。

步骤 4 使用补白和边界重叠法设计等高网页布局。这种设计方法的思路是设计三列栏目的底部补白为无穷大，这样在有限的窗口内都能够显示栏目的背景色，因此也就不用担心栏目高度无法自适应。然后为了避免补白过大产生的空白区域，再设计底部边界为负无穷大，从而覆盖掉多出来的补白区域，最后再在中间行包含框中定义 overflow:hidden; 声明，剪切掉多出的区域即可。核心代码如下。

```
#main {
    overflow:hidden;                        /* 剪切多出的区域 */
}
#content {
    padding-bottom:9999px;                  /* 定义底部补白无穷大 */
    margin-bottom:-9999px;                  /* 定义底部边界负无穷大 */
    background:#FFCC00;                     /* 定义背景色 */
}
#subplot {
    padding-bottom:9999px;                  /* 定义底部补白无穷大 */
    margin-bottom:-9999px;                  /* 定义底部边界负无穷大 */
    background:#00CCCC;                     /* 定义背景色 */
}
#serve {
    padding-bottom:9999px;                  /* 定义底部补白无穷大 */
    margin-bottom:-9999px;                  /* 定义底部边界负无穷大 */
    background:#99CCFF;                     /* 定义背景色 */
}
```

将这些样式代码放置到上面的示例中，并删除伪劣布局中定义的背景图像。

步骤 5 该方法只能够根据中间栏目的高度来进行裁切，也就是说 overflow:hidden; 声明对于流动或浮动元素有效，对于脱离文档流的绝对定位元素来说无法进行裁切，从而导致如果绝对定位的栏目高度高出中间流动布局栏目的高度时，就会被裁切掉。为了避免此类问题发生，就不能使用定位法来布局页面，而采用简单浮动法来设计，改动的核心样式如下，这样就可以实现上述的三列自适应高度的版式效果。

```
#content {/* 主要信息列样式 */
    float:left;                             /* 向左浮动 */
    width:55%;                              /* 宽度 */
    background:#FFCC00;                     /* 背景色 */
}
#subplot {/* 次要信息列样式 */
    width:20%;                              /* 宽度 */
    float:left;                             /* 向左浮动 */
    background:#00CCCC;                     /* 背景色 */
}
#serve {/* 服务功能区域样式 */
    width:25%;                              /* 宽度 */
    float:right;                            /* 向右浮动 */
    background:#99CCFF;                     /* 背景色 */
}
#content, #subplot, #serve {/* 三列公共样式 */
    padding-bottom: 9999px;                 /* 底部补白无穷大 */
    margin-bottom: -9999px;                 /* 底部边界负无穷大 */
}
```

10.5.4 实训4：设计负边界网页布局

实训说明：

使用浮动布局法受结构的影响很大，如果要将底部的信息列放置到页面左侧显示是非常困难的，一般折中方法是通过改变文档结构，然后通过浮动实现。这种做法的最大缺陷就是需要重构网页结构，不利于标准化设计要求。当然也有一种巧妙的方法，在不改变文档结构的前提下，可以改变浮动列的显示位置，这里主要使用了负边界的方法来实现。

负边界是网页布局中比较实用的一种技巧，它能够自由将一个栏目移动到某个位置，从而改变了浮动布局和流动布局存在的受结构影响的弊端，间接具备了定位布局的一些特性，虽然它没有定位布局那么精确。本节演示了负边界的网页布局方法，其实它的用法还是比较灵活的，建议读者在学习和实践中多留意负边界的使用技巧。示例演示效果如图 10.33 所示。

图10.33 设计负边界网页布局效果

主要训练技巧说明：

- 能够通过 margin 属性调整浮动布局栏目的位置。
- 能够根据多列网页布局的需要，巧妙利用 margin 属性的负值特性调换栏目的位置。

示例位置：

“光盘位置”\示例文件\10\实训 4：设计负边界网页布局\index.html

设计步骤：

步骤1 启动 Dreamweaver，新建一个网页，保存为 index.html，在 <body> 标签内输入下面的结构代码。

```
<div id="model">
    <div id="header"> <img src="images/block1.jpg" /> </div>
    <div id="main">
        <div id="content"> <img src="images/block3.jpg" /> </div>
        <div id="subplot"> <img src="images/block2.jpg" /> </div>
        <div id="serve"> <img src="images/block4.jpg" /> </div>
    </div>
    <div id="footer">
        <p><img src="images/block5.jpg" /></p>
```

```
    </div>
</div>
```

步骤2 在 <head> 标签内添加 <style type="text/css"> 标签，定义一个内部样式表，设计网页居中显示，并保持文档结构的默认显示顺序浮动显示网页，预览效果如图 10.34 所示。请读者注意各列的显示顺序。

```
* {margin:0; padding:0;}
/* 定义网页宽度和居中显示 */
body { text-align:center;}
#model {
    width:957px;
    margin-left:auto;
    margin-right:auto;
    text-align:left;
}
/* 定义各列的宽度和浮动方式 */
#main { position:relative; width:100%; overflow:hidden}
#content { float:left; width:399px;}
#subplot { width:358px; float:left;}
#serve { width:197px; float:right;}
#content, #subplot, #serve { padding-bottom: 9999px; margin-bottom: -9999px;}
```

图10.34　网页默认显示效果

步骤3 在内部样式表底部添加如下样式，通过 margin 属性的负值强迫上图中左栏和中间列互换位置。注意，margin 属性设置值与栏目宽度的关系。

```
#content {/* 左栏向右移动 */
    margin-left:358px;
}
#subplot {/* 中间栏向左移动 */
    margin-left:-757px;
}
```

通过上面两个简单的样式，即可解决浮动布局中栏目位置无法调整的难题。

10.6 上机练习

1．新建一个网页页面，在文档中输入下面的结构代码，整个页面信息将根据 SEO 的设计原则进行规划，页面元素的使用完全遵循语义化要求进行选用。

然后尝试使用 CSS 设计下面四个图示的网页布局模型效果，如图 10.35 至 10.38 所示。

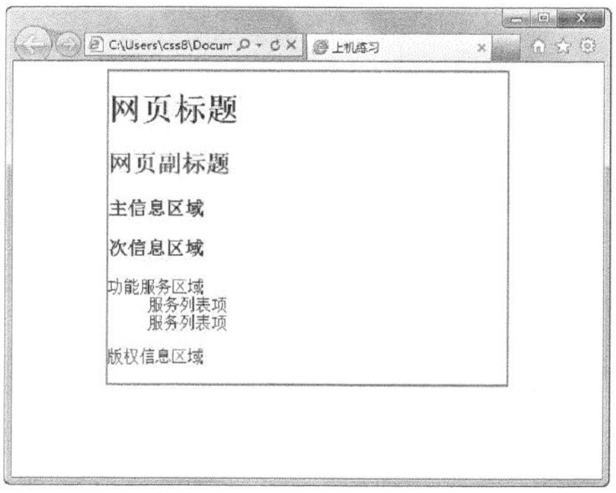

图10.35　网页布局效果1

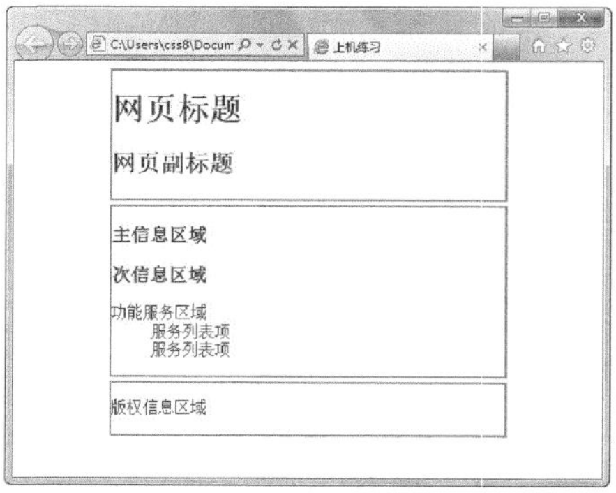

图10.36　网页布局效果2

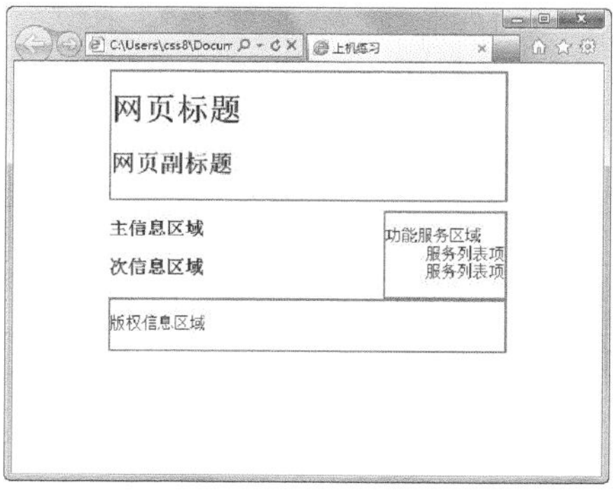

图10.37　网页布局效果3

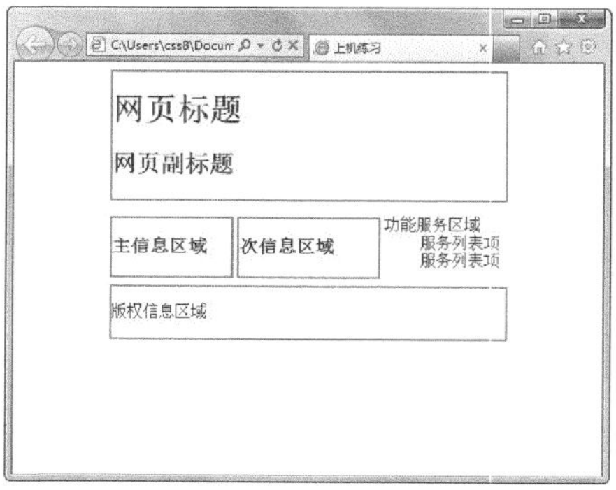

图10.38　网页布局效果4

```
<div id="model">
    <div id="header">
        <h1>网页标题</h1>
        <h2>网页副标题</h2>
    </div>
    <div id="main">
        <div id="content">
            <h3>主信息区域</h3>
        </div>
        <div id="subplot">
            <h3>次信息区域</h3>
        </div>
        <div id="serve">
            <dl>
                <dt>功能服务区域</dt>
                <dd>服务列表项</dd>
                <dd>服务列表项</dd>
```

```
            </dl>
        </div>
    </div>
    <div id="footer">
        <p>版权信息区域</p>
    </div>
</div>
```

设计要求：

针对上面的结构设计单行单列布局样式、多行多列布局样式。

如果设计三行两列布局样式，可以将标题区域作为一行，主体内容区域作为一行，页脚区域作为一行。在主体区域内，把主要内容和次要内容作为左栏，功能服务区作为右栏显示。注意，实现三行两列布局样式的方法不是唯一的，读者可以设计出更多的实现方法。

实现的方法可以是浮动布局法，也可以使用定位布局法。

示例位置：

“光盘位置”\示例文件\10\上机练习 1\index.html

2．利用盒模型原理和设计技巧，将下面几个标签设计为如图 10.39 所示的图形效果。

```
<em></em>
<div class="box">盒子特殊效果</div>
<div class="box box2">盒子特殊效果</div>
```

设计要求：

边框是盒模型最重要的一个概念，利用盒模型的边框四条边设置不同的颜色可以实现很多效果，如三角形、梯形等。当定义边框线的宽度较大时，比如 60 像素，同时定义上、右、下边框线的颜色与当前页面的背景色一致，单独设置左侧与其他边框不同的颜色时，三角形就可以形成。

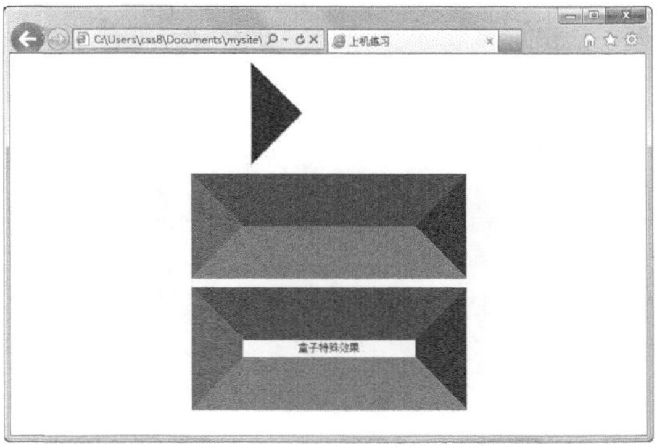

图10.39 设计特殊的盒模型显示效果

第一个示意图是将要实现的效果；第二个示意图是为了准确看到三角形实现的原理，分别设置四种不同的颜色且边框宽度为60像素，近距离观察边框；第三个示意图是没有设置文字行高，即line-height属性值为0，超出部分隐藏的结果。

示例位置：

“光盘位置”\示例文件\10\上机练习 2\index.html

3．请根据下面的 HTML 结构，使用 CSS 定位技术设计如图 10.40 所示的版式效果。

```
<div class="fa"><img src="images/bjh.gif" width="94" height="175" />
    <p>Littering a dark and dreary road lay the past relics of browser-specific tags, incompatible DOMs, and broken CSS support.Today, we must clear the mind of past practices. Web enlightenment has been achieved thanks to the tireless efforts of folk like the W3C, WaSP and the major browser creators.</p>
</div>
```

设计要求：

首先定义了 <body> 标签的浅色背景，用于衬托子元素并与插入的图片子元素的背景颜色一致，以达到图片背景色与整个浏览器背景色的统一。

接着针对图片的父元素<div>标签进行空间设置：定义宽高且居中，边框线的设置决定了<div>标签内部占用的空间，将上边距定为30px，以便存放图片跳出父元素<div>标签的图片部分。设置到此步时发现文字内容与边框之间过于紧密，没有“透气”的空间，影响美观，进而设置padding:10px;使<div>标签内容部分四个方向都能舒展开。

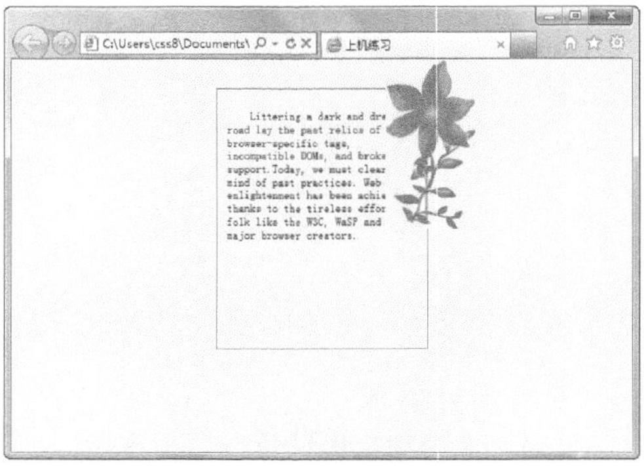

图10.40 设计的修饰效果图

最后对 <div> 标签定义相对定位，为里面的图片绝对定位打下伏笔。将子元素 <p> 标签设置成浮动，让其成为浮动流，并与文档流相分离，最后设置图片为绝对定位，跳出默认文档流，并设置上外间距为 margin-top:-40px;，右侧外间距为 right:-50px;。

示例位置：

“光盘位置”\示例文件\10\上机练习 3\index.html

4．请根据下面的HTML结构，使用CSS盒模型的padding属性设计如图10.41所示的导航效果。

```
<div class="nav">
    <ul>
        <li><a href="#" class="curr"><span>首页</span></a></li>
        <li><a href="#"><span>登录终端</span></a></li>
        <li><a href="#"><span>我要购买</span></a></li>
        <li><a href="#"><span>产品简介</span></a></li>
        <li><a href="#"><span>操盘手在线</span></a></li>
        <li><a href="#"><span>体验中心</span></a></li>
        <li><a href="#"><span>卫视视频</span></a></li>
    </ul>
</div>
```

设计要求：

在页面设计中，padding属性有时能完全代替CSS的width、heigth属性。宽度、高度的作用就是定义了元素在网页中占用的空间，而padding属性的上间距、下间距可以部分实现height属性功能，其左间距、右间距可以部分实现width属性功能。

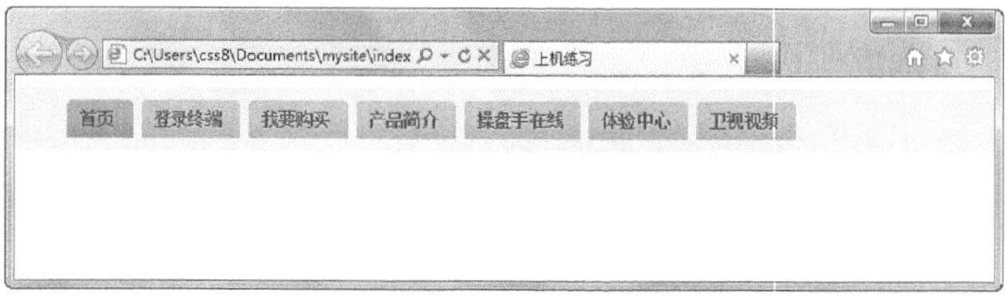

图10.41 设计的导航效果图

通过padding属性四个方向的取值实现导航菜单项的宽度、高度，且通过HTML标签的嵌套实现了滑动门技术。

示例位置：

“光盘位置”\示例文件\10\上机练习 4\index.html

第11章 DIV+CSS网页布局综合演练

CSS网页按照布局方式可以划分为固定布局、液化布局、弹性布局、伪劣布局、负边界布局、浮动布局以及定位布局。页面不单独使用某种布局方式，大多数情况是几种布局组合，即融合每种布局的优点，组合成混合布局模型。固定布局、液化布局、弹性布局通过字体单位的不同，改变布局方式；定位布局、伪劣布局、负边界布局、浮动布局通过使用CSS相关属性定义布局方式。

通过本章学习，帮助读者掌握各种布局方法，以及综合布局实践的能力。理论结合实践，并在实践中多思考，多积累，逐步成为一名优秀的网页设计师。

学习要点：

- 了解多列布局与两列布局之间的联系。
- 掌握几种常见的多列布局方式。
- 学习多列布局的等高设计。

训练要点：

- 固定布局、液化布局、弹性布局的综合实战。
- 定位布局、伪劣布局、负边界布局、浮动布局的综合实战。

11.1　两列结构布局

两列结构的网页布局比较常见，例如，正文页、新闻页、个人博客、新兴的 Web 2.0 网站等都喜欢采用这种布局样式，如图 11.1 所示。

新闻列表页面　　微博页面

图11.1　新闻列表页面和微博页面的两列布局结构

该布局结构在内容上可分为主要内容区域和侧边栏，宽度一般多为固定宽度，以方便控制，主要内容区域以及侧边栏的位置可以想换就换。为了更好地理解两列布局结构，使用示意图表示如图 11.2 所示。

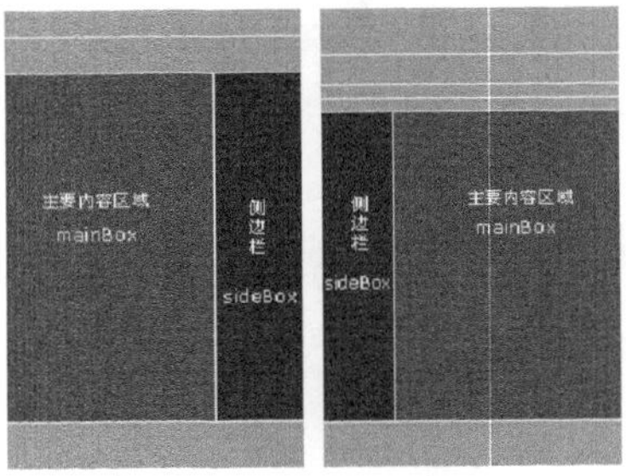

图11.2　两列页面布局结构的示意图

根据常规设计，普通页面可分为上、中、下三个部分：头部信息、内容包含区域以及底部信息，内容包含区域又分为主要内容区域和侧边栏。使用HTML构建标准的三行两列结构如下。

```
<div id="header">头部信息</div>
<div id="container">
    <div class="mainBox">主要内容区域</div>
    <div class="sideBox">侧边栏</div>
</div>
<div id="footer">底部信息</div>
```

在内容包含区域中，<div class="mainBox"> 包含的主要内容区域排在上面，这种设计主要考虑的因素是浏览器在解析 HTML 代码时是由上而下的方式分析，因此将主要信息放在前面，这样有利于主要信息先被检索或者显示出来。

11.1.1　设计固定宽度布局

固定宽度布局一般设计网页、各列的宽度固定显示，并通过浮动布局或者定位布局的方法将 <div class="mainBox">、<div class="sideBox"> 两列控制在页面内容区域左右两侧显示。

【随堂练习】

新建一个网页，保存为 test.html，在 <body> 内使用 <div> 标签构建三行两列结构。

```
<div id="header">头部信息</div>
<div id="container">
     <div class="mainBox">主要内容区域</div>
     <div class="sideBox">侧边栏</div>
</div>
<div id="footer">底部信息</div>
```

在 <head> 标签内添加 <style type="text/css"> 标签，定义一个内部样式表，输入下面的样式。将 <div class="mainBox">（主要内容区域）的高度设置为 250 像素，宽度设置为 680 像素；<div class="sideBox">（侧边栏）的高度设置为 250 像素，宽度设置为 270 像素；并将父包含框 <div id="container"> 的容器样式设置为高度 250 像素、宽度 960 像素、上下边界为 10 像素。

```
/* 设置页面中所有元素的内边界为0，便于更便捷的页面布局 */
* { margin:0; padding:0; }
/* 设置头部信息以及底部信息的宽度为960px，高度为30px，并添加浅灰色背景色 */
#header, #footer { width:960px; height:30px; background-color:#E8E8E8; }
/* 设置页面内容区域的宽度为960px，高度为250px，并设置上下边界为10px */
#container { width:960px; height:250px; margin:10px 0; }
/* 设置主要内容区域的宽度为680px，高度为250px，背景色以及文本颜色，并居左显示 */
.mainBox { float:left; /* 将主要内容区域向左浮动 */
width:680px; height:250px; color:#FFFFFF; background-color:#333333; }
.sideBox { float:right; /* 将侧边栏向右浮动 */
/* 设置侧边栏的宽度为270px，高度为250px，背景色以及文本颜色，并居右显示 */
width:270px; height:250px; color:#FFFFFF; background-color:#999999; }
```

在 IE 浏览器中预览，则演示效果如图 11.3 所示。

图11.3 设计固定宽度布局显示效果

【拓展练习 1】

两列网页布局结构比较简单，只需要将两列的容器向左右浮动即可实现。读者可以尝试将 mainBox 中的 float:left 与 sideBox 中的 float:right 互换，将会发现该主要内容区域（mainBox）与侧边栏（sideBox）的位置互换了。

在上面示例的基础上，在内部样式表底部添加如下两行样式，则在浏览器中的显示效果如图 11.4 所示。

```
.mainBox { float:right;}
.sideBox { float:left;}
```

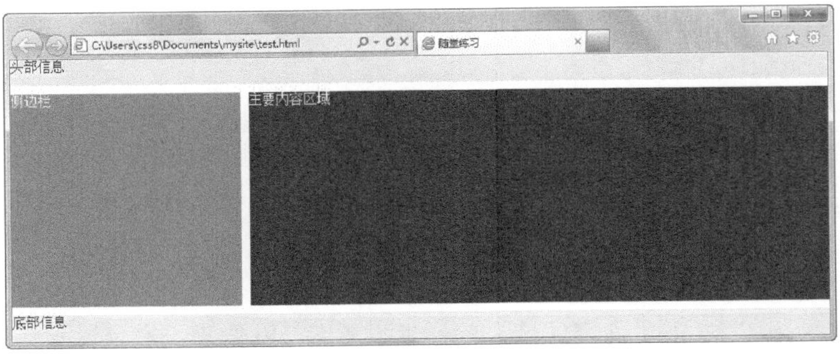

图11.4　设计固定宽度布局显示效果

【拓展练习 2】

当网页固定宽度和高度之后，就会存在一个问题，特别是固定宽度之后，出现问题的几率更大。如果当网页内容超过容器范围后，可以使用 CSS 的 overflow 属性将其多出的部分隐藏或者设置滚动显示。overflow 属性用法如下。

```
overflow : visible | auto | hidden | scroll
```

其中visible为默认值，表示不剪切内容，也不添加滚动条；auto表示在必需时对象内容才会被裁切或显示滚动条；hidden表示不显示超过对象尺寸的内容；scroll表示总是显示滚动条。

如果在上面示例的基础上，模拟真实的网页效果（这里通过截图形式填充容器内容），然后在样式表底部添加如下样式。

```
#container,#header, #footer,.mainBox,.sideBox {
    overflow:hidden;
}
```

则将超出显示区域的内容全部隐藏，如图 11.5 所示。

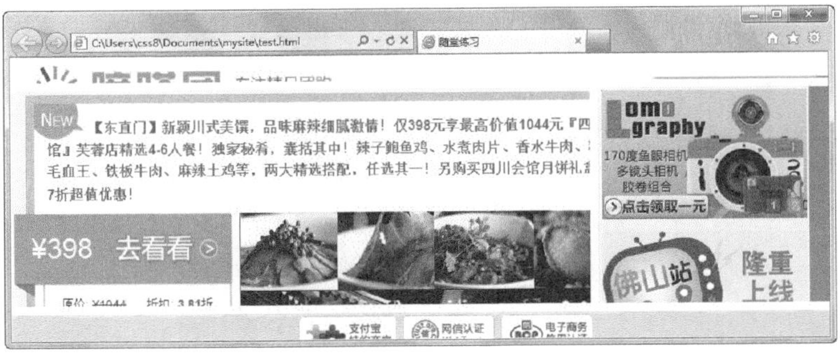

图11.5　隐藏显示超出的区域内容

【拓展练习 3】

通过隐藏超出区域的内容做法是不明智的，一般用户需要的是当内容超过容器的高度值时，要将容器的高度撑开，即自适应高度。

为了实现网页高度自适应的效果，首先需要做的工作就是删除样式中的高度（内容区域的高度），并在内容区域的下个元素（即“底部信息”元素）添加清除浮动的效果。而对于网页宽度的修改，可以根据具体需要进行调整。

在上面示例的基础上，重新设计网页内部的样式表。

```
* { margin:0; padding:0; }
#header, #footer { width:1009px; }
#container { width:1009px;}
.mainBox { float:left; width:752px; }
.sideBox { float:right; width:247px;}
#footer { clear:both; }                    /* 清除页脚区域浮动显示 */
```

在浏览器中预览，则显示效果如图 11.6 所示。

图11.6　设计自适应高度的固定宽度网页效果

在设计固定宽度网页布局时，两列定宽相加不能大于包含框的宽度，否则将会导致页面的错位现象。读者可以尝试将 mainBox 容器或者 sideBox 容器的宽度值减小，再通过浏览器浏览页面，体会一下宽度值减小后的页面效果。

11.1.2　设计宽度自适应布局

宽度自适应的页面布局方式其实是将页面宽度或者栏目宽度定义为百分比显示，即设置页面包含框或者栏目包含框的 width 属性以百分比的形式计算，但该宽度并不是盒模型的总宽度，而是盒模型的内容区域宽度。

【随堂练习】

新建一个网页，保存为 test.html，在 <body> 内使用 <div> 标签构建三行两列结构。

```
<div id="header">头部信息</div>
<div id="container">
    <div class="mainBox">主要内容区域</div>
    <div class="sideBox">侧边栏</div>
</div>
<div id="footer">底部信息</div>
```

在 <head> 标签内添加 <style type="text/css"> 标签，定义一个内部样式表，输入下面的样式。将 <div class="mainBox">（主要内容区域）的高度设置为 200 像素，宽度设置为 70%；<div class="sideBox">（侧边栏）的高度设置为 200 像素，宽度设置为 70%；并将父包含框 <div

id="container"> 的容器样式设置为上下边界为 10 像素。

```
* { margin:0; padding:0; } /* 设置页面中所有元素的内外间距为0，便于更便捷的页面布局 */
#header, #footer { height:30px; background-color:#E8E8E8; } /* 设置头部信息以及底部信息的高度为30px，并添加浅灰色背景色 */
#container { margin:10px 0; } /* 设置页面内容区域设置上下边界为10px */
.mainBox { float:left; /* 将主要内容区域向左浮动 */ width:70%; /* 将mainBox的宽度修改为70% */ color:#FF0000; background-color:#333333; } /* 设置主要内容区域的宽度为70%，背景色以及文本颜色，并居左显示 */
.sideBox { float:right; /* 将侧边栏向右浮动 */ width:30%; /* 将sideBox的宽度修改为30% */ color:#FFFFFF; background-color:#999999; } /* 设置侧边栏的宽度为30%，背景色以及文本颜色，并居右显示 */
#container:after { display:block; visibility:hidden; font-size:0; line-height:0; clear:both; content:""; } /* 清除内容区域的左右浮动 */
```

在 IE 浏览器中预览，则演示效果如图 11.7 所示。

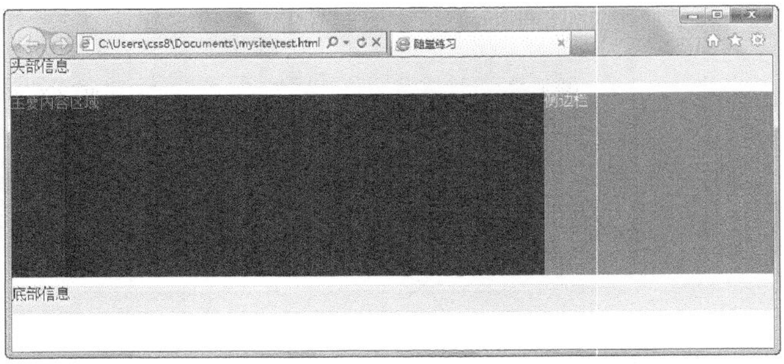

图11.7 设计宽度自适应显示效果

上述 CSS 样式代码是在上一节示例基础上，去除了 #header、#footer 以及 #container 的 width 属性后，并修改了 .mainBox 和 .sideBox 的 width 属性值后的样式。但是，该效果在 IE 浏览器中却出现了不同的表现方式，原本应该在底部的 #footer 容器却跑到了上面。

在 IE 浏览器中，让底部信息跑到上面主要是因为 IE 浏览器对 CSS 样式解析的问题。

- 未设置 #footer 底部信息的宽度，默认为 auto 值，即根据页面中所留的空白显示容器的宽度。
- 在未设置 #footer 底部信息的宽度基础上，又因为 .mainBox 的浮动，将其“拉”到上面来。

了解为什么会出现这个问题的原因后，只需要针对性地设置相关属性即可解决问题。

- 设置 #footer 的宽度属性值为 100%。

```
#footer {width:100%;} /* 添加底部信息的宽度为100% */
```

对底部信息 #footer 容器添加 100% 的宽度属性值，让其不再受 .mainBox 容器浮动的影响。但这样的处理方式却不是很完美，因为这让原有的页面内容区域与底部信息之间的空白间距消失了。

- 在 #footer 中添加对上级标签元素浮动的清除。

```
#footer {clear:both;} /* 添加底部信息的对上级标签元素的浮动的清除 */
```

不需要对 #footer 设置宽度属性，只需要添加清除浮动的属性，清除上级标签元素的浮动，那么就可以完美地得到我们所需要的效果。

11.1.3 设计自定义宽度布局

无论是两列定宽的布局结构还是两列自适应的布局结构，两列的盒模型总宽度相加不能大于网页包含框的宽度或者是大于 100%，否则就会错位。那么试想一下，定宽的布局结构采用的宽度单位是 px，而自适应的布局结构所采用的单位是 % 或者就是默认的 auto 值，如何将这两种不同的单位结合在一起，最终完美实现单列自适应、单列定宽的页面布局结构。

【随堂练习】

新建一个网页，保存为 test.html，在 <body> 内使用 <div> 标签构建三行两列结构。

```
<div id="header">头部信息</div>
<div id="container">
    <div class="mainBox">主要内容区域</div>
    <div class="sideBox">侧边栏</div>
</div>
<div id="footer">底部信息</div>
```

在 <head> 标签内添加 <style type="text/css"> 标签，定义一个内部样式表。将自适应布局结构中的 CSS 样式表复制过来，然后稍作修改，保持 mainBox 的宽度属性值为 70%，修改 sideBox 的宽度属性值为 200 像素。

```
* { margin:0; padding:0; } /* 设置页面中所有元素的内外间距为0，便于更便捷的页面布局 */
#header, #footer { height:30px; background-color:#E8E8E8; } /* 设置头部信息以及底部信息的高度为30px，并添加浅灰色背景色 */
#container { margin:10px 0; } /* 设置页面内容区域设置上下边界为10px */
.mainBox { float:left; /* 将主要内容区域向左浮动 */ width:70%; /* 将mainBox的宽度修改为70% */ color:#FF0000; background-color:#333333; } /* 设置主要内容区域的宽度为70%，背景色以及文本颜色，并居左显示 */
.sideBox { float:right; /* 将侧边栏向右浮动 */ width:200px; /* 将sideBox的宽度修改为200px */ color:#FFFFFF; background-color:#999999; } /* 设置侧边栏的宽度为200px，背景色以及文本颜色，并居右显示 */
#container:after { display:block; visibility:hidden; font-size:0; line-height:0; clear:both; content:""; } /* 清除内容区域的左右浮动 */
#footer { clear:both; } /* 添加底部信息的对上级标签元素的浮动的清除 */
.mainBox, .sideBox { height:200px; }
```

在 IE 浏览器中预览，则演示效果如图 11.8 所示。

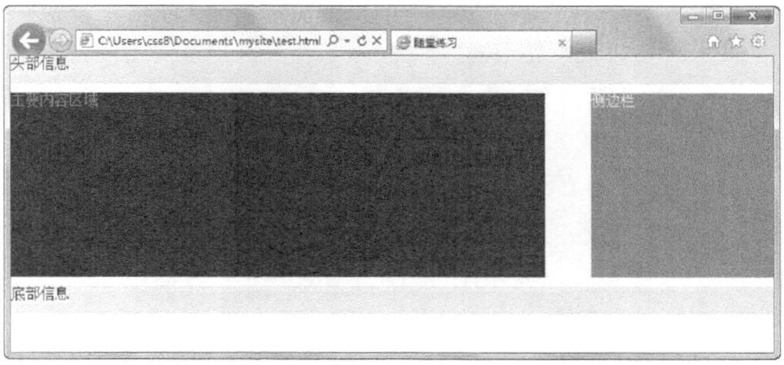

图11.8 单列定宽和单列自适应宽度显示效果

【拓展练习 1】

在上面的随堂练习中，读者会发现 mainBox 主要内容区域在页面中占用的比例是当前窗口大小的 70%，而 sideBox 侧边栏是以 200 像素的宽度显示在页面中。但这仅仅只是在某个情况下正常显示，如果将浏览器的窗口缩小后，sideBox 侧边栏错位，不再与 mainBox 主要内容区域并排显示。

解决这个问题相对比较好的办法就是利用负边界来处理。

```
.sideBox { /* 设置侧边栏的宽度为200px，背景色以及文本颜色，并居右显示 */
    float:right; /* 将侧边栏向右浮动 */
    width:200px; /* 将sideBox的宽度修改为200px */
    margin-left:-200px; /* 添加负边界使sideBox向左浮动缩进 */
```

```
    color:#FFFFFF;
    background-color:#999999;
}
```

对 sideBox 侧边栏添加“负边界” margin-left:-200px;，使其在与 mainBox 主要内容区域浮动配合时不会因窗口缩小空间不够而导致错位。但是由于 sideBox 侧边栏因为使用负边界布局，将与 mainBox 主要内容区域产生了重叠。

- 重叠跟错位都是因为两列的宽度值问题。
- mainBox 主要内容区域目前是采用 70% 的宽度值，既然是自适应的宽度值，是否可以考虑用 auto 默认宽度值。

因此修改 mainBox 主要内容区域的宽度值为 auto 默认值。

```
.mainBox {/* 设置主要内容区域的宽度为auto默认值，背景色以及文本颜色，并居左显示 */
    float:left; /* 将主要内容区域向左浮动 */
    width:auto; /* 将mainBox的宽度修改为auto默认值 */
    color:#FF0000;
    background-color:#333333;
}
```

在 IE 浏览器中预览，则演示效果如图 11.9 所示。

图11.9 单列定宽和单列自适应宽度显示效果

【拓展练习 2】

在拓展练习 1 中，当在 mainBox 主要内容区域随着文字的增多，宽度也会逐渐增多，最终还是将 sideBox 侧边栏挤到下面一行，而且与 sideBox 侧边栏重叠。

原因分析：

- 当宽度值为默认值 auto 时，容器中具有 float 浮动属性，那么该容器的宽度将随着容器中的内容而变化。
- 如果去除 float 浮动属性，那么也就说明 sideBox 侧边栏不再跟 mainBox 主要内容区域并列在一行中显示。
- 在使用 CSS 样式布局页面结构时，不使用浮动，那么就只能是采用定位的方式进行页面布局。

使用定位的方式设置两列布局结构，需要设置 #container 这个父元素为相对定位，使其子元素在定位的时候有参照物，并设置 .mainBox 容器的边界，留有空白的空间为 .sideBox 容器，绝对定位后不会与其重叠，复制拓展练习 1 示例，然后重新设计内部样式表。

```
    * { margin:0; padding:0; } /* 设置页面中所有元素的内外间距为0，便于更便捷的页面布局 */
    #header, #footer { height:30px; background-color:#E8E8E8; } /* 设置头部信息以及底部信息的高度为30px，并添加浅灰色背景色 */
    #container { position:relative; /* 添加相对定位属性为其子元素的绝对定位属性有参照物 */ margin:10px 0; } /* 设置页面内容区域设置上下边界为10px */
    .mainBox { width:auto; /* 将mainBox的宽度修改为auto默认值 */ margin-right:200px; /* 利用边界属性为sideBox留有200px的空白 */ color:#FF0000; background-color:#333333; } /* 设置主要内容区域的宽度为auto默认值，背景色以及文本颜
```

```
色，并居左显示 */
    .sideBox { position:absolute; /* 设置sideBox为绝对定位，相对于其父元素#container定位 */ top:0px; /* 相对其父元素的顶部0px绝对定位 */ right:0px; /* 相对其父元素的右边0px绝对定位 */ width:200px; /* 将sideBox的宽度修改为200px */ margin-left:-200px; /* 添加负边界使sideBox向左浮动缩进 */ color:#FFFFFF; background-color:#999999; } /* 设置侧边栏的宽度为200px，背景色以及文本颜色，并居右显示 */
    .mainBox, .sideBox { height:200px; }
```

在IE浏览器中预览，则演示效果如图11.10所示。

使用绝对定位布局之后，浮动与清除浮动都将无效，同时使用绝对定位的方法导致列包含框无法撑开父级包含框的高度，而且会覆盖其他元素的内容，对于此类问题可以使用JavaScript脚本进行处理，读者可以参阅上一章定位布局讲解实例。

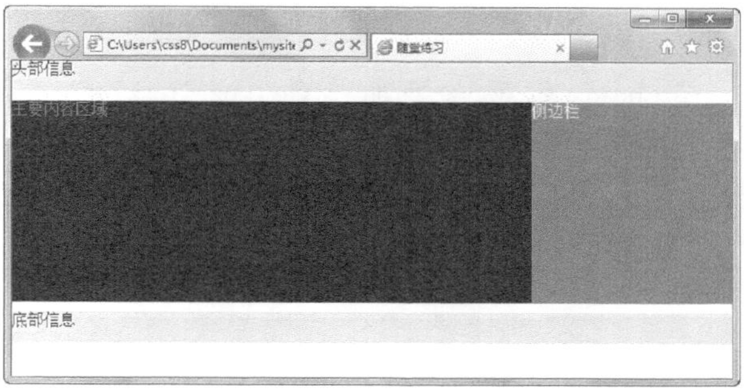

图11.10 单列定宽和单列自适应宽度显示效果

11.1.4 设计多列等高布局

设计多列等高页面布局的方法有多种，每一种方法都有不同的优点和缺点，但最终设计效果都是相同的，下面进行简单讲解，并比较这些方法的优缺点。

【随堂练习】

设计原理：

使用背景图像模拟就是利用背景图像的平铺，在视觉效果上产生等高的感觉，这种方法也可以称为伪列布局。背景图像实现多列等高的效果是最简单也是最直接的办法，前提是有一张可以纵向重复的图片作为背景。

```
background-repeat:repeat-y;
```

背景图像可以是很简单的，也可以是很复杂的，但必须是形成两列形式的，否则就达不到在页面中有两列"等高"的效果了，如图11.11所示即为最简单的可以实现两列"等高"的背景图。

图11.11 可以实现两列"等高"的背景图

方法点评：

使用背景图像模拟多列等高的优点：

- 实现方法简单，只需要一张背景图像纵向重复即可。
- 能够确保HTML代码结构简洁，使用简单的CSS样式代码即可实现。

使用背景图像模拟多列等高的缺点：

- 宽度必须固定，变更页面结构中无论是任何列的宽度都需要修改图片配合，影响效率。
- 左右两列如果互换就需要修改图片，后期维护也非常不方便。

在正常情况下，很少会有可能修改已经完成的页面宽度或者各列位置，因此利用背景图像实现两列"等高"的方法还是比较理想的。

操作步骤：

新建一个网页，保存为test.html，在<body>内使用<div>标签构建三行两列结构。

```
<div id="header">头部信息</div>
<div id="container">
    <div class="mainBox">
        <p>主要内容区域</p>
    </div>
    <div class="sideBox">侧边栏</div>
</div>
<div id="footer">底部信息</div>
```

在 <head> 标签内添加 <style type="text/css"> 标签，定义一个内部样式表。设置 <div class="mainBox"> 和 <div class="sideBox"> 两列的包含框 <div id="container"> 背景图像纵向平铺，从而实现无论是 <div class="mainBox"> 的高度高于 <div class="sideBox"> 的高度，还是 <div class="sideBox"> 的高度高于 <div class="mainBox"> 的高度，都能实现 <div class="mainBox"> 和 <div class="sideBox"> 两列在页面中的视觉效果是等高的。

```
* { margin:0; padding:0; } /* 设置页面中所有元素的内外补丁为0，便于更便捷的页面布局 */
#header, #footer { width:960px; height:30px; background-color:#E8E8E8; }
/* 设置头部信息以及底部信息的宽度为960px，高度为30px，并添加浅灰色背景色 */
#container { width:960px; background:url(images/bg.jpg) repeat-y 0 0; } /*
设置页面内容区域的宽度为960px，并设置背景图片以Y轴坐标平铺 */
.mainBox { float:left; /* 将主要内容区域向左浮动 */ width:650px; }
.sideBox { float:right; /* 将侧边栏向右浮动 */ width:280px; }
.mainBox, .sideBox { padding:0 5px; color:#FF0000; }
#container:after { display:block; visibility:hidden; font-size:0; line-height:0; clear:both; content:""; } /* 清除内容区域的左右浮动 */
```

在 IE 浏览器中预览，则演示效果如图 11.12 所示。

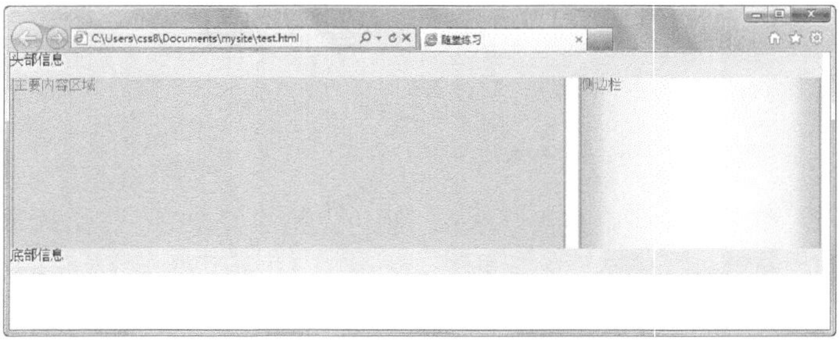

图11.12　单列定宽和单列自适应宽度显示效果

【拓展练习 1】

设计原理：

负边界就是利用左右两个方向的边界弥补在页面中布局出现错位的现象。使用负边界实现等高的方式，主要是针对 <div class="mainBox"> 和 <div class="sideBox"> 这两个包含框使用 margin-bottom、padding-bottom 两个属性，并且在其父包含框 <div id="container"> 中添加 overflow 属性。

margin-bottom:-9999px; 和 padding-bottom:9999px; 这两个声明的作用是将 <div class="mainBox"> 和 <div class="sideBox"> 这两个包含框的背景色（是背景色，不是背景图像）拉伸。在前面的盒模型学习中，已经介绍过 padding（补丁）是可以显示容器的背景（背景色和背景图像）；margin（边界）使用负值可以将其他的容器“吸引”到身边，从而不会导致页面布局错位。那么使用 padding-bottom:9999px; 的主要作用是将背景能在很大限度的范围中显示，但会撑开该容器的“高度”，配合 margin-bottom:-9999px; 可以将其“高度”缩小（实际性质是将底部信息包含框 <div id="footer">“吸引”到旁边），然后对其父包含框 <div id="container"> 添加 overflow:hidden; 即可将多余的部分“切除”，暂时消失在浏览器中，直至内容不断增加后容器的高度也将不断增高。

方法点评：

简单地概括，负边界主要是利用了 padding（补丁）可以显示背景的特性以及 margin（边界）的负值特性而实现了等高效果。注意，使用负边界的方式设计等高布局时会出现两个问题。

◆ 如果页面中使用 a 锚点元素做页面跳转时，将会隐藏部分文字信息。

◆ 使用负边界实现等高的页面，如果将背景图像定位在 <div class="mainBox"> 和 <div class="sideBox"> 的底部，将会见不到背景图像。

由于负边界可能会导致很多问题，同时不同浏览器在解析时可能会存在差异，因此读者应该慎重使用负边界设计等高布局效果。

操作步骤：

在随堂练习示例基础上，保留原页面的 HTML 结构，然后重新设计内部样式表。CSS 样式代码如下。

```
* { margin:0; padding:0; } /* 设置页面中所有元素的内外补丁为0，便于更便捷的页面布局 */
#header, #footer { width:960px; height:30px; background-color:#E8E8E8; }
/* 设置头部信息以及底部信息的宽度为960px，高度为30px，并添加浅灰色背景色 */
#container { width:960px; overflow:hidden; } /* 设置页面内容区域的宽度为960px */
.mainBox { float:left; /* 将主要内容区域向左浮动 */ width:650px; background-color:#333333; }
.sideBox { float:right; /* 将侧边栏向右浮动 */ width:280px; background-color:#AAAAAA; }
.mainBox, .sideBox { padding:0 5px; color:#FF0000; margin-bottom:-9999px; padding-bottom:9999px; }
#container:after { display:block; visibility:hidden; font-size:0; line-height:0; clear:both; content:""; } /* 清除内容区域的左右浮动 */
.mainBox, .sideBox { height:200px; }
```

【拓展练习 2】

设计原理：

边框模拟两列等高的方式只不过是一种设计技巧，它主要利用 <div id="container"> 包含框主要内容区域的边框色（border-color）代替 <div class="sideBox"> 侧边栏的背景色，从而在视觉上感觉到两列的高度是等高的。

方法点评：

使用这种方式也存在缺点，具体说明如下。

◆ 只能将侧边栏（<div class="sideBox">）或者主要内容区域（<div class="mainBox">）的背景设置为单色，无法使用背景图像。

◆ 边框色需要设置侧边栏（<div class="sideBox">）或者主要内容区域（<div class="mainBox">）其中的一个。

◆ 如果使用定位布局，则无论是侧边栏（<div class="sideBox">），还是主要内容区域（<div class="mainBox">）的高度都不能大于另外一个非定位的部分高度，否则无法撑开容器的高度。

通过这种方法可以帮助读者更好地理解 CSS 的每个属性，可以更好地去表现页面。如果能确保两列布局页面中其中一列的高度值永远大于另外一列的高度值，并且不包含背景图像，那么就可以考虑使用边框模拟的方式实现两列等高。

操作步骤：

在随堂练习示例基础上，保留原页面的 HTML 结构，然后重新设计内部样式表。CSS 样式代码如下。

```
* { margin:0; padding:0; } /* 设置页面中所有元素的内外补丁为0，便于更便捷的页面布局 */
#header, #footer { width:960px; height:30px; background-color:#E8E8E8; } /* 设置头部信息以及底部信息的宽度为960px，高度为30px，并添加浅灰色背景色 */
#container { position:relative; /* 为其子元素的定位具有可参照的对象 */ width:960px; } /* 设置页面内容区域的宽度为960px */
.mainBox { width:680px; color:#FFFFFF; border-right:280px solid #AAAAAA; /* 将边框的宽度值设置与侧边栏的宽度相同，并用边框色"取代"侧边栏的背景色 */ background-color:#333333; }
.sideBox { position:absolute; top:0; right:0; /* 使用定位方式将侧边栏绝对定位在内容区域的右上方 */ width:280px; color:#FFFFFF; }
#container:after { display:block; visibility:hidden; font-size:0; line-height:0; clear:both; content:""; } /* 清除内容区域的左右浮动 */
.mainBox, .sideBox { height:200px; }
```

多列等高布局使用CSS代码实现的方式主要利用了CSS样式在页面中的表现方式，最终让用户感觉两列的高度是相同的。而真正意义上的等高应该是两列的高度值在任何时候都是相同的。但两列的高度值如果在CSS样式中定义了相同的高度，那就无法达到内容自适应高度而撑开相应的容器了。因此需要利用脚本语言判断两列的高度值是否相同，如果高度值不同则重新定义高度使其相同。

11.2 多列结构布局

最常见的多列布局一般是三列结构，一般门户网站喜欢使用这种布局样式，如图 11.13 所示。

图11.13 三列布局结构的页面

上面的页面效果是三列结构的页面布局，但如果换一种角度去观察，将会发现三列结构的页面布局可以视为两列结构的页面布局，而且是两个两列布局结构组合而成的，在布局时只需要以两列布局结构的方式对待即可。其中的 HTML 结构代码如下。

```
<div class="header">头部信息</div>
<div class="container">
    <div class="wrap">
        <div class="mainBox">主要内容区域</div>
        <div class="subMainBox">次要内容区域</div>
    </div>
    <div class="sideBox">侧边栏</div>
</div>
<div class="footer">底部信息</div>
```

并非所有的三列都是两列布局结构组合而成，还可以是三个独立的列组合而成，示意图如图 11.14 所示。但无论是以什么方式组合而成的三列布局结构，在处理方式上都可以利用两列布局结构的方式处理。

根据上图结构示意图，可以将页面的 HTML 结构写成如下形式。

图11.14 三个单独列组成的三列布局结构示意图

```
<div class="header">头部信息</div>
<div class="container">
    <div class="mainBox">主要内容区域</div>
    <div class="subMainBox">次要内容区域</div>
    <div class="sideBox">侧边栏</div>
</div>
<div class="footer">底部信息</div>
```

11.2.1 设计两列定宽中间自适应布局

两列定宽中间自适应页面就是指网页两侧栏目宽度固定，中间正文栏目宽度使用自适应布局。实现的方法是：将左右两列栏目宽度固定，并分别向左右浮动，中间列则采用默认流动布局形式，并通过左右边界调整中间列与左右列内容的相互影响。

【随堂练习】

新建一个网页，保存为 test.html，在 <body> 内使用 <div> 标签构建三行三列的结构。主要内容区域是由两个 <div> 标签所包含的。

```
<div class="header">头部信息</div>
<div class="container">
    <div class="mainBox">
        <div class="content">主要内容区域</div>
    </div>
    <div class="subMainBox">次要内容区域</div>
    <div class="sideBox">侧边栏</div>
</div>
<div class="footer">底部信息</div>
```

在 <head> 标签内添加 <style type="text/css"> 标签，定义一个内部样式表，输入下面的样式。主要思路是以 .mainBox 的浮动并将其宽度设置为 100%，配合 .content 的默认宽度值与边界所留的空白，利用负边界原理将次要内容区域和侧边栏“引”到次要内容区域的旁边。

```
* { margin:0; padding:0; }
.header, .footer { height:30px; line-height:30px; text-align:center; color:#FFFFFF; background-color:#AAAAAA; }
.container { text-align:center; color:#FFFFFF; }
.mainBox { float:left; width:100%; background-color:#FFFFFF; } /* 设置主要内容区域的外层div标签浮动，并将宽度设置为100% */
.mainBox .content { margin:0 210px 0 310px; background-color:#000000; } /* 设置主要内容区域的内层div标签边界保持宽度的默认值为auto，留出空白的位置给左右两列 */
.subMainBox { float:left; width:300px; margin-left:-100%; background-color:#666666; } /* 将次要内容区域设置左浮动，并设置宽度为300px，负边界为左边的-100% */
.sideBox { float:left; width:200px; margin-left:-200px; background-color:#666666; } /* 将侧边栏设置左浮动，并设置宽度为200px，负边界为左边的-200px */
.footer { clear:both; }
.subMainBox, .content, .sideBox { height:200px; }
```

在 IE 浏览器中预览，则演示效果如图 11.15 所示。

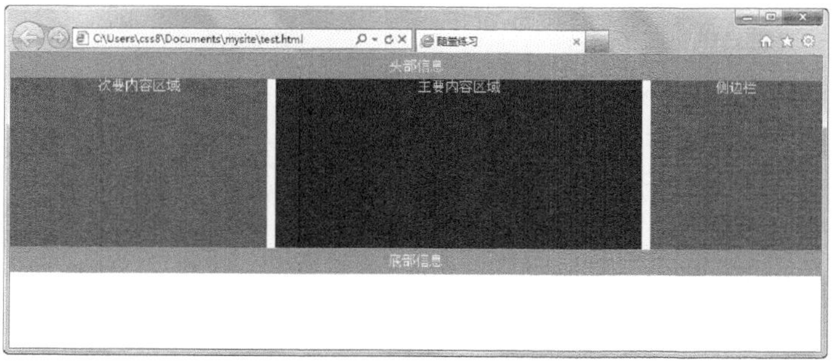

图11.15 设计两列定宽中间自适应网页布局效果

11.2.2 设计右侧定宽左侧及中间自适应布局

实现右侧定宽左侧及中间自适应布局效果，读者需要配合浮动布局和负边界布局来进行设计，通过浮动让三列并列显示，通过负边界调整三列之间的显示位置，避免错行显示。

【随堂练习】

新建一个网页，保存为 test.html，在 <body> 内使用 <div> 标签构建三行三列的结构。主要内容区域是由两个 <div> 标签所包含的。

```
<div class="header">头部信息</div>
<div class="container">
    <div class="mainBox">
        <div class="content">主要内容区域</div>
    </div>
    <div class="subMainBox">次要内容区域</div>
    <div class="sideBox">侧边栏</div>
```

```
</div>
<div class="footer">底部信息</div>
```

在 <head> 标签内添加 <style type="text/css"> 标签，定义一个内部样式表，输入下面的样式。

```
* { margin:0; padding:0; }
.header, .footer { height:30px; line-height:30px; text-align:center; color:#FFFFFF; background-color:#AAAAAA; }
.container { text-align:center; color:#FFFFFF; }
.mainBox { float:left; width:100%; background-color:#FFFFFF; } /* 设置主要内容区域的外层div标签浮动，并将宽度设置为100% */
.mainBox .content { margin:0 210px 0 41%; background-color:#000000; } /* 设置主要内容区域的内层div标签外补丁保持宽度的默认值为auto，留出空白的位置给左右两列 */
.subMainBox { float:left; width:40%; margin-left:-100%; background-color:#666666; } /* 将次要内容区域设置左浮动，并设置宽度为40%，负边距为左边的-100% */
.sideBox { float:left; width:200px; margin-left:-200px; background-color:#666666; } /* 将侧边栏设置左浮动，并设置宽度为200px，负边距为左边的-200px */
.footer { clear:both; }
.subMainBox, .content, .sideBox { height:200px; }
```

在 IE 浏览器中预览，则演示效果如图 11.16 所示。

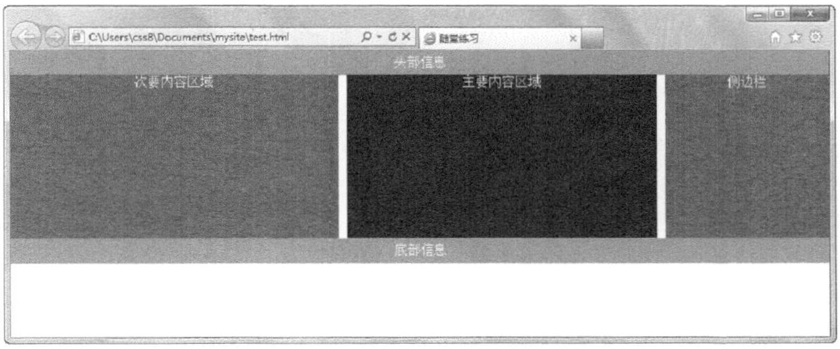

图11.16 设计右侧定宽左侧及中间自适应布局效果

11.2.3 设计三列宽度自适应布局

三列宽度都是自适应的布局效果比较少见，这种效果实现的方法也很简单，即设置三列的宽度值都为 auto 即可。

【随堂练习】

新建一个网页，保存为 test.html，在 <body> 内使用 <div> 标签构建三行三列的结构。

```
<div class="header">头部信息</div>
<div class="container">
    <div class="mainBox">
        <div class="content">主要内容区域</div>
    </div>
    <div class="subMainBox">次要内容区域</div>
    <div class="sideBox">侧边栏</div>
</div>
<div class="footer">底部信息</div>
```

在 <head> 标签内添加 <style type="text/css"> 标签，定义一个内部样式表，输入下面的样式。

```
* { margin:0; padding:0; }
.header, .footer { height:30px; line-height:30px; text-align:center; color:#FFFFFF; background-color:#AAAAAA; }
.container { text-align:center; color:#FFFFFF; }
.mainBox { float:left; width:100%; background-color:#FFFFFF; } /* 设置主要内容区域的外层div标签浮动，并将宽度设置为100% */
.mainBox .content { margin:0 21% 0 41%; background-color:#000000; } /* 设置主要内容区域的内层div标签外补丁保持宽度的默认值为auto，留出空白的位置给左右两列 */
.subMainBox { float:left; width:40%; margin-left:-100%; background-color:#666666; } /* 将次要内容区域设置左浮动，并设置宽度为40%，负边距为左边的-100% */
.sideBox { float:left; width:20%; margin-left:-20%; background-color:#666666; } /* 将侧边栏设置左浮动，并设置宽度为20%，负边距为左边的-20% */
.footer { clear:both; }
.subMainBox, .content, .sideBox { height:200px; }}
```

在 IE 浏览器中预览，则演示效果如图 11.17 所示。

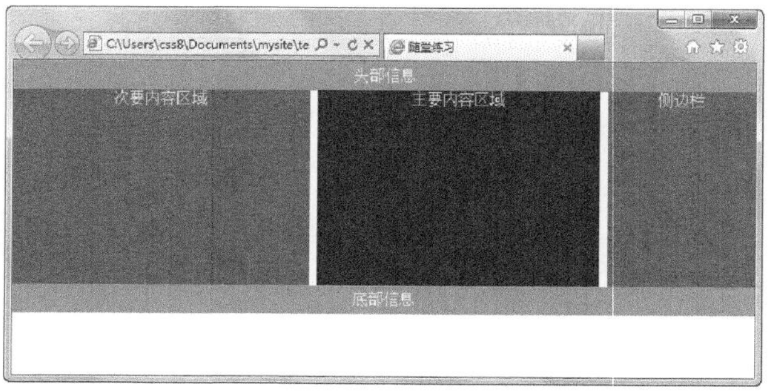

图11.17 设计三列适应布局效果

11.3 综合训练

本章集训目标：

- 能够灵活设计定宽布局。
- 能够灵活设计流动布局。
- 能够灵活设计弹性布局。
- 能够灵活设计浮动布局。
- 能够灵活定位弹性布局

11.3.1 实训1：设计儿童博客首页

实训说明：

本示例以儿童题材为主题，以个人博客为设计类型，页面效果采用固定宽度布局，本示例演示效果如图 11.18 所示。顾名思义网页宽度固定一般是以像素作为单位。网页中无论一行或者多行，只要通过像素为单位定义宽度，即可认为此布局方式为固定布局。

页面中主体模块决定了网页的布局，小模块可采用其他方式或者也以固定布局为主。固定宽度布局的优势和缺陷比较如下。

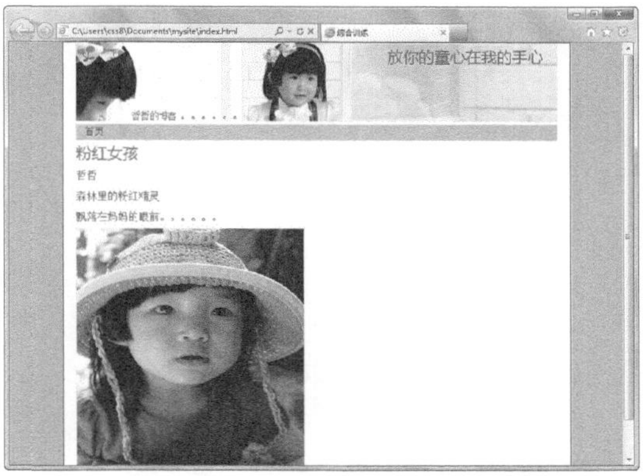

图11.18 设计儿童博客首页效果

优势：

- 固定宽度布局设计简便，像素调整方便。
- 不同的分辨率、屏幕大小，页面宽度一致，图片、视频等宽度固定的内容，潜在的冲突少，定义多大就是多大。

缺陷：

- 固定宽度的布局将对使用高分辨率屏幕用户带来页面空白，尤其是为了兼容小屏幕、低分辨率用户设置的页面，最后结果是页面内容大小极有可能没有浏览器两侧空白间隙大。
- 若固定宽度设置符合大屏幕显示器的页面时，小屏幕显示器出现水平滚动条，影响用户体验，查看内容不方便。
- 设置背景图像时，需要考虑不同分辨率下，背景图像效果。尤其应用于网站主页，其背景图像设置在 <body> 标签。

主要训练技巧说明：

- 能够根据主流浏览器的解析差异，设计网页居中显示。
- 能够设计固定宽度的网页布局效果。
- 能够根据设计主题的不同，确定网页的设计风格和配色。

示例位置：

“光盘位置”\示例文件\11\实训1：设计儿童博客首页\index.html

设计步骤：

步骤1 启动 Dreamweaver，新建一个网页，保存为 index.html，在 <body> 标签内输入如下结构代码。

```
<div id="container">
    <div id="mainContent">
        <h1><span>放你的童心在我的手心</span></h1>
            <div class="blognavInfo"> <span><a href="E">哲哲的博客</a></
span>。。。。。。</span> </div>
        <div class="artic">首页</div>
        <h2>粉红女孩</h2>
        <p><span>哲哲<br/>
            森林里的粉红精灵<br/>
                飘落在妈妈的眼前。。。。。。</span> <img src="images/2.jpg"
width="350" height="400" /> </p>
    </div>
</div>
```

步骤2 在 <head> 标签内添加 <style type="text/css"> 标签，定义一个内部样式表。

步骤3 在内部样式表中输入如下样式。

```
body {
font: 100% 宋体,新宋体;                    /* 设置字体 */
background: #fdacbf;                      /* 设置页面背景色 */
```

```
    margin: 0;                              /* 清除外边距 */
    padding: 0;                             /* 清除内间距 */
    text-align: center;                     /* IE及使用IE内核的浏览器居中 */
    color: #494949;                         /* 设置字体颜色 */
    line-height:150%;                       /* 设置行高 */
    }
    #container {
    width: 780px;                           /* IE及使用IE内核的浏览器居中 */
    background: #FFFFFF;                    /* IE及使用IE内核的浏览器居中 */
    margin: 0 auto;                         /* 自动边距（与宽度一起）会将页面居中 */
    border: 1px solid #000000;              /* IE及使用IE内核的浏览器居中 */
    text-align: left;                       /* 覆盖<body>标签定义的"text-align:
center" */
    }
    a{
    color:#AC656D!important;                /* 定义超链接默认颜色 */
    }
    #mainContent {
    padding: 0 20px;                        /* 定义左右间距，与父元素拉开左右距离 */
    padding-bottom:20px;                    /* 定义下间距 */
    }
    #mainContent h1{
    margin:0;                               /* 清除<h1>元素默认边距 */
    background:url(img/1.jpg) center top;     /* 设置背景图像，作为博客头部图片 */
    overflow:hidden;                        /* 超出部分隐藏 */
    height:120px;                           /* 定义高度120像素 */
    width:740px;                            /* 定义宽度740像素*/
    color:#A1545B;                          /* 设置博客标题字体颜色 */
    }
    #mainContent h1 span{
    float:right;                            /* 设置博客标题右浮动 */
    font-size:24px;                         /* 设置博客标题字体大小 */
    font-family:"微软雅黑","黑体";          /* 设置博客标题字体类型 */
    line-height:40px;                       /* 设置行高 */
    padding-right:20px;                     /* 博客标题与右侧背景有20像素间距 */
    font-weight:300;                        /* 设置字体加粗为300 */
    }
    #mainContent .blognavInfo{
    margin-top:-20px;                       /* 设置导航上边距30px */
    text-indent:80px;                       /* 首行缩进80px，导航就一行 */
    width:740px;                            /* 导航的宽度 */
    }
    .artic{
    height:24px;line-height:24px;           /* 设置垂直居中 */
    background-color:#f3bac0;               /* 设置背景色 */
    text-indent:1em; font-size:14px;        /* IE及使用IE内核的浏览器居中 */
```

```
clear:both;                                      /* 清除浮动 */
width:740px;                                     /* 博客栏目宽度为740px */
}
#mainContent a{
padding:0 5px; text-decoration:none;    /* 超链接设置 */
font-size:14px; color:Verdana,"宋体",sans-serif; /*字体设置 */
}
#mainContent a:hover{
font-weight:bold; text-decoration:underline;  /* 超链接鼠标滑过时效果 */
}
#mainContent h2{
color:#BF3E46;font-weight:300;              /* 文章标题名称颜色、加粗设置 */
font-family:"微软雅黑","黑体";              /* 文章标题字体类型 */
margin:0; line-height:40px;                  /* 文章标题行高及清除默认外边距 */
}
#mainContent p{
margin:0;                                        /* 清除段落默认设置 */
}
#mainContent p span{
float:right;                                     /* 博客内容设置，向右浮动 */
padding-right:200px;              /* 博客内容设置右间距，效果：与图片位置贴近 */
line-height:200%                   /* 博客内容行高，不设置高度，高度自适应 */
}
```

设置网页宽度为 780 像素，该值符合小屏幕分辨率。<body> 标签定义 IE 浏览器下居中，定义整体页面基调为粉红色，给人以温馨的感觉，文本行高为相对单位，使用百分比，为后面的段落文字的纵向间距埋下伏笔。

博客页面使用一列固定宽度布局，高度自适应。需针对 ID 为 container 层定义在火狐浏览器下居中属性，且因其继承 <body> 标签的居中方式，重新定义内部元素文字对齐方式为左对齐。设置背景色为白色、1 像素的边框线，将博客页面区域彰显出来。

- 博客主体部分通过 ID 为 mainContent 层包含，因其外层已经定义居中、宽度，因而此处只需定义间距即可，其宽度自适应父元素宽度。
- 博客标题部分使用 <h1> 标签定义大背景图像，定义其宽度为 740 像素，高度为 120 像素。ID 为 mainContent 层定义左右间距 20 像素，整个博客宽度 780 像素，故 780-20(ID 为 mainContent 层左间距)-20(ID 为 mainContent 层右间距)=740 像素。背景图像的宽度、高度大于定义的高度值，此处定义背景图像从浏览器中间、顶部开始显示。当改变其宽度时，在 IE 8 浏览器下显示发现图片超出显示内容。内部字体采用微软雅黑，清除默认 <h1> 标签默认加粗效果，重新定义文字粗细为 300 像素。
- 导航部分：导航默认的链接颜色设置为粉色基调，其余设置不再讲解。
- 段落部分：在 XHTML 代码中，段落内容在图片前面。其中设置 <span> 标签右浮动，脱离文档流，漂移到右侧，图片占据原段落占用的位置，默认图片的宽度、高度大于整个博客的大小，通过 XHTML 代码限制其大小为 350×400 像素。此属性设置可通过 CSS 属性定义大小，因 CSS 属性控制图片，定义范围过大（当为 img 定义 CSS 属性时，所有的图片都将应用此属性设置，以后修改也很麻烦）。博客中的图片只有通过 XHTML 代码定义，而不是用 CSS 属性限制大小，否则可能引起图片变形。

在浏览器中观察图片与段落文件间距比较大，设置右间距为 200 像素，拉近段落文字与图片的距离，以期达到浏览器下图片文字与段落文字相互衬托的效果。图片大小也可认为是固定布局的一部分，其宽度、高度是以像素为单位的元素或标签，将其单独拿出来放到新页面下的新标签，标签定义大小，可认为是固定布局。

11.3.2 实训2：设计新闻正文页

实训说明：

本示例以新闻题材为主题，以正文页面为设计类型，页面效果采用弹性布局，本示例演示效果如图 11.19 所示。弹性布局糅合流动布局和固定布局两种类型的特点，其最大特点在于使用 em 作为定义网页宽度的单位。em 就是相对长度单位，相对于当前对象内文本的字体尺寸。例如，当前行内文本的字体尺寸未被人为设置，让它相对于浏览器的默认字体尺寸进行显示。

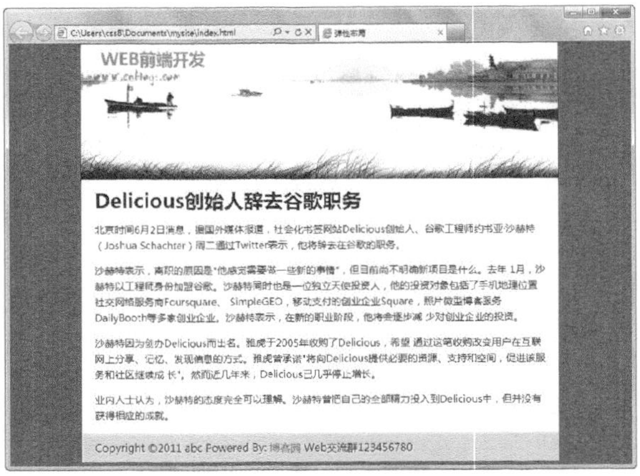

图11.19 设计新闻正文页面效果

电脑屏幕上的像素是一个不可缩放的点，而 em 则是相对于字体大小的单位宽度，即字体大小的改变，最终影响页面布局大小。弹性布局集合了固定布局和弹性布局两种布局方式的优势，同时也带来编写代码的复杂以及浏览器的支持情况。下面介绍弹性布局的优势和缺陷。

优势：

- 运用合理，可实现非常友好的用户界面。最终设计后的网页可以根据用户的改变而整体页面发生改变。页面大小最终掌握到用户手里。
- 弹性布局集合流动布局和固定布局的优点，因而当无法决定使用某种布局方式时，不如采用弹性布局。

缺陷：

- 弹性布局的代码编写非常复杂，需要不停地测试用户在不同情况的页面效果，这在无形中增加了编写代码的工作量和时间。
- 难以实现，可能为实现很小的效果，需要不停地改变编写的代码。有时在 IE 6 浏览器下效果与现代标准浏览器不同时，需要单独编写符合 IE 6 浏览器下的效果。

主要训练技巧说明：

- 能够设计弹性页面布局效果。
- 能够根据弹性布局特点设计标题和正文字体大小以及行距效果。
- 通过改变网页字体大小进而改变整个页面的大小，显示出拥有流动布局的优势，同时拥有固定布局特性。
- 能够根据设计主题的不同，确定网页的设计风格和配色。

示例位置：

“光盘位置”\示例文件\11\实训 2：设计新闻正文页\index.html

设计步骤：

步骤1 启动 Dreamweaver，新建一个网页，保存为 index.html，在 <body> 标签内输入如下结构代码。

```
<div id="container">
    <div id="header">
        <h1><a href="http://www.cnblogs.com/yuzhongwusan/">WEB前端开发</
a></h1>
    </div>
    <div id="mainContent">
      <h1>Delicious创始人辞去谷歌职务</h1>
        <p>北京时间6月2日消息，据国外媒体报道，社会化书签网站Delicious创始人、谷歌工
程师约书亚·沙赫特（Joshua Schachter）周二通过Twitter表示，他将辞去在谷歌的职务。 </p>
       <p>沙赫特表示，离职的原因是"他感觉需要做一些新的事情"，但目前尚不明确新项目是
什么。去年1月，沙赫特以工程师身份加盟谷歌。沙赫特同时也是一位独立天使投资人，他的投资对象
包括了手机地理位置社交网络服务商Foursquare、SimpleGEO，移动支付的创业企业Square，照片
微型博客服务DailyBooth等多家创业企业。沙赫特表示，在新的职业阶段，他将会逐步减  少对创业
企业的投资。</p>
        <p>沙赫特因为创办Delicious而出名。雅虎于2005年收购了Delicious，希望通过这笔
收购改变用户在互联网上分享、记忆、发现信息的方式。雅虎曾承诺"将向Delicious提供必要的资源、
支持和空间，促进该服务和社区继续成  长"。然而近几年来，Delicious已几乎停止增长。</p>
          <p>业内人士认为，沙赫特的态度完全可以理解。沙赫特曾把自己的全部精力投入到
Delicious中，但并没有获得相应的成就。</p>
    </div>
    <div id="footer">
        <p>Copyright ©2011  abc Powered By: <a href="http://www.cnblogs.
com">博客园</a> Web交流群123456780</p>
    </div>
</div>
```

步骤2 在<head>标签内添加<style type="text/css">标签，定义一个内部样式表。

步骤3 在内部样式表中输入如下样式。

```
body {
font: 1.1em 微软雅黑, 新宋体;                    /* 字体相关设置*/
background: #666666;                             /* 设置页面背景色为灰色 */
margin:0;                                        /* 清除外边距 */
padding:0;                                       /* 清除内间距 */
text-align:center;                               /* IE及使用IE内核的浏览器居中 */
color: #000000;                                  /* 设置字体颜色，可删除此定义 */
line-height:150%;                                /* 设置段落文字行高 */
}
#container {
width: 46em;                                     /* 高度使用弹性布局单位 */
background: #FFFFFF;                   /* 设置背景色为白色，与整体页面背景色对比 */
margin: 0 auto;                                  /* 浏览器居中 */
border: 1px solid #000000;                       /* 设置边框线 */
font-size:1em;                                   /* 字体大小改变时，整个页面发生变化 */
text-align:left;                                 /* 文本内容左对齐 */
}
```

```
#header {
background:url(images/bg_header.gif) no-repeat center -2em;
                                          /* 背景图像设置 */
height:13em;                              /* 高度使用em作为单位 */
}
#header h1 {
margin: 0;                                /* 清除默认元素外边距 */
padding: 10px 0 10px 30px;                /* 设置四个方向的内间距 */
}
#header h1 a{
color:#999;                               /* 超链接字体颜色 */
font-size:0.8em;                          /* 字体大小使用相对单位 */
text-decoration:none;                     /* 去除默认超链接的下划线 */
}
#mainContent {
padding: 0 20px;                          /* 设置左右间距，内容不紧贴在左右两侧 */
background: #FFFFFF;       /* 设置背景色，可删除，ID为container层已定义 */
font-size:0.95em;                         /* 字体大小使用相对单位 */
}
#footer {
padding: 0 20px;                          /* 底部信息左右间距 */
background:#DDDDDD;                       /* 底部信息背景色 */
}
#footer p {
margin: 0;                                /* 底部段落，去掉默认外边距 */
padding: 10px 0;                          /* 设置上下间距为10像素 */
font-size:1em;                            /* 字体大小使用相对单位 */
}
#footer a{
color:gray;                               /* 底部信息超链接颜色*/
text-decoration:none;                     /* 去除默认超链接的下划线 */
}
```

整体页面基调为灰色，字体大小为1.1em；字体采用微软雅黑，微软雅黑是迄今为止个人电脑上可以显示的最清晰的中文字体。博客页面使用一列弹性宽度布局，宽度为46em，高度自适应。针对ID为container层定义在火狐浏览器下居中显示，因其继承<body>标签的居中方式（IE浏览器），重新定义内部元素文字对齐方式为左对齐，字体大小重新定义为1em。

- 标题部分：ID为container层定义背景图像，其偏移位置为中间开始、顶部-2em，定义行高为13em。<h1>标签定义内间距，调整博客标题文字，改变超链接默认设置，字体大小也使用em作为单位。
- 主体部分：主要包含“文章内容”，剩下的是网站底部信息。可将class为footer层单独取出，作为<body>标签的直系子元素，而不是孙辈元素，最终实现两行弹性布局。“文章内容”是以段落的方式出现，定义段落文字与左右边界的内间距，改变字体大小设置即可。

在本示例中定义了众多以em为单位标签，ID为mainContent层、定义字体大小为0.95em，ID为container层、定义字体大小为1em，最终结果是0.95em，在CSS属性定义中，默认定义的先后顺序决定其优先级。再者，ID为container层为最高层标签，当改变它的字体大小时，页面大小及内容发生变化，字体也会发生变化，即使为每个标签都定义字体大小。

11.3.3 实训3：设计企业宣传页面

实训说明：

本示例以企业题材为主题，以企业介绍页面为设计类型，页面效果采用浮动布局，本示例演示效果如图 11.20 所示。浮动布局与流动布局、固定布局、弹性布局不同，不是通过改变定义字体单位实现布局，而是通过 float 属性定义布局。简单地说，多个块级元素（一般是两个或三个块级元素，如果超过三个以上的块级元素就不是作为布局出现，而是以元素属性出现），在同一行中显示。

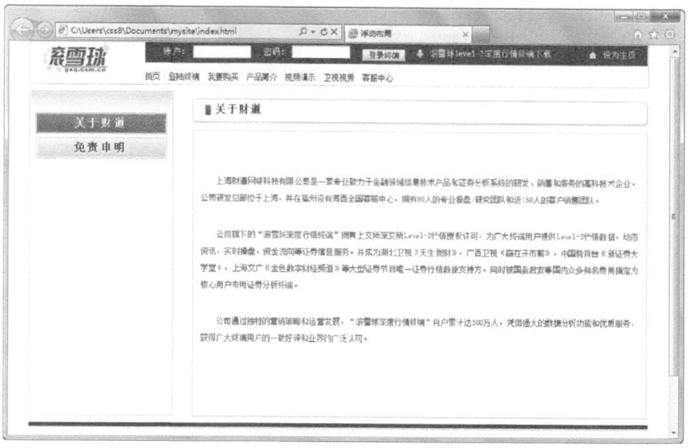

图11.20　设计企业宣传页面效果

浮动布局是网页布局应用最广的方式之一，尤其是固定布局＋浮动布局两种布局方式的结合。由固定布局定义位置、大小，浮动布局定义内部元素多列效果。下面列出浮动布局的优势和缺陷。

优势：

- 浮动元素并列：当两个或两个以上的相邻元素被定义为浮动显示时，若存在足够的空间容纳浮动元素，浮动元素可并列显示。
- 流动元素环绕：浮动元素能够随文档流动，浮动元素后面的块状元素和内联元素都能够以流的形式环绕浮动元素左右，形成图文并茂的环绕现象。

缺陷：

- 浮动元素并列：若没有足够的空间，那么后列浮动元素将会下移到能够容纳它的地方，产生“错位”现象，并且影响后面元素的显示。
- 流动元素环绕：图文环绕时，设置间距时，需加大设置图片间距、边距，设置文字间距、边距极有可能发现不了效果，故需设置较大值。

主要训练技巧说明：

- 能够设计浮动页面布局效果。
- 能够根据 HTML 结构设计多列并列的布局效果。
- 能够根据设计内容的差异化，设计符合主题的页面效果。

示例位置：

“光盘位置”\示例文件\11\实训 3：设计企业宣传页\index.html

设计步骤：

步骤1 启动 Dreamweaver，新建一个网页，保存为 index.html，在 <body> 标签内输入如下结构代码。其中正文内容省略，主要显示网页三层 HTML 嵌套结构，详细内容请读者参阅光盘示例。

```
<div class="nav">
    <div class="login"> </div>
    <div class="links-A"><a href="#"></div>
</div>
<div class="Cli">
```

```
        <div class="left-cli">
            <ul></ul>
        </div>
        <div class="right-cli">
            <h1>关于财道</h1>
            <div class="cont">
                <div class="dingwei1"></div>
            </div>
        </div>
    </div>
    <div class="footer"></div>
```

步骤2 在 <head> 标签内添加 <style type="text/css"> 标签，定义一个内部样式表。

步骤3 在内部样式表中输入如下样式。在本示例中将固定布局与浮动布局相结合。class 为 Cli 层定义宽度并居中显示，left-cli 层和 right-cli 层在 Cli 层内进行左、右浮动实现。

```
body {
font-family:"宋体", arial;                        /* 设置字体类型 */
font-size:14px;                                   /* 初始化字体大小 */
margin: 0;                                        /* 清除外边距 */
padding: 0;                                       /* 清除内间距 */
text-align: center;                               /* IE及使用IE内核的浏览器居中 */
}
.Cli{width:960px; }          /* 浮动元素的父元素宽度，便于浮动元素居中 */
.left-cli{
width:220px;                                      /* 左边浮动元素的宽度 */
height:499px;                                     /* 左边浮动元素的高度 */
background:url(images/lt.jpg) no-repeat left top;
                                                  /* 定义背景图像，衬托内部纵向导航 */
float:left;                                       /* 子元素左浮动 */
border:1px solid #CACACA;                         /* 边框线与背景图像颜色接近 */
font-weight:bold;                                 /* 文字加粗 */
font-size:16px;                                   /* 设置字体大小 */
letter-spacing:4px;                               /* 内部导航文字之间的间距 */
}
.right-cli{
width:709px;                                      /* 右边浮动元素的宽度 */
float:right;                                      /* 子元素右浮动 */
text-align:left                                   /* 文本左对齐 */
}
.right-cli h1{
width:709px;                                      /* 右侧标题宽度，与父元素一致 */
height:40px;                                      /* 设置高度，用于显示背景的空间 */
background:url(images/loa3.jpg) no-repeat left top;    /* 定义背景图像 */
line-height:36px;                                 /* 设置行高，与高度大小不一致 */
font-size:16px;                                   /* 设置字体大小 */
letter-spacing:2px;                               /* 字体间距 */
```

```
font-weight:bold;              /* 字体加粗，便于突出与下面文字内容的不同 */
text-indent:36px;                        /* 用它替代左间距，宽度不计算在内 */
margin-bottom:9px;                       /* 设置下边距 */
}
```

在本示例中，网站头部和底部不属于浮动布局的一部分，读者通过光盘示例查看相应设置。公司主体部分说明如下。

- class 为 Cli 层定义固定宽度，实现内部浮动元素的居中。
- class 为 left-cli 层存放导航，定义整体宽度为 220 像素、高度为 499 像素，设置导航顶部的背景图像，字体大小为 16 像素、加粗，字体间距为 4 像素，设置边框线，查看此层占据的位置，最后左浮动，没有设置左边距，故不需要 display 属性，左侧导航部分。
- class 为 right-cli 层存放公司导航对应的内容，设置宽度为 709 像素，右浮动，段落文本对齐方式为左对齐。左侧的高度已经定义了，右侧高度随着段落内容的增加而逐渐增加。

11.4 上机练习

1．请使用定位布局重新设计综合训练中的第三个示例效果，设计如图11.21所示。定位布局与浮动布局类似，通过position属性定义布局。父元素定义相对定位，居中且作为子元素偏移参考；子元素定义绝对定位，根据父元素偏移。当元素设置绝对定位后，脱离文档流，元素设置的居中方式将无法影响绝对定位元素，因而在绝对定位元素外面添加一个<div>标签，设置为相对定位，不脱离文档流，父级元素居中，子元素通过偏移属性实现在父元素内部居中。

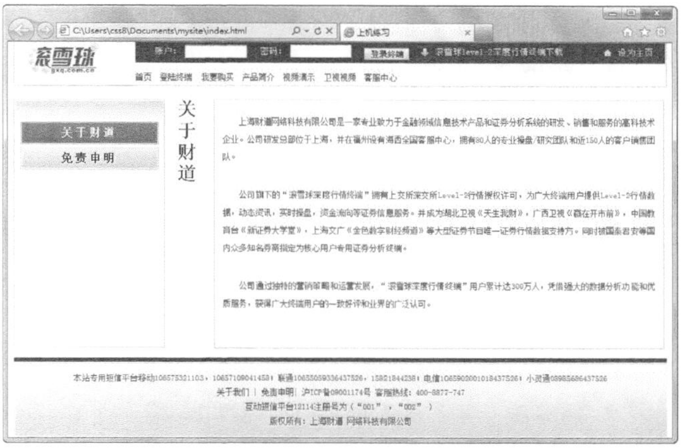

图11.21 定位布局设计效果

定位布局与浮动布局区别不大，都脱离普通文档流，不同的是浮动布局需要添加父元素设置居中，子元素设置浮动；定位布局，通过父元素设置为相对定位，子元素绝对定位元素进行定位，父元素是子元素定位偏移位置的参考。

设计要求：

将浮动布局转换为定位布局，父元素定义相对定位，两个原浮动元素转换为：一个定义绝对定位，偏移到父元素左上角；一个定义绝对定位，偏移到父元素右上角。单独制作一个层，位于两个定位层之间。

- class为left-cli层存放导航，首先取消浮动布局中的浮动，接着定义绝对定位，因其父元素为相对定位，根据最近父元素定位元素作为参考对象原则，其参考位置为Cli层，故定义的CSS属性left:0px; top:0;定位于Cli层的左上角。
- class为right-cli层存放公司导航对应的内容，首先取消浮动布局中的浮动，接着定义绝对定位，因其父元素为相对定位，根据最近父元素定位元素作为参考对象原则，其参考位置为Cli层，故根据定义的CSS属性right:0px; top:0;定位于右上角。

- class为Cli层定义宽度，实现内部浮动元素的居中。Cli层在原来示例中未定义高度，而内部元素是绝对定位，脱离文档流，不占用文档空间，且Cli层没有定义高度，占用一行的高度，因而footer层会跑到上方，遮挡住left-cli层和right-cli层。当定义了高度height:510px;后，根据相对定位依然占据文档空间原则，可以将footer层压至到高度为510像素后面。
- 将right-cli中的h1取出，单独作为一个层，增加父元素其class名为tips。class为tips层定义左边距为240像素，避免class为left-cli层遮挡；宽度为30像素，使之内容纵向显示，避免遮挡class为right-cli层。

示例位置：

“光盘位置”\示例文件\11\上机练习 1\index.html

2．请使用伪列布局方法设计如图 11.22 所示的页面效果。伪列布局通过背景图像实现布局方式，用于解决浮动元素内容不定，高度不一致的现象。背景图像的制作是关键，它包含浮动元素要实现列背景图像。

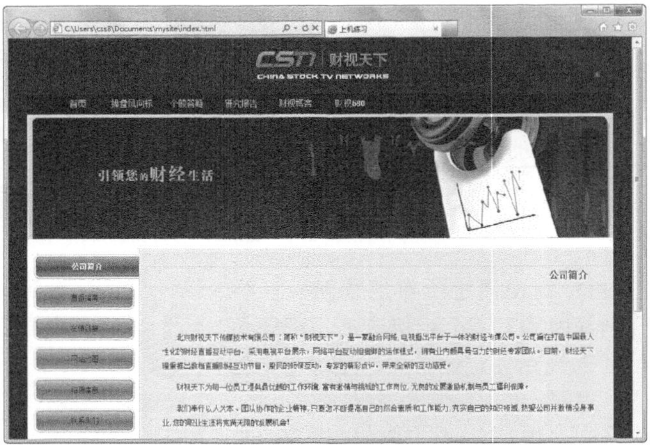

图11.22　伪列布局设计效果

设计要求：

父元素设置背景图像，背景图像中含有宽度为 1 像素的竖线，用于划分两列，子元素分别设置浮动，最后通过浮动清除元素，实现背景图像向下高度扩展。祖父元素 class 为 important 层，定义整体居中，设置上下内间距，避免子元素设置的伪列背景与它紧贴在一起。

- class 为 bjrepy 层定义背景图像，该背景图像是两列，通过背景图像的纵向平铺，实现内部浮动元素左右高度一致效果。
- class 为 L-dh 层定义左浮动，首先设置宽度为 178 像素、左边距为 11 像素，使之内部导航能够压在背景图像中间分列的线上。接着设置相对定位和层叠顺序，便于内部导航元素定位，避免使父元素背景遮挡子元素现象，最后设置 display 属性，防止 IE 6 双倍外边距 Bug 出现。
- class 为 R-nr 层定义右浮动，首先设置宽度为 775 像素，设置右边距为 10 像素，避免元素内容与右侧页面背景完全接触，同样设置 display 属性。

示例位置：

“光盘位置”\示例文件\11\上机练习 2\index.html

3．请使用流动布局方法重新设计综合训练第一个示例的效果，设计如图 11.23 所示。流动布局以百分比作为宽度单位，并根据用户的屏幕分辨率自适应。简单说是将像素单位设置换成百分比设置的过程。可实际上并不仅仅如此，要实现一个良好的流动网页布局，不是一件很简单的事情，需要改变通过 Photoshop 工具获取像素大小。将计算元素宽度像素的方式，转为将像素根据父元素的大小、根据一定比例设置换算成需要的百分比，同时后期页面的修改也是一个计算的过程。流动布局的优势和缺陷。

优势：

- 流动网页布局拥有更强的亲和力，根据客户端屏幕大小及分辨率，网页内容自适应。
- 不同浏览器和屏幕分辨率下使用同一个背景图像，故背景图像设置的大小符合最大屏幕，小屏幕显示背景图像最重要的部分。

缺陷：

- 设计师对客户端的页面显示效果难以控制。屏幕大小的不同，设计的效果需要进行多样考虑，增加设计时间。
- 图片、视频以及其他拥有固定宽度的内容，需根据屏幕分辨率的不同，设置不同的宽度，通过CSS属性设置为百分比，也无法解决此问题。
- 特别大的显示屏幕，如液晶显示屏，或者在电视上显示，内容不够多，或者背景图像设置不当，影响页面效果。

图11.23　流动布局设计效果

设计要求：

整个页面设计成为单列流动布局，高度自适应。ID为container层定义整体博客页面大小，即浏览器大小空白区域的90%。

- 主体部分：通过ID为mainContent层包含，定义间距，宽度自适应其父元素的宽度。
- 标题部分：使用<h1>标签定义大背景图像，高度使用固定定位的方式，定义为120像素，宽度使用百分比，因其为100%，可省略此定义。ID为mainContent层定义左右间距20像素，整个页面宽度为浏览器的90%，故浏览器宽度的90%-20*2=ID为mainContent层宽度(100%)。背景图像不是通过图片左上角进行显示，而是图片大小的左10%、上0%位置开始显示，故流动布局显示背景图像与固定布局图片显示不完全一致。
- 导航部分：导航采用段落首行缩进的方式，导航占用一行，起始点位置定义元素宽度的20%处。
- 段落部分：段落内容在图片前面。通过<span>标签的右浮动，脱离文档流，漂移到右侧，图片占据原段落占用的位置，图片的宽度、高度属性，通过CSS定义大小设置为百分比，高度为50%，宽度为40%。

改变图片与段落文件间距，设置段落文字右间距为15%，拉近段落位置与图片的距离。当改变浏览器大小时，图片将发生错位，因而为针对不同浏览器设置图片大小，通过CSS定义插入图片的大小为百分比，而不是固定布局的标签内部的像素单位。这样在800×600像素下也不会发生错位。

示例位置：

“光盘位置”\示例文件\11\上机练习3\index.html

第12章 DIV+CSS网页布局疑难杂症解惑

使用 CSS 进行网页布局时，经常会遇到很多莫名其妙的问题，特别是不同浏览器解析效果的不一致，让很多初学者头疼。IE 浏览器对于 CSS 的支持不是很标准，其中 IE 7 及其以下版本浏览器兼容性问题比较突出。本章将介绍各主流浏览器在解析 CSS 时存在的问题，同时还会详细讲解解决这些问题的一般方法。

学习要点：

- 了解什么是浏览器兼容问题。
- 了解过滤器、Bug、IE 条件语句等相关概念。
- 了解 IE 不同版本的解析差异。
- 了解 IE 的怪异模式和标准模式。
- 了解解决浏览器兼容性问题的一般方法。

训练要点：

- 能够解决流动布局中各主流浏览器存在的解析问题。
- 能够解决浮动布局中 IE 浏览器存在的解析问题。
- 能够解决定位布局中不同浏览器存在的解析问题。

12.1　解决CSS布局问题的一般方法

为了兼容标准技术，微软公司在IE浏览器中开发了两套解析机制：怪异模式和标准模式。其中怪异模式是完全保留IE浏览器的独立解析机制，而排斥标准技术；在标准模式下，则抛弃IE的怪异解析机制，尽力使用标准技术来解析页面。总体来说，IE 6存在的Bug和不支持功能还是比较多的，IE 7相对于IE 6来说更加符合标准，但还是存在很多不完善的地方，而从IE 8版本开始，IE浏览器在标准支持方面有了很大进步，基本上遵循CSS标准设计规范进行解析。

当然每一种浏览器都会存在解析Bug或非标准、不支持的功能，同时很多浏览器拥有私有属性，要系统学习浏览器的兼容处理问题，需要深入了解每一种浏览器的特性。

12.1.1　使用过滤器

不同类型浏览器对于 CSS 的支持是不完全统一的，不过很多网页设计师经过长时间的探索，也摸索出了很多解决浏览器兼容问题的方法，这些方法被称之为 Hack（补丁）。所谓 Hack，就是利用各种过滤方法专门为特定类型浏览器定义样式，即称之为过滤器（Filter），从而实现在不同类型浏览器中呈现相同的渲染效果。

过滤器是一种形象的称呼，实际上它就是各种浏览器支持或不支持某种声明或样式的特殊用法。例如，IE 6 以下版本浏览器不支持 !important 关键字，就可以利用这个关键字专门为 IE 6 及其以上版本浏览器或者非 IE 浏览器定义样式，从而过滤掉 IE 6 以下版本浏览器在解析时存在的问题。

目前全球设计师总结出来的过滤器非常多，要记住这些过滤器是很烦琐的，读者可以参阅“http://centricle.com/ref/css/filters/”和“http://www.communis.co.uk/dithered/css_filters/css_only/index.html ”地址获取系统过滤器信息，这是目前收集过滤器比较系统的两个地方。为了简化学习，下面总结几种常用且最有效的过滤方法。

注意　**在应用下面的过滤器时，在HTML文档顶部应定义类似下面命名行的文档类型语句，否则过滤器会失效。**

```
<!DOCTYPE html PUBLIC "-//W3C//DTD HTML 1.0 Transitional//EN" "http://www.w3.org/TR/HTML1/DTD/HTML1-transitional.dtd">
```

1. IE 7版本浏览器专用过滤器

如果专门为 IE 7 版本浏览器定义样式，则可以使用如下过滤器。

```
<style type="text/css">
*+html body {
    background:blue;
}
</style>
```

上面的样式仅能够在 IE 7 版本浏览器中被解析，即只有 IE 7 版本浏览器的页面背景色为蓝色，但是在其他版本或类型浏览器中将以默认背景色（即白色）显示。具体使用时，读者可以将 body 标签选择器替换为任意类型的选择器，然后为 IE 7 版本浏览器定义专用样式。

兼容原理：

“*”符号在 IE 浏览器中被认为是根节点，所以它可以包含 html 元素，而对于非 IE 浏览器来说，文档根节点应该是 html，而不是“*”，所以当使用“*”通用符号包含 html 元素时，非 IE 浏览器会认为它是非法的，从而忽略这个选择器所定义的样式。同时 IE 6 及其以下版本浏览器不支持相邻选择器（+），所以也会忽略该选择器定义的样式。

2. IE 6及其以下版本浏览器专用

如果明白了上面示例中的 IE 7 专用过滤器，那么下面这个过滤器也就不难理解了。它仅支持 IE 6 及其以下版本浏览器使用，用法与 *+html selector{} 过滤器相同。

```
<style type="text/css">
* html body {
    background:red;
}
</style>
```

兼容原理：

从语法角度分析，IE 7 应该支持 * 通用符号包含 html 元素，但事实上并不支持，所以这也是一个很有趣的过滤器。

3. IE 7和非IE浏览器专用

如果定义专为IE 7及其以上版本浏览器和非IE类型浏览器支持的样式，则可以使用如下过滤器。

```
<style type="text/css">
    html>body {
        background:green;
    }
    </style>
```

兼容原理：

因为 IE 6 及其以下版本浏览器不支持子选择器，所以会忽略该过滤器定义的样式。

上面的示例是为 body 元素定义的过滤器样式，如果为页面中的其他元素或选择器定义样式，则可以按如下方法来定义，其中 selector 表示任意类型的选择器。

```
<style type="text/css">
html>body selector{
    background:green;
}
</style>
```

4. 非IE浏览器专用

使用如下过滤器可专门为非 IE 浏览器定义样式。

```
<style type="text/css">
html>/**/body {
    background:yellow;
}
</style>
```

兼容原理：

在第三种过滤器中增加空白注释，则 IE 浏览器就会忽略该样式的存在。

上述四种过滤器基本上解决了所有浏览器的兼容性问题，而且这些过滤器非常有效，且没有副作用，读者可以放心使用它们。当然，CSS 过滤器的类型和形式还有很多，如果在时间和精力允许的情况下，建议多访问上文提到的网址，了解更多特殊过滤器的用法。

12.1.2 使用IE条件语句

IE 条件语句是 IE 浏览器自定义的一套逻辑语句，利用这些语句可以更加有效地为 IE 系列版本浏览器定义样式。IE 条件语句实际上就是 HTML 注释语句，只不过在注释标识符中增加了一组关键字，这组关键字对于 IE 浏览器来说是有效的，但是对于其他浏览器来说，则被视为注释信息而被完全忽略。由于 IE 浏览器能够根据条件语句中设置的条件决定解析的版本，从而实现利用条件为不同 IE 版本浏览器定义样式的目的。

例如，下面的条件语句可以在所有版本浏览器中被识别，但是对于其他浏览器来说，则被视为注释信息而忽略。

```
<!--[if IE]>
<h1>所有IE版本浏览器可识别</h1>
<![endif]-->
```

IE 条件语句以中括号（[]）为起止标识符，其中包含一个条件语句。条件语句放在注释标识符内，且与注释标识符内部相邻，语法格式如上面示例。

在条件语句中可以增加修饰性关键字，如 lte、lt、gte、gt 和 !，这些关键字作用说明如下。

- lte：小于或等于某个版本的IE浏览器。
- lt：小于某个版本的IE浏览器。
- gte：大于或等于某个版本的IE浏览器。
- gt：大于某个版本的IE浏览器。
- !：不等于某个版本的IE浏览器。

【随堂练习】

新建一个网页，保存为 test.html，在 <body> 内使用 <h1> 标签输入下面的多行标题，然后使用 IE 条件语句进行包围。

```
<!--[if IE 5.0]>
<h1>只有IE 5.0可以识别</h1>
<![endif]-->
<!--[if IE 5]>
<h1>仅IE 5.0与IE 5.5可以识别</h1>
<![endif]-->
<!--[if gt IE 5.0]>
<h1>IE 5.0以及IE 5.0以上版本都可以识别</h1>
<![endif]-->
<!--[if IE 6]>
<h1>仅IE 6可识别</h1>
<![endif]-->
<!--[if lt IE 6]>
<h1>IE 6以及IE 6以下版本可识别</h1>
<![endif]-->
<!--[if IE 5.5000]>
```

```
<h1>IE 5.5可以识别</h1>
<![endif]-->
<!--[if gte IE 6]>
<h1>IE 6以及IE 6以上版本可识别</h1>
<![endif]-->
<!--[if IE 7]>
<h1>仅IE 7可识别</h1>
<![endif]-->
<!--[if lt IE 7]>
<h1>IE 7以及IE 7以下版本可识别</h1>
<![endif]-->
<!--[if gte IE 7]>
<h1>IE 7以及IE 7以上版本可识别</h1>
<![endif]-->
```

则分别在不同版本 IE 浏览器中预览，演示效果如图 12.1 所示。

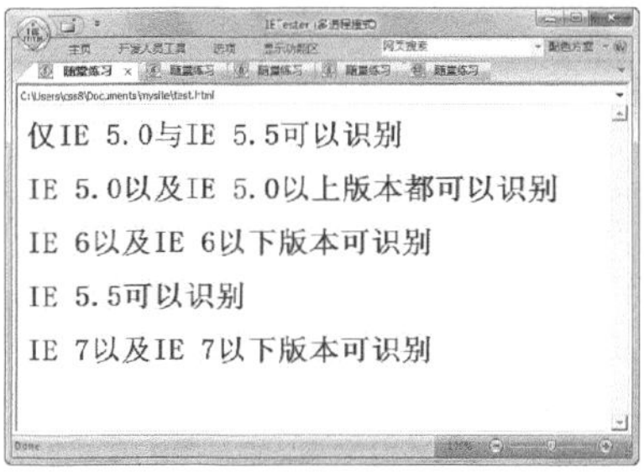

IE 5版本浏览器

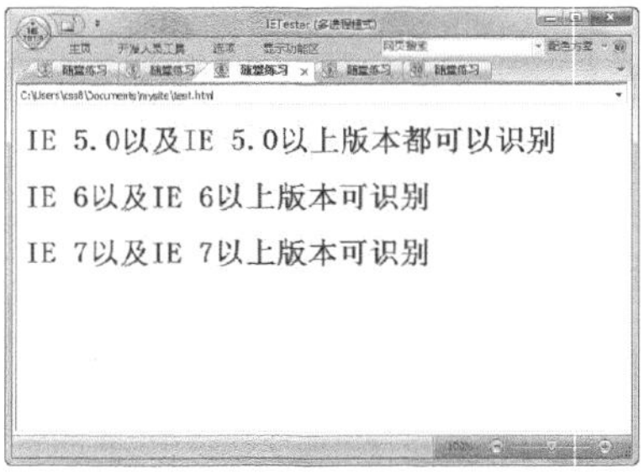

IE 8版本浏览器

图12.1　在不同IE版本浏览器中解析效果

【拓展练习 1】

如果为某个版本的 IE 浏览器定义样式，则将样式表放置在 IE 条件语句中即可。例如，下面的样式表就只能够在 IE 6 版本中被解析。

```
<!--[if IE 6]>
<style type="text/css">
body {/* IE 6版本浏览器中有效 */
    background:#00FFFF;
}
</style>
<![endif]-->
```

【拓展练习 2】

同时还可以为不同版本的浏览器定义不同的外部样式表，再用 IE 条件语句为不同版本的 IE 浏览器导入不同的文件，从而实现浏览器的兼容性处理。例如，下面的 IE 条件语句分别为 IE 6 版本导入 ie6.css 样式表文件，而为 IE 7 版本导入 ie7.css 样式表文件。

```
<!--[if IE 6]>
<link href="images/ie6.css" rel="stylesheet" type="text/css" />
<![endif]-->
```

```
<!--[if IE 7]>
<link href="images/ie7.css" rel="stylesheet" type="text/css" />
<![endif]-->
```

另外，利用 IE 条件语句还可以设计专门为非 IE 浏览器使用的条件语句（请注意其特殊写法）。

```
<!--[if !IE]><!-->
<h1>除IE外都可识别</h1>
<!--<![endif]-->
```

总之，使用 IE 条件语句可以极大地改善 CSS 兼容性处理的难度。在标准设计中，我们可以先为符合标准的浏览器设计样式，然后专门为 IE 系列版本浏览器设计兼容样式表，并分别放在独立的文件中，最后利用 IE 条件语句将其导入，这种设计方法极大地优化了 CSS 开发，使后期维护变得更加轻松。

12.2 常见CSS布局疑难问题解决方法

不同类型和版本的浏览器对于 CSS 的解析是不同的，这种差异源于浏览器的解析机制不同，所以初学者应该养成良好的浏览器兼容处理习惯，学会直面主流浏览器存在的不兼容性问题，避免后期再兼容浏览器的难度和成本。

12.2.1 了解浏览器默认样式

这个问题对于任何一位初学者来说都应该首先明白：不同类型的浏览器都有自己的网页解析标准，因此解析的效果也会略有不同。如果以默认设置来显示页面效果，读者会发现不同浏览器的默认设置是不同的。

例如，提及页边距，IE浏览器默认为body元素的margin-left属性进行定义，默认值约为10像素；而对于FF浏览器来说，默认为body元素的padding-left属性进行定义，默认值约为8像素。所以当设置页边距时，就应该知道如何采取有效措施预防这种默认设置的不同，否则在设置页边距时就会出现问题。而当准备清除页边距时，就应该考虑不同浏览器的默认设置方法，同时清除body元素的margin-left和padding-left属性值，才能保证在不同类型浏览器中显示相同的效果。与此类似的默认值差异设置还包括如下内容。

- 列表样式：IE默认使用margin-left属性定义，值约为40像素；而FF默认使用padding-left属性定义，值约为40像素。
- 网页居中样式：IE默认使用text-align属性，值为center；而FF默认使用margin属性，设置左右边界为auto。
- 鼠标指针样式：IE默认使用cursor属性定义，值为hand；而FF默认使用cursor属性，值为pointer。

上面简单列举了几种常见的默认设置差别，当然类似的问题还有很多，建议读者做一个有心人，积极进行收集。

12.2.2 列表序号无效了

问题描述：

当为有序列表项定义高度时，列表序号将显示无效。

浏览器分析：

该问题存在于非标准的 IE 浏览器中（IE 7 及其以下版本浏览器中），在其他标准浏览器类型中没有该问题。

解决方法：

避免直接为列表选项定义高度，可以通过间接方式定义高度。

【随堂练习】

新建一个网页，保存为 test.html，在 <body> 内使用 <ul> 和 <li> 标签设计一个简单的有序列表结构。

```
<h2>新歌排行榜</h2>
<ul>
    <li>风儿阵阵吹 潘杰明</li>
    <li>我们的歌谣 凤凰传...</li>
    <li>热门花招 江映蓉</li>
    <li>缺陷美 杨丞琳</li>
    <li>我多么怀念 何洁 </li>
</ul>
```

然后在 <head> 标签内添加 <style type="text/css"> 标签，定义一个内部样式表，然后输入下面的样式，定义列表项以固定高度显示。

```
li {/* 列表项样式 */
    border-bottom:1px solid #CCC;        /* 列表项底边线 */
    list-style-type:decimal;             /* 为列表项定义有序符号，数字显示 */
    list-style-position:inside;          /* 有序符号显示在列表项内部 */
    height:20px;
}
```

在 IE 7 中预览，则显示效果如图 12.2 所示。

为了避免使用 height 定义列表项的高度，可以使用 line-height 或者 pading 属性间接定义高度。应用内部样式表中的样式，然后在 IE 6 中预览，则显示如图 12.3 所示。

```
li {
    border-bottom:1px solid #CCC;
    list-style-type:decimal;
    list-style-position:inside;
    line-height:20px;
}
```

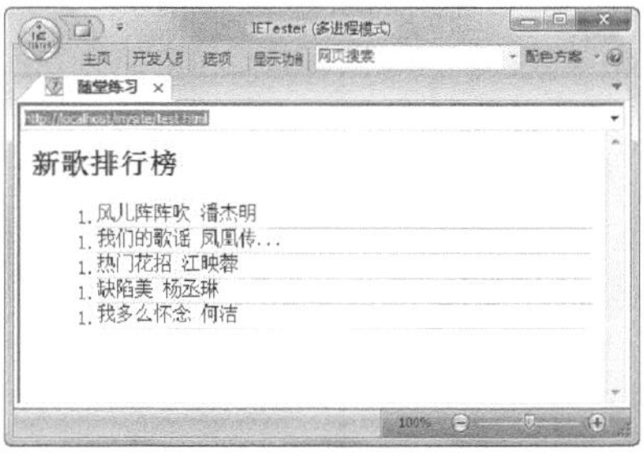

图12.2 解决前显示效果

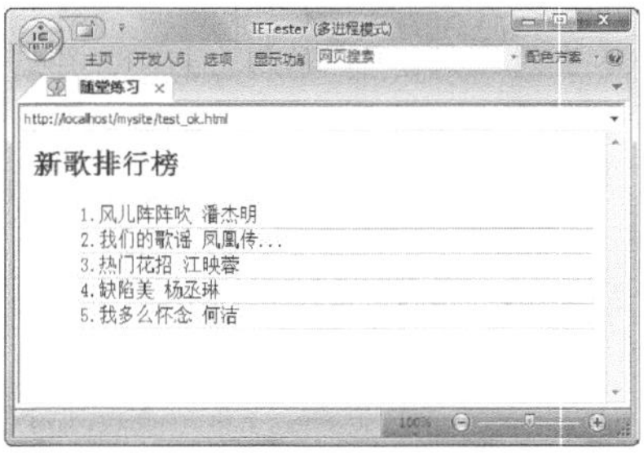

图12.3 解决后显示效果

12.2.3 列表序号丢失了

问题描述：

当为列表框定义一个宽度时，在某种情况下项目符号会突然丢失。

浏览器分析：

该问题存在于 IE 6 和 IE 7 版本浏览器中，在其他标准浏览器类型中没有该问题。

解决方法：

定义项目符号位置在内部显示，或者为列表项定义左侧边界（左侧补白）大小为两个字体宽度。

【随堂练习】

新建一个网页，保存为 test.html，在 <body> 内使用 <ul> 和 <li> 标签设计一个简单的有序列表结构。

```
<h2>新歌排行榜</h2>
<ul>
    <li>风儿阵阵吹  潘杰明</li>
    <li>我们的歌谣  凤凰传...</li>
    <li>热门花招  江映蓉</li>
    <li>缺陷美  杨丞琳</li>
    <li>我多么怀念  何洁 </li>
</ul>
```

然后在 <head> 标签内添加 <style type="text/css"> 标签，定义一个内部样式表，然后输入下面的样式，定义列表项以固定宽度显示。

```
ol { width:400px; }
li { border-bottom:1px solid #CCC; list-style-type:decimal;}
```

在 IE 7 中预览，则显示效果如图 12.4 所示。

解决此类问题的方法可以有多种，使用如下方法即可解决这个问题，此时在 IE 7 中预览，则显示效果如图 12.5 所示。

方法一，定义项目符号位置在内部显示。

```
li {border-bottom:1px solid #CCC; list-style-type:decimal; list-style-position:inside;}
```

方法二，为列表项定义左侧边界大小为两个字体宽度。

```
li { border-bottom:1px solid #CCC; list-style-type:decimal; margin-left:2em;}
```

方法三，为列表框定义左侧补白为两个字体宽度。

```
ol {width:400px; padding-left:2em;}
```

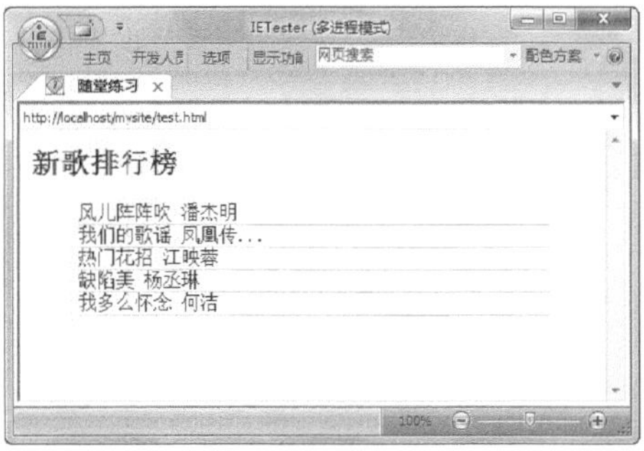

图12.4 解决前显示效果

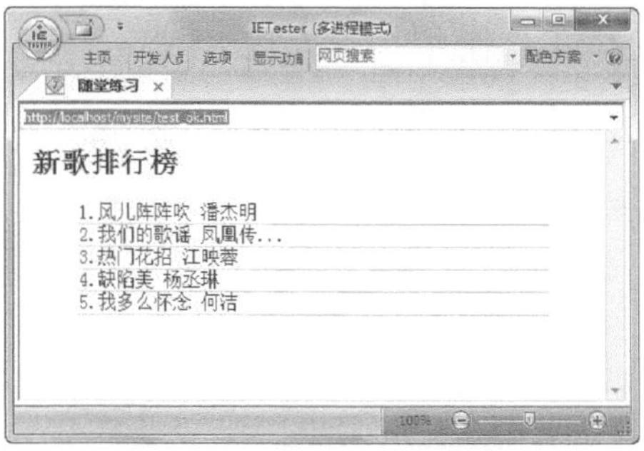

图12.5 解决后显示效果

12.2.4 列表序号乱了

问题描述：

当为有序列表结构中某列表项定义宽度或高度等特殊声明时，有序项目符号会发生混乱。

浏览器分析：

该问题存在于非标准的 IE 浏览器中（IE 7 及其以下版本浏览器中），在其他标准浏览器类型中没有该问题。

解决方法：

对于此类问题目前还没有好的方法，不过可以通过间接方法来实现，也就是说如果要定义列表项的宽度，不妨给列表项包裹一个外套，然后为外套定义宽度。但是这样做会破坏列表结构的语义性，最佳方法应该是避免为列表项定义高度和宽度。

【随堂练习】

新建一个网页，保存为 test.html，在 <body> 内使用 <ul> 和 <li> 标签设计一个简单的有序列表结构，并为第三个列表项标签 <li> 定义一个类名 l3。

```
<h2>媒体转载排行榜</h2>
<ul>
    <li>我国将加快推行居民用电阶梯价格</li>
    <li>5H模式范达尔鹿盔视频及平民攻略</li>
    <li class="l3">国防部：美方报告严重歪曲事实 中方提出严正交涉</li>
    <li>日本首相菅直人正式宣布辞职 执政时间仅14个月</li>
    <li>上海"染色馒头"案三名犯罪嫌疑人被提起公诉</li>
</ul>
```

然后在 <head> 标签内添加 <style type="text/css"> 标签，定义一个内部样式表，然后输入下面的样式，显式定义第三个列表项宽度为 100%。

```
li {
    border-bottom:1px solid #CCC;
    list-style-type:decimal;
    list-style-position:inside;
}
.l3 { width:100%; }
```

在 IE 7 中预览，则显示效果如图 12.6 所示，此时可以看到第三个列表项序号重新从 1 开始。

最简单的解决方法就是取消 l3 类样式在列表项中的应用，或者在内部样式表中直接删除 .l3 { width:100%; } 声明，则显示效果如图 12.7 所示。

还有一种方法就是取消列表结构的默认项目符号，使用背景图像来定义项目符号，这种做法会更为灵活和个性。

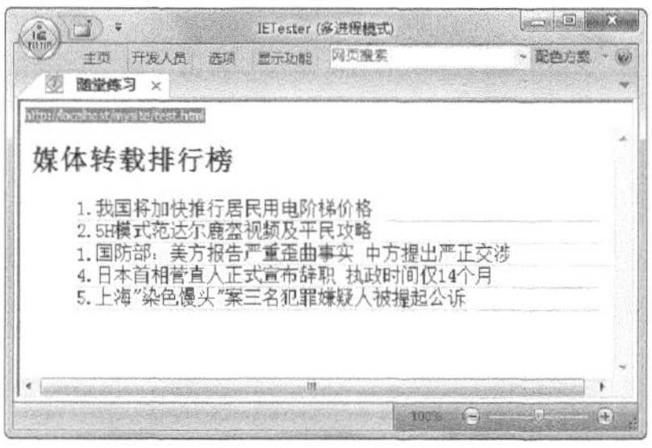

图12.6 解决前显示效果

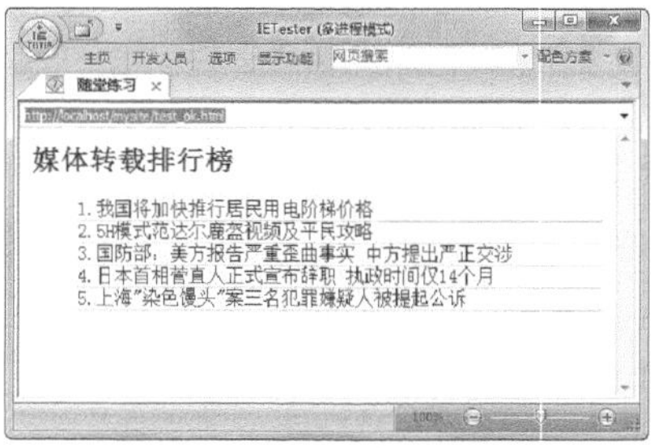

图12.7 解决后显示效果

12.2.5　列表项间距莫名其妙地增大了

问题描述：

在新闻列表或者导航列表中，如果定义超链接（a 元素）为块状显示，让 <a> 标签块状显示，目的是可以定义超链接的宽高，在浏览器中预览会发现列表项间距莫名其妙地增大了。

浏览器分析：

该问题存在于 IE 6 及其以下版本浏览器中，在 IE 7 及其以上版本浏览器，或者其他标准浏览器类型中没有该问题。

解决方法：

为列表项定义宽度、高度或边框，或者为列表项添加 zoom:1; 样式。

【随堂练习】

新建一个网页，保存为 test.html，在 <body> 内使用 <ul> 和 <li> 标签设计一个简单的导航列表结构。

```
<h2>百度网站导航</h2>
<ul>
    <li><a href="http://news.baidu.com/">新闻</a></li>
    <li><a href="http://www.baidu.com/">网页</a></li>
    <li><a href="http://tieba.baidu.com/">贴吧</a></li>
    <li><a href="http://zhidao.baidu.com/">知道</a></li>
    <li><a href="http://mp3.baidu.com/">MP3</a></li>
    <li><a href="http://image.baidu.com/">图片</a></li>
    <li><a href="http://video.baidu.com/">视频</a></li>
    <li><a href="http://map.baidu.com/">地图</a></li>
</ul>
```

然后在 <head> 标签内添加 <style type="text/css"> 标签，定义一个内部样式表，然后输入下面的样式，显式定义 <a> 标签为块显示。

```
li a { display:block; }
```

在 IE 6 中预览，则显示效果如图 12.8 所示，此时可以看到列表项之间的间距非常大。解决方法也有多种，简单说明如下。

方法一，为列表项定义宽度、高度或边框。

```
li {border-bottom:1px solid #CCC;}        /* 增加底边线  */
```

或者

```
li { width:100%;}                         /* 满宽显示 */
```

或者

```
li { height:1.1em;}                       /* 以行高大小定义高度 */
```

当然如果列表项需要定义宽度、高度或边框时，这种方法挺合适的。但是这种做法会影响列表结构的显示效果，如为列表项定义高度可能存在显示问题。

方法二，使用 zoom 属性。zoom 是 IE 的私有属性，它能够定义元素的缩放比列，但是它也能够使列表项恢复到正常行高。例如，下面的代码可以轻松修正列表项的双倍行高问题，且对于其他版本浏览器没有副作用，如图 12.9 所示。

```
li {/* 恢复列表项正常行高 */
    zoom:1; /* 缩放列表项为100%，即不缩放 */
}
```

图12.8　解决前显示效果

图12.9　解决后显示效果

12.2.6　项目内容老错行显示

问题描述：

在新闻列表或者导航列表中，如果定义超链接（a 元素）为块状显示，且项目符号在内部显示时，则项目内容会错行显示。

浏览器分析：

首先声明，这种现象不是一个问题，是标准浏览器的正确解析效果。但是用户一般习惯项目内容在单行内显示，所以错行显示会感觉非常不适应。该问题在于非标准的 IE 浏览器中（IE 7 及其以下版本浏览器中）能够单行显示。

解决方法：

为列表项定义宽度、高度或边框，或者为列表项添加 zoom:1; 样式。

【随堂练习】

新建一个网页，保存为 test.html，在 <body> 内使用 <ul> 和 <li> 标签设计一个简单的导航列表结构。

```
<h2>百度网站导航</h2>
<ul>
    <li><a href="http://news.baidu.com/">新闻</a></li>
    <li><a href="http://www.baidu.com/">网页</a></li>
    <li><a href="http://tieba.baidu.com/">贴吧</a></li>
    <li><a href="http://zhidao.baidu.com/">知道</a></li>
    <li><a href="http://mp3.baidu.com/">MP3</a></li>
    <li><a href="http://image.baidu.com/">图片</a></li>
    <li><a href="http://video.baidu.com/">视频</a></li>
    <li><a href="http://map.baidu.com/">地图</a></li>
</ul>
```

然后在 <head> 标签内添加 <style type="text/css"> 标签，定义一个内部样式表，然后输入下面的样式，显式定义 <a> 标签为块显示。

```
li {/* 列表项样式 */
    list-style-position:inside;        /* 项目符号在内部显示 */
    zoom:1;                            /* 缩放列表项为100%，解决IE 6双倍高度问题 */
}
li a{/* 列表项包含超链接样式 */
    display:block;                     /* 块状显示 */
}
```

在 IE 9 中预览，则显示效果如图 12.10 所示，此时可以看到列表项目内容与项目符号不在一行内显示。解决方法也有多种，简单说明如下。

方法一，定义项目符号显示在列表项的外面。

```
li {/* 列表项样式 */
    list-style-position:outside;       /* 列表符号显示在外面 */
    zoom:1;
}
```

如果显示在列表项内部，标准浏览器会根据块状元素仅能够在一行内显示的原则，从而错行显示。此时即使定义块元素宽度不为 100%，它也会错行显示。

```
li a{/* 列表项包含的块元素 */
    display:block;                     /* 块状显示 */
    width:80%;                         /* 宽度 */
}
```

方法二，定义块元素为行内块状显示，可以清除块状占据一行的问题，如图 12.11 所示。

```
li a{/* 列表项包含的块元素 */
    display:inline-block;              /* 行内块状显示，清除满行显示 */
}
```

图12.10 解决前显示效果

图12.11 解决后显示效果

12.2.7 定义元素高度无效

问题描述：

当定义元素的高度小于元素行高时，则高度无效，元素高度始终与行高一致。

浏览器分析：

该问题存在于 IE 6 及其以下版本浏览器中，在 IE 7 及其以上版本浏览器，或者其他标准浏览器类型中没有该问题。

解决方法：

定义元素内字体大小为 0，这样就清除了行高对于高度的影响，或者使用 CSS 的 overflow 属性来裁切多出的高度。

【随堂练习】

新建一个网页，保存为 test.html，在 <body> 内使用 <div> 标签定义一个进度条。

```
<h2>进度条航</h2>
<div id="bar"></div>
```

然后在 <head> 标签内添加 <style type="text/css"> 标签，定义一个内部样式表，然后输入下面的样式，定义 <div> 标签显示为进度条。

```
#bar {
    width:400px;
    height:6px;                          /* 高度小于行高 */
    background:blue;
}
```

在 IE 6 中预览，则显示效果如图 12.12 所示，此时可以看到进度条高度并没有按 CSS 设置的高度显示。

原因分析：

IE 6 及其以下版本浏览器为所有元素都设置了一个默认行高，即使该元素没有包含任何文本。所以当高度小于默认行高时，会以默认行高为准进行显示；而 IE 7 版本浏览器也存在默认行高问题，但是当定义高度时，高度值将优先于默认行高，从而按实际定义的高度进行显示。对于非 IE 浏览器来说，如果元素内没有包含文本，则默认行高为 0，所以对于非 IE 浏览器就不会存在类似默认行高的问题。

解决方法有多种，简单说明如下。

◆ 定义元素内字体大小为0，这样就清除了行高对于高度的影响。但是不能定义行高为0，因为字体大小默认为16像素，所以还会影响高度设置，而当字体大小为0时，行高也就没有了。

```
#bar {font-size:0;}
```

◆ 如果定义元素高度为 1 像素时，则会发现在 IE 6 及其以下版本浏览器中元素高度显示为 2 像素，而在 IE 7 和非 IE 浏览器中显示为 1 像素。

```
#bar {
    width:400px;
    height:1px;                          /* 定义高度为1像素 */
    background:blue;
    font-size:0;                         /* 字体大小为0 */
}
```

◆ 比较理想的解决方法是：使用 CSS 的 overflow 属性来裁切多出的高度，即添加如下样式即可。通过上述方法解决之后的显示效果如图 12.13 所示。

```
#bar {overflow:hidden;}                  /* 裁切多出区域 */
```

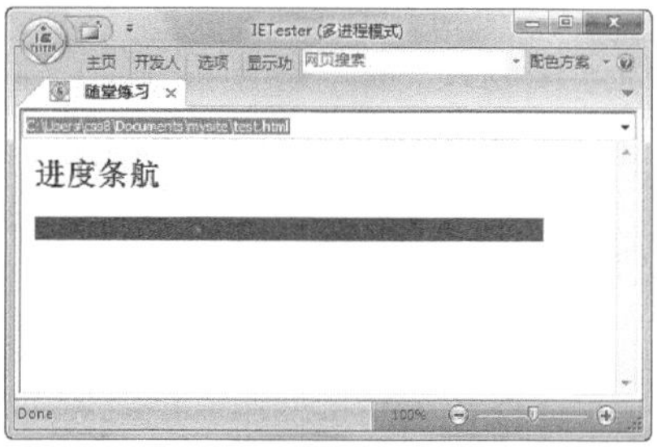

图12.12　解决前显示效果

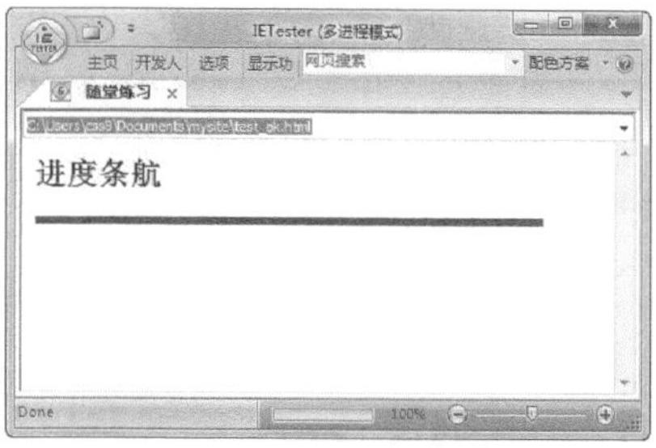

图12.13　解决后显示效果

知识补充：

overflow 属性的用法如下。

```
overflow : visible | auto | hidden | scroll
```

其中visible为默认值，表示不剪切内容也不添加滚动条；auto表示在必需时对象内容才会被裁切或显示滚动条；hidden表示不显示超过对象尺寸的内容；scroll表示总是显示滚动条。

12.2.8　元素宽度和高度计算错误

问题描述：

解析 CSS 的 height 和 width 属性错误，将元素的内容区域、补白区域和边框区域都视为元素的 height 和 width 属性值包含范围。而根据 W3C 标准，CSS 的 height 和 width 属性值不应该包含补白区域和边框区域大小，它仅包含内容区域。

浏览器分析：

该问题存在于IE 6以下版本浏览器中，在IE 6及其以上版本浏览器，或者其他标准浏览器类型中没有该问题。

解决方法：

使用过滤器或者 IE 条件语句单独为 IE 6 以下版本浏览器定义 height 和 width 属性值。

【随堂练习】

新建一个网页，保存为 test.html，在 <body> 内使用 <div> 标签定义一个盒子。

```
<h2>盒模型宽度和高度演示</h2>
<div id="box"></div>
```

然后在 <head> 标签内添加 <style type="text/css"> 标签，定义一个内部样式表，然后输入下面的样式，定义 <div> 标签显示为盒子效果。

```
#box {
    width:100px;
    height:50px;
    padding:50px;
    border:solid 50px red;
}
```

在 IE 5.5 中预览，则显示效果如图 12.14 所示，此时可以看到盒子大小明显偏小。

原因分析：

根据盒模型原理，在标准浏览器中上面示例的盒子大小显示为：高度250像素（height+padding-top+padding-bottom+border-top+border-bottom），宽度300像素（width+padding-left+padding-rightt+

border-left+border-right），但是在IE 5.5中宽度和高度都显示为100像素。

解决方法有多种，但是最安全、有效的方法就是使用 IE 条件语句。输入下面的 IE 条件语句，然后将这些代码放在内部样式表的底部即可。这样就在 IE 5.5 及其以下版本浏览器中显示与 IE 6 等其他版本浏览器相同的效果，如图 12.15 所示。

```
<!--[if lt IE 6]>
<style type="text/css">
#box {
    width:300px;
    height:250px;
}
</style>
<![endif]-->
```

图12.14 解决前显示效果

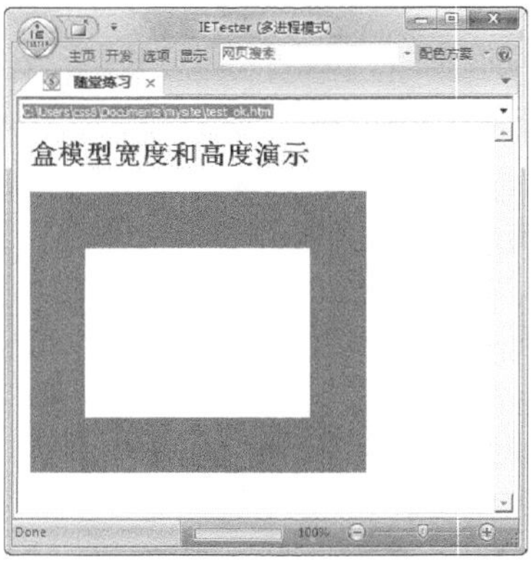

图12.15 解决后显示效果

12.2.9 不支持最小和最大尺寸

问题描述：

准确地说，这个问题不是 Bug，而是浏览器暂时不支持，即浏览器不支持 CSS 的 min-height、min-width、max-height、max-width 属性。

浏览器分析：

该问题存在于IE 6及其以下版本浏览器中，在IE 7及其以上版本浏览器，或者其他标准浏览器类型中没有该问题。

解决方法：

使用过滤器或者 IE 条件语句单独为 IE 6 及其以下版本浏览器定义 height 和 width 属性值。

【随堂练习】

新建一个网页，保存为 test.html，在 <body> 内使用 <ul> 标签定义一个新闻列表。

```
<h2>人物动态</h2>
<ul id="box">
    <li>雷军和黄章恩怨背后：企业融资防投资人窃密</li>
    <li>谁将成为下一个乔布斯：扎克伯格上榜 组图</li>
    <li>Google董事长施密特：明年欧洲推电视服务</li>
    <li>乔布斯昨日离职今日越狱黑客comex加入苹果 </li>
```

```
    <li>激动网首席执行官郑锡贵：盈利是2011行业命题 </li>
    <li>谷歌将关闭Slide 创始人莱夫琴离职 </li>
    <li>音乐书法创始人李斌权：体育 书法 娱乐 各有千秋 </li>
    <li>艾瑞咨询总裁阮京文：互联网将成为电视有效补充 </li>
    <li>美团网副总裁王惠文：团购网站最终可能会剩3家 </li>
</ul>
```

然后在 <head> 标签内添加 <style type="text/css"> 标签，定义一个内部样式表，然后输入下面的样式，定义新闻列表最小高度为 250 像素。

```
#box {
    width:400px;
    min-height:250px;
    border:solid 1px red;
}
```

在 IE 6 中预览，则显示效果如图 12.16 所示，此时可以看到列表框边框并没有根据最小高度显示效果。

原因分析：

很多时候设计师希望栏目显示最小高度或宽度，这有什么好处呢？因为在动态生成的栏目中是无法预知栏目的高度或宽度的。但是为了方便布局，设计师希望栏目能够占据一定的高度或宽度，于是就可以利用 min-height 和 min-width 属性来实现这种想法。例如，在上面的示例中，定义盒子最小高度为 250 像素，这样即使盒子包含的内容不到 250 像素高，而浏览器会根据最小高度来进行解析。

而对于 IE 6 及其以下版本浏览器来说，由于不支持 min-height 和 min-width 属性，也就无法实现这样的设想。但是 IE 6 及其以下版本浏览器有一个特征，即当为元素定义高度时，如果内容超过高度，则元素会自动调整高度以适应多出的区域，而不如 IE 7 或其他标准浏览器那样，当元素被定义了高度之后，依然显示固有的高度。

所以，解决方法是：专门为IE 6及其以下版本浏览器定义一个高度样式， 最后重新在IE 6中预览，则显示如图12.17所示。

```
* html #box {/* IE 6及其以下版本浏览器过滤器 */
    height:100px;                        /* 定义高度为100像素 */
}
```

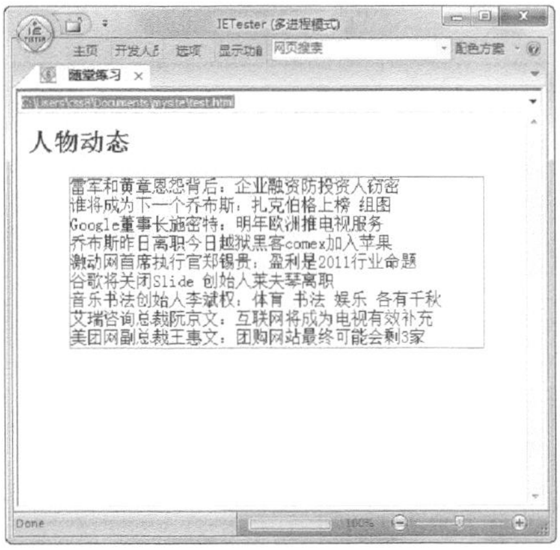

图12.16　解决前显示效果

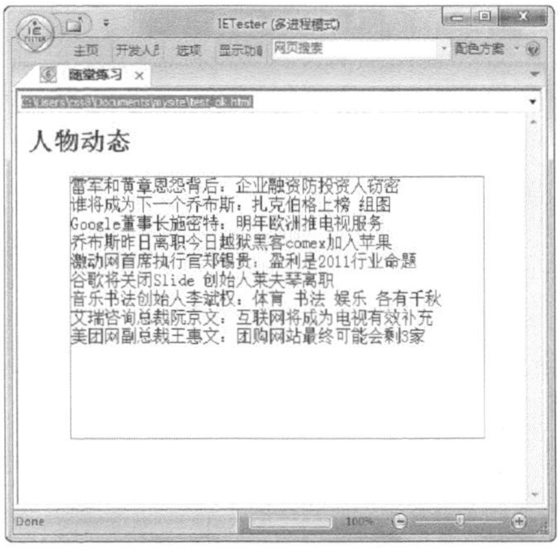

图12.17　解决后显示效果

知识补充：

CSS 的 min-height、min-width、max-height、max-width 属性用法相同，分别用来定义元素的最小高度、最小宽度、最大高度和最大宽度。

```
min-height、min-width、max-height、max-width : none | length
```

其中none为默认值，表示没有设置最小高度/宽度，或者最大高度/宽度；length表示由浮点数字和单位标识符组成的长度值，或者百分数，值不可为负数。

12.2.10 看不到超链接中的图标了

问题描述：

当在超链接中嵌套一个子标签时，如果希望利用超链接来动态显示子标签内容，就会出现控制失效问题。

浏览器分析：

该问题存在于IE 6及其以下版本浏览器中，在IE 7及其以上版本浏览器，或者其他标准浏览器类型中没有该问题。

解决方法：

使用过滤器或者IE条件语句单独为IE 6及其以下版本浏览器定义height和width属性值。

【随堂练习】

新建一个网页，保存为 test.html，在 <body> 内使用 <ul> 标签定义一个新闻产品列表。

```
<h2>产品列表</h2>
<ul>
    <li><a href="#">GOODWAY 谷雨 婴儿摇铃组合六件套3206 <img src="images/1.gif" /></a></li>
    <li><a href="#">知识花园 智乐熊L9 中英文早教智能玩具 <img src="images/5.gif" /></a></li>
    <li><a href="#">杰出 木制玩具形状盒 智慧盒印花 <img src="images/4.gif" /></a></li>
    <li><a href="#">小皇帝 音乐电动打地鼠-2508 <img src="images/8.gif" /></a></li>
    <li><a href="#">汇乐 欢乐工程队326 <img src="images/3.gif" /></a></li>
    <li><a href="#">LEGO 乐高文具套装 POP4550777 <img src="images/6.gif" /></a></li>
    <li><a href="#">2011新款限量 迪士尼经典卡通形象 <img src="images/9.gif" /></a></li>
    <li><a href="#">lala布玩 床挂系列 欢乐小马挂 <img src="images/2.gif" /></a></li>
</ul>
```

在 <head> 标签内添加 <style type="text/css"> 标签，定义一个内部样式表，然后输入下面的样式，定义列表项中的星级图标在默认状态下隐藏显示，只有当鼠标经过列表项时才可以动态显示。

```
a {
    font-size:16px;                     /* 定义字体大小 */
    text-decoration:none;               /* 隐藏下划线 */
}
```

```
a img {
    display:none;                          /* 默认隐藏显示<img>标签内容*/
    border:none;
}
a:hover img { display:inline; }            /* 行内显示<span>标签内容*/
```

在 IE 6 中预览，则显示效果如图 12.18 所示，此时可以看到当鼠标经过列表项时，列表项中包含的图标并没有显示。

解决方法有多种，简单说明如下。

◆ 在超链接的鼠标经过状态时定义一个高度，由于 a 元素默认为行内元素，定义高度后不会影响其显示，但定义高度之后触发它能够正确解析子标签 <img> 的显示或隐藏。

```
a:hover {height:1px;}
```

◆ 如果从安全角度考虑，还可以使用 IE 的私有属性 zoom 来触发超链接，正确解析包含的子标签，如图 12.19 所示。

```
a:hover {zoom:1;}
```

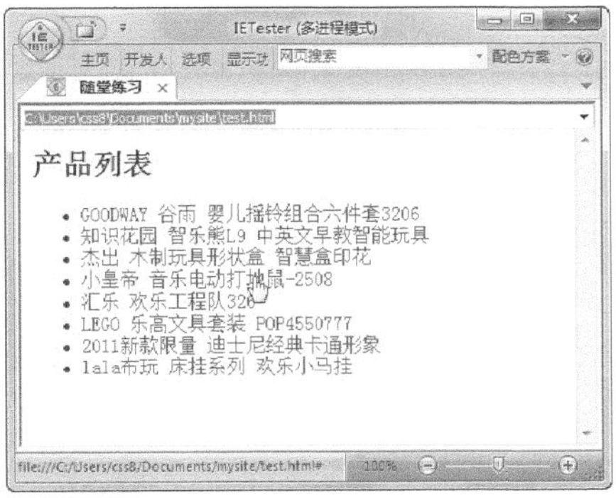

图12.18　解决前显示效果

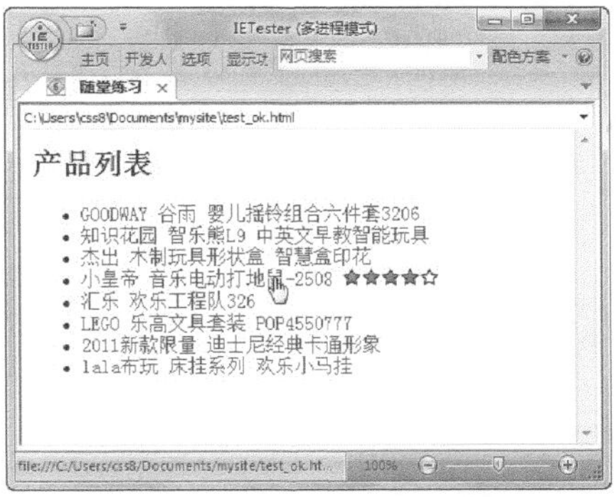

图12.19　解决后显示效果

12.2.11　让超链接块状显示

问题描述：

超链接a元素默认为行内显示，由于行内元素不支持width和height属性，所以为它定义大小是无效的。如果希望在超链接中定义背景图像，就会出现显示不全的问题。实际上设计师经常面临这样的问题，因为使用背景图像能够设计更具个性的超链接效果。

浏览器分析：

该问题存在于IE 7及其以下版本浏览器中，在IE 8及其以上版本浏览器，或者其他标准浏览器类型中没有该问题。

解决方法：

使用过滤器或者IE条件语句单独为IE 6及其以下版本浏览器定义height和width属性值。

【随堂练习】

新建一个网页，保存为 test.html，在 <body> 内使用 <a> 标签定义一个超链接。

```
<h2>图形化超链接</h2>
<a href="#">立即下载</a>
```

然后在 <head> 标签内添加 <style type="text/css"> 标签，定义一个内部样式表，然后输入下面的样式，定义以背景图像方式显示超链接效果。

```
a {/* 实现背景图像的超链接样式 */
    text-decoration:none;                    /* 隐藏下划线*/
    background:url(images/down2.gif) no-repeat center; /* 背景图像 */
    height:24px;                             /* 固定高度 */
    width:87px;                              /* 固定宽度 */
    display:inline-block;                    /* 行内块状显示 */
    text-indent:-88px;            /* 把超链接文本缩进到元素的外面，即隐藏显示*/
}
```

在IE 6中预览，则显示效果如图12.20所示，此时可能看不到超链接效果。

由于IE 7及其以下版本浏览器不支持display:inline-block;声明，为了能够兼容CSS行内块状显示，可以利用补白方式间接定义行内元素的大小，并借助font-size属性来间接隐藏字体，从而实现背景图像代替文本的设计效果，实现的代码如下，显示效果如图12.21所示。

```
a {
    background:url(images/down2.gif) no-repeat center; /* 背景图像 */
    padding:12px 43px 12px 44px;             /* 使用补白来定义行内元素的宽度和高度 */
    font-size:0;                             /* 隐藏字体 */
    zoom:1;                                  /* 触发IE浏览器能够正常解析 */
}
```

图12.20　解决前显示效果

图12.21　解决后显示效果

12.2.12　包含框没有被撑开

问题描述：

当一个流动元素包含一个浮动元素时，这个包含框会自动收缩，而不是被浮动元素撑开。当然这不是一个问题，而是很多初学者困惑的地方，因为根据常识总会认为包含框总是被包含的内容撑开显示。

浏览器分析：

该问题存在于所有浏览器中。

解决方法：

在包含框内的底部添加一个空信息元素，并定义该元素清除浮动显示。

【随堂练习】

新建一个网页，保存为 test.html，在 <body> 内使用 <div> 标签定义一个简单的栏目。

```
<div id="wrap">
    <div id="box">
        <h2>栏目标题</h2>
        <p>正文信息</p>
    </div>
</div>
```

然后在 <head> 标签内添加 <style type="text/css"> 标签，定义一个内部样式表，然后输入下面的样式，定义被包含的元素浮动显示，而外层元素自然流到块区域显示。

```
#wrap {/* 外包含框 */
    background:#FFCCFF;                    /* 定义包含框显示背景色 */
}
#box {/* 内部包含的浮动元素 */
    float : left;                          /* 浮动显示 */
    width : 400px;                         /* 固定宽度 */
    height: 200px;                         /* 固定高度 */
    border:solid 1px red;
}
```

在 IE 9 中预览，则显示效果如图 12.22 所示，这时就会发现栏目区域并没有显示包含框定义的背景色，如果为包含框定义边框，则会更明显地看到边框缩为一条直线。

解决方法：

在 HTML 文档中为包含框 <div id="wrap"> 添加一个标签 <div class="clear">。

```
<div id="wrap">
    <div id="box">
        <h3>栏目标题</h3>
        <p>正文信息</p>
    </div>
    <div class="clear"></div>              <!-- 清除浮动样式类 -->
</div>
```

然后在内部样式表中定义一个 clear 类样式。

```
.clear { clear: both;}                     /* 清除浮动样式类 */
```

为了能够更好兼容IE 7及其以下版本浏览器，防止解析时出现崩溃现象：当改变浏览器窗口宽度，使其小于包含的浮动元素所定义的宽度时，就会发现包含框所定义的背景色突然没有了，还需要为包含框添加一个样式。最后显示效果如图12.23所示。

```
#wrap { /* 包含框样式 */
    zoom:1;                                /* 使用私有属性缩放100%来触发布局 */
}
或者：
#wrap { /* 包含框样式 */
    border:solid 1px red;                  /* 定义边框来触发布局 */
}
```

图12.22　解决前显示效果

图12.23　解决后显示效果

12.2.13　包含框没有高度了

问题描述：

当为包含框内的元素定义上下边界时，包含框不能自适应高度，以便包含子对象。当然这不是一个问题，而是很多初学者困惑的地方，因为根据常识总会认为包含框总是显示子对象的高度。

浏览器分析：

该问题存在于所有浏览器中。

解决方法：

为包含框定义边框或者补白。

【随堂练习】

新建一个网页，保存为 test.html，在 <body> 内使用 <div> 标签定义一个简单的包含框。

```
<div id="wrap">
    <p>p对象中的内容</p>
</div>
```

然后在 <head> 标签内添加 <style type="text/css"> 标签，定义一个内部样式表，然后输入下面的样式，定义包含框显示背景色，同时定义包含的段落文本上下边界为 80 像素。

```
#wrap { background:#FFCCFF;}
#wrap p {
    margin-top: 80px;
    margin-bottom: 80px;
}
```

根据常理推断，则包含框的高度应该大于160像素。但是在浏览器中并没有发现包含框高度发生变化。在IE 9中预览，则显示效果如图12.24所示。

原因分析：

如果嵌套元素的边界没有被相互阻隔，则会出现边界重叠现象。例如，被包含元素的上边界会自动与包含框的上边界重叠，被包含元素的下边界会自动与包含框的下边界重叠。

解决方法：

为包含框定义边框或者补白，从而阻断相互嵌套元素的上下边界接触，防止发生重叠现象，阻断边界接触后的效果如图 12.25 所示。

```
#wrap { padding:1px; }                    /* 定义补白 */
```

或者：

```
#wrap { border:solid 1px red; }              /* 定义边框样式 */
```

图12.24　解决前显示效果

图12.25　解决后显示效果

12.2.14　部分栏目找不到了

问题描述：

有人把这个问题称之为躲猫猫或捉迷藏，当在特定条件下栏目内容看起来突然消失了，只有重新刷新页面时才能出现，或者拖选隐藏的文本可以使其显示。

浏览器分析：

该问题存在于 IE 6 及其以下版本浏览器中，在其他版本或类型浏览器中没有该问题。

解决方法：

为浮动元素后面的流动元素定义高度、宽度和 zoom 属性等来解决。

【随堂练习】

新建一个网页，保存为test.html，在<body>内使用<div>标签定义一个包含四个栏目的文档结构。

```
<div id="wrap">
    <div id="header">
        <h1>网页标题</h1>
    </div>
    <div id="left">
        <h3>左栏标题</h3>
        <p>正文</p>
    </div>
    <div id="right">
        <h3>右栏标题</h3>
        <p>段落文本</p>
        <p>段落文本</p>
    </div>
    <div id="footer">版权信息</div>
</div>
```

然后在 <head> 标签内添加 <style type="text/css"> 标签，定义一个内部样式表，然后输入下面的样式，定义三行两列的布局效果。

```
#wrap {/* 包含框 */
    background:#FFCCFF;                  /* 定义包含框的背景色 */
}
```

```
#left {/* 左侧浮动元素 */
    float : left;                          /* 定义左栏浮动显示 */
    width : 300px;                         /* 定义左栏的宽度 */
    height: 200px;                         /* 定义左栏的高度 */
    background:#CCCCFF;                    /* 定义左栏区域背景色 */
}
#header h1 {/* 头部标题样式 */
    background:#6699CC;                    /* 定义标题区域背景色 */
    margin:0;                              /* 清除标题的上下边界 */
}
#footer {/* 页脚版权信息区样式 */
    width:100%;                            /* 定义100%宽度显示 */
    clear:both;                            /* 定义清除两侧浮动 */
    background:#9933FF;                    /* 版权信息区域背景色 */
}
```

在 IE 6 中预览，则显示效果如图 12.26 所示。

出现这个 Bug 的原因比较特殊，一般需要以下几个前提条件。

- 包含框中包含有浮动元素和流动元素，且包含框定义了背景色。
- 浮动元素后面为一些流动元素，浮动元素的高度应该大于后面流动元素的高度。
- 在流动元素的下面是一个清除元素（即元素定义清除浮动属性），或者是一个被定义了宽度且宽度足以促使元素只能够显示在浮动元素的底部，而不是环绕在浮动元素的两侧。

当满足了上面的三个条件，则中间的流动元素（环绕在浮动元素两侧的元素）看起来似乎消失了，原来它们都隐藏到了父元素的背景后面，只有在刷新页面时才重新出现。

解决这个问题的方法有多种，只要破坏上面所述的三个条件，整个问题就迎刃而解。当然，通过本示例的练习，读者应该学到一些如何预防和解决突发问题的技巧和方法。

方法一，学会在浮动元素后面增加清除元素。所谓清除元素，就是定义了clear属性的元素，这样就可以避免浮动元素对后面布局的影响。

方法二，在结构嵌套中应遵循最少的层次来满足页面设计需要，使页面结构简单，容易控制与管理，尽可能地减少由于不必要的嵌套引来的Bug。

还可以为浮动元素后面的流动元素定义高度、宽度和zoom属性等来解决，目的是触发这些流动元素能够自动进行布局。最后解决效果如图12.27所示。

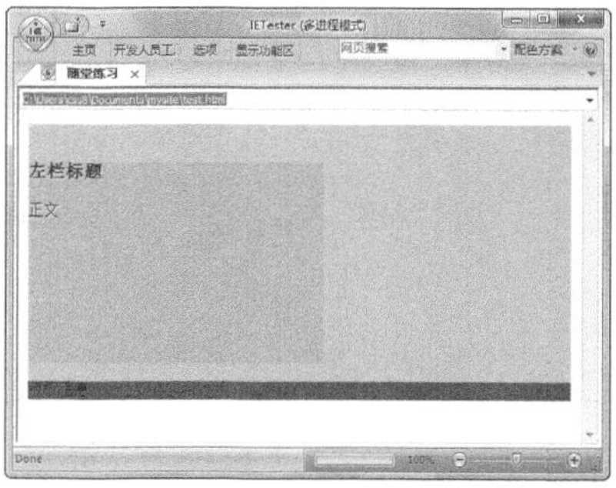

图12.26　解决前显示效果

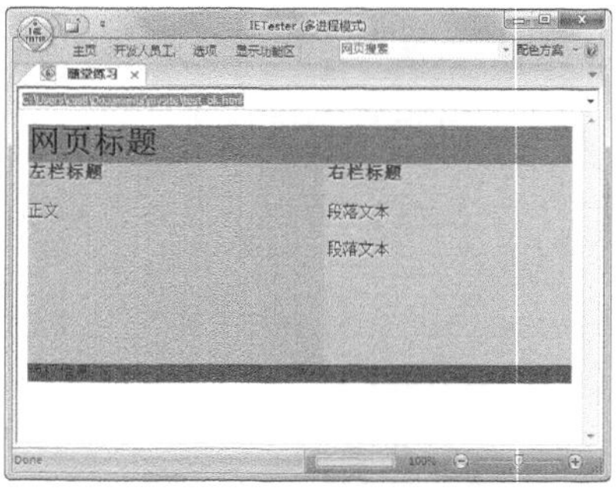

图12.27　解决后显示效果

```
#header, #right {/* 利用IE私有属性专门为后面流动元素定义布局特性 */
    zoom:1;
}
```

或者：

```
* html  #header,* html  #right {/* 利用过滤器专门为IE 6及其以下版本浏览器定义高度 */
    height:1px
}
```

12.2.15　栏目为什么总是错行显示

问题描述：

在网页布局中如果同时出现了下面两个条件，则所定义的边界会加倍显示，并由此影响页面布局，如果宽度设置不好，就会出现浮动元素错行显示的问题。

条件1：当元素同时被定义了边界和浮动显示，且浮动方向和定义边界方向在同一个方向上。

条件2：浮动边相邻的是一个流动元素或包含框，而不是浮动元素。

浏览器分析：

该问题存在于 IE 6 及其以下版本浏览器中，在其他版本或类型浏览器中没有该问题。

解决方法：

定义第一个盒子为行内显示即可。

【随堂练习】

新建一个网页，保存为 test.html，在 <body> 内使用 <div> 标签定义一个包含框，在包含框中包含两个盒子。

```
<div id="wrap">
    <div id="box1"></div>
    <div id="box2"></div>
</div>
```

然后在 <head> 标签内添加 <style type="text/css"> 标签，定义一个内部样式表，然后输入下面的样式，定义包含框中包含的两个盒子以浮动方式并列显示。

```
#wrap {
    width:400px;                         /* 定义包含框的宽度 */
    border:solid 1px red;                /* 为包含框定义边框 */
}
#wrap div {
    float:left;                          /* 向左浮动 */
    width:196px;                         /* 固定宽度 */
    margin:2px;                          /* 边界大小 */
    height:100px;                        /* 定义高度 */
}
#box1 {background:green;}                /* 盒子1背景色 */
#box2 {background:blue;}                 /* 盒子2背景色 */
```

上面的样式定义一个包含框宽度为 400 像素，包含的两个浮动元素宽度为 196 像素，定义边界宽度为 2 像素，那么包含的两个元素中宽度之和恰好为 200 像素，也就是说它们能够并列显示在包含框内，但是在 IE 6 中却错行显示，如图 12.28 所示。

这是因为 IE 6 会加倍显示浮动元素的边界，这样包含的元素总宽度为 202 像素，由于超出了包含框所定义的总宽度，从而错行显示。实际上这个问题在网页布局中经常会遇到，常常需要为栏目定义边界和浮动显示，设计包含元素的总宽度没有超过包含框的宽度，但是浮动的元素还是错行显示。

解决该问题的方法比较简单：为第一个浮动盒子内增加如下样式，即可实现正常的并列显示效果，如图12.29所示。

```
#box1 { display:inline; }                    /* 行内显示 */
```

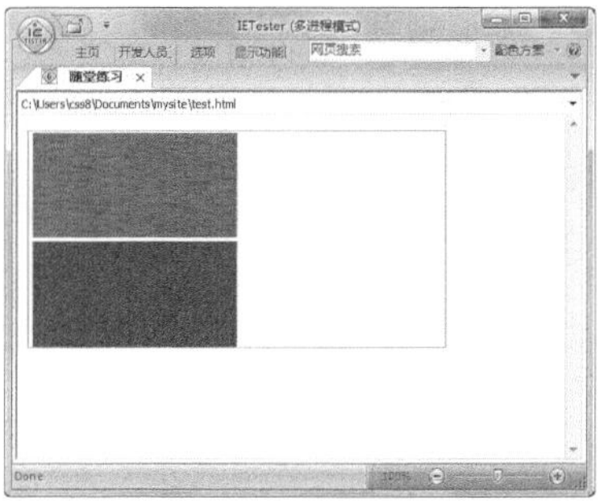

图12.28　解决前显示效果

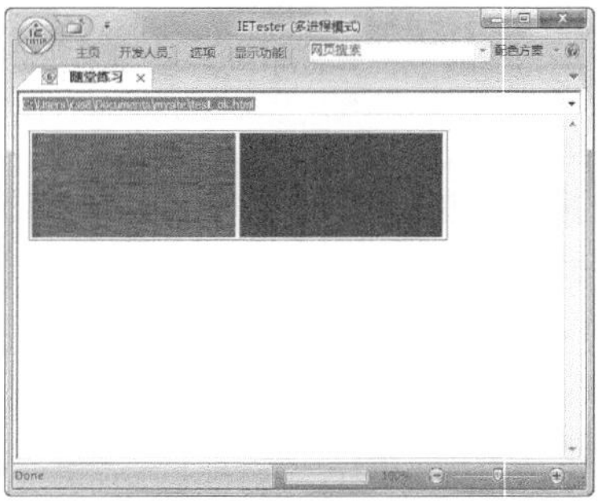

图12.29　解决后显示效果

12.2.16　浮动元素为什么不能并列显示

问题描述：

当两个栏目并列浮动显示时，如果它们的宽度分别设置为 50%，则第二个栏目将错行显示。

浏览器分析：

该问题存在于 IE 7 及其以下版本浏览器中，在其他版本或类型浏览器中没有该问题。

解决方法：

为包含的子元素定义清除右侧浮动。

【随堂练习】

新建一个网页，保存为 test.html，在 <body> 内使用 <div> 标签定义一个包含框，在包含框中包含两个盒子。

```
<div id="wrap">
    <div id="box1"></div>
    <div id="box2"></div>
</div>
```

然后在 <head> 标签内添加 <style type="text/css"> 标签，定义一个内部样式表，然后输入下面的样式，定义包含框中包含的两个盒子以浮动方式并列显示。

```
#wrap {
    width:401px;                             /* 一个奇数值宽度 */
    border:solid 1px red;                    /* 增加边框，方便观察 */
}
#wrap div {
    float:left;
    width:50%;                               /* 一半宽度 */
    height:100px;                            /* 固定高度显示 */
}
#box1 {background:green;}
#box2 {background:blue;}
```

上面的样式定义一个包含框宽度为401像素，包含的两个子元素各为50%的值，结果在IE 7中预览显示如图12.30所示。

原因分析：

像素值是没有小数值的，但是当在布局中使用百分比设置单位时，就会存在计算的像素值出现小数部分。对于小数值问题，不同类型浏览器取舍方法不同。

- IE 7及其以下版本浏览器将根据四舍五入的方法进行计算。例如，假设值为10.5像素，则IE在解析时会根据四舍五入的方法计算为11像素；而对于值为10.4像素，则计算结果为10像素。
- 其他标准浏览器对于小数值一般采取忽略不计的方法，多出的值将按元素顺序进行分配。例如，包含框宽度为11像素，平分为3个子元素，则每个子元素平分3像素，多出的2像素按顺序分给第一个和第二个子元素；如果包含框宽度为10像素，则每个子元素平分3像素，多出的1像素分给第一个子元素。

解决方法：

这是一个比较特殊的问题，最佳方法当然是避免此类问题的出现，即不要设置包含框宽度为一个奇数值。不过在布局中很多取值是无法预定的，所以使用下面这个方法是最安全的，即为包含的子元素定义清除右侧浮动。在内部样式表中添加如下样式，则最终显示效果如图 12.31 所示。

```
#wrap div { clear:right;}
```

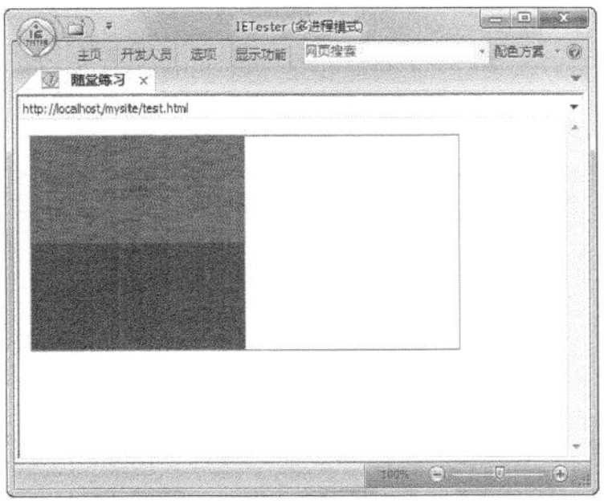

图12.30　解决前显示效果

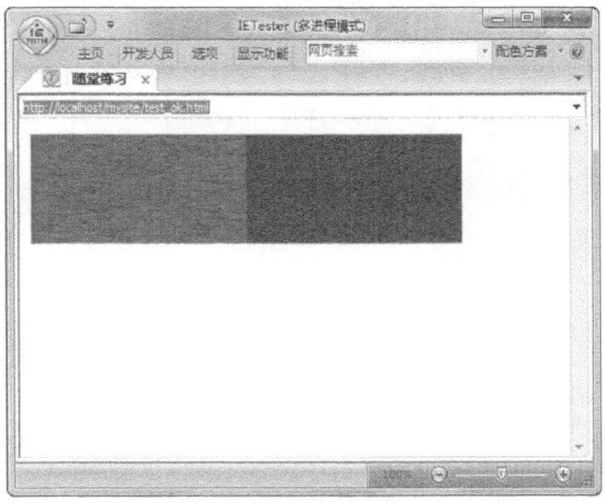

图12.31　解决后显示效果

12.2.17　栏目之间多出了三个像素

问题描述：

当浮动元素与流动元素并列显示时，它们之间会存在3像素的间距。

浏览器分析：

该问题存在于IE 6及其以下版本浏览器中，在其他版本或类型浏览器中没有该问题。

解决方法：

使用过滤器专门为IE 6及其以下版本浏览器定义样式。

【随堂练习】

新建一个网页，保存为 test.html，在 <body> 内使用 <div> 标签定义两个包含框。

```
<div id="left">
    <h3>左栏标题</h3>
    <p>正文</p>
</div>
```

```
<div id="right">
    <h3>右栏标题</h3>
     <p>如何把每一个人的才华真正地发挥作用，我们这就像拉车，如果有的人往这儿拉，有的人往那儿拉，互相之间自己给自己先乱掉了。当你有一个傻瓜时，很傻的，你会很痛苦；你有50个傻瓜是最幸福的，吃饭、睡觉、上厕所排着队去的；你有一个聪明人时很带劲，你有50个聪明人实际上是最痛苦的，谁都不服谁。我在公司里的作用就像水泥，把许多优秀的人才粘合起来，使他们的力气往一个地方使。</p>
</div>
```

然后在 <head> 标签内添加 <style type="text/css"> 标签，定义一个内部样式表，然后输入下面的样式，定义左侧栏目浮动显示，右侧栏目流动显示。

```
#left {/* 左栏样式 */
    float : left;                          /* 向左浮动显示 */
    width : 200px;                         /* 固定宽度 */
    height: 110px;                         /* 固定高度 */
    background:#CCCCFF;                    /* 背景色 */
}
#right { margin-left:200px;}               /* 右栏左边界 */
```

在上面的样式表中，定义左侧栏目浮动显示，右侧栏目流动显示。同时设置左侧栏目宽度为200 像素，而右侧栏目的左边界为 200 像素，这时如果在 IE 6 中仔细预览，就会看见左右元素之间存在 3 像素的间隔，如图 12.32 所示。

解决方法：利用IE 6及其以下版本浏览器的过滤器，专门为它们定义样式，实现与标准浏览器的兼容，效果如图12.33所示。

```
* html #left{/* 左栏右侧边界向内收缩3像素 */
    margin-right:-3px;                     /* 负值边界 */
}
* html #right{/* 右侧栏目补丁 */
    zoom:1;                 /* 缩放100%，触发右侧栏目能够自动布局 */
}
```

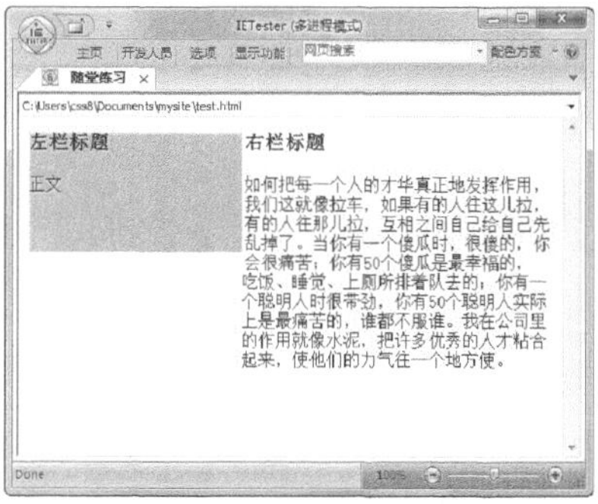

图12.32　解决前显示效果

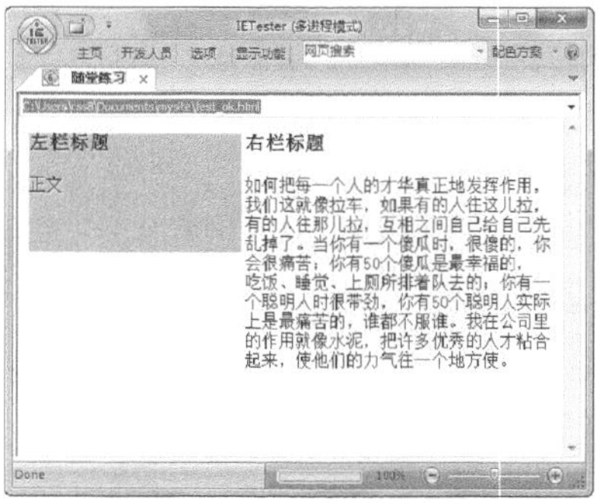

图12.33　解决后显示效果

12.2.18　页面中突然多出了一个字符

问题描述：

当多个浮动元素中间夹杂有 HTML 注释语句时，如果浮动元素宽度为 100%，则就会在下面一行多显示一个上一行最后的一个字符。

浏览器分析：

该问题存在于 IE 6 版本浏览器中，在其他版本或类型浏览器中没有该问题。

解决方法：

清除注释语句。

【随堂练习】

新建一个网页，保存为 test.html，在 <body> 内使用 <div> 标签定义两个盒子，在盒子之间添加一行注释。

```
<div>奇怪的问题</div>
<!--注释-->
<div>咋多出一个字符</div>
```

然后在 <head> 标签内添加 <style type="text/css"> 标签，定义一个内部样式表，然后输入下面的样式，定义盒子向左浮动，并显示为 100% 宽度。

```
div {
    float:left;
    width:100%;
}
```

在 IE 6 中预览则会发现多出了一个字符“符”，如图 12.34 所示。

解决方法：解决方法是清除注释语句即可，最后显示效果如图12.35所示。

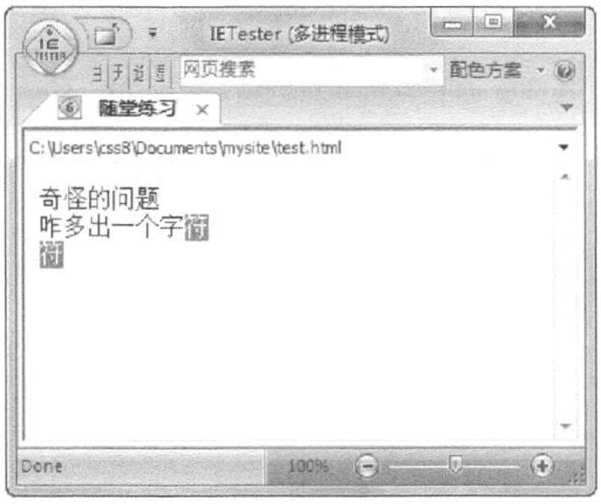

图12.34 解决前显示效果

图12.35 解决后显示效果

12.2.19 不能准确定位元素位置

问题描述：

当定义行内元素为包含块时，且包含块包含的绝对定位元素以百分比为单位进行定位时，就会出现参照物混乱现象。

浏览器分析：

该问题存在于 IE 6 及其以下版本浏览器中，在其他版本或类型浏览器中没有该问题。

解决方法：

为行内元素增加 zoom 属性，声明 zoom 属性值为 1。

【随堂练习】

新建一个网页，保存为 test.html，在 <body> 内使用 <span> 标签包含一行文本，然后在其中再包含一个盒子。

```
<span>光脚的永远不怕穿鞋的。
    <div id="box"></div>
</span>
```

然后在<head>标签内添加<style type="text/css">标签，定义一个内部样式表，然后输入下面的样式，定义span元素为相对定位（即为包含块），然后定义span元素包含的div元素为绝对定位显示，设置坐标值：left为50%，right也为50%。

```
span {/* 定义包含块 */
    position:relative;                    /* 相对定位 */
    border:solid 1px red;                 /* 定义边框以便观察 */
}
#box {/* 绝对定位的盒子 */
    position:absolute;                    /* 绝对定位 */
    width:100px;                          /* 固定宽度 */
    height:100px;                         /* 固定高度 */
    left:50%;                             /* 左侧距离为50% */
    top:50%;                              /* 顶部距离为50% */
    background:blue;                      /* 定义包含块背景色为蓝色 */
}
```

根据包含块定位规则，在标准状态下，div应该以span元素的宽度和高度来计算坐标值，但是在IE 6中则根据窗口的宽度来计算x轴的50%坐标值，y轴坐标值计算不变，依然参考span元素的高度，所显示的效果如图12.36所示。

解决此类问题的方法很简单，直接为span增加zoom属性，该属性能够触发span自动布局，促使绝对定位元素以span元素为参照物进行定位。在内部样式表最后添加如下样式，最后显示效果如图12.37所示。

```
span { zoom:1; }                          /* 缩放100%，触发布局 */
```

图12.36　解决前显示效果

图12.37　解决后显示效果

12.2.20　无法调整定位元素的层叠顺序

问题描述：

当定位元素位于不同的结构中时，它们之间的层叠顺序不能以 z-index 属性来控制，定位元素的层叠顺序还要受结构关系的影响。

浏览器分析：

该问题存在于 IE 7 及其以下版本浏览器中，在其他版本或类型浏览器中没有该问题。

解决方法：

为包含块定义较大的层叠值。

【随堂练习】

新建一个网页，保存为 test.html，在 <body> 内使用 <div> 标签定义两个盒子，但是这两个盒子位于不同的结构层中。

```
<div id="wrap">
    <div id="red">红盒子</div>
</div>
<div id="blue">蓝盒子</div>
```

然后在 <head> 标签内添加 <style type="text/css"> 标签，定义一个内部样式表，然后输入下面的样式，使用 z-index 属性来定义红色盒子显示在上面。

```
#wrap {position:relative;}                  /* 定义包含块 */
#red, #blue{/* 两个盒子的公共样式 */
    position:absolute;                      /* 绝对定位 */
    height:100px;                           /* 固定高度 */
    width:200px;                            /* 固定宽度 */
}
#red {/* 红盒子样式 */
    left:50px;                              /* 左侧距离 */
    top:50px;                               /* 顶部距离 */
    background:red;                         /* 红色背景 */
    z-index:1000;                           /* 层叠顺序 */
}
#blue {/* 蓝盒子样式 */
    left:100px;                             /* 左侧距离 */
    top:10px;                               /* 顶部距离 */
    background:blue;                        /* 蓝色背景 */
    z-index:1;                              /* 层叠顺序 */
}
```

在上面的示例中，无论为红色盒子设置多大的 z-index 属性值，在 IE 7 及其以下版本浏览器中，该盒子总是显示在下面，如图 12.38 所示。

原因分析：

IE 浏览器能够根据相同结构层次的定位元素进行比较，如果不在同一个结构层次，则先比较相同层级的父元素，谁的父元素 z-index 属性值大谁就在上面，而无论其子元素的 z-index 属性值有多大。

在上面的示例中，蓝盒子的层叠顺序为 1，而红盒子的包含块层叠顺序为 0（默认值），由于蓝盒子与红盒子的包含块属于同一个层级，所以蓝盒子就会覆盖红盒子的包含块，这样即使红盒子的层叠顺序值为多大都将被覆盖在下面。这个规则对于非 IE 浏览器来说是无效的。

解决方法：

为红盒子的包含块定义较大的层叠值，最后显示效果如图 12.39 所示。

```
#wrap { z-index:2;}
```

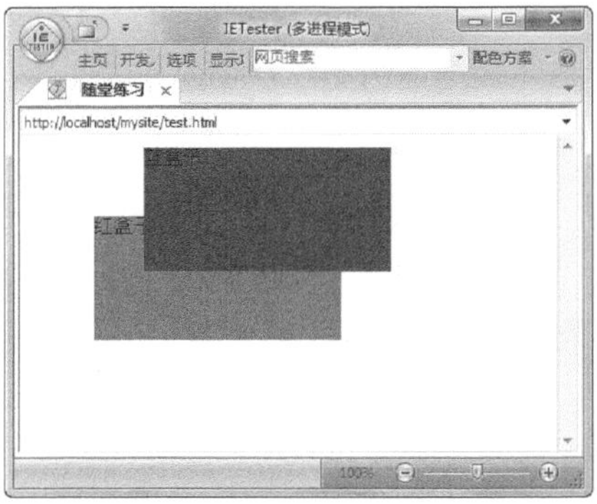

图12.38 解决前显示效果

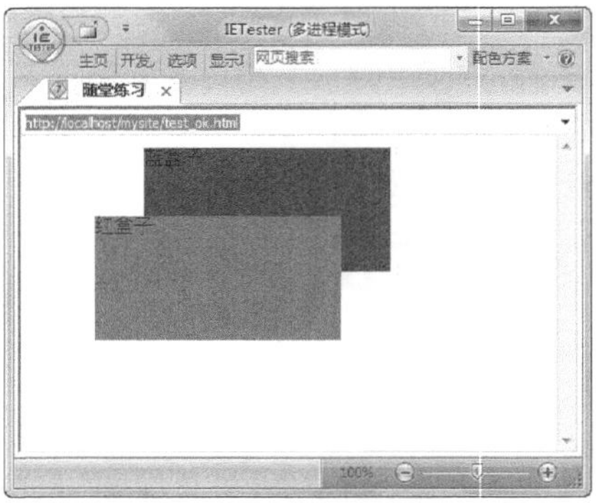

图12.39 解决后显示效果

12.2.21 找不到定位元素了

问题描述：

当在一个包含块内并列浮动几个元素，它们的宽度之和正好等于包含块的宽度，这时如果在包含块内嵌入绝对定位元素，则该定位元素就会丢失。

浏览器分析：

该问题存在于 IE 6 及其以下版本浏览器中，在其他版本或类型浏览器中没有该问题。

解决方法：

增加一个清除浮动元素，或者选用其他方法，详细内容请参阅下面介绍。

【随堂练习】

新建一个网页，保存为 test.html，在 <body> 内使用 <div> 标签定义一个包含框，在这个包含框中包含三个栏目。

```
<div id="wrap">
    <div id="other">标题</div>
    <div id="left">左栏</div>
    <div id="mid">中栏</div>
    <div id="right">右栏</div>
</div>
```

然后在 <head> 标签内添加 <style type="text/css"> 标签，定义一个内部样式表，然后输入下面的样式。

```
#wrap {/* 包含块样式 */
    position:relative;                    /* 相对定位，定义包含块 */
    width:600px;                          /* 固定宽度 */
    height:300px;                         /* 固定高度 */
    background:#ccc;                      /* 包含块背景色 */
    margin:30px auto auto;                /* 顶部边界，腾出区域为标题块显示 */
    text-align:center;                    /* 所有文本居中显示 */
}
#left, #mid, #right {/* 栏目公共样式 */
    float:left;                           /* 向左浮动显示 */
    width:200px;                          /* 固定宽度 */
    height:100%;                          /* 300像素高度 */
```

```
    line-height:100px;
}
#left { background:#FF99FF; }           /* 左栏背景色 */
#mid { background:#CCCCFF; }            /* 中栏背景色 */
#right { background:#9999FF; }          /* 右栏背景色 */
#other {/* 标题块样式 */
    position:absolute;                  /* 绝对定位 */
    left:0;                             /* 靠左显示 */
    top:-30px;                          /* 显示在栏目顶部 */
    width:80px;                         /* 固定宽度 */
    height:30px;                        /* 固定高度 */
    line-height:30px;                   /* 垂直居中 */
    background:#669999;                 /* 背景色 */
}
```

在上面的示例中，定义一个包含块（<div id="wrap">）中包含三个子模块，全部并列浮动显示，宽度之和为包含块的宽度。同时在<div id="wrap">中嵌入一个div元素，用来设计标题块。其中的标题块（<div id="other">）是使用绝对定位的方法进行定位的。但是如果在IE 6版本浏览器下预览，这个绝对定位的元素突然丢失了，如图12.40所示。

存在这样的问题可能与IE 6及其以下版本浏览器的解析机制有关，解决的方法如下，最后显示效果如图12.41所示。

方法一，通过为每个栏目收缩一个像素边界，从而显示丢失的绝对定位元素。

```
#left, #mid, #right {/* 栏目公共样式中的补丁 */
    margin-left:-1px;                   /* 负边界值 */
}
```

方法二，可以不定义负边界，而直接为包含块增加3像素。这个3像素是根据所包含的栏目块来定的，如果仅包含两个栏目块，则应该是2像素。

```
#wrap {/* 包含块样式中的补丁 */
    width:603px;                        /* 总宽度增加3像素 */
}
```

方法三，上面这两种方法都是通过加宽或收缩边界来为定位元素腾出一点空间，从而诱发它显示出来。也可以为包含的最后一个子栏目使用绝对定位，从而避免浮动元素占满整个包含块的空间。

```
#right {/* 补丁样式，定义右侧栏目绝对定位显示 */
    position:absolute;                  /* 绝对定位 */
    right:0;                            /* 向右对齐 */
}
```

方法四，可以在浮动元素和绝对定位元素之间增加一个清除浮动元素，从而强迫定位元素与浮动元素位于不同行中，从而显示出来。

```
<style type="text/css">
.clear { clear:both;}                   /* 清除样式类 */
</style>
<div id="wrap">
    <div id="other">标题</div>
```

```
     <div class="clear"></div>
    <div id="left">左栏</div>
    <div id="mid">中栏</div>
    <div id="right">右栏</div>
</div>
```

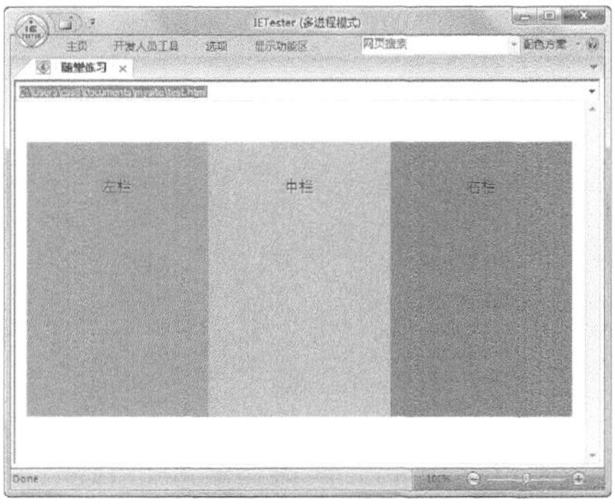

图12.40 解决前显示效果

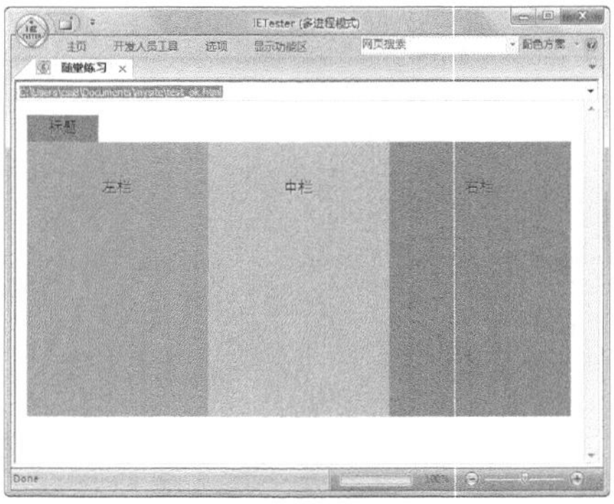

图12.41 解决后显示效果

12.3 综合训练

本章集训目标：

- 能够设计各种效果的模块。
- 能够根据主流浏览器的显示需要进行兼容化处理。

12.3.1 实训1：设计幻灯片效果

实训说明：

在网页中使用幻灯片效果一般都需要借助JavaScript脚本实现自动选择显示内容，这样的效果被称之为轮播效果。轮播效果无论在网页中表现得多么复杂，但它只是一个简单的HTML结构，利用CSS样式特性进行美化实现。本案例将使用纯CSS代码设计，演示效果如图12.42所示。

图12.42 设计幻灯片效果

主要训练技巧说明：

- 灵活使用超链接技巧，设计模拟CSS动态样式。
- 根据固定大小，设计模块内部的样式。
- 利用浮动布局实现多屏页面的重叠显示。

示例位置：

"光盘位置"\示例文件\12\实训1：设计幻灯片效果\index.html

设计步骤：

步骤 1 启动 Dreamweaver，新建一个网页，保存为 index.html，在 <body> 标签内输入如下结构代码。

```
<div class="wrapper">
    <div class="content">
        <div class="box" id="a1">
            <h2>第1屏</h2>
            <p><img src="images/1.JPG" /></p>
        </div>
        <div class="box" id="a2">
            <h2>第2屏</h2>
            <p><img src="images/2.JPG" /></p>
        </div>
        <div class="box" id="a3">
            <h2>第3屏</h2>
            <p><img src="images/3.JPG" /></p>
        </div>
        <div class="box" id="a4">
            <h2>第4屏</h2>
            <p><img src="images/4.JPG" /></p>
        </div>
        <div class="box" id="a5">
            <h2>第5屏</h2>
            <p class="h500px"></p>
        </div>
    </div>
      <div  class="pager">  <a  href="#a1">1</a>  <a  href="#a2">2</a>  <a
href="#a3">3</a> <a href="#a4">4</a> <a href="#a5">5</a> </div>
</div>
```

由 HTML 结构可以看到，对于幻灯片轮播效果的实现，采用的结构方式是将所有需要显示的内容放入类名为 content 的 div 标签中，而幻灯片序列则放入类名为 pager 的 div 标签中。两个功能不同的 div 标签最终被一个类名为 wrapper 的 div 标签所包含着，视为一个整体。

实现幻灯片轮播效果的原理如图 12.43 所示。最外层的容器 .wrapper 主要作用是显示幻灯片整体外框的效果，幻灯片序列则显示在右下角的位置，复杂点内容就是幻灯片显示区域的部分，该部分的内容由 .content 容器显示在中间的位置，并设置了固定的宽度和高度属性，将溢出的部分隐藏（如图中虚线的部分就是溢出 .content 容器的类名为 box 的 div 标签）。

最后还需要针对不同的锚点添加单页面内跳转的连接，例如锚点 a 标签的属性 href=”#a2”时，只要用户单击了该链接，那么就会跳转到同一个页面中 id 名为 a2 的部分。

```
<div class="pager">
      <a  href="#a1">1</a>  <a  href="#a2">2</a>  <a  href="#a3">3</a>  <a
href="#a4">4</a> <a href="#a5">5</a>
</div>
```

五张不同内容的幻灯片内容，分别赋予五个不同的 id 名，并且是与锚点 a 标签的属性 href 中的值相同（不包括“#”号）。

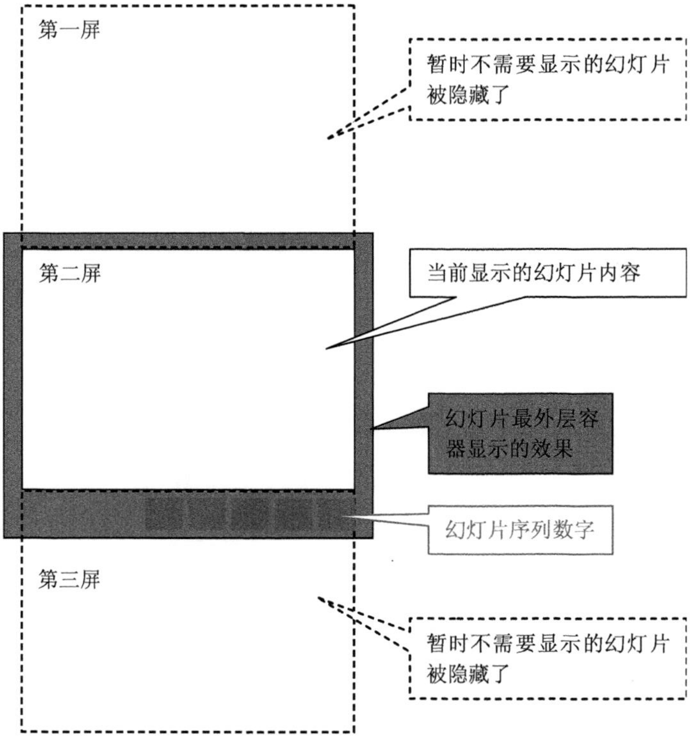

图12.43 幻灯片实现原理分析图

步骤 2 在 <head> 标签内添加 <style type="text/css"> 标签，定义一个内部样式表。

步骤 3 初始化页面样式，并定义幻灯片外框样式，代码如下。

```
* { /* 将页面内所有元素的内补丁和外补丁设置为0，便于后期调整，同时将所有文字样式统一 */
    margin:0;
    padding:0;
    font:normal 12px/1.5em Verdana, Lucida, Arial, Helvetica, "宋体", sans-serif;
}
.wrapper { /* 定义幻灯片容器的宽度以及高度，并设置边框样式和背景颜色 */
    width:400px;
    height:400px;
    border:1px solid #333333;
    background:#CCCCCC;
}
```

步骤 4 设计外框样式。定义 .content 容器的宽度和高度，该容器将直接影响内容显示的范围。因此针对 .content 容器的 CSS 样式中，必须要设置的就是宽度（width）、高度（height）和溢出效果（overflow）这三个属性。

```
.content { /* 固定幻灯片内容显示范围，溢出的内容将被隐藏，同时为了视觉差异，设置边框样式和背景颜色 */
    width:360px;
    height:360px;
    margin:10px auto 0;                    /* 将幻灯片内容区域居中显示 */
```

```
    overflow:hidden;
    border:1px solid #999999;
    background:#FFFFFF;
}
```

步骤5 设计内框样式。为了将其与外框之间产生差距，因此缩小该容器的宽度和高度属性值，并利用上边界（margin-top）与外框顶部相隔离。margin:10px auto 0; 的作用就是与外框顶部产生间距的同时，相对外框居中显示。

```
.box {
    float:left;
    width:160px;
    height:150px; /* 定义每个幻灯片的高度和宽度，并设置浮动使其能紧密相邻 */
    margin-bottom:10px;
    padding:10px; /* 调整幻灯片内容区域与外容器的间距 */
    overflow:auto; /* 当幻灯片内容区域中的内容溢出固定范围时，出现滚动条 */
}
```

步骤6 通过对效果分析图的理解，可见 .box 容器主要是用于显示幻灯片信息的，该容器是 .content 容器的子级元素。定义 .box 容器的宽度和高度属性值，当该容器中内容超过时，则将显示滚动条，便于更多的信息显示在页面中。

```
.pager {
    width:180px;
    height:20px;                         /* 定义幻灯片序列的整体宽度和高度 */
    margin:5px auto;                     /* 将幻灯片序列居中显示 */
    text-align:right;                    /* 设置幻灯片序列内容居右对齐 */
}
```

步骤7 定义幻灯片序列在 .wrapper 容器中的显示位置以及该容器中元素的对齐方式。

```
.pager a { /* 当鼠标悬停锚点a标签时，文字颜色和背景颜色的变化效果 */
    padding:2px 4px; /* 保持锚点a标签的内联特性，使用内补丁增加其宽度和高度 */
    text-decoration:none;                /* 去除锚点a标签中的下划线 */
    color:#FFFFFF;
    background:#FF0000;                  /* 定义锚点a标签的文字颜色和背景颜色 */
}
.pager a:hover {
    color:#000000;
    background:#FFFFFF;
}
```

步骤8 美化幻灯片序列中锚点 a 标签元素，设计它为按钮效果。

```
.pager a {
    padding:2px 4px; /* 保持锚点a标签的内联特性，使用内补丁增加其宽度和高度 */
    text-decoration:none;                /* 去除锚点a标签中的下划线 */
    color:#FFFFFF;
    background:#FF0000;                  /* 定义锚点a标签的文字颜色和背景颜色 */
```

```
}
.pager a:hover {      /* 当鼠标悬停锚点a标签时，文字颜色和背景颜色的变化效果 */
    color:#000000;
    background:#FFFFFF;
}
```

12.3.2 实训2：设计Tab选项卡效果

实训说明：

选项卡（Tab）也称为标签页，通过单击相应的标签名后将在固定的区域显示相应选项页内容。在网页中，选项卡可以有多种不同的表现样式，它主要由选项卡标题以及对应的内容区域所组成，并且是有多个相同类似性质的内容组成了一个选项卡群体，通过鼠标单击选项卡标题的事件或者鼠标经过选项卡标题的事件触发选项卡标题相对应的内容区域显示。本示例演示效果如图 12.44 所示。

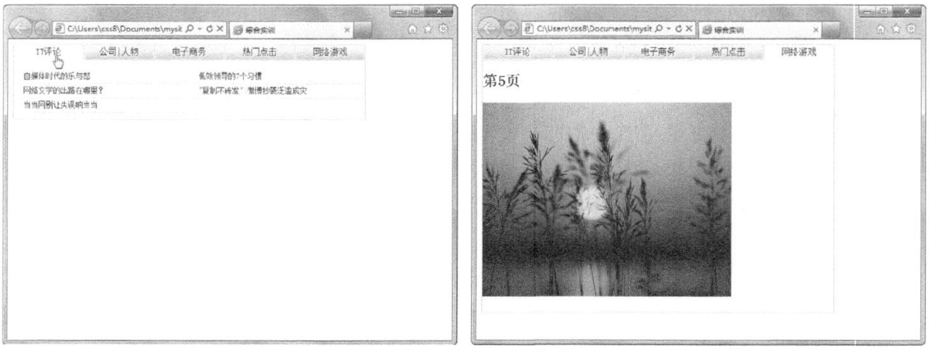

图12.44　设计Tab选项卡效果

主要训练技巧说明：

- 灵活使用 CSS 的 display 属性设计隐藏和显示特效。
- 根据固定的大小，设计模块内部的样式。
- 配合 CSS+JavaScript 设计更实用的动态效果。

示例位置：

“光盘位置”\示例文件\12\实训 2：设计 Tab 选项卡效果 \index.html

设计步骤：

步骤 1 启动 Dreamweaver，新建一个网页，保存为 index.html，在 <body> 标签内输入如下结构代码。

```
<div id="tab">
    <h3 class="up" onmouseover="go_to(1);">IT评论</h3>
    <h3 onmouseover="go_to(2);">公司|人物</h3>
    <h3 onmouseover="go_to(3);">电子商务</h3>
    <h3 onmouseover="go_to(4);">热门点击</h3>
    <h3 onmouseover="go_to(5);">网络游戏</h3>
    <div class="block">
        <ul>
            <li><a href="#">自媒体时代的乐与怒</a></li>
            <li><a href="#">低效领导的7个习惯</a></li>
```

```
            <li><a href="#">网络文学的出路在哪里？</a></li>
            <li><a href="#">"复制不转发":微博抄袭泛滥成灾</a></li>
            <li><a href="#">当当网别让失误响当当</a></li>
        </ul>
    </div>
    <div>
        <ul>
            <li><a href="#">分析称Google+实为身份服务 不仅仅是社交网络</a></li>
            <li><a href="#">谷歌终止Sets和Squared两个实验室不实用产品</a></li>
            <li><a href="#">谷歌地图新增语音搜索功能 </a></li>
            <li><a href="#">苹果预计将在2012年底推出苹果电视</a></li>
        </ul>
    </div>
    <div>
        <h2>第3页</h2>
        <p><img src="images/3.JPG" /></p>
    </div>
    <div>
        <h2>第4页</h2>
        <p><img src="images/4.JPG" /></p>
    </div>
    <div>
        <h2>第5页</h2>
        <p><img src="images/5.JPG" /></p>
    </div>
</div>
```

选项卡设计原理示意图如图12.45所示。整个结构主要是由多个“选项卡标题”和“选项卡内容区域”组成。通过CSS样式中的浮动（float）属性或者定位（position）属性将“选项卡标题”和“选项卡内容区域”分别控制在某个区域，如通过浮动（float）的方式将“选项卡标题”横向排列在一排，再通过定位（position）的方式将“选项卡内容区域”定位在“选项卡标题”的下面。

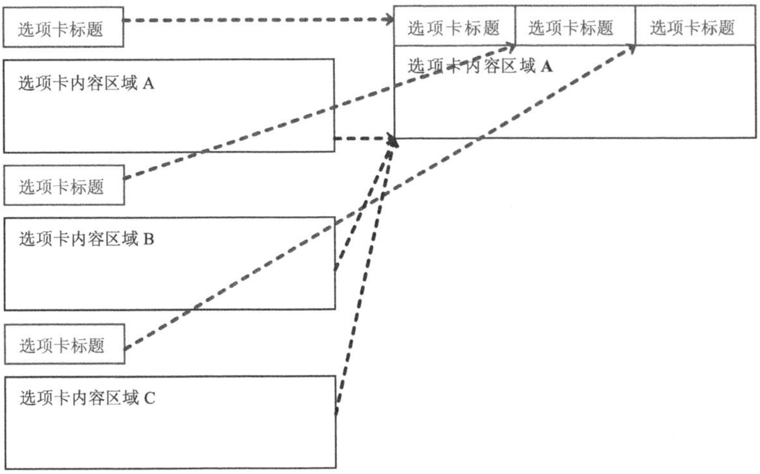

图12.45 Tab选项卡形成的示意图

在本示例文档中，首先使用一个 <div> 标签将所有的内容包含在一个容器中，再根据示意图所展示的效果设计“选项卡标题”和“选项卡内容区域”的结构。其中在第一个“选项卡标题”和“选项卡内容区域”中分别添加了两个不同的 class 类名，该类名主要作用是用于判断 Tab 选项卡当前所需要显示的标题和内容区域，在 CSS 样式中再对这两个样式类进行特殊处理。

步骤 2 在 <head> 标签内添加 <style type="text/css"> 标签，定义一个内部样式表。

步骤 3 初始化 Tab 选项卡的 CSS 样式，先设计 Tab 选项卡的整体样式，然后将所有的元素控制在指定的位置，最后调整每个元素之间的关系。

```
#tab {/* 定义选项卡的整体宽度 */
    position:relative; /* 定义选项卡的为相对定位，使其子级元素有定位参考对象 */
    width:570px;
}
```

将 Tab 选项卡的大容器（最外层的 div 标签）设置宽度，并且添加 position:relative; 属性，使其内部的子级元素在绝对定位时有参考定位的对象，即设置定位参照点。

```
#tab div {
    position:absolute;
    top:26px;
    left:0; /* 以绝对定位将选项卡的内容定位在选项卡标题下面 */
    width:564px;
    border:solid #D4D3D3; /* 设置选项卡内容区域边框的样式和边框颜色 */
    border-width:0 1px 1px; /* 设置选项卡内容区域边框的线条宽度 */
}
```

步骤 4 定义选项卡内容区域的边框样式，重点的部分是将该部分区域内容以定位的方式控制在 Tab 选项卡的大容器（最外层的 div 标签）中的某个位置。如绝对定位该内容区域在 Tab 选项卡的大容器（最外层的 div 标签）顶部 26 像素，左边 0 像素的位置，留余顶部 26 像素空白的位置放置选项卡标题。

```
#tab div { /* 隐藏所有选项卡的内容区域 */
    display:none;
}
#tab .block {/* 当选项卡某个内容区域被激活时，显示内容，并设置该容器底部的内补丁为
10px */
    display:block;
    padding-bottom:10px;
}
```

步骤 5 隐藏所有选项卡的内容区域，只有在激活的状态下才将其显示出来。显示选项卡内容区域的同时将其底部的内补丁增加 10 像素的空间，使其内容不会紧贴着底边框。设置选项卡标题浮动，将其以一排的形式摆放在 Tab 选项卡的大容器（最外层的 div 标签）中的顶部位置。

```
#tab h3 {/* 将所有的标签标题浮动，并设置其宽度和高度等属性，再添加背景图修饰标题 */
    float:left;
    width:114px;
    height:26px;
    margin:0 -1px 0 0;                /* 利用负边距让标题更靠近一点 */
    line-height:26px;
```

```
    font-size:14px;
    font-weight:normal;
    text-align:center;
    color:#00007F;
    background:#EEEEEE url(images/tab_bg.gif) no-repeat;
    cursor:pointer;
}
```

步骤6 利用 CSS 特性美化页面中的元素。在标题中通过对标题文字的粗细、文字大小、文字颜色以及标题的背景图片等 CSS 样式，设计标题样式，使其显得好看。

```
#tab .up {
    background:#FFFFFF url(images/tab_up_bg.gif) no-repeat;
} /* 当某个标题被激活时改变背景图片，突出显示 */
```

步骤7 当某个标题被激活时，需要将其突出显示在 Tab 选项卡中，让用户明白这个 Tab 选项卡中与众不同的部分就是用户当前已经激活，或者说已经选择的内容部分。

选项卡标题的样式不同于选项卡内容区域的激活显示的方式，在制作页面时不可能只是仅仅利用 CSS 样式就可以完成最终的效果。

```
#tab ul {
    margin:15px 0 0;
    padding:0;
    list-style:none;
}
#tab li {
    display:inline;                     /* 解决IE 6中双倍间距的BUG */
    float:left;
    width:47.9%;                        /* 解决IE浏览器中相对值宽度计算的BUG */
    height:22px;
    margin:0 1%;
    line-height:22px;
    text-indent:10px;
    border-bottom:1px dashed #DEDEDE;
}
#tab li a {
    font-size:12px;
    text-decoration:none;
    text-indent:10px;
    color:#333333;
}
#tab li a:hover {
    text-decoration:underline;
    color:#FF0000;
}
```

通过 CSS 样式简单地美化修饰一下内容区域中的列表，其中将列表 li 标签以百分比的形式表现，但 IE 浏览器中因为宽度计算的问题，最终不能实现 50%+50%=100%。因此使用了 width:47.9%; 的方式表现宽度，一行显示两个列表 li 标签的内容，每个之间都有左右外补丁 1% 的值。

```
(1%+47.9%+1%)×2=99.8%<100%
```

步骤8 HTML 结构和 CSS 样式的结合只是完成了整体的效果，但并未真正实现当鼠标单击选项卡标题或者鼠标悬停选项卡标题时，选项卡标题与选项卡内容区域的切换。在 HTML 结构中定义了 .up 和 .block 两个 class 类名，并在 CSS 样式中特殊处理了这两个样式，其主要目的就是为了当鼠标事件被激活时，能将这两个样式在不同的选项卡之间切换调用。在页面底部输入下面的 JavaScript 脚本，并放在 <script type="text/javascript"> 标签中。

```
<script type="text/javascript">
var h=document.getElementById("tab").getElementsByTagName("h3");
var d=document.getElementById("tab").getElementsByTagName("div");
function go_to(ao){
    for(var i=0;i<h.length;i++){
        if(ao-1==i){
            h[i].className+=" up";
            d[i].className+=" block";
        }
        else {
            h[i].className=" ";
            d[i].className=" ";
        }
    }
}
</script>
```

步骤9 在每个标题 <h3> 标签中添加 onclik 事件，调用 go_to() 函数，就可以实现当鼠标单击选项卡标题时，选项卡内容区域和选项卡标题的切换效果。如果将 onclick 事件换成 onmouseover 事件，那么就可以实现当鼠标经过选项卡标题时，选项卡内容区域和选项卡标题的切换效果。

12.3.3 实训3：设计CSS相册效果

实训说明：

相册的主要功能就是以特定方式将相片展现在浏览者的面前。功能齐全的相册需要脚本才能完成，本示例将使用纯 CSS 样式完成设计一个简易电子相册，演示效果如图 12.46 所示。

本示例具有如下特点：

- 结构清晰明了，无冗余的 HTML 结构代码。
- 在 CSS 中鼠标悬停效果主要利用 :hover 伪类实现，而 IE 6 浏览器在解释 :hover 伪类时只能将其应用在锚点 a 标签中才有效。

了解了整个 CSS 相册的设计重点，读者还需要了解如何实现以下两个特效。

- 不压缩图片，而是将相片中的某个部分作为缩略图显示在缩略图列表区域。
- 当鼠标悬停缩略图时，如何将图片以完整的图片形式显示在相片展示区域。

主要训练技巧说明：

- 相册在默认情况下以缩略图的形式显示，并且不压缩相片的原有宽度和高度属性，而是取相片的某个部分作为缩略图形式。
- 当鼠标悬停于某幅缩略图时，相册列表中的缩略图恢复为原始相片的宽度和高度，展现在相册的某个固定区域，同时缩略图部分为空。

- 当鼠标移开缩略图区域时，缩略图列表恢复原始形态。
- 保持相册的HTML结构以最简洁最合理的结构，不出现冗余信息。

图12.46　设计CSS相册效果

示例位置：

“光盘位置”\示例文件\12\实训3：设计CSS相册效果\index.html

设计步骤：

步骤1 启动Dreamweaver，新建一个网页，保存为index.html，在<body>标签内输入如下结构代码。

```
<div id="photo">
    <h1>CSS相册</h1>
    <ul>
        <li><a href="#"><img src="images/1.jpg" alt="" /></a></li>
        <li><a href="#"><img src="images/2.jpg" alt="" /></a></li>
        <li><a href="#"><img src="images/3.jpg" alt="" /></a></li>
        <li><a href="#"><img src="images/4.jpg" alt="" /></a></li>
        <li><a href="#"><img src="images/5.jpg" alt="" /></a></li>
        <li><a href="#"><img src="images/6.jpg" alt="" /></a></li>
        <li><a href="#"><img src="images/7.jpg" alt="" /></a></li>
        <li><a href="#"><img src="images/8.jpg" alt="" /></a></li>
        <li><a href="#"><img src="images/9.jpg" alt="" /></a></li>
    </ul>
</div>
```

整个结构包括标题和列表，标题列表被包含在id名为photo的<div>标签中，再将所需要展现的相片以无序列表结构形式设计。

步骤2 在<head>标签内添加<style type="text/css">标签，定义一个内部样式表。

步骤3 输入下面的样式，初步设计CSS相册的样式。

```
* {/* 将页面中所有元素的内外补丁设置为0，便于后期的调整 */
    margin:0;
    padding:0;
}
#photo {  /* 定义相册的整体宽高属性以及背景颜色，并设置相对定位，便于其子级元素的定位
控制 */
    position:relative;
    width:748px;
    height:590px;
    margin:0 auto;                    /* 在标准模式下将容器居中显示 */
```

```
    background:#333333;
}
h1 {/* 设置相册标题的样式，以及利用定位的方式将其控制在相册内容中的右下角 */
    position:absolute;
    bottom:10px;
    right:10px;
    width:100px;
    height:20px;
    text-align:right;
    font:normal 12px/1.5em "宋体";
    color:#FFFFFF;
}
ul { /* 将所有相片以列表形式居左显示 */
    list-style:none;
}
li { /* 将相册列表的默认宽高设置为54px，并浮动排列显示 */
    float:left;
    width:54px;
    height:54px;
    margin:10px;
    display:inline;                    /* 解决IE 6双倍间距的BUG */
    overflow:hidden;
}
```

为列表项 <li> 标签设置宽度和高度属性，并以浮动（float）方式布局。为了防止相册列表中相片溢出列表项 <li> 标签所设置的宽度和高度属性，添加 overflow:hidden; 属性将溢出的相片部分隐藏，设置 <li> 标签之间的间距，避免拥挤。同时设计整个相册包含框的宽度和高度属性，为了表现效果还需要设置其背景颜色等表现方式。标题以定位（position）方式绝对定位在相册区域的右下角。

步骤 4 根据操作习惯，一般是将相册列表居右显示，可以通过定位（position）的方式布局，也可以利用浮动（float）的方式布局。本示例中采用的方式为浮动（float）方式。设计每个列表项 <li> 标签的宽度是 54 像素，再加上左右外补丁（margin-left 和 margin-right）的属性值分别为 10 像素，最终在一行中显示两个缩微图，同时设置无序列表 <ul> 标签的宽度为 148 像素。

```
ul { /* 将所有相片以列表形式居左显示 */
    float:right;
    width:148px;
    height:590px;
    list-style:none;
}
```

步骤 5 使用锚点 <a> 标签包含图片 <img> 标签，在默认状态下图片会显示蓝色边框线，因此需要清除这个边框线，并设计超链接显示为小图标样式，将多出的内容隐藏起来。

```
li a {/* 每个列表中的锚点a标签设置为块元素，宽高都为50px，并设置边框为2px的灰色边框 */
    display:block;
    width:50px;
    height:50px;
    overflow:hidden;
```

```
    border:2px solid #CCCCCC;
}
img {display:block; border:0 none;}
```

通过 display:block; 属性将内联元素锚点 a 标签转化为块元素，并设置其宽度和高度属性值，添加 2px 的灰色边框线。当锚点 <a> 标签有了灰色边框线之后，在图片 <img> 标签的 CSS 样式中，通过 border:0 none; 属性将边框去除。在锚点 <a> 标签的 CSS 样式中添加了 overflow:hidden; 属性，避免因相片的宽度和高度过大而撑开了锚点 <a> 标签。

步骤 6 使用定位（position）方式移动相片的位置，同时还需要锚点 a 标签具有定位（position）的属性，以便相片有定位的参考点。这样的操作方式虽然可取，但步骤有点复杂，需要改变两个标签的 CSS 样式属性。也可以使用负边距（margin 的属性值为负值）的方式改变图片的位置。

```
img {/* margin的负值是控制图片显示小图的大概位置 */
    display:block;
    border:0 none;
    margin:-150px 0 0 -80px;
}
```

通过改变外补丁的属性值，使其向左上角偏移，最终将会改变显示在锚点 <a> 标签中的相片内容。

步骤 7 鼠标悬停时（:hover 伪类激活）改变图片的位置需要使用绝对定位（position:absolute;），并且赋予其定位的 top、right、bottom 和 right 中的两个属性。

```
li a:hover { border:2px solid #000000;}    /* 主要针对IE 6的a:hover的Bug */
li a:hover img {/* 当鼠标经过相册缩略图时，以大图片定位显示在左侧 */
    position:absolute;
    top:10px;
    left:10px;
    margin:0;
    border:2px solid #FFFFFF;
}
```

步骤 8 为了解决 IE 6 浏览器的解析差异，改变一下锚点 <a> 标签在页面中的表现效果。在本示例中改变了其边框颜色，这样的改变方式对于相册在页面中的最终表现效果不会有影响。

当鼠标悬停时（:hover 伪类被激活），相片将会定位在 id 名为 photo 的 <div> 标签的左上角显示。绝对定位是以其父级元素是否具备定位属性而作为参考，此时的图片 <img> 标签的父级属性中锚点 <a> 标签、列表 <li> 标签以及无序列表 <ul> 标签都不具备定位属性，因此以最外层的 id 名为 photo 的 <div> 标签作为参考点。

12.4 上机练习

1. 设计时间紧随标题的新闻列表样式。新闻列表部分主要是由新闻标题和新闻发布的时间组成，并且这两者的排列方式都是时间紧跟着新闻标题的。这样的布局方式能让用户在了解新闻内容之前知道这条新闻是在什么时间段发布的。

但要实现这样的效果，通常都是采用程序控制新闻标题的字数长度或者由新闻编辑在发布新闻之前将标题文字控制。对于这两种方式，如果采用程序控制新闻标题的字数长度，需要程序开发人员对文字进行判断，然后再将文字显示在网页中，如果溢出规定的长度，那么会直接将溢出部分截断，不会在网页中显示，但是会导致新闻编辑的工作量加大。为了能在各方面减少工作量，增强网站的用户体验，可以利用CSS样式来完成时间紧随标题的新闻列表表现方式，效果如图12.47所示。

图12.47　使用CSS设计时间紧随标题的新闻列表

设计要求：

- HTML结构主要是由标题标签、列表标签以及锚点标签和用于包含时间的span标签组成。
- 如何在新闻标题和新闻发布时间并排显示的同时，将溢出的新闻标题内容隐藏。
- 设计将新闻列表溢出部分隐藏，但是确保新闻发布时间不要被隐藏。

示例位置：

“光盘位置”\示例文件\12\上机练习1\index.html

2．网站经常为了宣传活动而特意制作一些专题性质的页面，这类页面一般被称之为活动页。因为活动页面主要目的就是在特定时间段内进行宣传，因此页面存在时间很短，而且为了能够吸引用户在光顾网站的时候将目光集中到活动页面中，一般设计师会将页面设计得很漂亮，多采用图片化设计，页面文字很少。

基于这几点，活动页面最大的特点就是：时间周期短、页面漂亮、页面内容不会很多。请读者结合身边发生的各种大事件，以主题活动的形式设计一个活动页，类似效果如图12.48所示。

图12.48　设计活动页面效果

设计要求：

- 掌握合理、科学的设计和制作流程，任何一个独立的页面都可以采用相同的方法进行制作。
- 学会整体分析，包括页面结构分析、模块分析、图片优化和细节调整。
- 在页面分析过程中，任何一个步骤都将会影响到页面整体的性能，把握页面的基本要点，控制页面的整体效果就是分析中所要得到的结果。

示例位置：

“光盘位置”\示例文件\12\上机练习2\index.html

13

第13章

企业&公司类型网站

企业类型网站一般是公司用来对外宣传的窗口，外界通过浏览这个网站就能大致了解这个企业的大致状况，包括企业的规模、企业的服务和产品等信息。可以说企业网站往往就是一个企业在网络上的形象代表。这类网站往往不提供过多的服务，只是对外界的一种简单的展示和宣传。

由于企业类型网站功能定位多以对企业的网络宣传和展示为主，所以网站的架构一般都不会很复杂。以下就是一些比较典型的网站：中国石油（http://www.petrochina.com.cn/）、中国移动通信（http://10086.cn/）、中国铁建控股（http://www.crcc.cn/）、中国工商银行（http://www.icbc.com.cn/），以上都是大家耳熟能详的国有企业，还有一些很成功的民营企业，如华为技术有限公司(http://www.huawei.com/cn/)、万科集团（http://www.vanke.com/）。

13.1 产品策划

企业类型网站定位为企业自身在网络上进行宣传介绍，所以网站的架构一般都比较简单，只需要介绍清楚企业的大体情况就可以，相应的网站布局设计也比较简单。

对于这种类型的网站，一般都会采用两列三行的形式布局，如图 13.1 所示。当然，针对于网站的具体展示定位，有些也会采用单列三行的形式，如图 13.2 所示。

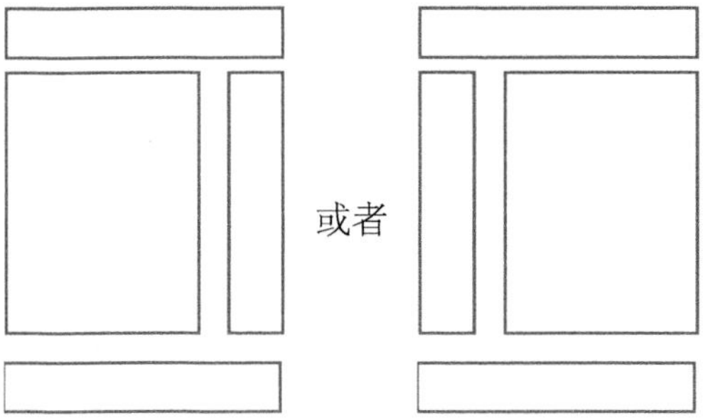

图13.1 两列三行布局

图13.2 单列三行布局

本案例网站设计大气，网站头部设计了一幅很大的没有规则的渐变背景，如果设计师能力有限，一般不敢做这样的处理。第二关于网站颜色的选择，颜色搭配也很协调，做得非常到位。第一屏页面整体观感完全抛弃了条条框框、呆板的方块布局效果，效果图如图 13.3 所示。

图13.3 网站效果图

另外值得一提的是，每个导航按钮都是大胆做过艺术美化处理的。四周浅绿到中间白色的渐变过渡非常自然，一点也不会拖泥带水，让人看着感觉很舒服。

网站是以两列三行布局的，每一个版块都是用很淡的灰色细线做间隔，既让人看到每个版块之间的所属关系，也不会因此而破坏网站整体的协调，内容之间的距离也处理得很到位，更有一个细节把握得很好，就是不怕复杂和辛苦，同一个版块之间的不同内容不是用简单的线条间隔开，而是用两边渐渐淡白的灰色渐变背景做间隔，真可谓用心良苦。

13.2　设计图

根据策划的基本思路，在设计效果图时读者应该坚持以准确表达内容、宣传好企业为基本原则，整个网站包括网站导航栏、banner 广告、网销 / 热销保险、保险的种类、推荐新闻、公司公告、相关信息、网站相关服务、常见问题、保险教室、版权信息等版块内容。根据这些模块，初步在稿纸上画出页面布局的草图，如图 13.4 所示。

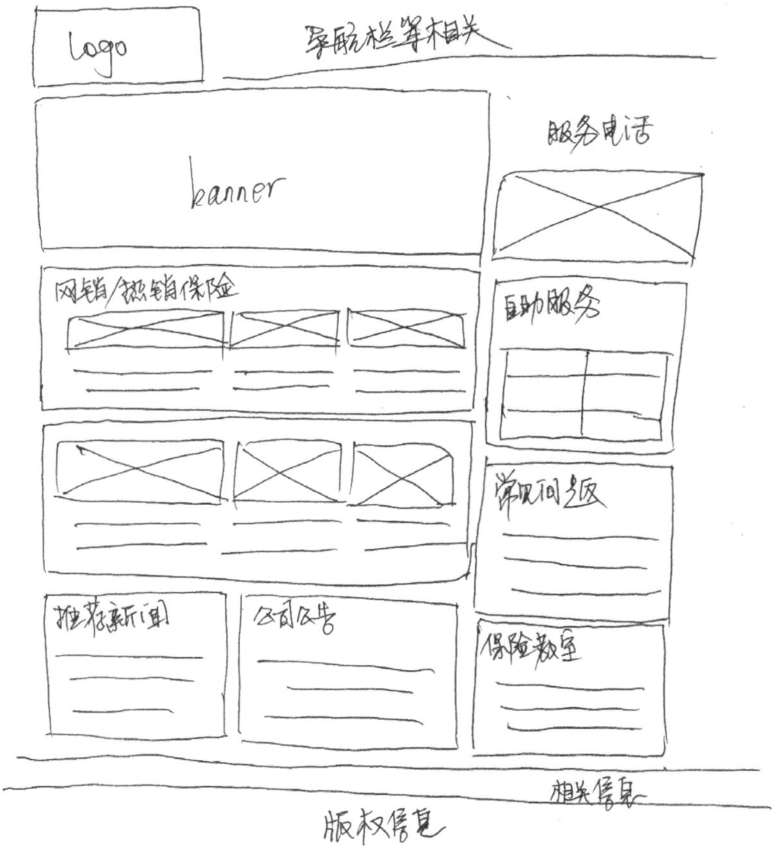

图13.4　设计草图

通过草图对将要做的页面进行初步分析，整个页面大体有一个轮廓。现在就可以通过 Photoshop 设计效果图了。

步骤 1 启动 Photoshop，新建一个文档，设置文档大小为 1002 × 1500 像素，分辨率为 96 像素 / 英寸，然后保存为“设计图 .psd”。借助辅助线设计出网站的基本轮廓，如图 13.5 所示。

图13.5 设置辅助线

步骤2 在 Photoshop 中新建“线框图”图层，使用绘图工具绘制页面的基本相框和背景样式，如图 13.6 所示。

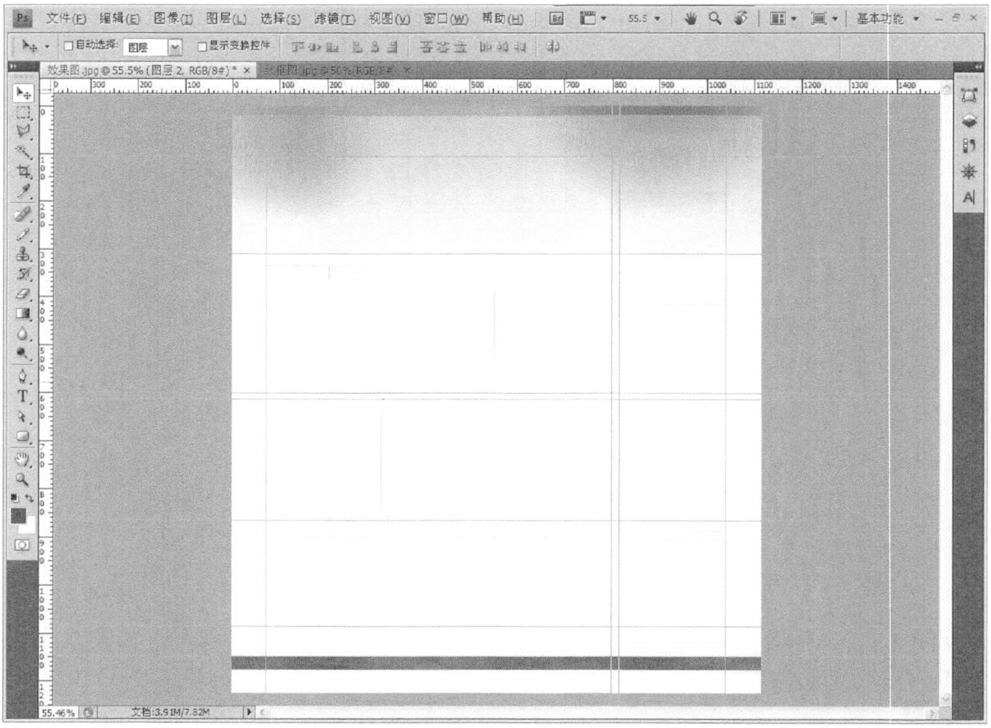

图13.6 绘制页面线框

步骤3 在线框的基础上进一步细化栏目形态，明确栏目样式和内容，特别是重要内容的显示形式，最后如图 13.7 所示。（这里其实是要花很多的心血和时间去设计制作的，受篇幅所限，这里一步就介绍到位了，所以建议读者要有耐心地将整个效果图都设计下来，特别是对颜色渐变的处理。

图13.7 版块划分图

13.3 切图

完成设计图之后，接下来的工作就是切图了，纵观全图，看看哪些是要切下来做图片或做背景的，做背景要怎么切等等。做到心里有数，然后就可以切图了。这里仅介绍重点部位的切割，剩下工作请读者自己完成。

步骤1 网站的头部是不规则的颜色渐变背景，使用 CSS 或背景重复都是无法实现的，所以需要完整的切割，如图 13.8 所示。

步骤2 头部下面的导航按钮工作量就稍大一点了，因为这里分了三种状态，所以三种不同的状态首先都要一一画出来，然后一个个切割下来，如图 13.9 所示。

步骤3 最后整合到一张大图上，如图 13.10 所示。

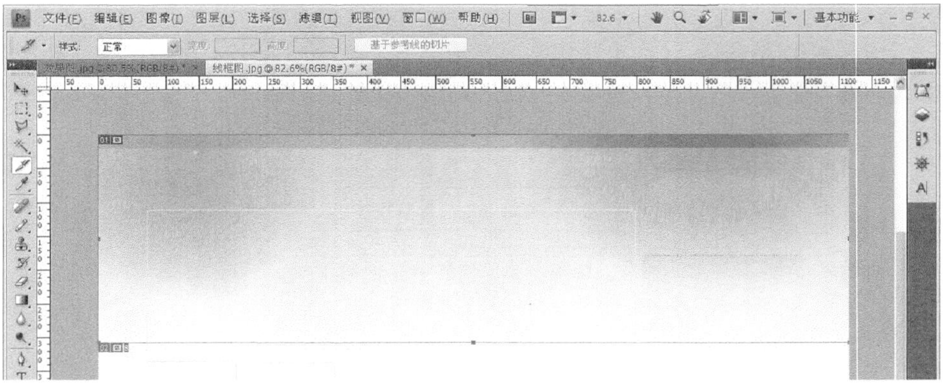

图13.8 网站头部背景切割

图13.9 网站导航按钮切割

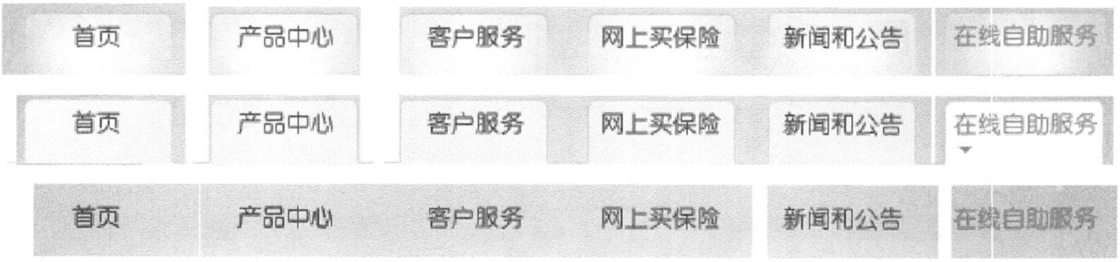

图13.10 导航按钮切割完成图

步骤4 切分出各种按钮和图标，下面以“立即购买”按钮为例演示如何切分，实际上网站还有很多地方是要用到各种不同的按钮的，所以读者应该耐心地一步步切割下来，如图13.11左图所示，最后也整合到一张大图上，方便对图片的管理，如图13.11右图所示。

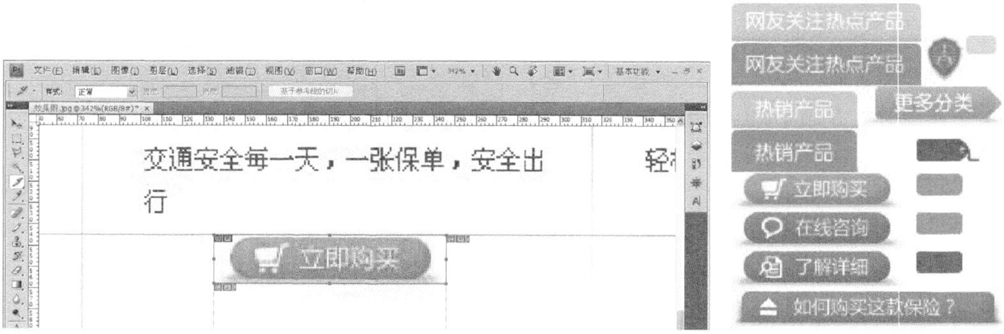

图13.11 按钮图片切割图

步骤 5 完成全部的切图操作之后，选择“文件”|“存储为 Web 和设备所用格式”菜单命令，打开“存储为 Web 和设备所用格式”对话框，保持默认设置，单击“存储”按钮，打开“将优化结果存储为”对话框，其中“切片”选择“所有用户切片”选项，格式为“仅限图像”。

步骤 6 最后就可以在 images 文件夹中看到我们所需要的背景图像，如图 13.12 所示。然后，根据需要将它重命名即可。

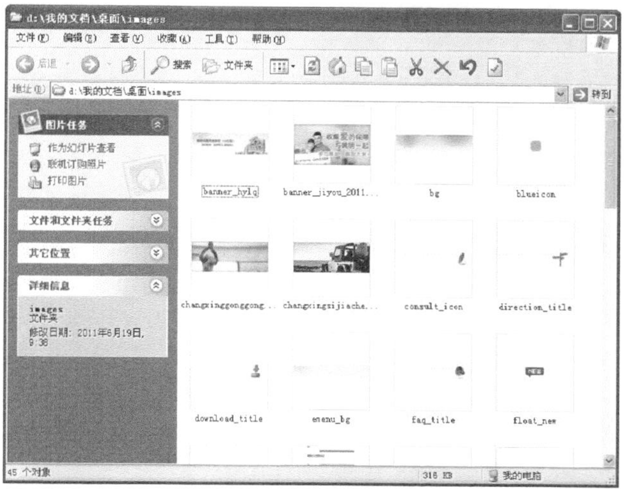

图13.12　切图效果

13.4　网站重构

根据设计版块划分图的区域划分，启动 Dreamweaver，选择“文件”|“新建”菜单命令，打开“新建文档”对话框，新建一个空白的 HTML 文档页面，并将文件保存为 index.html。

然后编写 HTML 基本结构。在编写结构时，读者应该注意结构的嵌套关系，以及每级结构的类名和 ID 编号，详细代码如下。

```
<html xmlns="http://www.w3.org/1999/xhtml">
<head>
<title>中国人寿</title>
<meta content="text/html; charset=utf-8" http-equiv=content-type>
</head>
<body>
<div id=container>                          <!--container开始-->
    <div id=topnav></div>                   <!--网站顶部信息-->
    <div id=header>                         <!--header开始-->
    <div id=logo></div>
    <div class=investor_relations></div>
        <div id=nav>                        <!--网站导航 开始-->
      <div class=submenua></div>
      <div class=submenua></div>
      <div class=submenua></div>
      <div class=submenua></div>
        </div>                              <!--网站导航 结束-->
```

```
    <div id=topsearch> </div>
  </div>                                         <!--header结束-->
   <div id=content>                              <!--content开始-->
       <div class=visual>                        <!--banner 开始-->
     <div id=filiale_ad class=filiale_ad></div>
     <div id=indexplist class=palist></div>
    </div>                                       <!--banner 结束-->
    <div class=main>
     <div class=slipindex>                       <!--网销/热销保险 开始-->
       <div id=slipbox1 class=slipbox>
         <div class=mcontent> </div>
       </div>
       <div style="display: none" id=slipbox2 class=slipbox>
         <div class=mcontent></div>
       </div>
       <div class=slipbtm></div>
     </div>                                      <!--网销/热销保险 结束-->
     <div class=mframe_top> </div>
     <div class=mframe>                          <!--保险种类 开始-->
       <div class=mcontent>
         <div class=piclist> </div>
         <div class=piclist> </div>
         <div class=piclist> </div>
       </div>                                    <!--保险种类 结束-->
     </div>
     <div class=mframe_btm></div>
           <div class=info>                      <!--资讯信息  开始-->
       <div class=news>
         <h1>推荐新闻</h1>
         <div class=pointline></div>
       </div>
       <div class=notice>
         <h1>公司公告</h1>
         <div class=pointline></div>
       </div>
     </div>                                      <!--资讯信息 结束-->
    </div></div>                                 <!--content结束-->
    <div id=rightsidebar>                        <!--rightsidebar开始-->
    <div class=right_top_ad> </div>              <!--右侧顶部广告-->
       <div class=column_sidebar_txt> </div>
    <div class=column_sidebar>                   <!--热门在线自助服务 开始-->
      <div class=mframe_transparent_top></div>
      <div class=sidebar_frame_white>
        <h1>热门在线自助服务</h1>
        <div class=services_list> </div>
      </div>
```

```
      </div>                                  <!--热门在线自助服务 结束-->
        <div class=column_sidebar>            <!--常见问题 开始-->
        <div class=answertitle>
          <h1>常见问题</h1>
        </div>
        <div class=numbericon_list> </div>
        <div class=mframe_btm></div>
      </div>                                  <!--常见问题 结束-->
       <div class=column_sidebar>             <!--保险教室 开始-->
        <div class=recommendtitle>
          <h1>保险教室</h1>
        </div>
        <div class=numbericon_list> </div>
        <div class=mframe_btm></div>
      </div>                                  <!--保险教室 结束-->
    </div>                                    <!--rightsidebar 结束-->
  </div>                                      <!--container结束-->
  <div id=footer>                             <!--footer开始-->
    <div id=copyright></div>
  </div>                                      <!--footer结束-->
  </body>
  </html>
```

进一步简化 HTML 结构代码，这样可以更清晰地把握整个网站的总体结构，做起来的时候能心中更加有数，如图 13.13 所示。

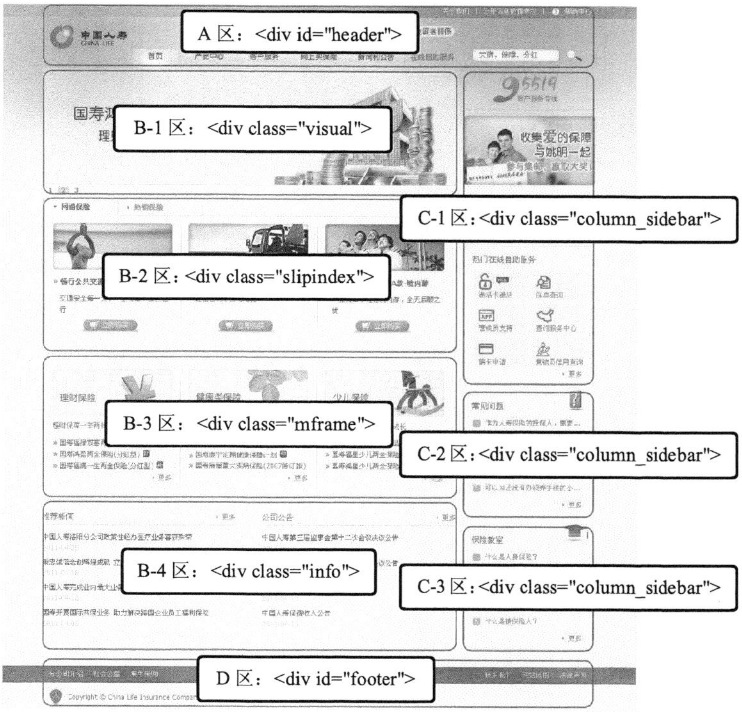

图13.13　几个主要层的包含标签

下面是相应的结构代码。

```
<div id="container">
  <div id="topnav"></div>
  <div id="header"></div>
  <div id="content">
    <div class="visual"></div>
    <div class="main">
      <div class="slipindex"></div>
      <div class="mframe"></div>
      <div class="info"></div>
    </div>
  </div>
  <div id="rightsidebar"></div>          <!—侧栏内容-->
</div>
```

13.5 网站布局

通过上面的网站重构，读者应该大致摸清网站的脉络，清楚总体结构了，下面就一步步完成整个网站的制作。

步骤1 启动 Dreamweaver，打开上一节中重构的网页结构文档 index.htm，然后逐步添加页面的微结构和图文信息，对于需要后台自动生成的内容，可以填充简单的图文，以方便在设计时预览和测试，等设计完毕后，再进行清理，留待程序员添加后台代码。

步骤2 新建一个样式表文档。选择“文件”|“新建”菜单命令，创建外部 CSS 样式表文件，保存为 style.css 文件，并存储在 images 文件夹中。选择“窗口”|“CSS 样式”菜单命令，打开“CSS 样式”面板，单击“附加样式表”按钮，在弹出的“链接外部样式表”对话框中，选择“浏览”按钮，找到 style.css 文件，将其链接到 index.htm 文档中，最后单击“确定”按钮，如图 13.14 所示。

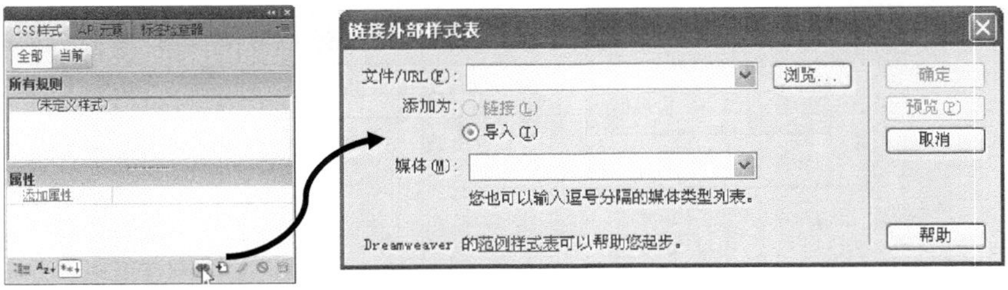

图13.14 链接外部样式表

```
<link rel=stylesheet type=text/css href="images/style.css" media=all>
```

步骤3 初始化标签样式。将所有要用到以及即将用到的元素初始化，去除默认的样式，因为对于默认的样式不同的浏览器会有不同的解释，表现到页面就会不一致。代码如下所示，具体代码请查看源样式文件头部初始化。

```
* { padding: 0px; margin: 0px;}
body { text-align: center; font-family: tahoma, "宋体"; background: url(bg.
jpg) #fff repeat-x center top; color: #666; font-size: 12px }
```

```
a { outline-style: none; text-decoration: none }
a:hover { text-decoration: underline }
form { padding: 0px; margin: 0px;}
img { border-width: 0px; }
ul { padding: 0px; line-height: 20px; list-style-type: none; margin: 0px;}
li { padding: 0px; line-height: 20px; list-style-type: none; margin: 0px; }
table { font-size: 12px }
input { border: #c6c6c6 1px solid; color: #555; }
……
```

步骤 4 编写 A 区 <div id="header"> 的结构和样式代码。

这里要和前面的切图步骤一起分析，在前面切图的时候，将网站的 logo 也一起整合到一张图里面了，所以这里网站的 logo 只能以背景图的方式实现。先设置一个层 <div id="logo">，设置其宽度和高度并左浮动，然后设置背景图，这样能看到网站的 logo 了，但因为是背景图，是没有连接的，所以在其中写一个 <a> 标签，设置宽度和高度，以块状显示即可，如图 13.15 所示。

图13.15　<div id="header">区域分析

下面是一级导航的结构代码。

```
<div id=logo>
  <a href="#"></a>
</div>
```

对应的样式代码如下。

```
#logo { margin-top: 15px; width: 150px; background: url(imageset.jpg) no-repeat 0px -482px; float: left; height: 48px }
/*设置logo的背景图片和其要显示的位置*/
#logo a { width: 150px; display: block; height: 48px }
/*设置宽度和高度，块状显示*/
#logo a:hover { text-decoration: none }
```

下面分析一下导航栏的结构和样式。注意，这里的导航栏是用定位法来布局的，先设定最外面的包含框 <div id="nav"> 为相对定位 position: relative，并设置其他的相关样式，再设定里面的无序列表 <ul> 为绝对定位 position: absolute。

另外，每一个导航并不是文字，而是与背景合在一起的一张图片。所以在 <ul> 的子标签 <li> 里面还设一个链接标签 <a>，并设定每个 <a> 的相对应的背景导航图片。

这里还有一个小问题：背景图片显示了，如何处理导航文字？读者可以通过 text-indent: -300em 将标题隐藏起来。这样既可以符合搜索引擎的优化，又能达到我们想要的视觉效果，设计如图 13.16 所示。

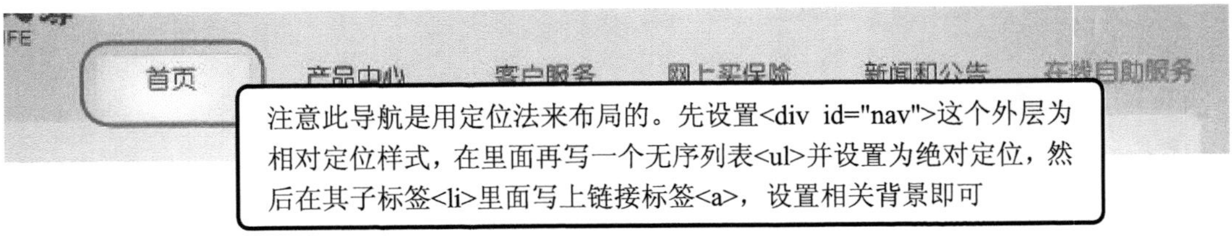

图13.16 网站导航按钮代码分析

下面是其中一个（新闻中心的二级导航）二级导航的结构代码。

```
div id=nav>
  <ul>
    <li class=nav01><a>首页</a> </li>
    <li class=nav02><a>产品中心</a>
        <div class="submenua"></div> <!—点击打开的二级菜单--></li>
    <li class=nav03><a>客户服务</a>
        <div class="submenua"></div> <!—点击打开的二级菜单--></li>
    <li class=nav04><a>网上买保险</a>
        <div class="submenua"></div><!—点击打开的二级菜单--></li>
    <li class=nav05><a>新闻和公告</a>
        <div class="submenua"></div> <!—点击打开的二级菜单--></li>
    <li id=nav06 class=nav06><a>在线自助服务</a>
        <div class="onlinehelp" id="onlinehelp" style="display: block;"></li>
  </ul>
</div>
```

对应的样式代码如下。

```
   #nav { z-index: 500; position: relative; margin-top: 15px; width: 600px;
float: left; height: 41px}
   #nav ul { z-index: 500; position: absolute; float: left; height: 48px; top:
1px !important}
   #nav li {float: left; height: 48px}
   #nav li a {text-align: left; text-indent: -300em; outline-style: none;
display: block; height: 48px; overflow: hidden; text-decoration: none}
```

下面是具体每个导航三种不同状态下的背景图片链接样式：因为代码太多了，这里只列出前面两个导航的样式代码，具体的读者可以查看本书的光盘。

```
   #nav li.nav01 a {width: 92px; background: url(nav.gif) no-repeat -3px
-98px; float: left}
   #nav li.nav01now a {width: 92px; background: url(nav.gif) no-repeat -3px
0px; float: left}
   #nav li.nav01mouseover a {width: 92px; background: url(nav.gif) no-repeat
-3px -47px; float: left}
   /*“首页”3种不同的状态下的背景图片的设置*/
   #nav li.nav02 a {width: 98px; background: url(nav.gif) no-repeat -102px
-98px; float: left}
```

```
#nav li.nav02now a {width: 98px; background: url(nav.gif) no-repeat -102px 0px; float: left}
#nav li.nav02mouseover a {width: 98px; background: url(nav.gif) no-repeat -102px -47px; float: left}
/*“产品中心”3种不同的状态下的背景图片的设置*/
```

步骤5 编写网站导航下拉二级菜单的结构和样式代码。

下面再分析一下二级菜单，当鼠标指针移到某一具体按钮时，在该导航的下方会自动显示相应的二级菜单，当鼠标指针移开时二级菜单又会收起来，这样的效果相信读者在其他网站上也看过，其效果是通过JavaScript脚本语言实现的，但这不是本书要阐述的范围，有兴趣的读者可以查看相关书籍。

在此主要负责其结构和样式代码，这里的内容是包含在一个<div class="onlinehelp" id="onlinehelp" style="display: block;">框体里面，然后在其里面再分三个层，其中前后两个层用来做间隔用的，中间的层<div class="fdnav">才是放二级菜单的内容，在这个层里面再分9个层，一部分放内容，一部分做间隔用。

最后，每个具体的导航名称是放在<a>链接标签里面的，而名称前面的小图标则是通过设置背景图片来实现的。“用户注册”这里和其他的不同则是通过写在<span>标签里面并设置相关样式实现，演示和说明如图13.17所示。

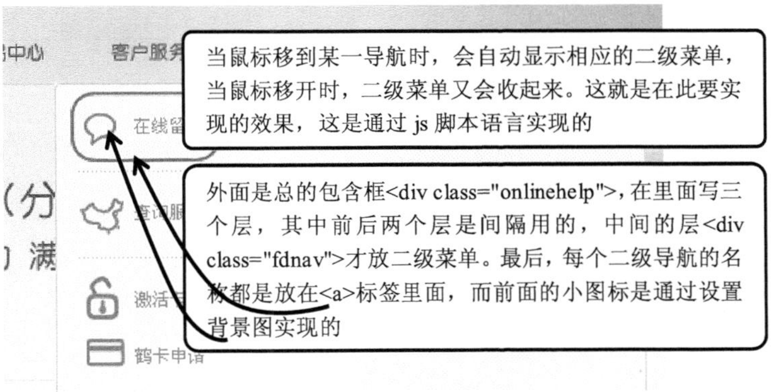

图13.17　网站导航下拉二级菜单布局分析

下面是相应的结构代码。因为内容太多，这里只显示前面一部分代码。

```
<div id=onlinehelp class=onlinehelp>
  <div class=topxbg></div>
  <div class=fdnav>
    <div class=objx>
        <a class=c1>在线留言</a> <a class=c2>产品收藏</a> <span class=newuserreg><a>用户注册</a></span></div>
    <div class=point_transparent></div>
    <div class=objx>
      <a class=c3>查询服务中心</a> <a class=c6>查询电销中心</a> <a class=c19>营销员信用查询</a> </div>
    <div class=point_transparent></div>
    <div class=objx>
      <a class=c7>激活卡激活</a> <a class=c8>保单查询</a>
```

```
        <a class=c9>单证下载</a> <a class=c10>鹤卡申请</a> </div>
      <div class=point_transparent></div>
      <div class=objx>
        <a class=c12>医</a> <a class=c13>食</a> <a class=c14>住</a>
        <a class=c15>行</a> <a class=c16>玩</a> <a class=c17>用</a> </div>
    </div>
    <div class=tmtxbg></div>
  </div>
```

相对应的样式如下。

```
  .onlinehelp { z-index: 500; position: absolute; width: 402px; display: none; background: #fff; top: 40px; right: 7px !important }
  .onlinehelp .topxbg { background: url(nav_bg02.gif) no-repeat 0px 0px; height: 10px; overflow: hidden }
  .onlinehelp .tmtxbg { background: url(nav_bg03.gif) no-repeat 0px 0px; height: 10px; overflow: hidden }
  .onlinehelp .fdnav { border-left: #d3d3d3 1px solid; padding: 2px 15px; background-color: #ffffff; border-right: #d3d3d3 1px solid; }
  .objx { margin: 10px 0px; zoom: 1; overflow: hidden }
  #nav li .newuserreg { float: right; margin-right: 10px }
  #nav li .newuserreg a { width: auto; background: none transparent scroll repeat 0% 0%; float: none; height: auto; color: #008156; text-decoration: underline }
  .point_transparent { margin: 5px 0px; background: url(repeatimg.gif) repeat-x 0px 0px; height: 1px; overflow: hidden }
  #nav .onlinehelp a { line-height: 38px; text-indent: 0em; display: block; float: left; height: 38px; color: #848484 }
  #nav .onlinehelp a:hover { color: #168750 }
```

下面是每个具体的导航的链接样式，因为过多了，这里也只列出一部分供大家参考。

```
  #nav .onlinehelp a.c1 { padding-left: 38px; width: 84px }
  #nav .onlinehelp a.c2 { padding-left: 38px; width: 84px }
  #nav .onlinehelp a.c3 { padding-left: 38px; width: 84px }
  #nav .onlinehelp a.c1 { position: relative; text-align: left; margin: 0px; background: url(nav_ico.gif) no-repeat 0px 9px }
  #nav .onlinehelp a.c2 { background: url(nav_ico.gif) no-repeat 0px -32px }
  #nav .onlinehelp a.c3 { background: url(nav_ico.gif) no-repeat 0px -77px }
  ……
```

步骤6 编写 B-2 区 <div class="slipindex"> 的结构和样式代码。

设置 <div class="slipindex"> 外包含框的宽度和高度并且左浮动，里面再分为四个区域，其中的两个标题“网销 / 热销保险”写在无序列表 <ul> 里面，这两个标题相对应的内容则分别写在这两个 <div class="slipbox" id="slipbox1"> 里面，并设置宽度、高度和边框颜色，溢出的部分被隐藏起来，左浮动等样式。最后一个层 <div class="slipbtm"> 则用来与后面的内容间隔开来，演示和说明如图 13.18 所示。

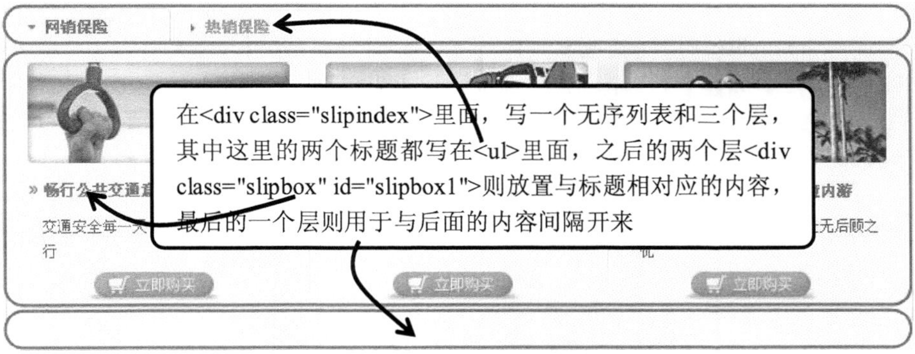

图13.18　B-2区域代码分析

具体结构代码如下。

```
<div class=slipindex>
  <ul>
    <li class=tag_01_curren>网销保险 </li>
    <li class=tag_02>热销保险 </li>
  </ul>
  <div id=slipbox1 class=slipbox>
    <div class=mcontent> </div>          <!—装“网销保险”对应的内容-->
  </div>
  <div id=slipbox2 class=slipbox style="display: none">
    <div class=mcontent> </div>          <!—装“热销保险”对应的内容-->
  </div>
  <div class=slipbtm></div>              <!—与后面的内容做间隔用-->
</div>
```

相对应的样式代码如下。

```
.slipindex {margin-top: 6px; width: 727px; float: left; overflow: hidden}
.slipindex ul {float: left}
li {float: left}
.slipindex li {line-height: 34px; color: #54bb89; font-weight: bold; margin-right: 2px}
.slipindex li a {display: block; color: #54bb89; font-weight: bold; text-decoration: none}
.slipindex li.tag_01 {text-indent: 26px; width: 133px; background: url(slidingdoor.gif) no-repeat 0px -281px; height: 34px; cursor: default}
.slipindex li.tag_01 a {width: 133px; height: 34px; color: #54bb89}
.slipindex li.tag_01_curren {text-indent: 32px; width: 133px; background: url(slidingdoor.gif) no-repeat 0px -238px; height: 34px; color: #168750; cursor: default; font-weight: bold}
.slipindex li.tag_01_curren a {width: 133px; height: 34px; color: #168750}
.slipbox { text-align: center; border: #dbdbdb 1px solid; width: 725px; float: left; overflow: hidden;}
.mcontent {text-align: left; margin: 0px auto; width: 691px}
.slipbtm {padding-bottom: 15px; width: 727px; float: left}
```

接着分解在 <div class="mcontent"> 里面具体每一个项目是如何布局的，这里主要分为两个层，<div class="slipboxlist"> 里面就放置具体的东西并设置相关的样式即可，而另外一个层 <div class="cutline_slip"> 本身链接了一个背景图，同时也起到间隔右边内容的作用。

后面几项的布局和这里其实是一样的，依此类推，相信读者就可以完成后面相关页面的制作，如图 13.19 所示。

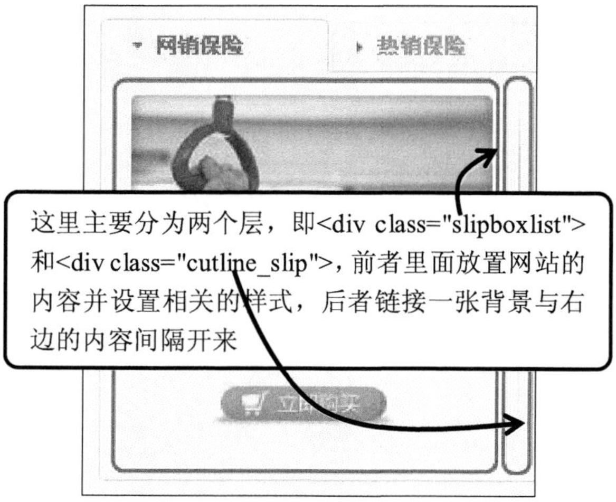

图13.19 “网销保险”的结构分析

相应的结构代码如下。

```
<div class=mcontent>
  <div class=slipboxlist><a><img></a>        <!—这里面放图片-->
    <h3><a></a></h3>                         <!—这里面放标题-->
    <p></p>                                  <!—这里面放段落-->
    <div class=slipmiddle>
      <div class=buy_btn><a></a></div>       <!—这里面放按钮-->
    </div>
  </div>
  <div class=cutline_slip></div>
</div>
```

下面是样式代码。

```
.slipboxlist {margin-top: 10px; width: 210px; float: left; height: 218px}
.slipboxlist p {line-height: 20px; padding-left: 12px; height: 30px; color: #4e4e4e}
.slipboxlist h3 {margin: 5px 0px; padding-left: 13px; background: url(imageset.jpg) no-repeat 0px -754px; float: none; color: #168750; font-weight: bold}
.slipboxlist h3 a {color: #168750; text-decoration: none}
.slipboxlist h3 a:hover {text-decoration: underline}
.slipmiddle {margin: 5px auto 0px; width: 120px}
.buy_btn {margin-top: 10px; width: 112px; background: url(imageset.jpg) no-repeat 0px -328px; float: left; height: 24px}
.buy_btn a {width: 112px; display: block; height: 24px}
```

```
.cutline_slip {width: 29px; background: url(indexline.gif) no-repeat 13px 3px; float: left; height: 207px}
```

步骤 7 编写 B-3 区中“理财保险”的结构和样式代码。

这里“理财保险”项与前面我们分析的“网销保险”结构大致差不多，主要的内容是写在 <div class="piclist"> 这个层里面，并设置相关的样式，而在 <div class="cutline"/> 这个层则设置了背景图，其本身也用来与右边的内容间隔开来，如图 13.20 所示。

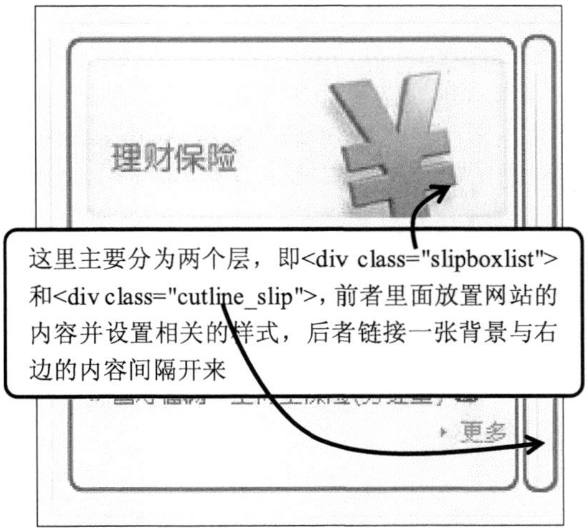

图13.20　<div class="piclist">的结构

相应的结构代码如下。

```
<div class=piclist><a><img></a>
  <ul>
    <li class=explain></li>
    <li><a></a><span><img></span> </li>
    <li><a></a><span><img></span> </li>
    <li><a></a><span><img></span> </li>
  </ul>
  <div class=column_more><a>更多</a></div>
</div>
<div class=cutline></div>
```

样式代码如下。

```
.piclist {margin-top: 10px; width: 210px; float: left; padding-top: 3px}
.piclist ul {width: 210px; float: left}
.piclist li {line-height: 20px; width: 210px; font-family: ""; color: #707070}
.piclist li span {margin-left: 5px}
.piclist li span img {margin-top: 2px}
.piclist li a {padding-left: 12px; background: url(imageset.jpg) no-repeat 0px -758px; color: #168750}
```

```
    .piclist li a:hover {color: #168750}
    .piclist li.explain {padding-bottom: 8px; margin-top: 5px; color: #707070}
    .piclist li.cutline {width: 1px; background: url(imageset.jpg) no-repeat
0px -761px; height: 239px}
    .column_more {margin: 5px 0px; padding-left: 10px; background:
url(imageset.jpg) no-repeat -121px -429px; float: right}
    .column_more a {color: #ff7800}
```

步骤8 编写 B-4 区中 <div class="news"> “推荐新闻” 的代码。

这里的这个 B-4 区是包含在 <div class="info"> 这个大包含框里面的，而 “推荐新闻” 这一版块是包含在 <div class="news"> 里面的，其宽为 340 像素，设置左浮动，里面的 “推荐新闻” 写在 <h1> 标签中，设置左浮动让其显示在左边，“更多” 则写在 <div class="column_more"> 层里面并设置右浮动，前面的小三角图标则用设置背景不重复实现。接着，下面一条虚线用来做间隔的，在 <div class="pointline"> 里面用背景水平重复实现。

然后，下面的具体每一个标题则写在无序列表 <ul> 的子标签 <li> 里面，并设置相关样式，标题后面的日期则写在 <span> 标签里面。设置好相关样式即可完成布局，如图 13.21 所示。

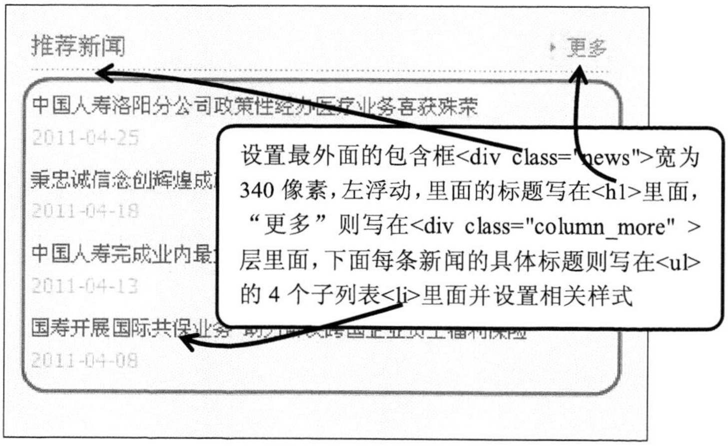

图13.21 <div class=” news” >的框体结构

具体结构代码如下。

```
<div class=news>
  <h1>推荐新闻</h1>
  <div class=column_more><a>更多</a></div>
  <div class=pointline></div>
  <ul><li><a>标题</a><span>日期</span> </li>
    <li><a>标题</a><span>日期</span> </li>
    <li><a>标题</a><span>日期</span> </li>
    <li><a>标题</a><span>日期</span></li></ul>
</div>
```

下面是 CSS 样式代码。

```
.info {margin: 15px 0px; width: 727px; float: left}
.info h1 {line-height: 24px; float: left; color: #168750; font-size: 14px}
```

```
.info li a {line-height: 14px; color: #4e4e4e; font-size: 12px}
.info li span {display: block; color: #c9c8c8; font-size: 12px}
.news {width: 340px; float: left}
.news ul {margin-top: 10px; width: 340px}
.news li {margin: 5px 0px; width: 340px}
.column_more {margin: 5px 0px; padding-left: 10px; background:
url(imageset.jpg) no-repeat -121px -429px; float: right}
.column_more a {color: #ff7800}
.pointline {margin: 0px auto; width: 100%; background: url(repeatimg.gif)
repeat-x 0px 0px; height: 1px; clear: both; overflow: hidden}
```

步骤 9 编写 C-1 区中 <div class="column_sidebar"> 的结构和样式代码。

这一区域“热门在线自助服务”是包含在一个 <div class="column_sidebar"> 层里面的，里面先分三个层，顶部和底部的层拿来做间隔用，中间的层 <div class="sidebar_frame_white"> 则放这一区域的内容，其中标题“热门在线自助服务”写在 <h1> 里面。

具体每一个服务项则写在<div class="services_list">里面的无序列表<ul>子标签<li>里面，读者需要留心的是这里的图片是以背景的形式表现的，所以每一个<li>标签都要链接一张背景图。另外，如果是背景图就不能做链接，所以这里在<li>标签里面再写一个<a>标签，设置其和背景图片一样的高和宽，还要设置为块状显示display:biock。

最后的“更多”则写在 <div class="more"> 层里面。前面的小三角形图标则用背景的方式即可实现，分析如图 13.22 所示。

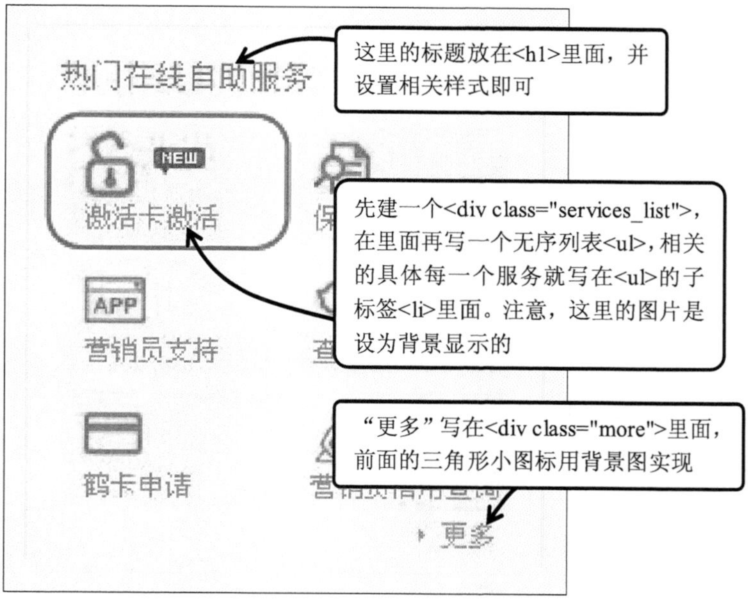

图13.22　<div class=” column_sidebar” >框体结构

这里面代码比较长，下面只列了第四个表格里面的代码，具体的看光盘的源代码。

```
<div class=column_sidebar>
  <div class=mframe_transparent_top></div>
  <div class=sidebar_frame_white>
    <h1>热门在线自助服务</h1>
```

```
        <div class=services_list>
          <ul><li class=hotservice_01><a></a> </li>
            <li class=hotservice_02><a></a> </li>
            <li class=hotservice_03><a></a> </li>
            <li class=hotservice_04><a></a> </li>
            <li class=hotservice_05><a></a> </li>
            <li class=hotservice_07><a></a> </li></ul>
        </div>
        <div class=more><a>更多</a></div>
      </div>
      <div class=mframe_btm></div>
    </div>
```

样式代码如下。

```
   .column_sidebar {margin-top: 15px}
   .column_sidebar h1 {line-height: 22px; text-indent: 14px; color: #168750;
font-size: 14px; font-weight: normal; padding-top: 0px}
   .mframe_transparent_top {width: 100%; background: url(png_ico_all.gif) no-
repeat 0px -142px; float: left; height: 9px; overflow: hidden}
   .sidebar_frame_white {border-left: #ededed 1px solid; width: 227px;
background: #fff; float: left; border-right: #ededed 1px solid}
   .sidebar_frame_white h1 {margin-top: 5px; color: #168750; font-size: 14px}
   .services_list {text-align: center; width: 227px; float: left}
   .services_list ul {text-align: left; margin: 3px auto 0px; padding-left:
12px; width: 208px}
   .services_list li {margin: 5px 5px 0px 0px; width: 96px; display: inline;
float: left; height: 53px}
   .services_list li a {width: 96px; display: block; height: 53px}
   .services_list li a:hover {text-decoration: none}
```

下面是每一个 <li> 标签的具体的背景图片链接样式。

```
   .services_list li.hotservice_01 {display: block; background: url(hot_
service.gif) no-repeat 0px 0px}
   .services_list li.hotservice_02 {display: block; background: url(hot_
service.gif) no-repeat right 0px}
   .services_list li.hotservice_03 {display: block; background: url(hot_
service.gif) no-repeat 0px -58px}
   .services_list li.hotservice_04 {display: block; background: url(hot_
service.gif) no-repeat right -58px}
   .services_list li.hotservice_05 {display: block; background: url(hot_
service.gif) no-repeat 0px -115px}
   .services_list li.hotservice_06 {display: block; background: url(hot_
service.gif) no-repeat right -115px}
   .services_list li.hotservice_07 {display: block; background: url(hot_
service.gif) no-repeat right -115px}
```

步骤 10 编写 C-2 区 <div class="column_sidebar"> 的样式。

该区最外面的包含框是 <div class=column_sidebar>，里面分三个层，<div class="answertitle"> 放置题目“常见问题”和设置背景图片，第二个层 <div class="numbericon_list"> 里面再写一个无序列表 <ul>，具体每一个问题的标题就写在其子标签 <li> 里面，而前面的蓝色小标签序号则通过背景图片来实现，还要注意一点的是“更多”是另外写在一个层 <div class="more"> 里面的，设为右浮动，而前面的小三角图标同样设置背景图实现，还有最后一个层 <div class="mframe_btm"> 则拿来与后面的内容做间隔，如图 13.23 所示。

下面是相应的结构代码。

```
<div class=column_sidebar>
<div class=answertitle>
  <h1>常见问题</h1>
</div>
<div class=numbericon_list>
  <ul><li><span>1</span><a></a> </li>
    <li><span>2</span><a></a> </li>
    <li><span>3</span><a></a> </li>
    <li><span>4</span><a></a> </li>
    <li><span>5</span><a></a> </li></ul>
  <div class=more><a>更多</a></div>
</div>
<div class=mframe_btm></div>
</div>
```

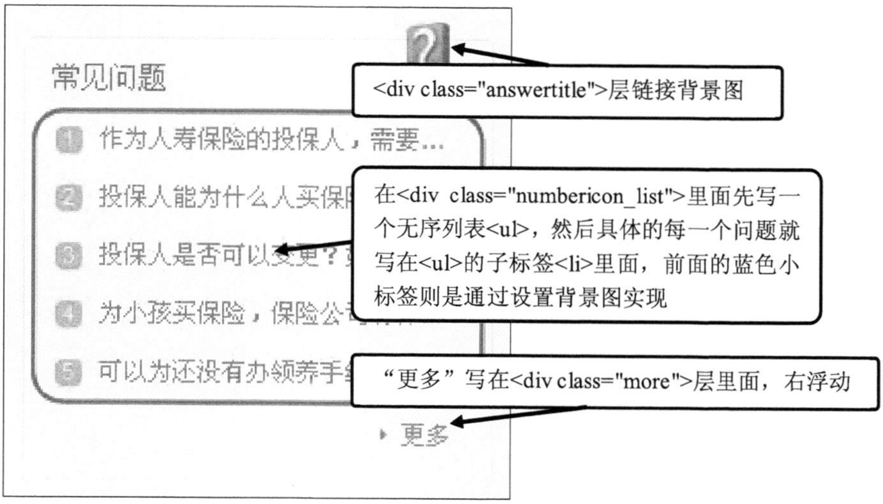

图13.23 <div class=” column_sidebar” >的结构

相关样式代码如下。

```
.column_sidebar {margin-top: 15px}
.answertitle {width: 100%; background: url(title_icon.png) no-repeat left
top; float: left; height: 38px}
.answertitle h1 {margin-top: 18px; text-indent: 14px; color: #168750;
font-size: 14px; font-weight: normal}
```

```
.numbericon_list {text-align: center; border-left: #ededed 1px solid; width: 227px; background: #fff; float: left; border-right: #ededed 1px solid}
.numbericon_list ul {text-align: left; margin: 5px auto; width: 199px}
.numbericon_list li {line-height: 28px; width: 199px; background: url(imageset.jpg) no-repeat 0px -672px; float: left; color: #7c7c7c}
.numbericon_list li a {color: #7c7c7c}
.numbericon_list li a:hover {color: #7c7c7c}
.numbericon_list li span {padding-left: 4px; font-family: arial, helvetica, sans-serif; color: #fff; font-size: 11px; margin-right: 12px}
.more {margin: 5px 0px; background: url(imageset.jpg) no-repeat -121px -429px; float: right; padding: 0px 20px 0 10px;}
.more a {color: #ff7800}
.mframe_btm {width: 100%; background: url(repeatimg.gif) repeat-x 0px -12px; float: left; height: 4px; overflow: hidden}
```

关于 D 区的页脚版权信息样式比较简单，这里就不详细分析了。

14

第14章 时尚娱乐类型网站

时尚娱乐类型的网站主要为广大网民提供最新的娱乐信息，包括国内外各种新鲜的娱乐资讯、明星最新动态、粉丝相关信息、电影大片猛片、好看的电视剧、演出资讯等，以满足在物质生活日益提高的情况下城市年轻人的好奇心，并以此作为消遣和娱乐，毕竟这也算是文化生活的一部分。

典型的娱乐类型网站很多，如雅虎娱乐频道（http://ent.cn.yahoo.com/）、凤凰网娱乐（http://ent.ifeng.com/）、新浪娱乐频道（http://ent.sina.com.cn/）、中国娱乐网（http://www.yule.com.cn/），这些网站上均可提供综合全面的时尚资讯。

14.1 产品策划

时尚娱乐类型的网站可以定义得很广泛，因为受众的范围很广，适合绝大部分人去浏览。而本案例主要是以视频播放为主，娱乐的性质又很强烈，所以可以大胆地做一些更个性的设计。

正如上面所说的，网站可以定义得很广泛，所以页面的布局也可以有很多选择方式，可以是一列三行的方式，如图 14.1 所示。也可以是两列多行的方式，如图 14.2 所示，还可以三列甚至四列多行的方式，如图 14.3 所示。

图14.1 一列三行布局

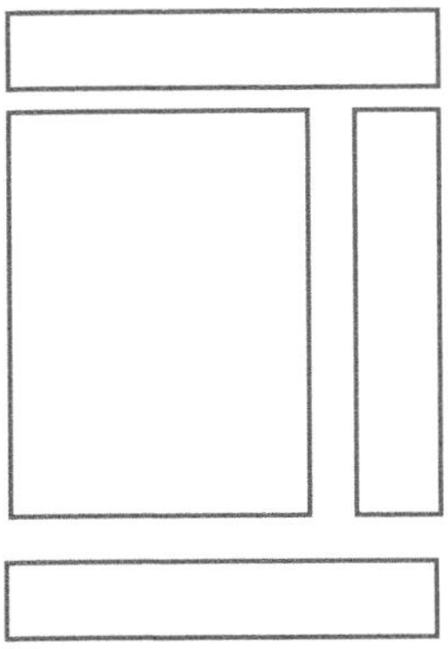

图14.2 两列多行布局

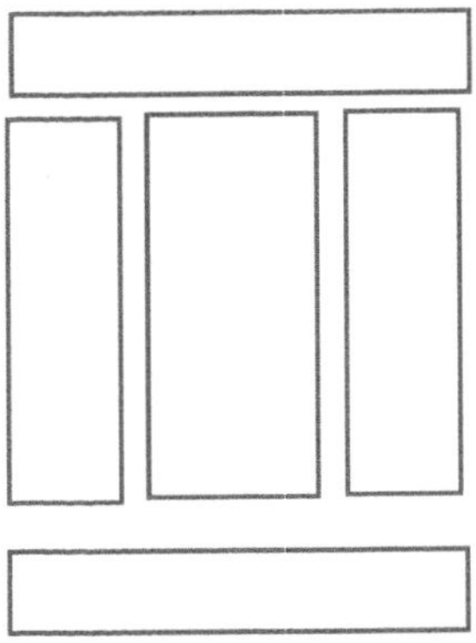

图14.3 三列多行布局

本案例给人最初的印象与百度一贯简单得不能再简单的设计风格截然相反。本案例的设计风格很夸张，加上一些标题的命名很吸引眼球。

另外一个很大的特点就是很多本来可以用文字的地方，这里都用图片设计成文字的方式显示，而且文字都设计得很夸张。像站内的导航，每个栏目的标题等。娱乐的个性很强烈地显示在每一个浏览者的面前。为了平衡视觉效果，网站采用深绿色和蓝色作为主色调，张扬的同时也把握住尺度，设计效果如图 14.4 所示。

作为一个娱乐性的网站，这里的页面设计都是有质感和空间纵深感的，用到了大量的图片做修饰表现。而不是简单地用一些样式描一下边框或者加些背景色就完了，这样网站就会有鲜明的个性。

网站的布局突出、清晰明了，网站头部很大的一个黑色块就是网站的幻灯切换。下面每个栏目的设计风格布局都差不多。为了不显得呆板，具体每个栏目又有所不同，标题也足够大，留白的地方也足够多，所以网站的结构更是读者学习的榜样。

图14.4 网站效果图（局部）

14.2　设计图

根据策划的基本思路，在产品设计时，本案例在准确表达内容的基础上强调个性的表达元素为设计原则，整个网站包括网站 logo、导航栏、banner 幻灯片切换、娱乐大事件、热点、专题、自制栏目、头号人物、电视新闻快报、热点栏目、综艺劲爆点、合作媒体、版权信息等版块内容。根据这些模块，初步在稿纸上画出页面布局的草图，如图 14.5 所示。

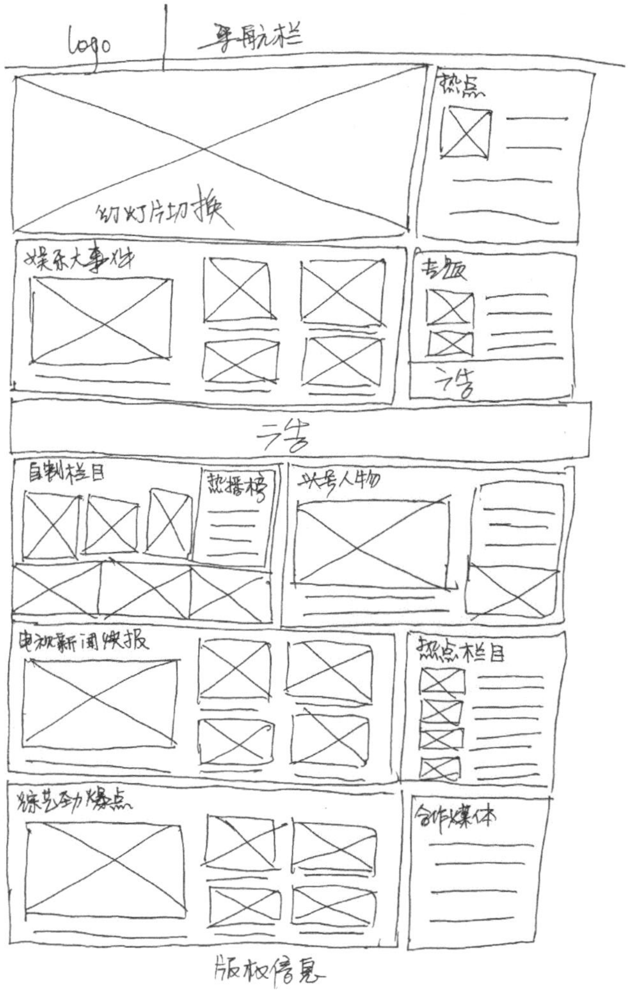

图14.5　设计草图

通过草图对将要做的页面进行初步分析，整个页面大体有一个轮廓。现在就可以通过 Photoshop 设计效果图。

步骤 1 启动 Photoshop，新建一个文档，设置文档大小为 1002×970 像素，分辨率为 96 像素 / 英寸，然后保存为“设计图 .psd”。借助辅助线设计出网站的基本轮廓，如图 14.6 所示。

步骤 2 在 Photoshop 中新建“线框图”图层，使用绘图工具绘制页面的基本相框和背景样式，如图 14.7 所示。

图14.6 设置辅助线

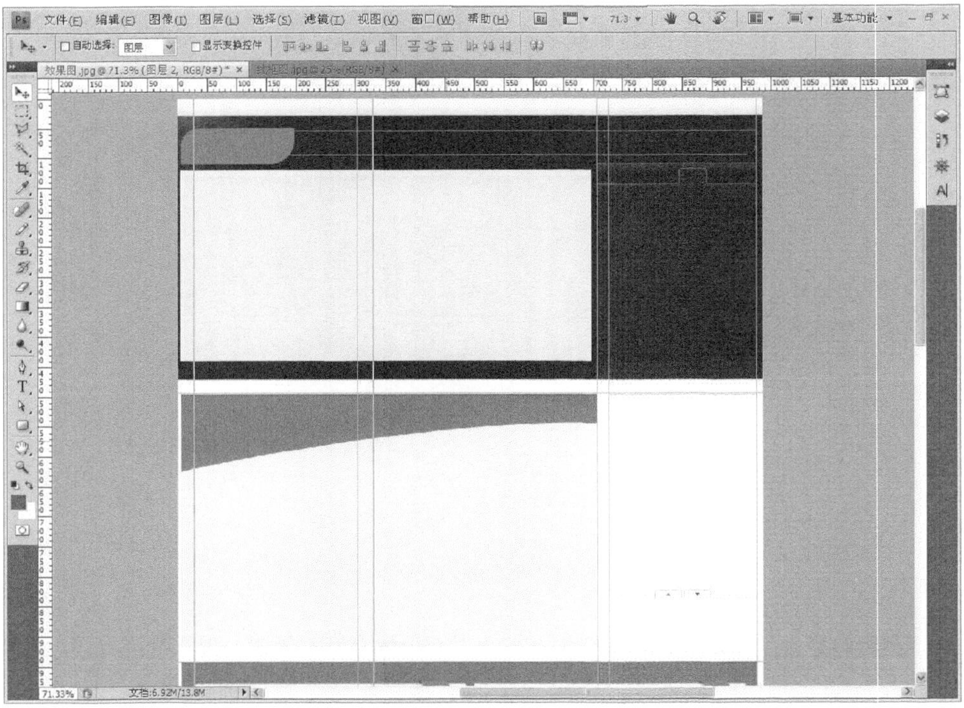

图14.7 绘制页面线框

步骤3 在线框基础上进一步细化栏目形态，明确栏目样式和内容，特别是重要内容的显示形式，最后效果如图 14.8 所示。

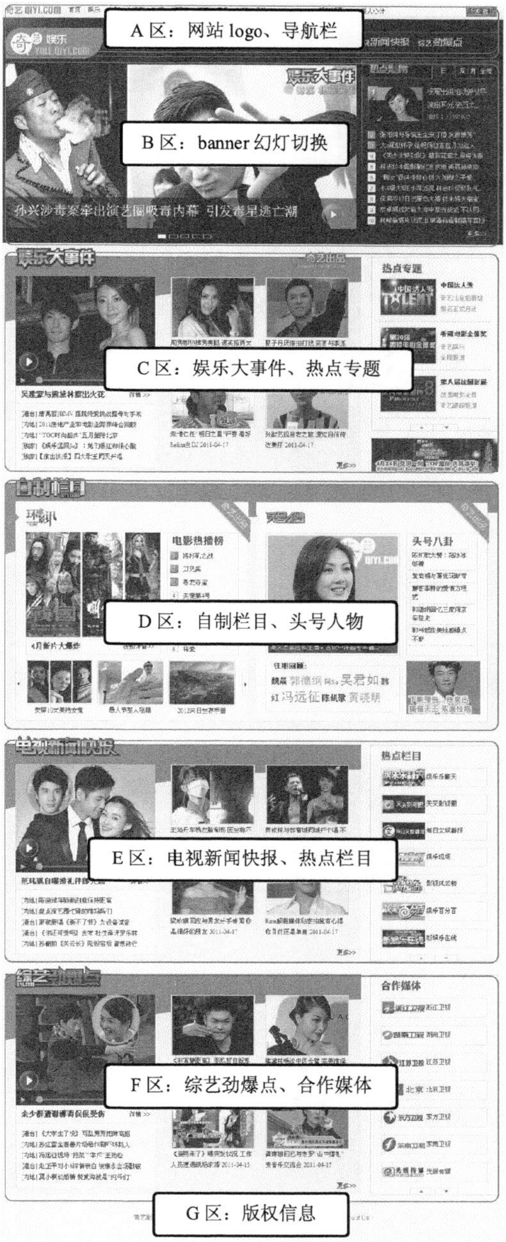

图14.8　版块划分图

14.3　切图

上面的工作完成之后，接下来就是切图工作了，切图的目的就是要找出设计图中有用的区域，包括使用 CSS 无法实现的效果，以及可以重复显示的效果。限于篇幅，这里只讲解设计图一部分。

步骤 1 首先纵观全图，看看哪些是要切下来做图片或背景的，做背景要怎么切等等。做到心里有数，然后就可以切图了。

步骤 2 切出网站的 logo，虽然网站目前有两个角是圆形的，但我们还是按照四方形的图片一样切下来，如图 14.9 所示。

图14.9 切割网站logo

步骤 3 切出网站的站内导航，这里的文字用样式是没办法实现的，所以要一个个切下来，在后面制作网页的时候，导航就是以这里切割图片的方式显示出来，如图 14.10 所示。

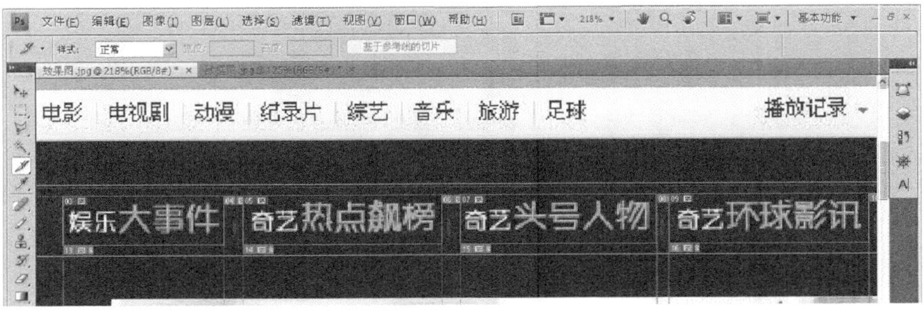

图14.10 切割网站导航

步骤 4 网站 banner 右边的"热点飙榜"背景是一整张大图片，这里也要切下来，如图 14.11 所示。

图14.11 切割网站"热点飙榜"背景

步骤 5 "自制栏目"下面的"环球影讯"和"头号人物"的背景除了头部比较复杂，整张图还有阴影效果，所以也是一整张大图作为背景切割下来，如图 14.12 所示。

图14.12 自制栏目子栏目的背景图

步骤6 还有其他栏目的背景，从效果图可以知道，这里背景都是有弧线和阴影效果的，使用 CSS 样式没办法实现，所以也要切割下来，如图 14.13 所示。

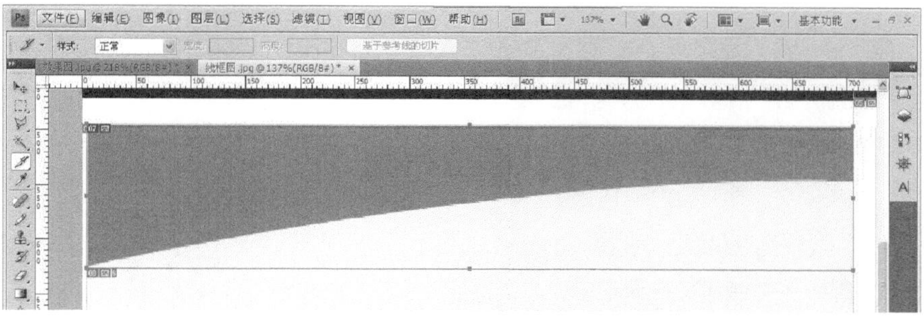

图14.13 其他栏目背景图片

步骤7 剩下的大部分边框都是简单的单色相框，效果都可以通过 CSS 实现，因此就没有必要进行切割。

步骤8 完成切图之后，选择“文件”|“存储为 Web 和设备所用格式”菜单命令，打开“存储为 Web 和设备所用格式”对话框，保持默认设置，单击“存储”按钮，打开“将优化结果存储为”对话框，其中“切片”选择“所有用户切片”选项，格式为“仅限图像”。

步骤9 最后就可以在 images 文件夹中看到我们所需要的背景图像，如图 14.14 所示。然后，根据需要将它重命名即可。

图14.14 切图效果

14.4 网站重构

根据设计版块划分图的区域划分，启动 Dreamweaver，选择“文件”|“新建”菜单命令，打开“新建文档”对话框，新建一个空白的 HTML 文档页面，并将文件保存为“index.html”。

然后编写 HTML 基本结构。在编写结构时，读者应该注意结构的嵌套关系，以及每级结构的类名和 ID 编号，详细代码如下。

```
<html xmlns="http://www.w3.org/1999/xhtml">
<html xmlns="http://www.w3.org/1999/xhtml">
<head>
<title>奇艺视频</title>
</head>
<body class=yuleIndex>
<div class=navBg>
  <div class=nav></div>
</div>                                          <!-- 窄版标准导航 结束-->
<div class=wrap2>                                <!-- wrap2 开始 -->
  <div class=wrap2Bg>
    <div class=yl_nav></div>                     <!-- 导航 结束-->
    <div class=m1>
      <div style="_width:690px" class=yl_flash>
        <div id=flash class=flash> </div> </div>
      <div class=m1R>
           <div style="width:246px; overflow:hidden" id=j-ranknav class=yl_
bangdan_t>
          <h2>热点飙榜 </h2></div>
        <div id=rankcnt></div>
      </div>                                    <!-- 热点飙榜 结束-->
    </div>                                      <!-- m1结束-->
  </div></div>                                  <!-- wrap2 结束 -->
<div class=wrap>                                <!-- wrap 开始 -->
  <div class=m2>
    <div class="m2L m2LBg1">
      <h2 class=yl_h2Title1>娱乐大事件</h2>
      <div class=yl_focusTopic >
        <div class=yl_focusTopicT></div></div>
      <div class=m2LC1> </div> </div>  <!--娱乐大事件主栏目 结束-->
    <div class=m2R>
      <div class=m2RC>
        <div id=hots>
          <P style="DISPLAY: none" class="tw twLast"></P>
        </div></div>
      <div style="margin-top: 15px"></div>
    </div>                                      <!--热点专题 结束-->
  </div>                                        <!--娱乐大事件 结束-->
  <div class="m2 m2Bg">
```

```
        <h2 class=yl_h2Title1>自制栏目</h2>
        <div class=m2Con>
          <h2>环球影讯</h2>
          <div class=hqyx>
            <div class=hqyxL>
              <div class=yl_focusTopicT></div>
            </div>
            <div class=hqyxR></div></div>
          <div class=hqyx_scroll></div>
        </div>                                        <!--环球影讯 结束-->
        <div class=m2Con>
          <h2>头号人物</h2>
          <div class=hqyx>
            <div class=hqyxL ></div>
            <div class=hqyxR ></div>
          </div></div>                                <!--头号人物 结束-->
      </div>                                          <!--自制栏目 结束-->
      <div class=m2>
        <div class="m2L m2LBg2">
          <h2 class=yl_h2Title1> </h2>
          <div class=yl_focusTopic></div>
          <div class=m2LC1></div>
        </div>
        <div class="m2R m2RC">
          <h2 class=yl_h2Title2>热点栏目</h2>
          <div id=channels></div>
        </div>\</div>                                 <!--电视新闻快报 结束-->
      <div class=m2>
        <div class="m2L m2LBg3">
          <h2 class=yl_h2Title1></h2>
          <div class=yl_focusTopic>
            <div class=yl_focusTopicT></div>
          </div>
          <div class=m2LC1></div>
        </div>
        <div class="m2R m2RC">
          <h2 class=yl_h2Title2>合作媒体</h2>
          <div id=channels></div>
        </div></div>                                  <!--综艺劲爆点 结束-->
      <div class=footer></div>                        <!-- 标准尾 结束-->
    </div>                                            <!-- wrap 结束 -->
    <!-- end comscore tag -->
    </body>
    </html>
```

再简化一下代码，以便更清晰地看到整个网站的总体结构，在后面做网站布局的时候我们更能做到心中有数，如图 14.15 所示。

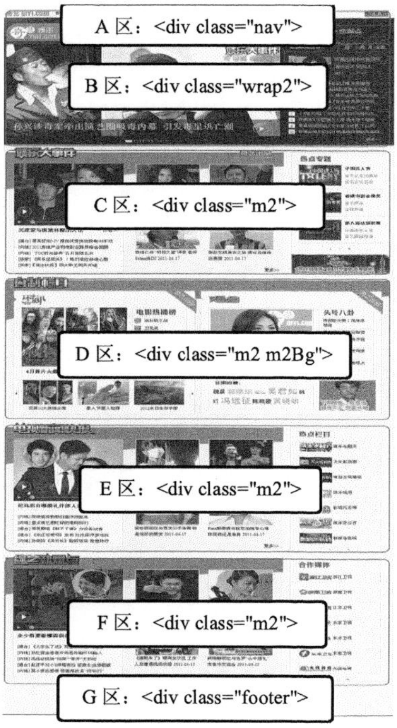

图14.15　几个主要层的包含标签

14.5　网站布局

通过上节的网站重构，大致清楚了网站的总体结构，下面就利用 CSS 一步步实现整个网站的布局效果。

步骤 1 启动 Dreamweaver，打开上一节中重构的网页结构文档 index.htm，然后逐步添加页面的微结构和图文信息，主要包括段落、列表、标题，以及必要的文本和图像内容，对于需要后台自动生成的内容，可以填充简单的图文，以方便在设计时预览和测试，等设计完毕后，再进行清理，留待程序员添加后台代码。

步骤 2 新建一个样式表文档。选择“文件”｜“新建”菜单命令，创建外部 CSS 样式表文件，保存为 style.css 文件，并存储在 images 文件夹中。选择“窗口”｜“CSS 样式”菜单命令，打开“CSS 样式”面板，单击“附加样式表”按钮，在弹出的“链接外部样式表”对话框中，选择“浏览”按钮，找到 style.css 文件，将其链接到 index.htm 文档中，最后单击“确定”按钮，如图 14.16 所示。

```
<link rel=stylesheet type=text/css href="images/style.css" media=all>
```

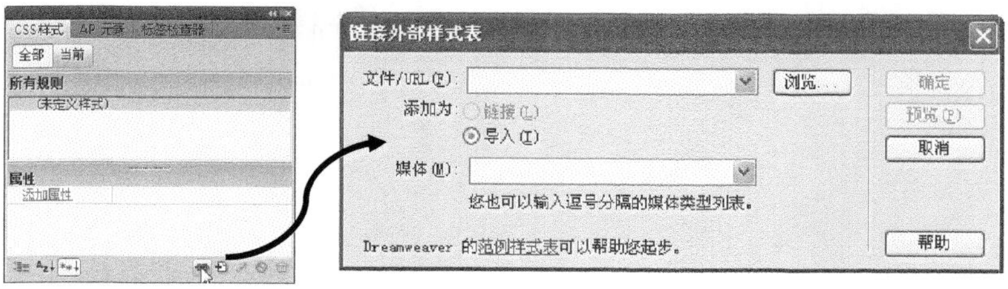

图14.16　链接外部样式表

步骤 3 初始化标签样式。将所有用到以及即将用到的元素初始化，确保所有元素在不同浏览器下默认状态是一致的。

> **注意** 这里将每个元素一个个地都列出来，然后去除它们默认的内边距和外边距，可能有的读者会问，为什么不用通配符（*）呢？用通配符不是就变得很简单了吗？在前面的章节中我们也分析过，有两个原因：一是为了避免清除特殊标签的默认样式；二是为了渲染效果，通配选择符的渲染效率没有直接指定标签高效。

初始化样式代码如下所示，具体代码请查看 style.css 文件头部初始化。

```
html { overflow-x: visible; overflow-y: scroll }
body { margin: 0px; font: 12px/21px "宋体"; color: #939395 }
ul { padding: 0px; margin: 0px;  }
ol { padding: 0px; margin: 0px;  }
li { padding: 0px; margin: 0px;  }
dl { padding: 0px; margin: 0px;  }
dd { padding: 0px; margin: 0px;  }
dt { padding: 0px; margin: 0px;  }
……
```

步骤 4 编写 A 区的网站顶部的结构和样式。

先设置最外面的包含框 <div class="navBg"> 背景图片水平重复，再写 <div class="nav"> 包含框，设置其宽度为 970 像素并居中对齐，里面分为 4 个层：<h2 class="navLogo"> 放置网站的 logo 并设为左浮动，让其在网站的最左上角，之后是 <div class="navList"> 放置网站的导航，具体的每一个导航放在一个 <a> 链接标签里面并设置相关样式。至于 <form class="navSearch"> 放置站内搜索并设置其有浮动，再写搜索必要的两个控件 <input> 即可，最后 <div class="navLinks"> 放置“播放记录”并设置右浮动。

这里有一点要注意，“站内搜索”和“播放记录”同时都设置为右浮动，而前者的结构代码是写在后者的前面的。所以其会先浮动到最右面，即如效果图中所示“站内搜索”是在最右边的，其左边才是“播放记录”，如图 14.17 所示。

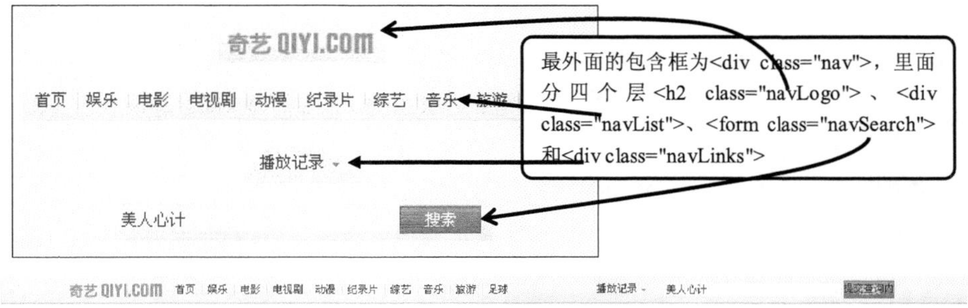

图14.17　网站顶部的结构分析

具体结构代码如下。

```
<div class=navBg>
  <div class=nav>
    <h2 class=navLogo><a><img src=""> </a></h2>          <!—网站logo-->
    <div class=navList collection="Y">
    <a>首页</a> | <a>娱乐</a> | <a>电影</a> | <a>电视剧</a> |
```

```
        <a>动漫</a> | <a>纪录片</a> | <a>综艺</a> | <a>音乐</a> | <a>旅游</a>
        <span class=ipad_hide>| <a>足球</a></span> </div>    <!—网站导航-->
        <form class=navSearch>
          <input id=suggestText class="inputText navBg">
          <input id=searchClick class="inputbtn navBg">
        </form>                                              <!—站内搜索-->
        <div class=navLinks> <A id=topT1 class=a1>播放记录</a></div>
                                                             <!—播放记录-->
      </div>
    </div>
```

下面是相对应的样式。

```
  .navBg { padding-bottom: 0px !important; background: url(menubg.png) repeat-x 0px 0px }
  .nav { padding-bottom: 0px !important; margin: 0px auto; width: 970px }
  .navLogo { float: left }
  .navLogo img { float: left }
  .navList { padding-left: 15px; font: 12px/31px "宋体"; float: left; color: #dedede; word-spacing: -2px }
  .navSearch { z-index: 3; position: relative; text-align: right; float: right; padding: 3px 4px 0px 0px}
  .inputText { border: medium none; width: 200px; background-position: 0px 100%; height: 14px; padding: 3px 4px; }/*文本域的样式：边框为无，宽200像素，背景图片的位置*/
  .inputbtn { border: medium none; width: 60px; background-position: -800px 100%; height: 21px; cursor: pointer;}/*按钮控件的样式：边框为无，宽为60像素，背景图片的位置*/
  .navLinks { z-index: 2; position: relative; line-height: 26px; margin-top: 2px; padding-right: 12px; float: right }
  .navLinks a.a1 { z-index: 2; position: relative; text-align: center; line-height: 26px; width: 75px; padding-right: 5px; display: inline-block; background: url(navicon.gif) no-repeat 67px 12px; vertical-align: middle }/*堆叠顺序为2，保证其在其他层的上面，相对定位，以行内块状的方式显示，背景图片不重复*/
```

步骤5 编写B区 <div class="yl_nav"> 的结构和样式代码。

这里最外面的包含框是 <div class="wrap2"> 并设置背景图片，<div class="yl_nav"> 站内导航则写在其里面，这包含框也链接了一张背景图片。里面分成两部分，<h2> 放置网站的 logo，<p> 放置站内导航，这里导航的名称不是文字，而是通过图片来实现的。具体每一个导航图片放在一个 <a> 链接标签里面，设置相关样式即可完成布局，如图 14.18 所示。

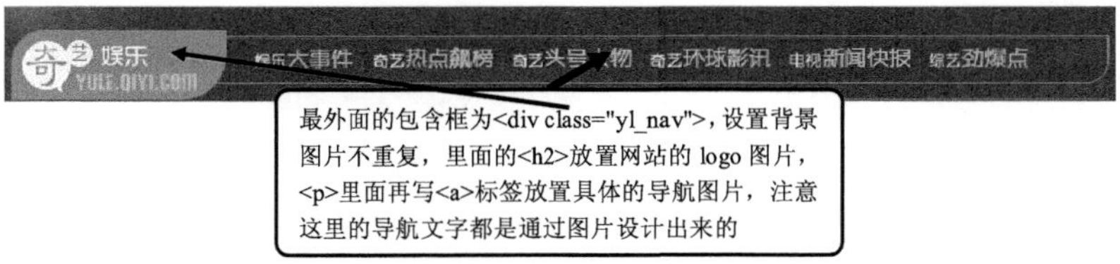

图14.18 <div class="yl_nav">的结构

结构代码如下。

```
<div class=yl_nav>
  <h2><img src=""></h2>                                    <!—网站logo图片-->
  <p><a><img src=""></a> | <a><img src=""></a> |
  <a><img src=""></a> | <a><img src=""></a> |
  <a><img src=""></a> | <a><img src=""></a></p>         <!—站内导航图片-->
</div>
```

样式代码如下。

```
.yl_nav { margin: 0px auto; width: 970px }
.yl_nav { background: url(navbg3.png) no-repeat 0px 20px; padding-top: 20px }
.yl_nav h2 { float: left }
.yl_nav h2 img { display: block }
.yl_nav p { margin-left: 215px; word-spacing: 4px; padding-top: 15px }
.yl_nav p img { vertical-align: text-bottom }
```

步骤 6 编写 B 区 <div class="yl_flash"> 的框体结构和样式。

在该模块的 <div class="yl_flash"> 包含框中是一个幻灯切换效果，结构和样式代码相对比较简单，主要是用了 JavaScript 脚本语言实现图片切换的，读者可以查看本书光盘的相关代码。

JavaScript 不是本书阐述的范围，所以这里主要分析 <div class="m1R"> 包含框里面的结构，如图 14.19 所示。先设其为相对定位 position：relative，再设其内外边距，以安排好和周边元素的位置以及其自身内容的位置间的距离，再设置相应的宽度和高度。最重要的是设置为右浮动，让其排在网站的右边，设置背景图片不重复，即可得到如图 14.19 所示的效果。

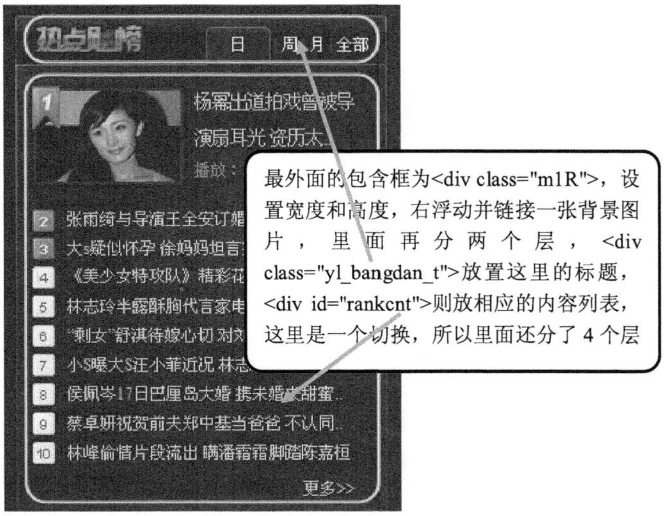

图14.19　<div class= "yl_flash" >的框体结构

包含框内主要分为两部分：<div class="yl_bangdan_t" id="j-ranknav"> 放置这里的标题“热点飙榜”以及其他。这里有一点要注意，“热点飙榜”这四个字在背景图上已经有了，为什么在结构文件中还要加个<h2>标签并在里面写上这几个字呢？这样才利于搜索引擎搜索，因为搜索引擎是不认识图片上的文字的。写上“热点飙榜”这几个字了，但不能显示在页面上，怎么办呢？我们通过设置其宽度为0像素width：0px，然后溢出来的隐藏overflow：hidden，这样便可以将文字隐藏起来了。

具体的内容列表则写在<div id="rankcnt">里面，相对于“日”、“周”、“月”、“全部”不同的时间长度，这里还有一个栏目切换事件，即单击不同的时间名称则显示不同的信息。这事件的动作是通过js实现的。所以在<div id="rankcnt">里面还分4个id不同的<div>层，分别放不同时间的信息列表。默认显示的是“日”时间段的信息列表，其他的则隐藏display：none。

具体结构代码如下。

```
<div class=m1R>
   <div style="width: 246px; overflow: hidden" id=j-ranknav class=yl_bangdan_t>
     <h2>热点飙榜 </h2>
     <span id=j-ri class=selected j-tab="ri">日</span> |
     <span id=j-zhou j-tab="zhou">周</span> |
     <span id=j-yue j-tab="yue">月</span> |
     <span id=j-quan j-tab="quan">全部</span> </div>
  <div id=rankcnt>
     <div style="display: none" id=j-ri-cnt j-tab-cnt="ri"></div>
                                    <!—对应“日”的列表-->
     <div style="display: none" id=j-zhou-cnt j-tab-cnt="zhou"></div>
                                    <!—对应“月”的列表-->
     <div style="display: none" id=j-yue-cnt j-tab-cnt="yue"></div>
                                    <!—对应“年”的列表-->
     <div style="display: none" id=j-quan-cnt j-tab-cnt="quan"></div>
                                    <!—对应“全部”的列表-->
  </div>
</div>
```

下面是CSS样式代码。

```
.m1R { position: relative; padding-bottom: 0px; margin: -5px -2px 0px -3px; padding-left: 15px; width: 245px; padding-right: 15px; background: url(yl_rdbb.jpg) no-repeat 0px 0px; float: right; height: 365px; padding-top: 0px }
.m1R a { color: #d1ced6 }
.m1R a:hover { color: #fff }
.yl_bangdan_t { text-align: right; height: 28px; padding-top: 12px }
.yl_bangdan_t h2 { width: 0px; float: left; height: 28px; overflow: hidden }
.yl_bangdan_t span { text-align: center; padding-right: 10px; display: inline-block; color: #fff; cursor: pointer; margin-right: -10px }
.yl_bangdan_t span.selected { z-index: 2; position: relative; text-align: center; line-height: 28px; margin: 0px -10px; width: 47px; background: url(yl_rdbb_selected.png) no-repeat 0px 0px }
/*当前状态的样式：相对定位，行高28像素，背景图片不重复*/
```

下面是“日”时间段的结构代码，其他的时间段相同，就不再逐一列出来。

```
<div style="display: none" id=j-ri-cnt j-tab-cnt="ri">
  <ol class=yl_bangdan>
    <li class=li1>
    <a class=imgbg1><img alt="" src="">
```

```
        <span class=num1></span></a> <strong><a></a></strong>
        <br></li>
        <li><a></a> </li><li><a></a> </li><li><a></a></li>
    <li><a></a> </li><li><a></a> </li><li><a></a> </li>
    <li><a></a> </li><li><a></a> </li><li><a></a> </li>
      </ol>
      <p class=yl_morep><a id=j-rankmore></a></p>
    </div>
```

相应的样式代码如下。

```
    .yl_bangdan { margin: 15px 0px 5px; background: url(numbg.png) no-repeat
0px 88px }
    .yl_bangdan li { text-indent: 25px; height: 21px; clear: both; overflow:
hidden }
    .yl_bangdan .li1 { text-indent: 0px; height: 85px; overflow: hidden }
    .yl_bangdan .li1 .imgBg1 { position: relative; float: left }
    .yl_bangdan .li1 .num1 { position: absolute; width: 20px; display: block;
background: url(icon.gif) no-repeat 0px 0px; height: 31px; top: 0px; left:
0px }
    /*绝对定位，宽20像素，块状显示，背景图片不重复*/
    .yl_bangdan .li1 img { border: #000 1px solid; padding: 2px; background: #3b3b3b;
float: left; margin-right: 7px; }/*设置边框的颜色、宽度和样式，背景颜色，左浮动*/
    .yl_bangdan strong { font: 14px/25px normal; letter-spacing: -1px; color: #fff }
    .yl_moreP { text-align: right; padding-right: 10px; clear: both }
```

步骤7 编写C区<div class="m2">的框体结构和样式。

这里分几步来分析<div class="m2">这一区域的结构和样式。因为后面的制作过程相同，只要这里把握了，后面自然就迎刃而解了。

先看看几个大的包含框，当然，最外面的包含框是<div class="m2">，设置其连接一张背景图片。里面先分为两个包含框：<div class="m2L m2LBg1">和<div class="m2R">，分别设置左浮动和右浮动。

其中在<div class="m2L m2LBg1">里面又分三个层：<h2 class="yl_h2Title1">放标题，<div class="yl_focusTopic">和<div class="m2LC1">。<div class="m2R">则分成两个层：<div class="m2RC">和<div style="margin-top: 15px;">，如图14.20所示。

结构代码如下。

```
    <div class=m2>
      <div class="m2L m2LBg1">
        <h2 class=yl_h2Title1></h2>          <!—娱乐大事件标题-->
        <div class=yl_focusTopic></div>
        <div class=m2LC1></div>
      </div>
      <div class=m2R>
        <div class=m2RC></div>               <!—热点专题-->
        <div style="margin-top: 15px"></div>
      </div>
    </div>
```

图14.20 <div class="m2">的框体结构

样式代码如下。

```
.m2 { margin-top: 25px; background: url(mbg.gif) repeat-y 0px 0px }
.m2L { padding-left: 20px; width: 680px; background: url(bg1.png) no-repeat 0px 0px; float: left }
/*左边距20像素，宽680像素，背景图片不重复显示，左浮动*/
.m2R { position: relative; width: 250px; float: right }
.yl_h2Title1 { position: relative; margin-top: -15px; height: 45px }
.yl_h2Title1 img { float: left }
.yl_focusTopic { margin-top: 10px; width: 276px; float: left }
.m2LC1 { margin-top: 10px; width: 395px; float: right }
.m2RC { border: #dcdcdf 1px solid; }
```

步骤 8 编写 C 区 <div class="yl_focusTopic"> 的结构和样式。

这里最外面的包含框为 <div class="yl_focusTopic">，设置其为 276 像素，左浮动。其中包含三个层，<a class="ui-droppable"> 放置这里视频的缩略图。<div class="yl_focusTopicT"> 里面 <h2> 放置这里视频的标题并设置字体的样式，<p class="more"> 放置“更多”并右浮动。第三个层是 <ul class="yl_ulList">，里面相应的五个子标签 <li> 放五条新闻标题即可，如图 14.21 所示。

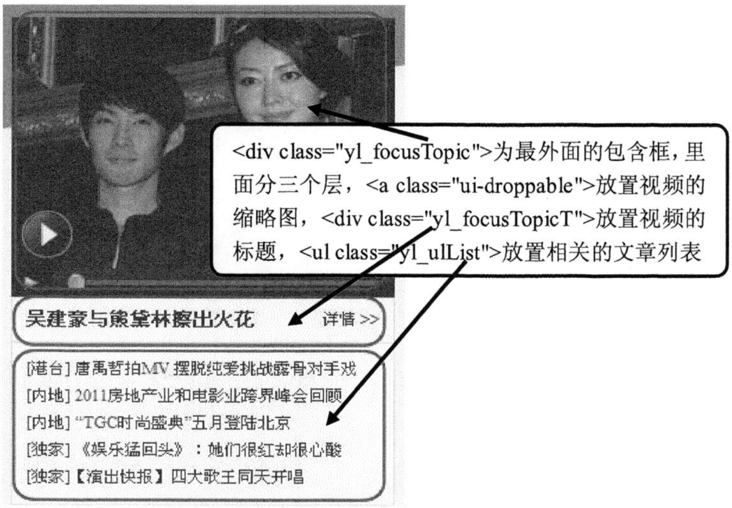

图14.21 <div class= "yl_focusTopic" >的结构

结构代码如下。

```
<div class=yl_focusTopic>
  <a class=ui-droppable><img src=""></A>                      <!—视频缩略图-->
  <div class=yl_focusTopicT>
    <h2><a class=ui-droppable></a></h2>                       <!—视频的标题-->
    <p class=more><a class=ui-droppable></a></p>
  </div>
  <ul class=yl_ulList>
    <li><a></a> </li><li><a class=ui-droppable></a> </li>
<li><a class=ui-droppable></a> </li><li><a class=ui-droppable></a> </li>
    <li><a class=ui-droppable></a> </li>
  </ul>                                                        <!—新闻标题列表-->
</div>
```

具体样式代码如下。

```
.yl_focusTopic { margin-top: 10px; width: 276px; float: left }
.yl_focusTopicT { border: #dcdcdf 1px solid; padding: 0px 10px;
background: #f9f9f9; }
/*边框颜色，宽度，和样式，上下边距为0，左右边距为10像素，背景颜色*/
.yl_focusTopicT h2 { font: bold 14px/33px simsun; float: left; color: #000 }
.yl_focusTopicT .more { line-height: 33px; float: right }
.yl_ulList { border: #dcdcdf 1px solid; padding: 10px; background: #fff; }
```

步骤9 编写 C 区 <div class="m2LC1"> 的结构和样式。

这里最外面的包含框为<div class="m2LC1">，设置其宽为395像素，并向右浮动。里面先分为两个部分：无序列表<ul class="yl_twList">里面设置四个子标签<li>，设置其宽度和高度，以行内方式显示。最重要的设为左浮动，这样就可以得到如图14.22所示的整齐的“田”字型排列效果。具体每个<li>里面还设有两个<a>链接标签，分别放图片和对应的文字描述。

第二个层 <p class="yl_moreP"> 设置其居右对齐，里面放置“更多”文字链接，如图 14.22 所示。

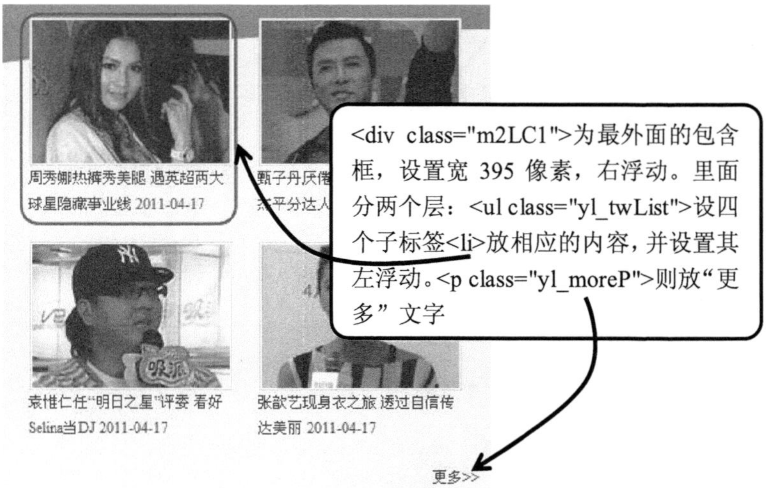

图14.22 <div class="m2LC1">的结构

结构代码如下。

```
<div class=m2LC1>
  <ul class=yl_twList>
    <li><a class="aB1 ui-droppable"><img src=""></a> <a></a> </li>
    <li><a class=aB1><img src=""></a> <a></a> </li>
    <li><a class="aB1 ui-droppable"><img src=""></a> <a></a> </li>
    <li><a class="aB1 ui-droppable" ><img src=""></a> <a></a> </li>
  </ul>
  <p class=yl_moreP><a class=ui-droppable>更多&gt;&gt;</a></p>
</div>
```

从上面的结构代码和说明图可看出，其实结构是很清楚的，然后再写出样式代码即可。

```
.m2LC1 { margin-top: 10px; width: 395px; float: right }
.yl_twList li { width: 166px; display: inline; float: left; height: 180px;
margin-left: 20px }
/*宽为166像素，以行内方式显示，左浮动，高180像素，左外边距20像素*/
.yl_twList li img { margin: 0px auto; display: block }
.yl_moreP { text-align: right; padding-right: 10px; clear: both }
```

步骤 10 编写 D 区 <div class="m2RC"> 的结构和样式。

这里最外面的包含框为 <div class="m2RC">，在里面分为三个层，<h2 class="yl_h2Title2"> 放置里面的“热点专题”图片，重点要分析的是下面的层 <div id="hots">，里面放置了 44 个 <p> 标签，每个 <p> 标签里面都放有一张图片、一个标题和一段文字说明，如图 14.23 所示，那这样页面不是被拉得很长吗？这里用了 js 脚本语言控制只显示三个 <p> 标签的内容。通过第三个层 <p class="gdBtn"> 的两个 <input> 控制上下拉动显示，如图 14.23 所示。

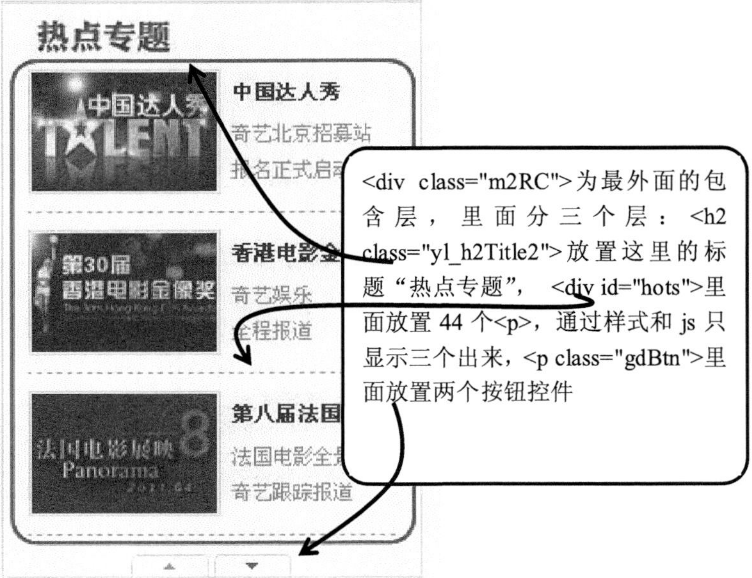

图14.23　<div class="m2RC">的结构

结构代码如下。

```
<div class=m2RC>
  <h2 class=yl_h2Title2><img src=""> </h2>
```

```
    <div id=hots>
      <p class=tw><a class=aB1><img src=""></a>
      <strong><a><!--标题--></a></strong>
      <br><!--文字说明--><br><!--文字说明--></P>
      ……
                                               <!—共44个p标签内容-->
    </div>
    <p class=gdBtn>
      <input src="" type=image><input src="" type=image>
                                               <!—2个做上下选择的控件-->
    </p>
  </div>
```

这里关键代码是将 li 设为左浮动，即 float:left。

```
  .m2RC { border: #dcdcdf 1px solid; }
  .yl_h2Title2 { padding: 10px 20px 0px 20px }
  .tw { border-bottom: #a3a3a3 1px dashed; padding: 10px 0px; margin: 0px 15px; height: 74px; overflow: hidden; }/*下边框的颜色、宽度、样式，上下内边距为10像素，左右内边距为0像素，溢出来的隐藏*/
  .tw IMG { float: left; margin-right: 7px }
  .tw .aB1 { zoom: 1; float: left }
  .tw strong { line-height: 30px; color: #000 }
  .gdBtn { text-align: center; line-height: 13px; padding-top: 10px }
  /*居中对齐，行高为13像素，上内边距为10像素*/
```

步骤 11 设计 D 区“环球影讯”的结构和样式。

最外面的包含框为<div class="m2Con">，设置其高度和宽度，溢出来的隐藏，并左浮动。里面分为三个层：<h2 class="hqyxT">放置“环球影讯”标题图片。<div class="hqyx">里面再分两个层，<div class="hqyxL">放置“新片大爆炸”图片和文字信息等，设其为左浮动。<div class="hqyxR">放置“电影热播榜”相关图片和文字信息，设其为右浮动。

而第三个层<div class="hqyx_scroll">加了一个事件，里面的图片和文字可以左右滚动，这里是用js语言实现的，相应的网页页面如图14.24所示。

图14.24　“环球影讯”的结构和样式

下面是结构代码。

```
<div class=m2Con>
  <h2 class=hqyxT></h2>                    <!—环球影讯标题-->
  <div class=hqyx>
    <div class=hqyxL></div>                <!—新片大爆炸-->
    <div class=hqyxR></div>                <!—电影热播榜-->
  </div>
  <div class=hqyx_scroll></div>            <!—图片左右滚动-->
</div>
```

样式代码如下。

```
.m2Con { width: 458px; padding-right: 14px; background: url(bg3.png) no-repeat 0px 0px; float: left; height: 436px; overflow: hidden }
/*宽458像素，背景图片不重复显示，左浮动，溢出来的隐藏*/
.hqyxT { line-height: 60px; height: 60px; font-size: 60px; padding-top: 0px 0px 5px 20px }
/*行高和高都60像素，这样可以保证内容垂直居中*/
.hqyxT img { display: inline-block; vertical-align: middle }
.hqyx { padding-top: 0px 20px }
.hqyxL { width: 265px; float: left }
.hqyxR { width: 140px; float: right }
```

这一步只分析其最外面的结构，里面具体每个模块的排版其实和前面我们分析的都大同小异，限于篇幅就不做分析了，相信读者也可以自己完成。

关于G区的页脚版权信息样式比较简单，这里就不分析了。